U0287215

国家出版基金项目
NATIONAL PUBLICATION FOUNDATION

纳米科学与技术

固体表面分子组装

万立骏 著

科学出版社
北 京

内 容 简 介

固体表面分子吸附组装/自组装是化学、物理、材料、纳米和生物等科学领域的重要研究课题,也是创造新物质的重要手段和技术方法之一。本书介绍固体表面分子吸附组装的基础知识、研究方法,以及利用扫描隧道显微技术研究组装结构和过程的实例,强调组装体系的结构形成和变化、组装体系的功能等,并探讨相关组装体系的组装规律。

本书可供高等院校物理、化学、纳米科技等相关专业本科生、研究生,以及从事该领域研究的科研人员参考,也适合对 STM 技术、表面分子成像和图案化感兴趣的非专业读者阅读。

图书在版编目(CIP)数据

固体表面分子组装 / 万立骏著. —北京:科学出版社,2014.5
(纳米科学与技术 / 白春礼主编)
ISBN 978-7-03-040416-9

Ⅰ.①固… Ⅱ.①万… Ⅲ.①固体表面-分子-组装-研究 Ⅳ.①O486

中国版本图书馆 CIP 数据核字(2014)第 074022 号

丛书策划:杨 震/责任编辑:杨 震 张淑晓 刘 冉/责任校对:张小霞
责任印制:钱玉芬/封面设计:陈 敬

科 学 出 版 社 出版
北京东黄城根北街 16 号
邮政编码:100717
http://www.sciencep.com

中国科学院印刷厂 印刷
科学出版社发行 各地新华书店经销
*
2014 年 5 月第 一 版 开本:720×1000 1/16
2014 年 5 月第一次印刷 印张:22 1/2 插页:2
字数:450 000
定价:128.00 元
(如有印装质量问题,我社负责调换)

《纳米科学与技术》丛书序

在新兴前沿领域的快速发展过程中，及时整理、归纳、出版前沿科学的系统性专著，一直是发达国家在国家层面上推动科学与技术发展的重要手段，是一个国家保持科学技术的领先权和引领作用的重要策略之一。

科学技术的发展和应用，离不开知识的传播：我们从事科学研究，得到了"数据"（论文），这只是"信息"。将相关的大量信息进行整理、分析，使之形成体系并付诸实践，才变成"知识"。信息和知识如果不能交流，就没有用处，所以需要"传播"（出版），这样才能被更多的人"应用"，被更有效地应用，被更准确地应用，知识才能产生更大的社会效益，国家才能在越来越高的水平上发展。所以，数据→信息→知识→传播→应用→效益→发展，这是科学技术推动社会发展的基本流程。其中，知识的传播，无疑具有桥梁的作用。

整个 20 世纪，我国在及时地编辑、归纳、出版各个领域的科学技术前沿的系列专著方面，已经大大地落后于科技发达国家，其中的原因有许多，我认为更主要的是缘于科学文化的习惯不同：中国科学家不习惯去花时间整理和梳理自己所从事的研究领域的知识，将其变成具有系统性的知识结构。所以，很多学科领域的第一本原创性"教科书"，大都来自欧美国家。当然，真正优秀的著作不仅需要花费时间和精力，更重要的是要有自己的学术思想以及对这个学科领域充分把握和高度概括的学术能力。

纳米科技已经成为 21 世纪前沿科学技术的代表领域之一，其对经济和社会发展所产生的潜在影响，已经成为全球关注的焦点。国际纯粹与应用化学联合会（IUPAC）会刊在 2006 年 12 月评论："现在的发达国家如果不发展纳米科技，今后必将沦为第三世界发展中国家。"因此，世界各国，尤其是科技强国，都将发展纳米科技作为国家战略。

兴起于 20 世纪后期的纳米科技，给我国提供了与科技发达国家同步发展的良好机遇。目前，各国政府都在加大力度出版纳米科技领域的教材、专著以及科普读物。在我国，纳米科技领域尚没有一套能够系统、科学地展现纳米科学技术各个方面前沿进展的系统性专著。因此，国家纳米科学中心与科学出版社共同发起并组织出版《纳米科学与技术》，力求体现本领域出版读物的科学性、准确性和系统性，全面科学地阐述纳米科学技术前沿、基础和应用。本套丛书的出版以高质量、科学性、准确性、系统性、实用性为目标，将涵盖纳米科学技术的所有领域，全面介绍国内外纳米科学技术发展的前沿知识；并长期组织专家撰写、编辑出版下去，为我国纳米科技各个相关基础学科和技术领域的科技工作者和研究生、本科生等,提供一套重要的参考资料。

这是我们努力实践"科学发展观"思想的一次创新,也是一件利国利民、对国家科学技术发展具有重要意义的大事。感谢科学出版社给我们提供的这个平台,这不仅有助于我国在科研一线工作的高水平科学家逐渐增强归纳、整理和传播知识的主动性(这也是科学研究回馈和服务社会的重要内涵之一),而且有助于培养我国各个领域的人士对前沿科学技术发展的敏感性和兴趣爱好,从而为提高全民科学素养作出贡献。

我谨代表《纳米科学与技术》编委会,感谢为此付出辛勤劳动的作者、编委会委员和出版社的同仁们。

同时希望您,尊贵的读者,如获此书,开卷有益!

中国科学院院长
国家纳米科技指导协调委员会首席科学家
2011 年 3 月于北京

前 言

关于原子、离子、分子等物种(以下统称为分子)在固体表面吸附聚集的研究由来已久,其吸附聚集将引起表面结构的变化,导致表面性质的不同,是表面科学、材料科学和物理化学等科学领域的重要研究课题,具有重要的理论意义和实际应用意义,已有大量研究结果问世。一般说来,分子在固体表面首先吸附,然后聚集,或者同时发生,聚集也是组装(organization 或是 assembly),通过该过程分子形成特定结构。20 世纪 80 年代,扫描隧道显微技术(scanning tunneling microscopy,STM)的问世,极大地推动了固体表面分子组装的研究。利用 STM,人们可以直接"看"到表面的原子、分子,"看"到表面的组装结构,原子级分辨的表面结构图像清晰地呈现在人们面前,解开了此前的诸多"谜团",澄清了许多"猜想",使表面分子吸附组装的研究取得了史无前例的成果,进入一个新的境地。

吸附组装的研究内容包含分子在固体表面的吸附、迁移、结构形成、结构转变、结构稳定性,以及结构的性质等等。研究的是分子依其本身性质,在不同环境下的表面行为,实际上已有"自组装"(self-assembly)的意义。不过,随着纳米科学技术的发展,自组装一词出现的频率大大增加,自组装引起了人们空前的关注,这一来可能源于自组装的"新概念"成分,二来可能来自人们对"自"的期待。人们希望通过对分子体系的设计达到这样的目的:该体系可以在启动后自行、自发工作,然后形成特定的结构,实现需要的功能。又希望把自组装当成纳米技术中"自下而上"(bottom-up)技术的一个基本方法,实现纳米加工和表面图案化。经过多年不断努力,科学家已经克服了重重困难,在研究自组装方面成果颇丰。这些成果也可以看做是研究固体表面分子组装的重要进展。

我和表面分子组装研究结缘还需追溯到 STM 技术。1992 年,我在日本东北大学(Tohoku University)留学,有幸参加电化学 STM 设备的研制,并利用设备进行电化学研究,包括电化学环境下电极表面分子的吸附组装和表面电化学反应研究等。2005 年,在科学出版社杨震编辑的帮助下,我出版了《电化学扫描隧道显微术及其应用》一书,随后于 2011 年再版。该书主要介绍电化学 STM 技术、实用实验方法以及必备的相关理论知识(如晶体学和电化学等)和电化学实验技术等,也介绍了相关的电化学研究成果。多年来,在研究组各位同仁和研究生的共同努力下,将电化学 STM 技术拓展到多领域的研究,技术上也发展成为化学环境下的STM 技术,包括大气、水溶液、有机溶液、气氛可控等。利用该技术有选择地系统研究了多个系列的分子表面组装,今日再受杨震编辑鼓动和鼓励,结集出版《固体表面分子组装》，是对相关工作的归纳总结。

多年来，本人的研究组开展固体表面分子组装研究，不但发展表面组装方法，还一直试图找到分子结构-固体种类-组装结构间的关系，也不放过发现组装结构中重要现象的机会并阐明原因，意欲探索表面分子组装规律，利用分子组装实现表面功能化。书中在介绍固体表面的结构特点和 STM 技术等表面分子组装基础知识之后，顺序介绍了简单烷烃/烷烃衍生物分子的组装结构、复杂配合物分子的组装、主客体组装以及功能化组装等，随后介绍结构转化研究、手性结构研究、电化学环境下的组装和相变化，最后是可能的表面功能化，内容安排尽量承上启下、先易后难且逻辑相关。

借此机会，我要感谢我研究组的研究生们，他们倾心科学，随我多年耕耘于固体表面分子组装研究领域，努力工作，夜以继日，他们终学有所成，也留下了丰富的科研结果。陈婷、严会娟、殷雅侠、陈庆、张旭、崔博、管翠中、郑轻娜等还参与了书稿内容整理、文献核对等工作。感谢科学出版社杨震、张淑晓和刘冉诸位编辑的悉心指导，感谢国家出版基金对本书的出版资助。感谢国家自然科学基金委员会、科技部和中国科学院，多年来，我的研究工作一直得到他们的支持，本书中的研究内容大多是在他们的资助下获得的科研成果。

还要感谢我的妻子姜红，她不厌其烦地整理我写下的零散片段，帮助打字输入我的手写书稿，保存相关资料，愿本书的出版给她带去一份快乐！

分子组装研究历史已久，内容丰富，且时有挑战课题出现，也有轰动性和里程碑性成果问世。限于水平和时间，书中不妥之处在所难免，恳请各位前辈和同行不吝赐教。出版本书意在抛砖引玉，以诱导、鼓励更多的科技工作者，尤其是青年科技工作者加入该研究行列，发展新技术，探索规律，攻坚克难；同时，发现新问题和解决新问题，推动分子组装研究不断发展。

万立骏

2014 年 2 月于北京中关村

目　　录

第 1 章 绪　　论

自组装(self-assembly)得到了前所未有的关注,似乎无所不在;自组装被赋予了出乎意料的威力,似乎在多个学科领域无所不能。请看,分子可以通过自组装形成,材料可以通过自组装制备,表面改性可以通过自组装实现,细胞有望通过自组装获得,甚至期待生命体可以通过自组装产生,等等。为何如此? 探其原因,可能与 2005 年美国《科学》(Science)杂志的一个专辑不无关系。

2005 年 7 月,美国《科学》杂志在庆祝创刊 125 周年之际,发布了当今世界最具挑战性的 125 个科学问题(如图 1.1 所示)[1]。其中的 25 个科学问题又被列为重大科学问题(The top 25),25 个重大科学问题的其中之一是"我们能推动化学自组装走多远?"(How far can we push chemical self-assembly?)纵览化学发展历史,在过去的 100 多年里,化学家们利用形成或打断共价键的方法,成功合成了多种结构丰富、性质多样的化合物。从尺寸和体积上看,不仅有各种各样的有机小分子,还有由 1000 多个原子组成的化合物。这些结构和性质多样的新物质为五彩缤纷的客观世界增添了新的光彩,为化学创造美好生活作出了重要贡献。在利用共价键的同时,在过去的几十年里,化学家们还致力于学习和利用非共价键,利用弱相互作用,以此构筑新的复杂结构,创造新物质,这些具有非共价键的弱相互作用通常包括氢键、范德华(van der Waals)力、π-π 相互作用、偶极作用、静电作用、亲疏水作用等。科学家们利用具有不同弱相互作用的原子/分子或原子/分子集团、

图 1.1　美国《科学》杂志在庆祝创刊 125 周年之际,发布了当今世界最具挑战性的
125 个科学问题,其中 25 个被列为重大科学问题[1]

纳米尺度聚集体、纳米材料等"装配"组合,可以构筑得到具有复杂的或多级的结构集合体。这些材料或集合体具有不同性质,从而具有潜在的功能。这就是化学自组装(chemical self-assembly)所包含的基本内容。

通常所述的自组装,应属于化学自组装的范畴。从此意义上讲,尽管自组装并不是万能的,但确实有其不可替代的作用。通过利用自组装技术,研究自组装结构及其性质,可以为创造新物质提供一种新的技术途径和方法,可以获得更多的具有特定功能的组装体系。因此,对化学自组装的深入研究被提到了科学研究的重要议事日程之上,得到科学家们的高度重视。

化学自组装或创造新物质的自组装可以发生在不同环境之中,例如溶液中或固体表面。以固体表面分子组装为例,如图1.2所示,存在于溶液中的各种分子或分子聚集体通过吸附可以停留在固体表面,这些分子或分子聚集体会在表面发生自组装,它们根据分子间相互作用和分子与基底间相互作用的不同会在表面进行结构调整,最终形成稳定的、有层次的、具有特定结构的组装体系。通过改变外界条件还可以影响分子组装,可以在一定程度上对所产生的结构进行调控以获得新的结构。众所周知,固体表面改性的一个重要途径是进行表面修饰。表面自组装结构的形成将对固体表面性质产生影响,例如改变其浸润性、耐蚀性、光学和电学性质等。同时利用组装形成的表面结构,可以实现表面图案化,对电子、信息等领域具有重要的科学和应用意义。

图1.2　存在于溶液中的各种分子或分子聚集体根据分子间相互作用和分子与基底间相互作用的不同,会吸附在固体表面,并在表面进行结构调整,最终形成稳定的、有层次的、具有特定结构的组装体系

从传统意义上讲,固体表面科学研究的内容包括多种物种,例如原子、分子、离子,甚至它们的集团等在固体表面的吸附、结构形成、最终结构、结构的性质和功能等。在固体表面科学研究中经常用到的术语是组装(assembly 或 organization)而不是自组装,与组装有关的组织常被称为吸附层(adlayer)或者超晶格(adlattice)。不过这里的组装其实已经包含自组装的意义。本书拟名为"固体表面分子组装"。书中叙述的内容与传统意义的组装相近,和现代意义的自组装既有区别,又有联系。这里"自组装"强调了组装单元本身的"自动"作用。而"组装"则既着眼于弱相互作用的"自动"功能,又扩展到在外界条件下诱导产生的"被动"作用,例如在热、

光、电或磁场的作用下,组装体可以打破原有的平衡状态,实现一种新的结构或组装体系,此时组装基元间的作用可能为弱相互作用,或以弱相互作用为主,但也可能是共价键的强相互作用。

本书主要论述固体表面的分子组装,集中了利用扫描隧道显微技术(scanning tunneling microscopy,STM)研究固体表面分子组装的部分工作,包括固体表面分子吸附组装的一般知识,组装层制备的常用方法和组装层表征的常用技术,并以笔者自己研究组的研究工作为主,分类列举了其中的典型实验结果。分子种类涉及简单的烷烃或硫醇分子,也有结构复杂的配合物分子等。研究体系既有单组分的组装体系,也有主客体组装的多元体系。在此基础上,强调组装体系的结构形成和变化,组装体系的功能等,并探讨了相关组装体系的组装规律。其中一些研究结果已经在相关学术期刊发表,在此结集出版,是对本组近年在固体表面分子组装方面工作的阶段性归纳总结,更是抛砖引玉,以期引起更多科学家的研究兴趣,加入分子吸附组装研究队伍,并产生更好更多的新成果,达到推进学科发展之目的。

1.1 固体表面分子吸附

固体表面是分子吸附的基础和载体,其性质常与固体内部的结构不同,对表面分子结构的形成非常重要。因此,研究固体表面分子组装,首先要了解固体表面的特点。

1.1.1 固体表面

自然界的常见物质按存在形态划分基本可以被分为固态、液态及气态等三种状态,固体表面是指固态物质表面的一个或几个原子层,有时还指深度为几纳米甚至几微米的表面层。固态物质的性质不仅取决于其本体的结构与性质,还与其表面和界面的结构与性质密不可分。

固体表面是固体体相内部三维周期性结构的终止,客观表现在表面原子向外的一侧所处环境与体内原子不同,没有相邻原子,原子的配位数发生改变。表面原子的部分化学键无法饱和,从而伸向空间形成悬空键。表面区内还易于产生和存在各种缺陷、形变及化学组成变化等,例如空位、间隙原子、台阶、畴界等各种偏离二维周期性的结构。另外,固体内部的三维势场在表面中断,导致表面原子的电子状态也和体内原子的电子状态不同。除了少数理想情况,固体表面常处于热力学非平衡状态,且趋向于热力学平衡状态的速度极为缓慢。这些均对固体表面的物理化学性质产生很大的影响。由于具有上述特点,表面实际上不是固体体相结构的简单终止,这种终止引起的结果赋予了表面与体相内部不同的性质。例如:①由于固体表面有悬空键存在,因而表面具有剩余成键能力。②为了降低表面能,所有固体表面的原子都会离开它们原来在体相中应占有的位置而进入新的平衡位置,使得表层原子的键长和键角均与体内不同,可能产生各向异性,也可能产生表面弛豫或表面重构(或表面再构)[2-4]。弛豫现象是指表面层之间以及表面和体内原子层之间的垂直距离,和体内原子层间距相比有所膨胀或压缩的现象。而重构现象是指晶体表面原子层在水平方向上的周期性不同于体相内部晶体周期性的现象[5]。③固体表面除在原子排列和电子能级方面与体相有显著不同之外,其表面化学组成往往也与体相存在差别,容易产生表面偏析。即由多种元素组成的固体,由于具有趋向于最小的表面自由能及吸附质的作用,使其中某一元素的原子从体相向表层迁移,并在表层富集,导致该元素在表面的含量高于在体相中平均含量的现象。

　　图1.3至图1.5是发生在金属和半导体表面的典型重构现象。图1.3是发生在Au(111)表面的重构现象。大家知道,Au(111)是面心立方结构,晶体中原子紧密堆积形成具有六次对称的排列。但是在加热后以一定的速度冷却时会发生表面重构。在表面层Au(111)-(1×1)结构会变成Au(111)-($23\times\sqrt{3}$)结构,如图1.3所示,其中(a)为Au(111)-($23\times\sqrt{3}$)结构模型示意图,(b)为STM图像。

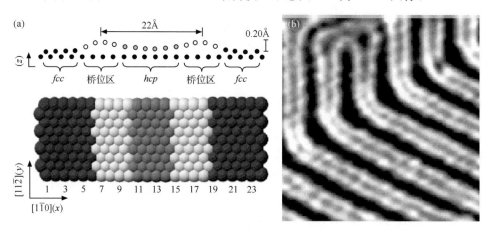

图1.3　(a)Au(111)-($23\times\sqrt{3}$)结构模型示意图,(b)Au(111)-($23\times\sqrt{3}$)
结构的STM图像(扫描范围:40 nm×40 nm)[2]

　　与Au(111)类似,研究发现,无论是n型还是p型Si(111),经真空退火处理后,其表面都会产生(7×7)重构,图1.4和图1.5分别是Si(111)-(7×7)重构表面在超高真空中的STM图像和描述重构结构的二聚体-吸附原子-堆积层错模型示意图。但如果向真空室内通入氢气或将Si单晶放在溶液中,其(7×7)重构消失,变成(1×1)结构。

　　了解固体表面的性质对研究分子组装非常重要。固体表面是分子吸附的载

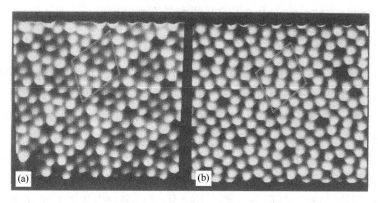

图 1.4　Si(111)-(7×7)重构表面在超高真空中的 STM 图像。(a)和(b)分别获于偏压
−1.5 V 和＋1.5 V[3]

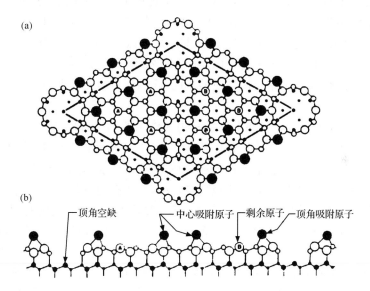

图 1.5　(a)Si(111)-(7×7)表面重构的二聚体-吸附原子-堆积层错模型俯视图,用从小到大
的球来表示硅原子离表面的远近;(b)对应(a)的侧视图[4]

体,分子与基底间的相互作用对分子吸附和组装以及结构形成有直接影响。同时,
许多重要的化学反应或性质变化都是从材料的表面界面处开始的。例如,工业生
产中常见的多相催化在很大程度上取决于催化剂的表面结构及因之决定的化学吸
附。电解、电镀、电池、电催化等都与固/液界面的电荷转移及电化学反应密不可
分。电子科技中的表面处理、纳米科技中的检测表征和器件构筑等众多研究领域
也与固体表面的结构及性质密切相关。研究包含表面结构、电荷传递、物质迁移、
化学反应及热力学/动力学过程等诸多内涵的分子组装和固体表面科学,对包括化

学、材料、信息、生命科学在内的多学科研究具有重要价值。

1.1.2　物理吸附和化学吸附

当固体表面与来自外部环境的原子、离子和分子(为简便起见,以下以分子代表三者,它们可以来自气体、液体,甚至固体)接触时,这些原子或分子通常会与固体表面发生相互作用滞留在固体表面从而产生表面吸附。吸附物可在固体表面形成无序的或有序的覆盖层,其二维周期往往不同于固体表面的周期。

分子吸附是分子组装的前提条件,没有吸附就没有组装可言。组装可以和吸附同时进行,又可能滞后于吸附。吸附在固体表面的分子进行结构调整或结构有序化,形成组装层,这一过程是一种动态行为,又可细分为几个步骤:表面吸附——各种相互作用的调整和动态平衡(组装)——结构形成。动态行为的结果是形成表面组织,即表面组装层。组装层可以是单分子层,也可以是多分子层。这些组织在不同阶段具有不同结构,例如吸附结构、动态亚稳结构和稳定结构。组装结构的存在与固体表面种类有关,也与存在的环境条件有关,例如温度、压力、电位等。因此,研究固体表面分子组装,须先了解固体表面分子吸附。

研究分子吸附时,根据作用性质的不同,人们通常将表面吸附分为物理吸附和化学吸附。

表面物理吸附是表面与外来分子间物理作用的结果,最大特点是相互间没有电子转移,没有化学键的生成与破坏,吸附分子的完整性没有被破坏,固体表面也没有原子重排等,一般具有下列特征:①吸附是由固体表面和分子之间的范德华力产生的,吸附强度一般比较弱。②吸附热较小(一般在每摩尔几千焦以下),且吸附无选择性。③吸附不需要活化能,吸附的稳定性不高,吸附与脱附的速率都很快。④吸附可以是单分子层的,也可以是多分子层的。吸附速率并不因温度的升高而变快。

相对于物理吸附,化学吸附时,吸附分子中的价电子往往会发生重新分配,导致吸附分子的内部结构发生变化,通常具有这些特点:①吸附是由固体表面和分子之间的化学键力产生的,吸附强度一般较强。②吸附热较高,接近于化学反应热,一般在 40 kJ/mol 以上。③吸附具有选择性,固体表面具有活性位点。在活性位点优先吸附与之可发生反应的原子或分子。④吸附分子的稳定性很高,吸附后,不易脱附;吸附需要活化能,当温度升高时,吸附和脱附速率加快。⑤吸附分子多形成单分子层吸附。从上述特点可以看出,化学吸附类同于固体表面与吸附分子间发生了化学反应,在利用红外、紫外-可见光谱等的检测中,也往往会出现新的特征吸收带。化学吸附的速度较慢,吸附过程多为不可逆,选择性较高,只能形成单分子层。硫醇类分子通过 S—Au 键在金基底上的吸附是典型的化学吸附。

固体表面吸附可能是物理吸附和化学吸附同时出现,有时很难清楚界定产生的吸附是物理吸附还是化学吸附,因为这两种吸附常同时出现。但是在固体表面分子组装研究中,了解何种吸附起主导作用,有利于判断组装结构的稳定性以及组装结构的形成机制,有利于确定对组装结构使用何种分析表征技术和表征时的注意事项。例如,在对表面组装结构进行 STM 成像观察时,物理吸附分子层易受 STM 针尖扰动而产生脱附,因此在选择成像条件时就要考虑采用对表面吸附分子层扰动尽可能小的隧道电流、偏压以及扫描速率等成像参数。

1.2 分 子 组 装

分子的组装或自组装是创造新物质的重要手段和技术方法之一,自组装应看成是组装中的特殊情形。通过自组装,结构单元(可以是原子/分子、分子集团、纳米尺度聚集体、纳米材料等)借助分子间弱相互作用自发形成稳定的、具有特定结构和功能的、主要以非共价键结合的聚集体系。自组装虽然以化学过程为主,但又有物理过程或类似生物过程,与传统制备方法相比有明显区别,研究组装和自组装是一新兴的、具有重要意义的交叉学科方向。若干分子组装体的结构以及功能是用传统制备方法所无法获得的,分子组装技术在新物质创造及获得特定功能方面具有不可替代的作用。

众所周知,分子之间存在诸如范德华力、氢键、偶极力、静电力等非共价键相互作用力。在这些作用力的驱动下,分子可以凝聚在一起,按照一定的规则组合排列,形成处于热力学平衡或准热力学平衡的聚集结构。分子自组装是一个自发的过程,分子在自组装中会自行排除缺陷,形成特定结构。自组装研究的基本问题是揭示组装基元间的弱键相互作用的本质和协同规律,在此基础上实现对自组装过程的调控,并制备具有设计功能的自组装体系。

自组装一般具有两重意义。一是方法学的意义,即自组装是一种技术,该技术可以将功能单元组合成具有特定结构和特定功能的体系。和通常使用的化学合成的方法不同,自组装利用分子间的弱相互作用进行工作,分子间或功能基元间或许没有生成新的价键,但是分子间或功能基元间的排列组合却能够发生变化。自组装的另一重意义是利用自组装得到的产物,即自组装体系。

自组装可以在分子内进行,可以在溶液中进行,也可以在固体表面进行。组装的结果可以是新的分子、新的固体表面、新的聚集体或新的纳米材料。在固体表面通过自组装形成的组装体系一般被叫做自组装层(self-assembled adlayer),或自组装单层(self-assembled monolayer,SAM)。组装环境不同会影响最终产物的结构。例如,同样的分子在固体表面蒸发沉积形成的自组装层的结构与同样分子在溶液环境下形成的自组装体系的结构兴许会截然不同。分子在固体表面自组装形成组装结构的过程不仅是分子的吸附过程,受基底和分子之间相互作用的影响,也与分子自身的识别、缔合、结构修复等现象密切相关,因此分子之间的作用力也是分子自组装的重要驱动力。研究发现,在表面吸附和组装过程中,分子的吸附、脱附、热迁移、转动等现象均影响组装结构的形成,基底也会影响分子的吸附构象和组装结构。因此,表面分子组装层的形成是多种因素共同影响的复杂过程,是分子与基底间作用力及分子间作用力共同作用,甚至包括分子内作用力共同作用的结果。

　　自组装现象广泛存在于自然界之中,存在于生命系统之中,如 DNA 的双螺旋结构、蛋白质的聚集与折叠、细胞或某些生命体等等,它们都被认为是分子自组装的结果。科学家们利用自组装技术制备各种自组装结构,其自组装的内涵和规律也被不断认识和发现。图 1.6 是几种由自组装得到的组装体系的示意图,它们分别是 DNA 的双螺旋结构、磷脂膜囊泡、ZnO 纳米材料、金单晶表面的紫罗兰分子组装结构。随着现代科学技术的进步,尤其随着信息、电子、生命、材料、纳米等研究领域的快速发展,自组装技术引起了人们的广泛关注和重视。当人们尝试用原子或分子或纳米尺度功能集合体作为基元来构筑器件(即"自下而上",bottom-up 方法)时,发现依靠传统的加工技术(即"自上而下",top-down 方法)是困难重重,甚至是无法实现的。此时,利用这些基元间的弱相互作用来自动"装配",才有望得到具有特定功能的新的结构体或新的物质,才有可能满足人们在信息、生命、电子、材料和纳米等领域的应用需求,这里自组装的方法学意义和特定功能性都显得尤为重要。

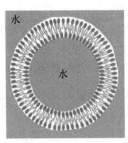

图 1.6　几种由自组装过程得到的组装体。从左向右依次为 DNA 的双螺旋结构、
磷脂膜囊泡、ZnO 纳米材料、金单晶表面的紫罗兰分子组装结构[6]

　　纳米科技被认为是在纳米尺度上(约在 0.1～100 nm 之间)研究原子、分子和电子的运动规律和特点,并利用这些规律发展新材料、新工艺和新器件的多学科交叉的科学和技术。纳米科学技术的重要目标之一是利用以原子、分子及物质在纳米尺度上表现出来的新颖的物理、化学和生物学等特性制造出具有特定功能的产品和器件,其中纳米器件的研制水平和应用程度应是代表纳米科技发展水平的重要标志。而可控构筑纳米结构和纳米材料,实现对物质在纳米尺度上的加工,则是

制备纳米器件的基础和前提。前面提到的bottom-up(自下而上)方法是纳米科学技术的重要技术和特点之一,也是人们利用单个原子或分子,在纳米尺度创造新的结构、新的物质和新的功能的方法之一。而自组装技术是"自下而上"方法中的重要技术手段。通过自组装,人们期望可以得到用传统化学合成或加工方法得不到的结果。但是,自组装结构的获得与多种因素有关,例如溶剂、组装环境、外场作用、温度等对最终组装产物均有重要影响,且由于组装过程的复杂性,尚难以找到如化学反应方程式一样的普遍规律来控制自组装,一种材料因其组装条件的不同就会产生不同的组装结果,具有不同的形态和性质。因此,人们对自组装的规律仍在不断认识和探索之中,既有挑战,又有机会。不过值得指出的是,自组装方法虽然有效,有时威力强大,且前景诱人,也并非是万能的方法,不是创造新物质、新复杂体系和实现特定功能的唯一方法,如欲得到某种特定结构和功能,常需自组装方法和其他化学合成等方法的结合,也不必将传统的化学合成硬套上"自组装"的标签。

经过多年努力,特别是近十余年的探索,科学工作者已经在组装和自组装研究领域积累了大量实际经验和实验结果,无论是固体表面组装,还是溶液等环境中的组装,无论是分子的表面图案化,还是纳米材料的制备等都取得了重要进展,在理论和实验两方面都取得了有意义的结果,不仅使物质世界更为丰富多彩,也确实为新物质新功能的创造提供了又一重要途径。

目前,分子自组装研究中的科学问题主要集中在组装体中组装单元的成键的本质和规律、成键强度、优先性、方向性、成键的条件和预测,包括分子间、分子内、分子与基底间的相互作用等。技术问题主要集中在可控组装,即组装的开始与终止、组装过程的控制等。还有组装体系的集成、组装体的功能以及组装过程的原位检测监视技术等。具体内容例如,性质明确和结构可控的功能分子和组装单元的合成,以及合成中分子内相互作用和组装单元内相互作用的研究,这些研究将为组装提供组装单元或功能基元。组装过程中和组装体体系的表界面研究,自组装过程动力学和组装体系热力学稳定性的研究,组装体系中成键的本质和规律,如化学键还是非键作用力,成键强度,优先性,方向性,成键的条件和预测,这些研究将有助于理解组装规律,实现图案化组装、定向组装、集成组装、多元多层次组装以及某些特定结构如手性结构的组装和控制。组装体的理论研究也非常重要,通过理论模拟,可以预测组装体系的结构和功能。另外,利用已有的分析检测技术并发展新的分析检测技术,实现对组装体系的性质研究以及原位观测也是当务之急。归纳上述内容,目前在分子组装领域的前沿研究方向至少包括:①组装规律和组装方法学的研究。从复杂多样的组装体系中获得具有特定结构的途径,借此从"必然王国"达到"自由王国"。②对实现特定功能所需结构的认识,以及结构与功能关系的研究。③原位观察分析和检测组装过程、组装产物和组装体系功能的技术方法。

1.3　表面分子组装结构的形成

1.3.1　组装形成的典型作用力

前面已经提到,在自组装过程中,组装单元间在一定作用力的引导下,彼此间通过识别、结合、结构修复等,最终形成稳定的、具有特定结构和功能的组装体系。这里的作用力多为非共价键力,但有时也可以是共价键力。在固体表面组装时,视物理吸附或化学吸附,分子或组装单元与基底间的作用力亦发挥作用。这些作用力是分子组装的起因或驱动力。表 1.1 列举了自组装过程中可能存在的、常见的相互作用类型。

表 1.1　自组装过程中常见的分子间相互作用类型

相互作用类型	实例
范德华力	正烷烃晶体
氢键	核酸碱基对、蛋白中的氨基氢键
金属-配体的配位作用	有机金属复合物
疏水相互作用	胶束、LB 单层膜、油脂双层膜
芳香体系 π 堆积和电荷转移	核酸、J-聚集体
偶极引起的静电作用	某些烷烃衍生物
共价键	S—Au 键

1. 范德华力

范德华力是存在于分子之间和分子与基底之间的一种吸引或排斥的非共价长程作用力,包括色散力、偶极-偶极作用、诱导偶极作用等,它得名于其发现者荷兰科学家 Johannes Diderik van der Waals。范德华力不具有方向性,在组装体系内的范德华力通常诱导分子形成密堆积结构。烷烃类分子在高定向裂解石墨(highly oriented pyrolytic graphite,HOPG)表面上的吸附结构是经典的体系之一[7-10]。当烷烃在 HOPG 表面组装时,为了使分子间的相互作用最强,从而降低表面自由能,分子间应有尽量大的接触面积,这一趋势导致了烷烃分子在 HOPG 表面形成有序密排结构。以 $C_{32}H_{66}$ 为例,高分辨 STM 图像(图 1.7)显示了 $C_{32}H_{66}$ 在 HOPG 表面形成的高度有序的二维分子组装结构,分子的长链相互平行并排成垄状,条垄之间以窄的暗槽相分隔,表明分子是以其长轴平行于 HOPG 表面的方式吸附[7]。烷烃分子呈现出与其分子骨架碳原子数目相同的双排亮点的结构,从角度及间距上的测量推断这些亮点对应于亚甲基的氢原子所在位置。利用 STM 还

研究了从 $C_{12}H_{26}$ 到 $C_{50}H_{102}$ 的烷烃分子等,其自组装结构具有与 $C_{32}H_{66}$ 相类似的排列方式[8-10]。对烷烃分子在 HOPG 表面的密排结构的理论计算表明:此时,每个 CH_2 基对分子的吸附能的贡献是相同的,平行吸附构型的 CH_2 的吸附能约为 11.7 kJ/mol,垂直吸附构型的 CH_2 的吸附能约为 10.5 kJ/mol[11]。

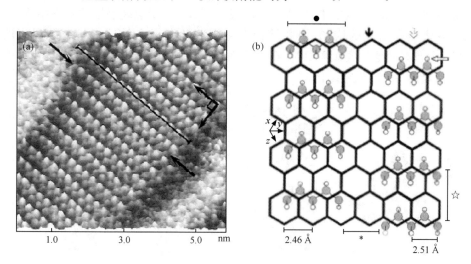

图 1.7　(a)三十二烷($C_{32}H_{66}$)在石墨表面形成的密排结构的 STM 图像;
(b)直链烷烃在石墨表面的密排结构的结构模型[7]

　　烷烃分子组装体系内的范德华力有助于有机分子在基底上稳定吸附,因此烷基链常被用来修饰有机分子以获得稳定吸附的表面分子组装结构。例如,铜酞菁(CuPc)和卟啉(PP)都是平面型分子,在超高真空(UHV)环境下和金属基底上可形成稳定吸附的分子结构。但在室温大气环境下,由于分子在 HOPG 表面的吸附力较弱,具有一定的移动性,难以进行 STM 观察。当分别修饰上八条辛烷氧基链和十四烷氧基链时,形成的 CuPcOC8 和 TTPP 分子,便可在 HOPG 表面稳定吸附组装,在室温大气环境下对其进行高分辨 STM 成像。

2. 氢键

　　氢键是发生在已经与其他原子形成共价键的氢原子与另一个原子之间的偶极作用,可标记为 X—H···Y,通常产生氢键的 X 和 Y 原子都具有较强的电负性,如 N,O 等[12]。氢键可存在于分子内和分子间,其键能一般为 5~40 kJ/mol。氢键对生命体系具有特殊的意义,水分子的熔点等物理化学性质与氢键的形成密不可分,许多生物类分子如核酸等的形成和稳定也与氢键的形成有关。

　　氢键具有方向性和选择性,在超分子化学和分子组装中被广泛应用。羧基、羟基和氨基是最常见的氢键作用基团,利用含有这些基团的各种化合物,研究者在各种表面构筑了多种分子组装结构。例如，羧基等可同时作为氢键给体和受体，自身即可形成氢键[13-18]，可用来构筑单组分二维氢键网格结构。1,3,5-苯三酸(TMA)是具有三次对称性的分子，分子间通过氢键可以形成二聚体或三聚体，如图1.8所示。作为模型分子，其表面组装行为得到了深入的研究[15-18]。北京大学吴凯课题组系统研究了超高真空条件下 Au(111)表面 TMA 分子组装层中的氢键结构，随分子在表面覆盖度的增加，组装结构发生周期性有序变化[18]。研究结果表明 TMA 分子在其他基底如 HOPG 石墨表面，或其他环境下如固/液界面也可以形成类似氢键主导的网格结构。

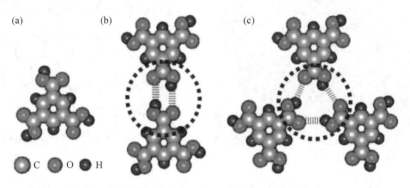

图 1.8　TMA 分子结构模型(a)，通过氢键可以形成二聚体(b)和三聚体(c)

通过多组分的表面组装可以获得新颖的分子纳米结构，丰富纳米结构的种类和性质，引起了人们的广泛兴趣。因为氢键具有方向性和选择性，因而也被用做构筑多组分表面组装结构的途径之一。例如，羧基和吡啶基之间可以形成强度较高的 O—H…N 氢键[19,20]，常被用来构筑多元复合结构。1,3,5-三(4-吡啶基)-2,4,6-三嗪(TPT)分子是具有三次对称性的分子，其吡啶基团可以作为氢键受体，与其他氢键给体如 TMA 及对苯二酸(TPA)等分子形成氢键网格。

多重氢键具有缔合常数大、聚合度高等特点，在超分子化学尤其是超分子聚合物材料方面具有重要应用。利用多重氢键也可有效地构筑表面分子纳米结构。例如，苝-3,4,9,10-四甲酰二亚胺(PTCDI)可与三聚氰胺在 Ag/Si(111)-$\sqrt{3} \times \sqrt{3}R30°$等基底表面共组装，得到具有六次对称的二元网格结构，两种组分间的三重氢键是该结构形成的主要驱动力[21]。该氢键网格结构可作为分子模板，填入富勒烯等客体分子。由于多组分分子组装的复杂性，PTCDI 与三聚氰胺还可以形成其他类型的氢键，因此在 Au(111)等表面形成菱形、风车等其他类型的氢键网格结构[22,23]。其他化合物如苝-3,4,9,10-四羧酸二酐(PTCDA)，萘-1,4,5,8-二酰亚胺(NTCDI)等也可与三聚氰胺共组装，形成二维网格等组装结构[24-27]。

3. 金属-配体配位作用

许多过渡金属如 Fe，Co 等可以与一些有机配体如羧基、氰基等形成配位相互作用，在有机合成等领域具有重要的应用[28]。配位键是一种较强的非共价键相互作用，一般在 40～120 kJ/mol，且具有良好的方向性，因此也可被用来构筑二维或三维纳米结构[29]。在配位键纳米结构中，除了有机配体分子的形状、结构、官能团等因素，金属原子的种类和配位数等也决定了最终组装结构的形成。不仅如此，金属中心体的引入也扩展了纳米结构的功能性范围[30]。Ni^{2+} 和 Cu^{2+} 离子在两种 2,2′-联吡啶衍生物的溶液中通过自选择或自识别可以分别形成 Ni^{2+} 的三螺旋结构和 Cu^{2+} 的双螺旋结构[31]。在二维平面，STM 可以观测到配位络合物在 HOPG 表面的自组装单层结构，如长链取代的喹啉-铜的配合物等[32,33]。

含有羧基的有机小分子经常作为配位键组装结构的配体分子。例如，TMA 可以和 Fe 原子形成表面网格结构，其形貌、对称性和分子空穴等结构特征均与 TMA 自身形成的氢键网格结构不同[34]。在 UHV 环境下，对苯二酸（TPA）及三联苯二酸（TDA）与 Fe 原子在 Cu(100) 表面也可形成配位键网格结构。通过调节配体分子与金属原子的摩尔比例，可以构筑不同的二维组装结构[35]。

多种配体分子也可应用于同一组装体系中，并提高配位键组装结构的可控性[36]。例如，对联苯二酸与对联苯二吡啶两类配体分子可以和 Fe 原子在 Cu(100) 表面形成一系列四方形配位键网格结构[36]。在这一系列结构中，两个对联苯二吡啶类分子和两个对联苯二酸类分子组成一个长方形组装单元，并分别充当长方形的两组对边。Fe 原子充当网格结构的结点，与吡啶环上的一个氮原子和去质子化的羧基的两个氧原子形成配位键，稳定网格结构。通过改变两种配体分子的苯环个数，可以有效地实现长方形网格空穴的长度和宽度。

除了以上介绍的几种相互作用力，许多其他类型的作用力也可驱使分子形成自组装结构，例如偶极-偶极相互作用[37,38]、π-π 堆积作用[39,40]、共价键等[41,42]。随着近年来理论化学等学科的发展，卤键的性质和作用也被逐渐认识，一些利用卤键来构筑分子表面组装结构的例子也见诸报道[43]。需要指出的是，在分子组装中，多种作用力可能同时存在和共同作用。因此研究组装体系内各种相互作用力的强度、方向、角度、协同性、竞争性等，对控制表面分子纳米结构如尺寸、密度、对称性等特征具有重要意义。

1.3.2　影响表面分子组装结构的主要因素

有机分子在固体表面的组装是一个复杂的过程，不仅与分子本身的化学结构有关，而且受到各种组装环境的影响[44]。例如，组装基元的分子结构、分子在固体表面的覆盖度或浓度、多元组装时各组分的比例等都会影响组装结构。而组装环境如基底、溶剂、温度、光照、电场/电位等也是影响表面分子组装结构的重要因素。鉴于此,构筑和控制表面分子组装结构均可以从分子组装体系和组装环境两方面进行。

1. 浓度

许多有机分子在固体表面吸附和组装时,分子的不同浓度将增强或减弱分子间相互作用,导致多样的组装结构的形成[18,45]。例如,当溶液样品在固/液界面进行分子组装时,溶质分子的浓度直接影响分子的表面覆盖度,导致表面分子组装结构的不同[26,46]。在超高真空条件下,分子在固体表面的覆盖度往往也影响分子的组装结构。

2. 基底

有机分子在固体表面的组装过程受控于分子间作用力和分子与基底间作用力。固体基底不仅作为表面分子组装结构的承载体,而且影响分子的组装结构,有时分子与基底间的作用力是形成分子组装结构的主要驱动力。

3. 溶剂

当以溶液样品制备表面分子组装结构时,组装体系内的作用力更加复杂。除了溶质分子间作用力及溶质与基底间作用力之外[44],溶剂与溶质间作用力、溶剂与基底间作用力、溶剂分子之间的作用力等也介入溶质分子的组装过程[47-50]。溶剂影响溶质分子组装的因素包括溶剂的溶解能力、溶剂极性、黏度、挥发性、共吸附等。在分子组装过程中,这些因素共同作用,最终形成稳定的表面纳米结构。选择不同的溶剂有时也可以有效地调控表面分子组装结构。

4. 温度

分子组装是一个自发的过程,会产生处于热力学平衡或者准平衡的稳定结构,因此温度对分子组装会有影响[51,52]。加热不仅能够促进分子以热力学稳定的状态在表面吸附和组装,而且能够调节分子的构象,甚至诱导分子在表面发生化学反应。

加热可以诱导一些分子发生诸如脱水、脱卤素等缩合反应[41,42,53]。由于高分子的合成和组装难以精确控制,热反应为制备具有更高强度和更好电荷传输性能的二维共价键纳米结构提供了思路。例如,利用加热脱溴反应,可获得由四溴代卟啉分子形成的共价键网格结构[41]。通过硼酸类分子的加热脱水反应,可以在固体表面制备出二维的纳米分子筛结构[42]。

5. 光照

光化学反应在光信息存储、传感器、光电器件等领域扮演着重要的角色[54-56]。利用含有光活性基团的分子的光化学反应,如偶氮苯、二苯乙烯的光异构、苯二烯酸的光二聚、双炔的光聚合等,不仅可以有效地调控表面分子组装结构,也是实现组装结构的功能化,制备分子纳米器件重要途径[57,58]。表界面的光化学反应具有可能不同于体相或溶液中光反应的特殊之处。例如,光敏基团在表界面组装过程中可能形成有利于光反应的排列方式,而表界面与吸附分子之间的电子传输对于光反应具有不可忽视的影响。因此,研究光照对分子组装结构的调控,对于揭示光化学反应的机理也具有重要的意义[59]。

6. 电场/电位

有机分子的结构和性质与其所处的电场或电位密切相关[60]。例如,电场方向可以调控极性分子的排列方向。氧化-还原反应在很大程度上受电位的控制。对于表面分子组装结构来说,加在固体上的电场或电位会影响吸附分子的吸附位点、吸附构象,甚至会诱导表面化学反应的发生[61]。与其他调控手段相比,对电场/电位具有响应的表面组装体系更易被应用于制备电开关、电控分子转子等纳米元件或器件,在纳电子学领域具有广阔的发展空间。

表面分子的吸附组装结构与电位的关系十分密切。电化学 STM 系统可以方便地改变基底电位,从而影响和控制表面分子的吸附结构与表面反应。

深入研究固体表面分子吸附组装,有利于纳米加工技术的发展,实现表面特定图案化和分子纳米器件,创造新物质,同时,还有利于掌握表面分子反应或催化规律,因而越来越受到科学家的重视[62]。因此,完全有理由相信,在不久的将来,表面分子组装研究会有更多的重要结果问世,在规律探索研究中期待更大突破。

参 考 文 献

[1] Service R F. How far can we push chemical self-assembly? Science, 2005, 309: 95.

[2] Schneider K S, Nicholson K T, Fosnacht D R, Orr B G, Holl M M B. Effect of surface reconstruction on molecular chemisorption: A scanning tunneling microscopy study of $H_8Si_8O_{12}$ clusters on Au(111) $23 \times \sqrt{3}$. Langmuir, 2002, 18: 8116-8122.

[3] Avouris P, Lyo I W, Hsegawa Y. Scanning tunneling microscope tip-sample interactions: Atomic modification of Si and nanometer Si Schottky diodes. J. Vac. Sci. Technol., 1993, A11:1725-1732.

[4] Takayanagi K, Tanishiro Y, Takahashi M, Takahashi S. Structural analysis of Si(111)-7×7 by UHV-transmission electron diffraction and microscopy. J. Vac. Sci. Technol., 1985, A3:1502-1506.

[5] 朱月香, 段连运, 钱民协. 固体表面结构和常用表面分析技术. 大学化学, 2000, 15:21-25.

[6] Wan L J, Shundo S, Inukai J, Itaya K. Ordered adlayers of organic molecules on sulfur-modified

Au(111): *In situ* scanning tunneling microscopy study. Langmuir, 2000, 16:2164-2168.

[7] Cyr D M, Venkataraman B, Flynn G W. STM investigations of organic molecules physisorbed at the liquid-solid interface. Chem. Mater. ,1996, 8: 1600-1615.

[8] Hentschke R, Schurmann B L, Rabe J P. Molecular-dynamics simulations of ordered alkane chains physisorbed on graphite. J. Chem. Phys. ,1992, 96: 6213-6221.

[9] Rabe J P, Buchholz S. Commensurability and mobility in 2-dimensional molecular-patterns on graphite. Science,1991, 253: 424-427.

[10] Chen Q, Yan H J, Yan C J, Pan G B, Wan L J, Wen G Y, Zhang D Q. STM investigation of the dependence of alkane and alkane ($C_{18}H_{38}$, $C_{19}H_{40}$) derivatives self-assembly on molecular chemical structure on HOPG surface. Surf. Sci. ,2008, 602: 1256-1266.

[11] 殷淑霞, 王琛, 裘晓辉, 曾庆涛, 许博, 白春礼. 长链烷烃分子吸附增强效应的 STM 图像理论研究. 化学学报,2000, 58: 753-758.

[12] Steiner T. The hydrogen bond in the solid state. Angew. Chem. Int. Ed. , 2002, 41: 48-76.

[13] Lackinger M, Heckl W M. Carboxylic acids: Versatile building blocks and mediators for two-dimensional supramolecular self-assembly. Langmuir,2009, 25: 11307-11321.

[14] Ivasenko O, Perepichka D F. Mastering fundamentals of supramolecular design with carboxylic acids. Common lessons from X-ray crystallography and scanning tunneling microscopy. Chem. Soc. Rev. , 2011, 40: 191-206.

[15] Griessl S, Lackinger M, Edelwirth M, Hietschold M, Heckl W M. Self-assembled two-dimensional molecular host-guest architectures from trimesic acid. Single Mol. ,2002, 3: 25-31.

[16] Lackinger M, Griessl S, Heckl W A, Hietschold M, Flynn G W. Self-assembly of trimesic acid at the liquid-solid interface: A study of solvent-induced polymorphism. Langmuir, 2005, 21: 4984-4988.

[17] Li Z, Han B, Wan L J, Wandlowski T. Supramolecular nanostructures of 1,3,5-benzene-tricarboxylic acid at electrified Au(111)/0.05 M H_2SO_4 interfaces: An *in situ* scanning tunneling microscopy study. Langmuir, 2005, 21: 6915-6928.

[18] Ye Y C, Sun W, Wang Y F, Shao X, Xu X G, Cheng F, Li J L, Wu K. A unified model: Self-assembly of trimesic acid on gold. J. Phys. Chem. C, 2007, 111: 10138-10141.

[19] Kampschulte L, Griessl S, Heckl W M, Lackinger M. Mediated coadsorption at the liquid-solid interface: Stabilization through hydrogen bonds. J. Phys. Chem. B, 2005, 109:14074-14078.

[20] Li M, Yang Y L, Zhao K Q, Zeng Q D, Wang C. Bipyridine-mediated assembling characteristics of aromatic acid derivatives. J. Phys. Chem. C, 2008, 112:10141-10144.

[21] Theobald J A, Oxtoby N S, Phillips M A, Champness N R, Beton P H. Controlling molecular deposition and layer structure with supramolecular surface assemblies. Nature, 2003, 424:1029-1031.

[22] Silly F, Shaw A Q, Porfyrakis K, Briggs G A D, Castell M R. Pairs and heptamers of C_{70} molecules ordered via PTCDI-melamine supramolecular networks. Appl. Phys. Chem. , 2007, 91:253109.

[23] Silly F, Shaw A Q, Castell M R, Briggs G A D. A chiral pinwheel supramolecular network driven by the assembly of PTCDI and melamine. Chem. Commun. , 2008:1907-1909.

[24] Swarbrick J C, Rogers B L, Champness N R, Beton P H. Hydrogen-bonded PTCDA-melamine networks and mixed phases. J. Phys. Chem. B, 2006, 110:6110-6114.

[25] Perdigao L M A, Fontes G N, Rogers B L, Oxtoby N S, Goretzki G, Champness N R, Beton P H. Coadsorbed NTCDI-melamine mixed phases on Ag-Si(111). Phys. Rev. B, 2007, 76:245402.

[26] Palma C A, Bonini M, Llanes-Pallas A, Breiner T, Prato M, Bonifazi D, Samori P. Pre-programmed bicomponent porous networks at the solid-liquid interface: The low concentration regime. Chem. Commun. , 2008:5289-5291.

[27] Palma C A, Bjork J, Bonini M, Dyer M S, Llanes-Pallas A, Bonifazi D, Persson M, Samori P. Tailoring bicomponent supramolecular nanoporous networks: Phase segregation, polymorphism, and glasses at the solid-liquid interface. J. Am. Chem. Soc. , 2009, 131:13062-13071.

[28] Stang P J, Olenyuk B. Self-assembly, symmetry, and molecular architecture: Coordination as the motif in the rational design of supramolecular metallacyclic polygons and polyhedra. Acc. Chem. Res. , 1997, 30:502-518.

[29] Lin N, Stepanow S, Ruben M, Barth J V. Surface-confined supramolecular coordination chemistry. Top. Curr. Chem. , 2009, 287:1-44.

[30] Gambardella P, Stepanow S, Dmitriev A, Honolka J, De Groot F M F, Lingenfelder M, Sen Gupta S, Sarma D D, Bencok P, Stanescu S, Clair S, Pons S, Lin N, Seitsonen A P, Brune H, Barth J V, Kern K. Supramolecular control of the magnetic anisotropy in two-dimensional high-spin Fe arrays at a metal interface. Nat. Mater. , 2009, 8:189-193.

[31] Kramer R, Lehn J M, Marquisrigault A. Self-recognition in helicate self-assembly: Spontaneous formation of helical metal-complexes from mixtures of ligands and metal-ions. Proc. Natl. Acad. Sci. USA, 1993, 90: 5394-5398.

[32] Latterini L, Pourtois G, Moucheron C, Lazzaroni R, Bredas J L, De Mesmaeker A, De Schryver F C. STM imaging of a heptanuclear ruthenium(II)dendrimer, mono-add layer on graphite. Chem. Eur. J. , 2000, 6:1331-1336.

[33] Ziener U, Lehn J M, Mourran A, Moller M. Supramolecular assemblies of a bis(terpyridine)ligand and of its [2 × 2] grid-type Zn-II and Co-II complexes on highly ordered pyrolytic graphite. Chem. Eur. J. , 2002, 8:951-957.

[34] Spillmann H, Dmitriev A, Lin N, Messina P, Barth J V, Kern K. Hierarchical assembly of two-dimensional homochiral nanocavity arrays. J. Am. Chem. Soc. , 2003, 125:10725-10728.

[35] Stepanow S, Lingenfelder M, Dmitriev A, Spillmann H, Delvigne E, Lin N, Deng X B, Cai C Z, Barth J V, Kern K. Steering molecular organization and host-guest interactions using two-dimensional nanoporous coordination systems. Nat. Mater. , 2004, 3:229-233.

[36] Langner A, Tait S L, Lin N, Rajadurai C, Ruben M, Kern K. Self-recognition and self-selection in multicomponent supramolecular coordination networks on surfaces. Proc. Nati. Acad. Sci. USA, 2007, 104: 17927-17930.

[37] Yokoyama T, Yokoyama S, Kamikado T, Okuno Y, Mashiko S. Selective assembly on a surface of supramolecular aggregates with controlled size and shape. Nature, 2001, 413:619-621.

[38] Spillmann H, Kiebele A, Stohr M, Jung T A, Bonifazi D, Cheng F Y, Diederich F. A two-dimensional porphyrin-based porous network featuring communicating cavities for the templated complexation of fullerenes. Adv. Mater. , 2006, 18:275-279.

[39] Lu J, Zeng Q D, Wang C, Wan L J, Bai C L. Stacking phenomenon of self-assembled monolayers and bilayers of thioalkyl-substituted tetrathiafulvalene. Chem. Lett. , 2003, 32: 856-857.

[40] Gesquiere A, De Feyter S, De Schryver F C, Schoonbeek F, Van Esch J, Kellogg R M, Feringa B L. Supramolecular π-stacked assemblies of bis(urea)-substituted thiophene derivatives and their electronic

properties probed with scanning tunneling microscopy and scanning tunneling spectroscopy. Nano Lett. , 2001, 1:201-206.

[41] Grill L, Dyer M, Lafferentz L, Persson M, Peters M V, Hecht S. Nano-architectures by covalent assembly of molecular building blocks. Nat. Nanotechnol. , 2007, 2:687-691.

[42] Zwaneveld N A A, Pawlak R, Abel M, Catalin D, Gigmes D, Bertin D, Porte L. Organized formation of 2D extended covalent organic frameworks at surfaces. J. Am. Chem. Soc. , 2008, 130:6678-6679.

[43] Chen Q, Chen T, Wang D, Liu H B, Li Y L, Wan L J. Structure and structural transition of chiral domains in oligo(p-phenylenevinylene)assembly investigated by scanning tunneling microscopy. Proc. Nati. Acad. Sci. USA, 2010, 107: 2769-2774.

[44] Wan L J. Fabricating and controlling molecular self-organization at solid surfaces: Studies by scanning tunneling microscopy. Acc. Chem. Res. , 2006, 39: 334-342.

[45] Stohr M, Wahl M, Galka C H, Riehm T, Jung T A, Gade L H. Controlling molecular assembly in two dimensions: The concentration dependence of thermally induced 2D aggregation of molecules on a metal surface. Angew. Chem. Int. Ed. , 2005, 44: 7394-7398.

[46] Lei S B, Tahara K, De Schryver F C, Van der Auweraer M, Tobe Y, De Feyter S. One building block, two different supramolecular surface-confined patterns: Concentration in control at the solid-liquid inter- face. Angew. Chem. Int. Ed. , 2008, 47: 2964-2968.

[47] Mamdouh W, Uji-i H, Ladislaw J S, Dulcey A E, Percec V, De Schryver F C, De Feyter S. Solvent controlled self-assembly at the liquid-solid interface revealed by STM. J. Am. Chem. Soc. , 2006, 128: 317-325.

[48] Shao X, Luo X C, Hu X Q, Wu K. Solvent effect on self-assembled structures of 3,8-bis-hexadecyloxy- benzo[c]cinnoline on highly oriented pyrolytic graphite. J. Phys. Chem. B, 2006, 110: 1288-1293.

[49] Yang Y L, Wang C. Solvent effects on two-dimensional molecular self-assemblies investigated by using scanning tunneling microscopy. Curr. Opin. Colloid. In. , 2009, 14: 135-147.

[50] Chen T, Wang D, Zhang X, Zhou Q L, Zhang R B, Wan L J. In situ scanning tunneling microscopy of solvent-dependent chiral patterns of 1,4-di [4-N-(trihydroxymethyl) methyl carbamoylphenyl] 2,5- didodecyloxybenzene molecular assembly at a liquid/highly oriented pyrolytic graphite interface. J. Phys. Chem. C, 2010, 114: 533-538.

[51] Rohde D, Yan C J, Yan H J, Wan L J. From a lamellar to hexagonal self-assembly of bis(4,4'-(m,m'- di(dodecyloxy)phenyl)-2,2'-difluoro-1,3,2-dioxaborin)molecules: A trans-to-cis-isomerization-induced structural transition studied with STM. Angew. Chem. Int. Ed. , 2006, 45: 3996-4000.

[52] Marie C, Silly F, Tortech L, Mullen K, Fichou D. Tuning the packing density of 2D supramolecular self-assemblies at the solid-liquid interface using variable temperature. ACS Nano, 2010, 4: 1288-1292.

[53] Cai J M, Ruffieux P, Jaafar R, Bieri M, Braun T, Blankenburg S, Muoth M, Seitsonen A P, Saleh M, Feng X L, Mullen K, Fasel R. Atomically precise bottom-up fabrication of graphene nanoribbons. Nature, 2010, 466:470-473.

[54] Kawata S, Kawata Y. Three-dimensional optical data storage using photochromic materials. Chem. Rev. , 2000, 100: 1777-1788.

[55] Irie M. Diarylethenes for memories and switches. Chem. Rev. , 2000, 100: 1685-1716.

[56] Yagai S, Kitamura A. Recent advances in photoresponsive supramolecular self-assemblies. Chem. Soc.

Rev. , 2008，37：1520-1529.

[57] Katsonis N，Lubomska M，Pollard M M，Feringa B L，Rudolf P. Synthetic light-activated molecular switches and motors on surfaces. Prog. Surf. Sci. , 2007，82：407-434.

[58] Wang D，Chen Q，Wan L J. Structural transition of molecular assembly under photo-irradiation：An STM study. Phys. Chem. Chem. Phys. , 2008，10：6467-6478.

[59] Xu L P，Wan L J. STM investigation of the photoisomerization of an azobis-(benzo-15-crown-5)molecule and its self-assembly on Au(111). J. Phys. Chem. B，2006，110：3185-3188.

[60] Wan L J，Noda H，Wang C，Bai C L，Osawa M. Controlled orientation of individual molecules by electrode potentials. ChemPhysChem，2001，2：617-619.

[61] Wen R，Pan G B，Wan U J. Oriented organic islands and one-dimensional chains on a Au(111)surface fabricated by electrodeposition：An STM study. J. Am. Chem. Soc. , 2008，130：12123-12127.

[62] Wang Y，Lin H X，Chen L，Ding S Y，Lei Z C，Liu D Y，Cao X Y，Liang H J，Jiang Y B，Tian Z Q. What molecular assembly can learn from catalytic chemistry. Chem. Soc. Rev. , 2014，43：399-411.

第 2 章　分析表征组装结构的常用技术

固体表面分子组装的研究一般包括分子在表面的吸附,即分子在基底表面吸附的位点和吸附位向、吸附物的性质等,也包含吸附过程的研究,如吸附结构的形成、结构的对称性等等。这些研究内容既是对组装体结构特性的基本描述,也是探索吸附组装机制以及分子间、分子与基底间的相互作用所不可或缺的重要信息。获取这些信息,需要合适的有效的分析表征技术,这些技术能够反映组装体的形貌特征、成分与组成特征等,需要时间或空间的分辨能力,有时还需要能够实时和原位监测的功能。经过多年努力,人们发明了多种技术,并已经研制成功了多种仪器,这些技术和设备是研究表面分子组装的重要手段,包括扫描探针显微技术、扫描电子显微技术、透射电子显微技术、紫外-可见吸收光谱、荧光光谱、拉曼光谱、红外光谱、核磁共振谱、质谱、X 射线衍射技术、近场光学技术等。扫描探针显微技术中的典型代表为扫描隧道显微技术(STM)和原子力显微技术(atomic force microscopy,AFM)。另外,还包括多种电化学分析技术等。这些技术各有特点,且有很强的互补性。因篇幅有限,以下仅就常用的分析表征技术做一个简单介绍。

2.1　STM 与电化学 STM

2.1.1　STM

1982 年,瑞士国际商业机器公司(IBM)苏黎世实验室的科学家 G. Binnig 和 H. Rohrer 及其同事们共同研制成功了世界第一台新型的表面分析仪器——扫描隧道显微镜[1],因此重要贡献,二人于 1986 年获得诺贝尔物理学奖。STM 具有高分辨率,能够获得表面三维图像,可工作在大气、真空、溶液环境下,工作温度可以改变,以及配合其他分析技术,可以获得有关表面电子结构及成分信息等特点[2]。它的出现,使科学家能够在三维实空间下观察单个原子分子在物质表面的排列状态和与表面电子行为有关的物理及化学性质,在表面科学、材料科学、生命科学等研究领域中有着重大的意义和广阔的应用前景,成为研究单原子分子的理想技术,也被国际科学界公认为 20 世纪 80 年代世界十大科技成就之一。

1. STM 的结构和工作原理

STM 的工作原理是基于量子力学的隧道效应,已有多部专著论述其理论[3-5],

因此,这里从仪器的结构出发,结合原理,简要介绍 STM 技术。简单说来,它是将原子尺度尖锐的探针和被研究物质表面(即样品,通常为导体或半导体)作为两个电极,当探针与样品之间的距离非常接近时(通常小于 1 nm),在外加电场的作用下,电子会穿过两个电极之间的绝缘层从一极流向另一极产生隧道电流。将其隧道电流检出,经过一系列的信息处理变换,样品的表面形貌将显示在计算机的荧光屏上。样品表面的电子结构不同,其反映出来的表面特征亦不同。图 2.1 是 STM 的动作原理简单示意图。

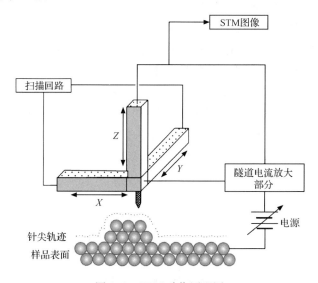

图 2.1　STM 动作原理图

与其他表面分析仪器相比,扫描隧道显微镜不采用物镜成像,而是利用一个尖锐的探针来探测物质表面的微观信息。它的基本原理是基于量子隧道效应。隧道效应是指粒子在动能小于势垒高度时仍能穿透势垒的现象(它是粒子波动性的直接结果)。在 STM 中,将能够导电的极细探针和被研究物质的表面作为两个电极,当样品和针尖的距离非常接近时(通常小于1 nm),在外加电场的作用下,电子会穿过两个电极之间的势垒流向另一电极。隧道电流 I 是电子波函数重叠的量度,与针尖和样品之间距离 s 及平均功函数 Φ 有关[6],即

$$I \propto V_{\mathrm{b}} \exp(-A\Phi^{1/2}s) \tag{2.1}$$

式中,V_{b} 为加在针尖和样品之间的偏置电压;平均功函数 $\Phi = (\Phi_1 + \Phi_2)/2$,$\Phi_1$,$\Phi_2$ 分别为针尖和样品的功函数;A 为常数,在真空条件下约等于 1;s 为针尖与样品之间的距离。

关于隧道电流的计算,还可基于 Bardeen 隧道电流理论[7]。Bardeen 隧道电流公式为:

$$I = \frac{2\pi e}{\hbar} \sum_{\mu,\nu} f(E_\mu) \left[1 - f(E_\nu + eV) \right] |M_{\mu\nu}|^2 \delta(E_\mu - E_\nu) \qquad (2.2)$$

式中，$f(E)$ 为费米分布函数；V 为所加偏压；$M_{\mu\nu}$ 为探针的 φ_μ 态与表面 φ_ν 态之间的隧道矩阵元；E_μ 为无隧穿情况下 φ_μ 的能量。Bardeen 给出了计算矩阵元 $M_{\mu\nu}$ 的表达式：

$$M_{\mu\nu} = \frac{\hbar^2}{2m} \int (\varphi_\mu^* \ \nabla \varphi_\nu - \varphi_\nu \ \nabla \varphi_\mu^*) \, \mathrm{d}s \qquad (2.3)$$

式中，积分遍及那些完全处于真空势垒区域中的电极表面。

众多的理论都是基于式（2-2）和式（2-3），不同之处在于对探针和样品各自单独存在时的本征态 φ_μ 和 φ_ν 的处理，对隧道结势垒的考虑，以及讨论温度和偏压对其影响的情况。现有的大部分理论都是讨论温度和偏压很小时的近似情况。

从上述几式可以看出，当针尖和样品之间的距离改变 10%（约为 0.1 nm）时，隧道电流就会变化一个数量级，因此，STM 的垂直分辨率可以达到 0.01 nm。由于隧道电流对垂直距离极其敏感，对于一个尖锐的针尖和在原子尺度平坦的样品表面，90% 的隧道电流都是从两个原子之间通过[8]。所以，STM 的横向分辨率也可达到 0.1 nm。

2. STM 的两种工作模式

STM 的工作方式一般可分为恒电流和恒高度两种模式（以下简称恒流模式和恒高模式）[9,10]，如图 2.2(a) 和 (b) 所示。在恒流模式下，针尖在样品表面扫描时，通过反馈电压 V_z 不断地调节扫描针尖在竖直方向的位置以保证隧道电流恒定在某一预先设定值，即隧道电流保持恒定。对于电子性质均一的表面，电流恒定实质上意味着恒定 s 值，因此通过记录针尖在表面的 x-y 方向扫描时的反馈电压 V_z 可以得到表面的高度轮廓，从而获得样品表面的形貌特征。经过计算机的记录和处理，针尖在样品表面上任意点的高度 $z(x,y)$ 将显示在电子显示器或绘图仪上。

在恒高度模式下，针尖以一个恒定的高度在样品表面快速地扫描，检测的是隧道电流的变化值。在这种情况下，反馈速度被减小甚至完全关闭，即保持电压 V_z 基本恒定。当针尖扫描样品表面时，记录下每点的隧道电流值，经处理后得到图像。

STM 的恒流和恒高工作模式各有其特点。采用恒流模式多用来扫描非原子级平整的表面，表面的形貌高度可以从 V_z 和压电陶瓷管伸长或缩短的距离推算出来。但是，这种模式下反馈体系和压电陶瓷驱动体统的响应需要一定的时间，从而使扫描的最快速度相对受到限制。使用恒高模式在原子级平整表面快速扫描时，因为反馈回路和压电陶瓷的驱动系统无需对针尖所扫描的表面形貌作出响应，所以可以以尽量快的速度成像。因为它缩短了采集的时间，能够用来研究表面的

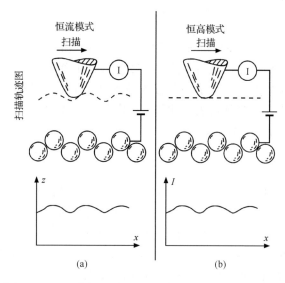

图 2.2　STM 的恒电流(a)和恒高度(b)工作模式示意图

快速过程。同时,快速成像可以把压电陶瓷的蠕变、滞后效应和热漂移导致的图像失真减到最小。但是与恒流模式相比,利用恒高工作模式时,从隧道电流变化来推出表面的形貌高度较为困难。

　　一个原子级尖锐的针尖以恒流模式在原子平面上扫描时,将得到起伏表面的形貌图像。但因无法知道在式(2-1)中起作用的 s 的准确数值,并且由于隧道效应涉及处于费米能级的能态,这些能态本身具有复杂的空间结构,因此,在精确推导式(2-1)时,表面和针尖的电子结构将以复杂的形式出现在公式中。式(2-1)是一个相当简化的公式,它是建立在由一维隧道效应近似的基础上,而 STM 必须考虑三维的隧道效应问题。

　　从式(2-1)可知,在 V_b 和 I 保持不变的扫描过程中,如果功函数随样品表面的位置而异,同样会引起探针和样品表面间距 s 的变化,因此也引起控制针尖高度的电压 V_z 的变化。如果样品表面原子种类不同,或样品表面吸附有原子、分子时,由于不同的原子或分子具有不同的电子态密度和功函数,此时 STM 给出的等电子态密度轮廓不对应于样品表面的原子的起伏,而是表面原子起伏与不同原子和各自态密度组合后的综合效果。简单从 STM 图像中已不能将这两个因素区分开,此时需要利用扫描隧道谱(scanning tunneling spectroscopy,STS)的方法,它能够使人们实现在原子尺度上对物质电子结构的直接探测[11-13]。

2.1.2　电化学 STM

电化学 STM（electrochemical STM，ECSTM）将电化学和 STM 结合，使 STM 可以工作于溶液之中，置于电位控制之下，且不降低 STM 的分辨率和其他性能，是对扫描隧道显微技术的发展，极大地满足了化学研究和生命科学等研究的需要，已成为重要的表面分析表征手段，也被广泛用于表面分子吸附、表界面及固/液界面结构和分子组装的研究。

1. ECSTM 的结构

电化学 STM 的结构如图 2.3 所示。主要由两大部分组成：一是电化学部分，二是 STM 部分，两者互相渗透，互有联系。电化学测量由三电极系统构成，即工作电极、参比电极和对极。三者被置于一个电解池中。通过恒电位仪，对发生在电极表面的化学反应进行监控，测量电荷传递、物种变换、动力学及热力学参数；也可以通过加工控制系统，对材料表面进行原子级加工等。其整个过程由 STM 探针在样品的表面扫描记录下来。在电化学 STM 中，它的探针又相当于电化学系统中的另一个工作电极。此电极与前述的电化学测量部分的三电极共存于同一电解池之中，共用参照电极和对极，形成另一个三电极系统，这两套三电极系统被集中控制于一个双恒电位仪（bipotentiostat）系统。因此，探针也被置于电化学系统的控制之中，既可行扫描之功能，又是一工作电极。研究中可以根据不同需要，通过改变探针或样品的工作电位，在不同的溶液中，来实现不同的研究目的。为了解决

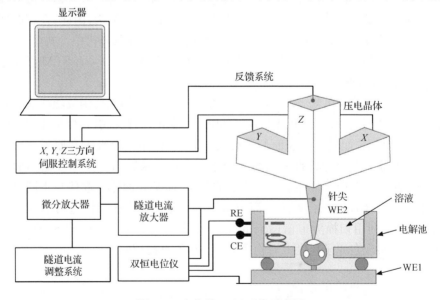

图 2.3　电化学 STM 系统示意图

法拉第电流产生的问题,利用探针封装技术,将探针整体全部绝缘,只留探针顶端极少部分(理想状态是只露出一个原子),这种方法保证了探针不受溶液的影响,而能稳定工作。

图 2.4 是电化学 STM 中的恒电位仪、电解池及扫描部分实物照片,是美国 Digital Instruments 公司的产品。它们在中心工作站的控制下,通过电位变化,改变扫描方式等,获取样品表面的结构及电化学信息。

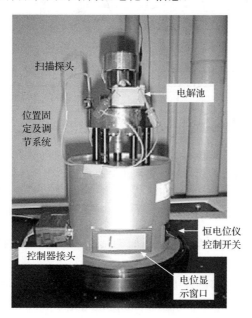

图 2.4　电化学 STM 中的恒电位仪、电解池及扫描部分

2. ECSTM 的工作环境分析

与其他类型的 STM 相比,电化学 STM 工作于有电解液的环境之中,且有电化学反应产生,因此,技术不同,设备也不同,有其特殊之处。ECSTM 的工作环境如图 2.5 所示[14]。通过针尖和基底的隧穿电流(图中路径 A)将受电化学过程的影响,即针尖、基底与电解液之间的电荷转移产生的法拉第电流会与隧道电流叠加。

电化学环境对 STM 的影响主要表面在以下几个方面:

1) 针尖扰动。法拉第电流的强度与时间有关,具有一定的波动性,与隧道电流叠加会使总电流不稳定,增加针尖噪声;发生在针尖上的电化学反应,如电沉积、溶解或吸附物的吸脱附等,都会改变针尖的状态,增加针尖的扰动。

2) 发生在基底上的不可控电化学反应。例如金属表面的腐蚀、含碳基底(尤

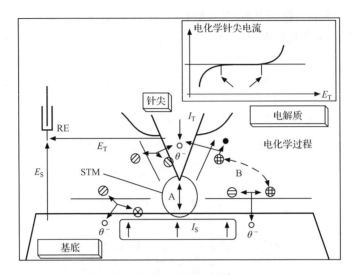

图 2.5　电化学 STM 工作环境示意图。隧道电流(路径 A)与针尖-基底间的电荷转移产生的法拉第电流相叠加。虚线箭头 B 表示针尖-基底间因电荷转移产生的法拉第电流。E_T、E_S 为针尖、基底相对于参比电极 RE 的电极电势,I_T、I_S 为针尖、基底电流。插图:针尖法拉第电流(电化学电流)与针尖电位关系图,箭头标出的是理想极化电势范围

其玻碳)表面氧吸附层的形成等,使基底的形貌发生改变影响 STM 成像的可重复性。

3) 法拉第电流。裸露的针尖与基底之间可以形成电化学稳态电流,即法拉第电流。因此,阻止针尖-基底间的法拉第电流是电化学 STM 研究所需的先决条件。

由上面的讨论可知,电化学 STM 中针尖即是隧道探针,又是超微电极。在恒流模式下,通过针尖的电流由电子隧穿电流和法拉第电流两部分组成。为了解决法拉第电流产生的影响,利用探针封装技术,将探针整体全部绝缘,只留探针顶端极少部分(理想状态只露出一个原子),这种方法保证了探针不受溶液的影响,而能稳定工作[15]。

对电化学 STM 而言,隧道电流不得不考虑水层的影响,一些研究小组已经研究了水溶液中的隧道势垒问题[16-18],他们发现水溶液中的隧道势垒接近或小于真空势垒。在有、无有机分子吸附的情况下,研究了以偏压、电极电势为函数的隧道势垒情况。结果发现隧穿电阻与针尖-样品间距离为非指数关系。在真空隧穿过程中,非指数关系只会在针尖-样品间距非常小(仅几个埃)的时候出现,而且这时的隧道势垒已经消失。Lindsay 及其合作伙伴在溶液中观察到非指数关系在针尖-样品间距很大时就已经出现了,说明水层在这里起着重要的作用[17]。例如,由电极引起的水层结构的变化或水团簇自身尺寸的变化,将导致针尖-样品之间水层结构的改变,使隧道结发生改变,从而产生了不同的隧道电流[18]。

另外,穿过水层的隧穿电流与偏压的极性有关。研究发现电子从针尖到基底的隧穿势垒与其反向隧穿势垒截然不同。当针尖-样品间距小于 4 Å 时,这种不对称现象变得十分明显,研究认为这是偏压极性的改变引起电极表面水分子取向变化所致。X 射线研究验证了电极电势所引起的水分子取向重排[19],数值模拟表明水分子取向的变化能导致明显的不对称隧穿势垒[20]。然而,仅水分子取向的变化并不能充分解释隧穿电流的不对称性。电化学 STM 中有两个电极,即针尖和基底。如果这两个电极上的水分子取向相同,那么隧穿势垒就应该总是对称的,所以说,势垒的不对称性也与针尖的几何形状有关,并且在针尖附近的水分子能够排列成不同的结构。

在分子吸附物存在的情况下,STM 的成像机理还不是很清楚。人们对真空[21-25]、水溶液[26-30]中的分子吸附物提出了多种模型。例如,Kuznetsov 等指出分子电子态与周围环境波动之间的强耦合能降低有效隧穿势垒,并瞬时使分子的能态与针尖和基底费米能级相同,以此影响隧穿电流[29,30]。有效势垒降低应该能导致通过分子的隧道电流增强。分子电子能态与基底/针尖费米能级的瞬时一致则可以产生两步连续的隧道电流,即待分子完全松弛后,电子是从针尖(基底)到达分子,然后再从分子到达基底(针尖)。除了吸附物-溶剂之间的耦合外,Schmickler 和 Widrig 还考虑了吸附物-基底之间的耦合,并给出了共振隧穿过程[26]。Lindsay 等认为针尖施加在分子的压力可以使分子的能态漂移,从而产生共振隧穿[22]。后来,Wang 等通过针尖诱导有机分子层的形变,研究 STM 针尖对石墨基底上鸟嘌呤吸附层的作用力,结果发现即使是在最小的隧道电流 3 pA 下,针尖施加在每个成像分子上压力有几纳牛顿[31],证实了 Lindsay 等的推断。但至今日,关于电化学 STM 的成像机理仍是众多研究者关注的热点问题之一。

2.1.3　扫描隧道谱

扫描隧道显微镜的图像实际上反映的是表面电子态密度和高低起伏的综合变化。因此,当样品表面原子的种类单一而且电子定域在原子核的周围时,从电子态密度轮廓得到的图像就对应于样品表面原子的起伏。然而当样品表面含有不同种类的原子或是吸附了其他物质时,由于不同种类的物质有不同的电子态密度和功函数,扫描隧道显微镜的图像不再仅仅是样品表面物质的物理高度起伏的反映,而是物质物理高度的起伏和各自电子态密度综合的结果。扫描隧道显微镜不能区分这两种因素。但是,利用扫描隧道谱可以将二者区分开来[32,33]。

隧道谱可以分为两类。一类多用于研究超导态和测量能隙结构,可称之为第一类经典隧道谱。这类隧道谱的共同性质是在固态势垒隧道结构中施加一个偏压 V 时能量处于 $0 \leqslant E \leqslant 1$ eV 的电子产生的隧道谱。另一类经典隧道谱是非弹性电子隧道谱(inelastic electronic tunneling spectroscopy,IETS),这涉及通常处于正常状态的电极和势垒的非弹性激发。当偏压大于或等于势垒的阈值时,便有非弹性隧穿电流的产生。这类隧道谱可以用来测量等离子的能量、自旋波的能量及各种隧道结构的势垒。

　　扫描隧道谱是非弹性电子隧道谱。其隧道电流由两种不同的电流组成:①由弹性电子隧穿产生的稳定增长的电流;②由非弹性电子隧穿产生的电流。具体说来,对于扫描隧道谱来说,存在两种情况:当针尖和样品的表面能态在所加的偏压范围内是单一的时候,隧穿电流的变化与偏压的变化是线性的;当针尖或样品的表面能态在所加的偏压范围内并不是单一的时候,隧穿电流的变化与偏压的变化就不是线性的。此时 I-V 图中出现了拐点,在 $\mathrm{d}I/\mathrm{d}V$-V 和 $\mathrm{d}^2I/\mathrm{d}V^2$-$V$ 曲线中便有峰出现。根据峰的位置可推知能态的状况,从而获得相关的信息。

　　在扫描隧道谱实验中,可以采用四种方式来获取数据。

　　1) 电流-电压隧道谱(I-V 谱)。测定隧道谱的最简单的方法就是保持针尖与样品间的距离,恒定测量电流与电压的函数。在这种方式中,扫描隧道显微镜的反馈电路是关闭的。一般将一定数量的电流-电压曲线进行平均以提高信噪比,然后再求出 $\mathrm{d}I/\mathrm{d}V$ 曲线。在实验中一些仪器支持预先设定测量隧道谱的点。因此可以得到具有空间分辨率的电流-电压曲线。另外一种获得扫描隧道谱数据的方式是将一个小的交流组分加到直流的隧道偏压中,如果交流组分的频率足够高以至于反馈电路对其无响应。因此得到的隧道电流中也将包含着频率的调制信号,它是电流相对于在反馈电路工作时的直流隧道电压的导数。所以通过扫描电压可以得到 $\mathrm{d}I/\mathrm{d}V$-V 曲线。但用这种方式测量隧道谱时,存在着横向分辨率降低、不能测小偏压时的数据及针尖有可能扎进样品表面的问题。

　　2) 电流-间隙谱(I-S 谱)。电流-间隙隧道谱是在改变针尖高度条件下测量隧道电流。它提供了针尖与样品表面之间局域势垒高度的数据。在实验中可以关闭反馈电路,在恒定偏压下进行测量。用计算机的一路数字-模拟(D/A)电路来改变针尖高度的电压,同时监控隧道电流的变化。

　　3) 恒电流形貌图(constant current topography,CCT)。这种隧道谱是通过保持隧道电流恒定,并在不同偏压下测量得到控制针尖高度的电压。这一方法的基础是在若干偏压下,只有那些在针尖和样品费米能级间的电子态才对隧道电流产生贡献。但这种方法并不常用。

　　4) 电流成像隧道谱(current imaging tunneling spectroscopy,CITS)。和获取电流-电压曲线类似,电流成像隧道谱的获取方式也有两种:一种是在形貌像的每一个像素点上都收集一套完整的电流-电压曲线。这种方式可以同时得到全部隧道谱信息并且能克服样品漂移和针尖不稳定及横向分辨率降低的问题。另外一种方式是扫描时,在固定偏压处测量 $\mathrm{d}I/\mathrm{d}V$ 曲线。方法与电流-电压隧道谱的类似,同样也有类似的缺点和限制。

利用扫描隧道谱可以在预定的部位及可控的条件下测量局域的表面能态、组分及表面吸附等信息。但现在扫描隧道谱还有针尖的影响及数据的解释等方面的问题有待解决[34]。

2.2　AFM

1986 年,曾经发明了 STM 的 Binnig,又与合作者一起发明了原子力显微镜[35]。AFM 通过测量装在弹性微悬臂上的针尖与被测样品之间的相互作用力,利用作用力的变化来获得样品表面的相关结构信息,从而实现成像[36]。作为例证之一:当 AFM 用移动样品的方式工作时,一压电陶瓷管扫描器带动样品在 X、Y、Z 三方向运动,一束射至微悬臂(固定有 AFM 的针尖)上激光的反射光通过光电检测器产生电压差。反馈系统根据检测器电压的变化不断调整针尖或样品在 Z 方向的位置,保持针尖-样品之间的作用力恒定,通过测量检测器电压对应样品扫描位置的变化就能得到样品的表面形貌图像。

AFM 具有原子级分辨率,能在大气、溶液和真空等不同环境中工作。与 STM 不同,AFM 可以和 STM 一样用在导体及半导体表面的研究,也可以用在非导体表面及表面组装组织的研究,如云母、硅片或玻璃片表面等,能实现对生物膜、细胞等非导电样品的成像,还可以测定分子间作用力。现在,作为一种常用的表面分析技术,AFM 得到广泛应用,用于高分辨率成像以及测量单分子相互作用力等[36-40]。

1. AFM 设备的基本构成[36]

AFM 一般由五部分组成,如图 2.6 所示。

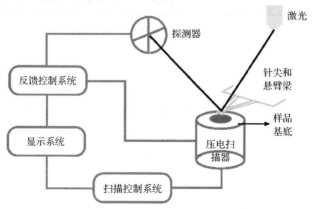

图 2.6　AFM 的基本构成示意图

1) 针尖。针尖被用于"感知"针尖原子与样品原子之间微弱的相互作用力。针尖带有微悬臂,微悬臂通常具有较高的共振频率,可以起到滤掉环境中低频噪声的作用。AFM所用针尖的共振频率在 $5\sim400\,\mathrm{kHz}$,弹性常数在 $0.001\sim5\,\mathrm{N/m}$[41]。制备针尖常用的材料是硅(Si)或氮化硅(Si_3N_4),曲率半径在 $5\sim60\,\mathrm{nm}$。商品化的 Si_3N_4 针尖结构为长方形的基底上有带着针尖的四个微悬臂,两端各两个,两端的微悬臂宽窄不同,同一端的两个微悬臂长短不同,长短宽窄决定了微悬臂的弹性常数和共振频率。测力的灵敏度与针尖的弹性系数直接相关,针尖的弹性系数越小其测力灵敏度越高。Si针尖的共振频率较大,通常适合用来成像。在溶液中进行成像则有另一种商品化的针尖,其成分也是 Si_3N_4 材料,但针尖较尖。

2) 压电陶瓷管扫描器。压电陶瓷是一种能随外加电压的变化进行伸展和压缩的材料,用来保持针尖与样品之间作用力恒定或高度恒定。压电陶瓷扫描管由三对六片压电陶瓷片组成,分别控制样品相对于针尖的三维运动(x,y,z)。

3) 检测系统。用来检测激光束在微悬臂上的偏转,由探测器实现。与STM检测针尖与基底之间的隧道电流不同,AFM检测的是根据作用力不同而引起的光束偏转检测。在光偏转检测系统中,二极管产生的激光光束打在微悬臂的表面时会发生镜面反射,反射光照射在一个对位置敏感的光检测器上。当因受力不同微悬臂发生形变时光束在检测器上的位置会发生变化,因而产生不同的感应电流,得到形貌图像和其他信息。

4) 反馈控制系统及扫描控制系统。该系统控制针尖或样品的移动,并将检测到的光信号转化为电信号。

5) 显示系统。该系统将采集到的信号转化为能观察和处理的图像和数据。

2. AFM 的三种成像模式

成像是 AFM 的重要功能之一,成像模式有三种:接触模式、非接触模式、轻敲或间歇接触模式[36],如图 2.7 所示。

接触模式 非接触模式 轻敲或间歇接触模式

图 2.7 AFM 的三种工作模式示意图

1) 接触模式(contact mode):针尖与样品直接接触,并以一定大小的力或高度在样品表面扫描,因此又有恒定力模式和恒定高度模式之分。图 2.7 是接触模式的动作示意图,图 2.8 是原子间相互作用力类型随距离变化的示意图,在一定距离内为排斥力或为相互吸引力。在接触模式下,AFM 感应到的力是针尖与样品之间的排斥力。当 AFM 在接触模式下工作时,由于针尖与样品长时间直接接触,并以一定大小的力在样品表面扫描,因而加在样品上的力相对较大,成像的清晰度比其他模式要好,但容易损伤样品,尤其对于生物样品如蛋白质、DNA 和细胞等。

2) 非接触模式(non-contact mode):针尖和样品不直接接触,而在距离样品约 4~5 nm 高度,依长程范德华力使微悬臂偏转获得表面信息(如图 2.7 和图 2.8 所示)。在非接触模式下 AFM 感应到的力是针尖与样品之间的吸引力。当 AFM 在非接触模式下工作时,由于针尖和样品不产生直接接触,因而对样品的损伤不大。但在这种模式下工作时,由于针尖与样品分离,使得成像分辨率有一定程度的相对下降。

3) 轻敲或间歇接触模式(tapping or intermittent mode):针尖在样品上方的某个位置以其共振频率振动,针尖一边振动一边在样品表面扫描(如图 2.7 所示),这种模式综合了接触模式和非接触模式的优点。

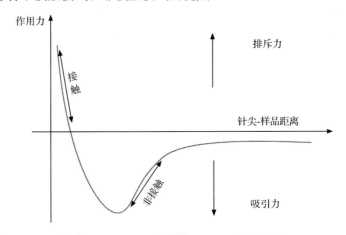

图 2.8　原子间相互作用力随针尖-样品距离的变化曲线

3. AFM 测量分子间相互作用力

AFM 具有皮牛顿级的测力灵敏度,使得测定利用传统热力学及统计方法无法实现的单分子水平上分子间的相互作用力成为可能[41-44]。利用 AFM 测定单对分子间相互作用力的技术被称为单分子力显微术或单分子力谱。利用单分子力谱可对分子间的特异相互作用进行定量分析,以研究单分子对之间的相互作用力,揭示作用机制,还可以利用 AFM 进行单分子操纵。

测定力谱时,通常先要利用化学反应或物理、化学吸附将需要研究的分子对分别固定于 AFM 的针尖和基底表面,通过测量在逼近基底和从基底回退过程中针尖及微悬臂发生形变的弯曲程度随距离的变化,再将弯曲程度转化为力随距离变化曲线。因为作用力与研究体系中的很多性质有关,如吸附性、电学性、黏滞性、静电作用和范德华力等,因此力-距离曲线包含针尖与样品之间相互作用的多种信息。理论上得到的典型的力-距离曲线如图 2.9 所示,这里作用力由悬臂梁的形变 ΔZ 表现。分析图 2.9 可以发现,当针尖向基底逼近,即在图中标示的阶段 1 时,针尖及微悬臂处于无形变阶段。随着针尖向基底靠近,针尖与基底之间的吸引作用将针尖向下拉向基底,即力曲线上标示的阶段 2。随着针尖继续向基底移动,针尖的微悬臂发生弯曲,力的大小与微悬臂的弯曲程度成正比。继续弯曲产生力曲线中阶段 3 的部分。随着针尖回退,回退到针尖与基底刚好接触时,针尖弯曲恢复;当继续回退,针尖与基底之间存在着的吸附力(这个力是由于针尖和基底之间的相互作用引起,如静电作用、亲疏水作用、毛细力、特异性的结合作用力等),使得针尖及微悬臂的弯曲变为与阶段 3 部分的形变相反的方向,即由斥力变为吸引力,在力曲线上表现为阶段 4 的部分。针尖继续回退,克服吸引力,针尖从基底突然离开,得到阶段 5 部分的突然拉断峰。针尖进一步回退,离开表面,得到和阶段 1 相似的阶段 6 的直线部分,此时针尖与基底之间无相互作用。

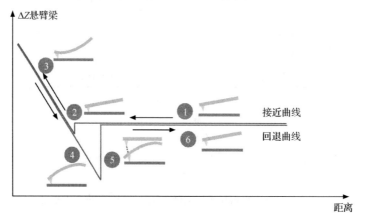

图 2.9　AFM 针尖在基底表面上下提拉时典型的力(形变 ΔZ)-距离曲线图

　　单分子力的测定方法包括多分子对法和单分子对法。

　　多分子对法主要利用力量子法(force quantum)[45]、泊松统计法(Poisson statistics)[46]来统计多对分子作用力而得到单分子的相互作用力。力量子法假设针尖和样品之间的黏附力的变化是不连续的,是单分子力的整数倍,这样对从大量的力曲线中得到的黏附力的频率分布图呈现锯齿状、周期性的峰,从这些峰的周期可得到单分子作用力的大小。泊松统计法是一种较为简单实用的单分子力统计方法。泊松统计法首先假设在 AFM 力曲线测量中完成一次循环所测得的全部黏附力是许多分立的单分子力的总和,而且在针尖和样品接触面积固定的情况下,进行多次测量可以得到一组黏附力,这样的一组分立的黏附力的成键数符合泊松统计的规律。实验中,如果分别在不同点取几组相对独立的黏附力,然后以每组黏附力的方差对其平均值作图,那么从图的线性回归的斜率和截距就可以得到单分子力以及非特异性作用力。

单分子对法是通过控制实验过程中分子的修饰密度,使针尖和样品的有效接触面积内最多只有一对分子形成特异结合,这样再对 AFM 所测得的力进行高斯拟合,找到它们的最可几分布,即为所要测量的单分子力。

利用 AFM 还可以测量样品的弹性模量。在 AFM 力谱测量模式下通过逼近过程的力-距离曲线,经过计算就可以得到物体表面的弹性模量。在硬的样品表面上,当针尖没有接触样品时,微悬臂不产生弯曲;当针尖接触样品后,微悬臂的弯曲正比于样品移动的距离。而在软的样品上,当加载在样品上的力增加时针尖会使样品发生形变,因此针尖的移动距离比样品的移动距离要小,它们之间的差值是样品的形变量。将测得的力与形变通过数学处理即可获得弹性模量。其测量与计算方法可以参考相关专著。

2.3　电化学技术[3b]

研究固/液界面结构以及表面分子组装结构的最常用方法之一是电化学方法,尤其当所研究体系中的固体是导体或半导体时则更是如此。电化学方法简单易行,所得结果能够反映表面的分子吸附、组装结构的转变以及表面分子反应等,是非常有效的分析手段。电化学方法中又包括循环伏安法、微分电容法和阻抗法等,以循环伏安法最为常用,因此,以下主要介绍循环伏安法。

2.3.1　循环伏安法及循环伏安曲线

电化学试验中,如果将施与电极上的电位随时间按一定比例变化,即以一定速度进行电位扫描,电极上将有电流产生。此电流与所施电位有一定的对应关系,将此关系进行记录,从而进行分析研究的方法,称为电位扫描法。将此过程加以循环重复,从而测量电位-电流关系的方法,则称为循环伏安法。英文为 Cyclic Voltam-metry,简称 CV 法,这里 Cyclic 是循环,Volt 是电位,-am-是电流,-metry 是测量法之意,合起来称为循环伏安法。

循环伏安法因其方法简单,不需复杂的装置,却可得到许多有关电极表面氧化还原反应的电荷转移、离子传递、结构变化等信息,因此,是电化学分析方法中最常用的一种,也是多种型号电化学扫描探针显微镜附带的主要电化学测试功能。因有关与循环伏安法相关的电化学热力学及动力学理论,以及对可逆系统和准可逆系统的不同处理,已在多部著作中有过详细介绍,这里着重介绍可逆系统中和水溶液条件下用循环伏安法测定固体电极表面电化学反应的实际操作、结果获得以及结果分析等,这些内容有助于对固体表面吸附物及分子组装的理解。

循环伏安曲线(又称循环伏安图)可用循环伏安法在恒电位仪上测得。测量开始前,应得到开路电位(open circuit potential,OCP)。扫描的初始电位值 E_0 应该在 OCP 处或其稍负的一侧,此处无氧化还原反应发生,以一定的扫描速度扫描到一定的电位 E_f 后,再向反方向扫描到初始电位 E_0 处,即得到一循环伏安曲线,其施加的电势 E 可用下式求得:

$$E = E_0 + vt$$

式中,v 为扫描速度,正电位方向为正,负电位方向为负;t 为扫描时间。

图 2.10 是一循环伏安图实例,为 Pt(111) 在 0.5 mol/L H_2SO_4 +5 mmol/L Tl_2SO_4 溶液中的循环伏安图[47]。起始电位 E_0 为 0.95 V,向负电位方向扫描,至 E_f 0.1 V 后向正方向返回,构成一循环,扫描速度为 50 mV/s。图中出现了几对电流峰,对应着不同的电极反应过程。

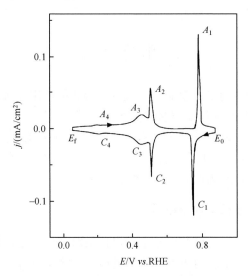

图 2.10　Pt(111)在 0.5 mol/L H_2SO_4 +5 mmol/L Tl_2SO_4 溶液中的循环伏安图[47]

循环伏安图的测定虽然简单,但仍有以下几点值得注意:

1. 多晶体电极

多晶体电极因其表面原子排列随机,在测量循环伏安曲线时,一般来说,不必担心破坏电极的晶面,也就不必过多考虑电位的扫描方向,只要根据所测体系,选择合适的电位扫描速度和扫描电位范围,即可得到重复再现的可靠循环伏安图。

2. 单晶体电极

单晶体电极的表面原子排列规则有序,不同的单晶表面对应着不同的原子排列。以面心立方的单晶体为例,(111)表面原子呈六方形格子,(110)表面原子呈长方形格子,而(100)表面原子呈正方形格子。因此,在测量单晶体电极于不同溶液中的循环伏安图时,必须注意正向电位的扫描范围,如果超出一定正向电位值后,表面的有序原子结构将被破坏,且不易恢复如初,因而影响测量结果的可靠性。

3. 表面修饰电极

欲获得某些特殊表面性质,以及研究表面不同物种的相互作用,有时会用到表面修饰电极,即在电极表面预先修饰原子或分子,如修饰碘、硫原子,硫醇分子等。修饰层的存在将有效地提高被测物与电极之间的相互作用,产生或增强电化学信号响应。因此,在用表面修饰电极进行电化学测量时,应充分考虑表面修饰物的脱附和氧化电位,保证电位扫描时不破坏表面修饰层的结构。

2.3.2　循环伏安曲线的分析

以可逆反应体系为例(如图 2.11 所示):

设有一反应体系,在静止溶液中,电极也保持静止状态,即无旋转等运动,系单纯的可逆反应,反应可以下式表示:

$$O + ne \Longleftrightarrow R$$

O 与 R 分别对应物质的氧化态和还原态,n 为参与反应的电子数。

当时间为 0 时,从电位 E_0(此处设为 0.3 V),参比电极为饱和甘汞电极(saturated calomel electrode,SCE)开始,以扫描速度 v,向负电位方向施加电位,经过时间 t_1 时至电位 E_f(此处设为 -0.1 V),此后,向正方向返回 E_0,经过时间 t_2 时,完成一个循环,其电位-时间关系如图 2.11(a)所示。所施加电位的波形为一三角波。

对应的循环伏安曲线如图 2.11(b)所示。从循环伏安曲线中至少可获以下信息:

1) 由图可以判定在时间 $0 \sim t_1$ 范围内,即向负电位扫描时,有还原电流产生,电极表面发生氧化态向还原态的变化 O→R。而在 $t_1 \sim t_2$ 时间内,即向正电位方向扫描时,有氧化电流产生,电极表面发生还原态向氧化态的变化 R→O。

2) 氧化侧和还原侧出现的电位-电流曲线形状相似,且均有一最大峰值 i_p;E_{pa} 处对应着氧化电流的最大值 i_{pa},E_{pc} 处对应着还原电流的最大值 i_{pc}。注意此处,i_{pc} 和 i_{pa} 的取法不同。向负电位方向扫描时的峰值电流 i_{pc} 可用零电流做基线计算峰值电流值,而向正电位方向扫描时的最大电流值 i_{pa} 与反转电位 E_f 有关。为了避免 E_f 值的影响,一般取越过峰值后 120 mV 的电位值。对可逆电极反应可取小

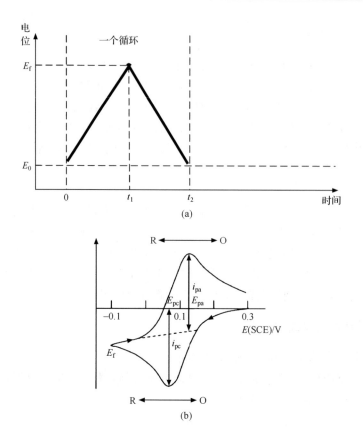

图 2.11　循环伏安实验中的电位-时间关系(a)及获得的循环伏安曲线(b)

些,如 70 mV,且不是用零电流做基线,而是用伏安曲线的延长线。如图 2.11(b)中的虚线为基线计算反向峰值电流值 i_{pa}。

3) 当电极反应可逆时,两个峰值电流值相等,其值之比的绝对值,即 $|i_{pc}/i_{pa}|$ =1。

4) 两峰电流值对应的峰电位值之差,有如下关系:

$$\Delta E_p = E_{pa} - E_{pc} = 2.3RT/nF$$

式中,R 为摩尔气体常量;F 为法拉第常量;T 为热力学温度;n 为电极反应的得失电子数。在 25℃时,可约写为 $\Delta E_p = \dfrac{59}{n}mV$,据此式,可以估算出电极反应过程中的得失电子数。

5) 峰值电流值 i_p(i_{pc} 或 i_{pa})可表示为:

$$i_p = 0.4463nFAc_0^* \left(\frac{nF}{RT}\right)^{1/2} v^{1/2} D_0^{1/2}$$

式中,A 为电极表面积(cm^2);D_0 为扩散系数(cm^2/s);c_0^* 为溶液中物种的浓度

(mol/cm^3)；v 为扫描速度(V/s)；i_p 为峰电流值(A)。当 25℃时，可略写为：

$$i_p = (2.69 \times 10^5) n^{3/2} A D_0^{1/2} v^{1/2} c_0^*$$

对于扩散控制的电极反应，即可逆反应，可用上式测定其反应物的浓度，扩散系数等。

6) 对循环伏安曲线中某一峰值下所对应的面积积分，可得其峰所对应的电量。如在 Pt(111)于 0.5 mol/L H_2SO_4＋5 mmol/L Tl_2SO_4 溶液中测得的循环伏安曲线中，可以看到数对反应峰，如取 A_1 峰下对应的面积积分，则可得到其包含的电量。若已知其电极反应的电子转移数目，则可求出参与反应的原子或离子数。例如，反应是在 Pt(111)表面进行，电极表面面积可以实际测量得到，表面单位面积的 Pt 原子数可求(约为 1.5×10^{15} 个原子$/cm^2$)，据此可以算出有 n 个电子转移时，发生的电极反应所需的电量。若反应时，在 Pt(111)表面的吸附物对白金原子产生 1:1 的一个电荷转移，需要的电量可以算出约为 240 $\mu C/cm^2$。利用峰下所对应的电量除以此电量值，则可得到吸附物在 Pt(111)表面的覆盖度。此覆盖度可以为确定吸附物的表面结构提供依据。详细应用实例可参考 Cu 在 Au(111)表面欠电位沉积时，表面覆盖度的理论推测，这是一经典体系，在早期电化学欠电位沉积研究的文章中常有报道。

值得指出的是，许多电极反应并不是在平衡条件下进行的，此时的反应一般为准可逆反应和不可逆反应。这些体系中的各种关系可在对上述平衡反应的公式进行校正后求得。但重要的一点是，只要在循环伏安图中有电流峰出现，一定是对应着某种电极反应，或可能有电荷转移过程发生，因此循环伏安法是研究电化学反应的一种方便快捷的方法。对于一个新的体系，通过循环伏安图，可以马上得到有关电极反应的定性信息和定量信息，这些信息可能与表面吸附物组装的相结构、相转变、取向变化等过程有关，为电化学 STM 研究提供了有力的指导性的实验依据。

电极上发生的反应过程有两种类型：一类是有电荷经过电极/溶液界面，由于电荷转移而引起某种物质的氧化或还原反应时的过程，其规律符合法拉第定律(Faraday，1833 年：电极上通过的电量与电极反应中反应物的消耗量或产物的产量成正比)，所引起的电流称为法拉第电流，与电极反应速率有关。另一类是在一定电势范围内施加电位时，电极/溶液界面并不发生电荷转移反应，仅仅是电极/溶液界面的结构发生变化，即双电层的结构发生变化，例如吸附和脱附过程等，这种过程称为非法拉第过程。在此过程中，虽然电荷没有越过电极/溶液界面，但电极电势、电极面积或溶液组成的变化都会引起外电流的流动，其机理实际上是类似于双电层电容器的充电或放电，因此，这部分电流称为充放电电流，或非法拉第电流，对电极/溶液界面这一性质的测定，即双电层电容的测定，对在电极表面产生的与吸附相关的研究，例如生物膜、自组装、腐蚀等意义重大。

2.4　谱学技术

　　谱学方法利用入射光波对表面吸附分子振动的影响，可以得出固体表面分子组装状态的结构信息。近年来，由于相关技术的改进和应用范围的扩大，谱学技术发展到了一个新阶段。把谱学方法与扫描探针技术结合已成为在分子水平上研究分子组装体系的有力手段。在研究固体表面吸附物种、取向、与基底的键接关系、确定表面膜组成和厚度等方面都有引人注目的进展，也在一定程度上弥补了扫描探针技术缺乏化学敏感性的缺点，做到了既能"看到"，又能"辨别"，具备了分子识别能力。

　　谱学技术包含的方法很多，这里简要介绍紫外-可见光谱（ultraviolet-visible spectroscopy）、椭圆偏振光法（spectroscopic ellipsometry，SE）、拉曼光谱法（Raman spectroscopy）、红外光谱法（infrared spectroscopy，IR）及与其相关的增强红外、反射吸收红外等。

2.4.1　紫外-可见光谱[48]

　　紫外-可见光谱方法具有设备简单、操作简单的优点，是分子组装研究中经常使用的方法之一。可用于紫外-可见光谱方法的体系很多，最基本的一个要求是所研究的体系在紫外-可见光的范围内要有光吸收变化。因此，这一方法广泛用于含有共轭体系的有机物和在紫外-可见光的范围内具有光吸收的无机化合物。值得注意的是，某些有机物质尽管也有吸收峰，但发生电子转移的部位远离分子中的共轭体系，没有吸收峰的变化，也不适合用紫外-可见光谱方法进行研究。

2.4.2　椭圆偏振光法[49]

　　椭圆偏振光法利用可见光的反射性质，可为电极的阳极溶解氧化、钝化，测定表面组装膜，膜厚增长，表面粗糙度和膜介电常数等研究方面提供重要信息。

　　根据光的波动性，光波是由互相垂直的电场矢量和磁场矢量组成的。光在均匀介质中传播时，电场矢量的振动平面垂直于传播方向。对于单色光，它的振动频率（或波长）是确定的。例如氦氖激光器出射的单色光波长为 632.8 nm（红光）。从实际光源出射的单色光，在振动平面上包含着数目众多，各振动方向概率相等，且无固定相位差的光波。但将这种单色光通过偏振片后，则只有与偏振片晶轴平行的振动方向有光波通过，其余振动方向光波都被阻挡不能通过。只含有某一振动方向的光波称平面偏振光，旋转偏振片可产生不同振动方向的平面偏振光。当振动方向互相垂直且振动频率相等，振幅不等却有固定的相位差的两束平面偏振光合成时，就产生了椭圆偏振光。

测量反射体系中相角和强度的变化,得出振幅比和相位差的关系,如椭偏参数 Ψ 和 Δ,则可推测有关表面状态的参数,例如氧化膜厚和电位的关系。

2.4.3　拉曼光谱法[49,50]

当一束强单色光,例如激光照射在样品上时,这光的一部分将被样品散射。在散射光中与入射光频率相同的部分,称为瑞利散射光。尽管在散射光中大部分是瑞利散射光,但瑞利散射光不能给出有用的分子信息。幸好,在散射光中还存在一系列低于和高于入射光频率的散射光,称拉曼散射光。拉曼散射光的频率与入射光频率之差称为拉曼位移,它与研究体系中的分子信息相关。低于入射光频率的拉曼光谱线称斯托克斯线,高于入射光频率的拉曼光谱线称反斯托克斯线。斯托克斯线与反斯托斯线所给出的拉曼位移是相等的,不过斯托斯线的强度要高于反斯托克斯线。因此,拉曼光谱仪只测量低于入射光频率那一侧的拉曼散射谱线,即斯托克斯线谱。拉曼谱图的横坐标给出的是斯托克斯线的拉曼位移量,通常用波数变化值 $\Delta\nu$ 表示,单位 cm^{-1}。拉曼位移一般在 $25\sim4000$ cm^{-1} 范围内。

在固体表面分子组装的研究中,拉曼位移主要与分子中原子相对位置改变的振动模式有关。振动模式可分两大类:伸缩振动和弯曲振动。在有机分子中常见的弯曲振动有剪动、摆动、摇动和扭动。前两者属面内弯曲振动,后两者属面外弯曲振动。并非所有振动模式都能给出拉曼谱线,能有效给出拉曼谱线的振动被称为具有拉曼活性。

由于在分子中的基团都有自己的特征振动频率范围或特定的振动峰,已有大量实验积累了众多化合物的谱线数据,并已整理成册,像 X 射线图谱一样可供对比,因此,将拉曼实验得到的谱线峰位与图谱对照分析,便可得到研究体系中的分子信息。

2.4.4　红外光谱法[48,49,51]

将红外光谱和扫描探针技术结合,在固体表面分子组装研究中发挥了重要作用。

红外光谱的范围区间约在 $10\,000\sim10$ cm^{-1},多数有机基团的红外吸收大都发生在中红外区,即 $4000\sim400$ cm^{-1}。因此,在非原位的化学应用中,一般采用红外吸收光谱法。但是,在电化学的固/液界面的原位研究中则多使用的是红外反射光谱法。它测量分子中不同振动产生的谱峰,而谱峰相应的波数与样品中分子振动模式和频率有关。近而可以鉴定电极表面吸附分子取向等。

如上所述,光波的基本振动模式分为伸缩振动和弯曲振动。一般说来,对于含有 n 个原子的分子,共有 $3n-5$(对于线形分子),或 $3n-6$(对于非线形分子)个基本振动模式。其中有 $n-1$ 个键的伸缩振动模式,$2n-4$(对于线形分子)或者 $2n-$

5(对于非线形分子)个弯曲振动模式。例如线形 CO 分子只有一个伸缩振动模式($2143\ cm^{-1}$)。线形 CO_2 分子共有四个基本振动模式,其中有两个对称($1388\ cm^{-1}$)和反对称($2349\ cm^{-1}$)的伸缩振动模式,还有两个简并的弯曲振动模式($667\ cm^{-1}$)[51]。不是每种振动模式都具有红外活性,或者说都能给出红外谱峰。只有振动过程会引起偶极矩变化的振动模式才能吸收红外辐射能量,或者说具有红外活性,并可能给出相应的红外谱峰。对于那些不改变偶极矩的振动模式是不具有红外活性的。红外光谱与拉曼光谱同属分子振动光谱,是具有互补性的两种技术。凡是具有对称中心的分子,其中某一振动模式具有红外活性,那么这振动模式一定是拉曼非活性的。反之,若拉曼是活性的,则红外是非活性的。这称互斥规则。对于不具有对称中心的分子,可以同时具有红外活性和拉曼活性。例如 CO_2 线形分子具有对称中心,它的对称伸缩振动有拉曼活性,则无红外活性。它的反对称伸缩振动和弯曲振动有红外活性,则无拉曼活性。又如对称 H_2O 分子不具有对称中心,它的对称($3651.7\ cm^{-1}$)和反对称($3755.8\ cm^{-1}$)都同时具有红外活性和拉曼活性。

上述判断分子振动模式是否有活性的规则称选律。对于红外光谱的活性判断还需要考虑表面选律。当红外光束照射在样品表面,只有其中平行振动分量的光波才能在表面上形成有效电场强度。金属表面吸附分子有一定的取向。只有那些吸附分子的振动模式,既会引起偶极矩的变化,又在垂直于表面上有不为零的振动分量时才能与入射光的有效电场矢量发生相互作用引起红外吸收,才有可能给出红外谱峰,呈红外活性。这称表面选律。依据该定律,平躺在金属表面的吸附分子就是有偶极矩变化也不呈红外活性。因此红外光谱法在确定电极表面吸附分子取向方面的研究中是非常有用的技术。

在分子中的基团都有自己的特征振动频率范围,已有大量红外实验数据整理成册,因此,将红外实验得到的谱线峰位与图谱对照分析,便可得到研究体系中的分子信息。值得注意的是,在电化学体系中红外谱峰还将受到环境因素的影响,如电极电位、电解质溶液组成、吸附过程等因素影响造成位移,因此,在决定分子的吸附状态时,应一并考虑。

在电化学研究中常见的红外实验,红外光束都是通过溶液照射在样品表面上的。因而对实验精度造成影响,并给数据分析带来一定困难。为解决这一问题,出现了一种将红外光束从样品背面照射在样品表面,不需经过溶液的新的实验方法[52-57]。其结构简单示意于图 2.12 的(a)和(b)中。

在一硅制半圆柱的平面一侧,用物理气相沉积或电沉积等方法,制备一厚约数十至近百纳米的金属薄层,如金、铜、白金等,经过处理可以成为近似单晶体,以此作为工作电极,进行电化学研究。由于金属层很薄,红外光可以透过。因此,使用这种改进的红外测量装置,红外光不经过溶液,既避免了溶液对实验结果的影响,又能得到表面吸附物的振动信号,研究吸附物的吸附状态,与基底金属(工作电极)表面的键接关系等,具有很大的优点。

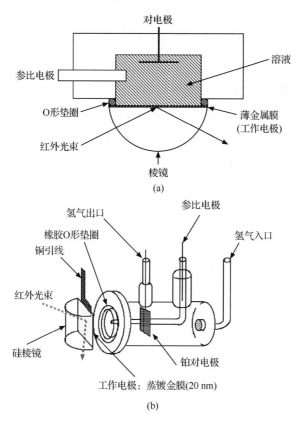

(a)

(b)

图 2.12　红外光束从样品背面照射式装置示意图(a)[52]和红外电化学光谱仪
电化学电解池及样品位置示意图(b)[53]

2.5　其他典型显微学成像方法

除扫描探针显微技术之外,常用的显微学方法还有扫描电子显微技术(scanning electron microscopy,SEM)、透射电子显微技术(transmission electron microscopy,TEM)以及常用的光学显微术等[58]。这些显微学方法各有特点,也是研究固体表面分子组装的重要技术方法,以下做简单介绍。

2.5.1　扫描电子显微技术[59]

扫描电子显微镜是常见的分析仪器。主要用做样品的表面形貌观察,如配以能谱,则可得微区成分。用于扫描电镜分析的样品必须是导体。如是绝缘体,则必须利用复型技术加以处理，以蒸镀和蒸发的方法，在样品表面施以碳膜或金膜，使样品原貌得以保留，且保证良好的导电性才能进行表面扫描观察成像。经过多年努力，SEM 技术得到进一步发展，通过改变工作环境，SEM 可以工作在低真空、不同气氛当中，也产生了多种"环境扫描电子显微镜"，可满足生物、植物以及特殊环境下的表面成像要求。

2.5.2 透射电子显微技术[59-61]

透射电子显微镜具有成像和进行电子衍射，特别是选区电子衍射的双重功能，能同时获得表面形貌和结构，如晶体类型、取向、晶粒间位向关系等多种信息，如配上能谱等附属设备，如能量弥散 X 射线探测器(energy dispersive X-ray detector, EDX)，则可得极微区的成分组成信息。因此 TEM 比起 SEM 具有更多的优点，尽管其操作与数据处理，以及结果分析需要更专门的知识，同时样品制备也稍嫌麻烦，但因优点很多，故该技术正逐渐得到广泛的应用。

在样品的要求方面，与 SEM 一样，用于 TEM 观察的样品必须导电。对于不导电的样品，主要用复型技术保留原貌，再施镀覆以导电薄膜，此种分析仅限于表面形态的研究。对大多数金属样品或半导体样品，可采用离子减薄或电化学减薄方法，将样品减薄到电子束能穿透的厚度，一般为 100～200 nm 左右(当加速电压为 100～200 kV 时)。这样的样品电子束可以穿透，可以进行直接观察分析。

在透射电镜下观察到的样品图像的反差，视区域或组织结构不同而往往不同。造成此差别是质厚衬度或衍射衬度所致，即电子束通过样品时，一方面样品的质量和厚度不同可以造成图像反差不同，另一方面，晶体中不同晶面对电子束产生的衍射不同，此效果也会导致图像反差的不同，两者应区别对待。

对样品中感兴趣区域进行选区电子衍射(selected area electron diffraction)操作，可得该区域的电子衍射图(electron diffraction pattern)，即晶体结构的信息。由此图可知样品的晶型、不同晶体间的取向关系等。例如，对修饰或沉积于金属或半导体表面的薄膜，以此技术可得薄膜与基底之间的取向关系，进而知晓薄膜的生长方向、择优取向等，是研究成膜机理及其相关性能的常用方法，配以成分信息，便可为镀膜工艺参数改进，制备优质薄膜提供重要的参考数据。

近年来，透射电子显微技术得到迅速发展，相继出现了球差矫正透射电子显微镜和可以载有薄层溶液的"电化学"透射电子显微镜。在球差矫正透射电子显微镜中，通过多级电磁透镜系统可以消除球差对成像的影响，使得同时进行超高分辨率观察和超高灵敏度分析成为可能，不仅仅提高了 TEM 的图像分辨率(可以小于1 Å)，还可以分辨 Li 原子等轻元素，以及消除材料界面像的离域效应等，稳定性更好。利用载有薄液层的电化学电解池的样品台，可以原位观察研究电化学反应时，电极材料的形貌和结构变化等，为电化学研究提供了强有力的分析工具。

　　无论是扫描电子显微术还是透射电子显微术都是一门专门的分析技术,需要与之相关的专门技能和知识。以上只是一简要介绍,如欲利用此类设备进行研究工作,当需参阅专门书籍并经专门训练,方能用好并发挥电子显微技术的作用。

2.6　低能电子衍射法[62]

　　分子在固体表面吸附组装形成特定结构,结构的有序度,即周期性可以用低能电子衍射法(low energy electron diffraction, LEED)确定。LEED 方法是用来确定表面吸附结构的常用技术。

　　由于物质对电子的散射比对 X 射线的散射强很多,因而低能电子具有很高的表面灵敏度。低能电子衍射是将能量约在 5～500 eV 范围的低能电子束射于样品表面,通过电子与晶体表面的相互作用,一部分电子以相干散射形式反射到真空中,而形成的衍射电子束会进入可移动的接收器进行强度测量,或者至荧光板,产生可观察的衍射图像。图 2.13 是 LEED 装置的简要示意图。衍射图像实际由斑点组成,是晶体表面的倒易空间像,是晶体倒易点阵的一个二维截面,可以根据衍射理论对其进行分析解析,进而得到晶体表面或表面吸附物的结构。已发表的有关清洁晶体表面或表面吸附物的周期结构数据,大都是利用这种方法得到的。利用低能电子在晶体中的衍射,得到包括吸附物与基底在内的倒易空间结果,表现为各种规则排布的衍射斑点,然后可以换算成实空间结构。这些信息包括表面吸附物的结构,与基底的位向关系等。

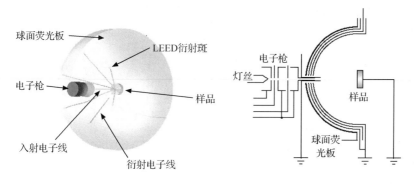

图 2.13　LEED 装置的简要示意图:左图为正面图,右图为侧面图

2.7　X 射线光电子能谱方法[63]

　　X 射线光电子能谱(X-ray photoelectron spectroscopy)即通常所说的 XPS,是表面分析的重要技术。XPS 主要应用于对元素的定性和定量分析,进行物质的

化学态,包括原子价态分析等。

XPS 工作时,是利用具有特征波长的 X 射线(通常为 $Mg_{K\alpha}$-1253.6 eV 或者 $Al_{K\alpha}$-1486.6 eV)去辐射固体样品,然后按结合能或动能去收集从样品中发射的光电子,再以光电子的结合能或动能(习惯用结合能)为横坐标,相对强度(光电子计数,s^{-1})为纵坐标作出光电子能谱图,从而获得待测物质的组成。

固体表面的物种(原子、分子或离子)吸附、吸附位置、组装结构等信息,一方面可以用 STM 直接观察或谱学方法测定,另一方面也可以并且需要理论模拟计算进行确认或推断预测。经过多年发展,密度泛函理论、分子动力学方法、从头算(*ab initio*)方法等已被成功用于分子组装体系的研究,对确定分子吸附、组装过程、组装结构、结构稳定性以及分子间成键等都提供了重要理论数据,并与实际观察结果有很好的对应。但因一般组装体系中的原子分子数量颇多,有时会超出运算能力,在溶液中的计算还受众多离子、溶剂分子及水分子的影响,且与电极电位有关等,因此,对某些分子组装体系而言,理论模拟计算就变得非常复杂,运算量巨大,有时结果也有不确定性。但尽管如此,可以预见,理论模拟计算在固体分子组装研究方面定会有广阔的发展前景和用武之地。已有很多从事理论模拟计算研究的学者参与到固体表面分子组装研究领域,且已经取得重要成果,作出了重要贡献。

与固体表面分子吸附组装研究相关的分析技术还有很多,以上介绍的只是其中有代表性的几种,有时需要多种方法联合使用,才能达到研究目的。随着分子科学研究的不断深入,往往需要同时得到结构和化学组成信息,需要动态原位结果,需要原子、分子分辨,这些需求也反映了制约分子组装研究的"瓶颈"问题,也是对分析技术的期待。有理由相信,在科学家们的共同努力下,更多更好更有效的新技术必将诞生。

参 考 文 献

[1] Binnig G, Rohrer H, Gerber C, Weibel E. Surface studies by scanning tunneling microscopy. Phys. Rev. lett. , 1982, 49:57-61.

[2] Julia U, Daniel C. Single molecule. Science, 1999, 283:1667-1695.

[3] (a)白春礼. 扫描隧道显微术及其应用. 上海科学技术出版社, 1994;(b)万立骏. 电化学扫描隧道显微术及其应用. 北京:科学出版社, 2005(1 版), 2011(2 版).

[4] 王琛, 白春礼. 表面科学中的电子隧道效应. 武汉:华中师范大学出版社, 1998.

[5] 西川治. 走查型显微镜. 东京:丸善株式会社, 1998.

[6] Tersoff J, Hamann D R. Theory and application for the scanning tunneling microscope. Phys. Rev. Lett. , 1983, 50:1998-2001.

[7] Bardeen J. Tunneling from a many-particle point of view. Phys. Rev. Lett. , 1961, 6:57-59.

[8] Binnig G, Rohrer H, Gerber C, Weibel E. 7×7 reconstruction on Si(111) resolved in real space. Phys. Rev. Lett. , 1983, 50:120-123.

[9] Kuk, Y, Silverman P J. Scanning tunneling microscopy instrument. Rev, Sci. Insrum. , 1989, 60:165-

180.

[10] Hansma P K, Tersoff J. Scanning tunneling microscopy. J. Appl, Phys. , 1987, 61:R1-R24.

[11] Stroscio J A, Kai W J. Scanning Tunneling Microscopy. Boston: Academic Press,1993.

[12] Chen C J. Introduction to Scanning Tunneling Microscopy. Oxford, New York: Oxford University,1993.

[13] Wiesendanger R, Guntherodt H J. Scanning Tunneling Microscopy Ⅲ. Berlin: Springer-Verlag,1993.

[14] Gewirth A A, Siegenthaler H. Nanoscale Probes of the Solid/liquid Interface. Dordrecht Boston: Kluwer Academic Publishers, 1995: 316-319.

[15] Andersen J E T, Kornyshev A A, Kuznetsov A M, Madsen L L, Moller P, Ulstrup J. Electron tunneling in electrochemical processes and *in situ* scanning tunnel microscopy of structurally organized systems. Electrochim. Acta. , 1997, 42:819-831.

[16] Pan J. Jing T W, Lindsay S M. Tunneling barriers in electrochemical scanning-tunneling- microscopy. J. Phys. Chem. , 1994, 98:4205-4208.

[17] Vaught A, Jing T W, Lindsay S M. Nonexponential tunneling in water near an electrode. Chem. Phys. Lett. , 1995, 236:306-310.

[18] Hong Y A, Hahn J R, Kang H. Electron transfer through interfacial water layer studied by scanning tunneling microscopy. J. Chem. Phys. , 1998, 108:4367-4370.

[19] Toney M F, Howard J N, Richer J, Borges G L, Gordon J G, Melroy O R, Wiesler D G, Yee D, Sorensen L B. Voltage-dependent ordering of water-molecules at an electrode-electrolyte interface. Nature, 1994, 368:444-446.

[20] Benjamin I, Evans D, Nitzan A. Asymmetric tunneling through ordered molecular layers. J. Chem. Phys. , 1997, 106:1291-1293.

[21] Tersoff J, Hamann D R. Theory of the scanning tunneling microscope. Phys. Rev. B, 1985, 31:805-813.

[22] Lindsay S M, Sankey O F, Li Y, Herbst C, Rupprecht A. Pressure and resonance effects in scanning tunneling microscopy of molecular adsorbates. J. Phys. Chem. , 1990, 94: 4655-4660.

[23] Mujica V, Kemp M, Ratner M A. Electron conduction in molecular wires. A scattering formalism, J. Chem. Phys. , 1994, 101:6849-6855.

[24] Hui O Y, Kallebring B, Marcus R A. A theoretical model of scanning tunneling microscopy: Application to the graphite(0001)and Au(111)surface, J. Chem. Phys. , 1993, 98:7565-7573.

[25] Fisher A J, Blochl P E. Adsorption and scanning-tunneling-microscope imaging of benzene on graphite and MoS_2. Phys. Rev. Lett. , 1993, 70:3263-3266.

[26] (a)Schmickler W. On the possibility of measuring the adsorbate density of states with a scanning tunneling microscope. J. Electroanal. Chem. , 1990, 296:283-289;(b)Schmickler W, Widrig C. The investigation of redox reactions with a scanning tunneling microscope:Experimental and theoretical aspects. J. Electroanal. Chem. , 1992, 336:213-221.

[27] Sumi H. V-I characteristics of STM processes as a probe detecting vibronic interactions at a redox state in large molecular adsorbates such as electron-transfer metalloproteins. J. Phys. Chem. B, 1998, 102: 1833-1844.

[28] Hallmark V M, Chiang S. Predicting STM images of molecular adsorbates. Surf. Sci. , 1995, 329:255-268.

[29] Kuznetsov A M, Sommer-Larsen P, Ulstrup J. Resonance and environmental fluctuation effects in

STM currents through large adsorbed molecules. Surf. Sci., 1992, 275:52-64.

[30] Kuznetsov A M, Ulstrup J. Resonance interface in a three-level system with dynamic coupling of the intermediate state to a vibrational mode. Mol. Phys., 1996, 87: 1189-1197.

[31] Wang X W, Tao N J, Cunha F. STM images of guanine on graphite surface and the role of tip-sample interaction. J. Chem. Phys., 1996, 105:3747-3752.

[32] 罗常红, 白春礼. 扫描隧道谱的原理与应用. 化学通报, 1990,(3): 14-19.

[33] 刘嘉. 多组分有机分子在固-液界面自组装规律及调控的扫描隧道显微镜研究:[博士学位论文]. 北京: 中国科学院化学研究所,2011.

[34] Samori R. Scanning Probe Microscopies Beyond Imaging. Weinheim: Wiley-VCH Verlag GmbH & Co, 2006.

[35] Binnig G, Quate C F, Gerber C. Atomic force microscopy. Phys. Rev. Lett., 1986, 56: 930-933.

[36] 白春礼,田芳,罗克. 扫描力显微术. 北京:科学出版社,2000.

[37] Sewald N, Wilking S D, Eckel R, Albu S, Wollschlager K, Gaus K, Becker A, Bartels F W, Ros R, Anselmetti D. Probing DNA-peptide interaction forces at the single-molecule level. J. Pept. Sci., 2006, 12: 836-842.

[38] Hinterdorfer P, Dufrene Y F. Detection and localization of single molecular recognition events using atomic force microscopy. Nat. Methods, 2006, 3: 347-355.

[39] Willemen O H, Snel M M, Cambi A, Greve J, De Grooth B G, Figdor C G. Biomolecular interactions measured by atomic force microscopy. Biophy. J., 2000, 79: 3267-3281.

[40] Muller D J, Anderson K. Biomolecular imaging using atomic force microscopy. Trends Biotechnol., 2002, 20: S45-S49.

[41] Allison D P, Hinterdorfer P, Han W H. Biomolecular force measurements and the atomic force microscope. Curr. Opin. Biotech., 2002, 13: 47-51.

[42] Horton M, Charras G, Lehenkari P. Analysis of ligand-receptor interactions in cells by atomic force microscopy. J. Recept. Signal Tr. R, 2002, 22: 169-190.

[43] Zlatanova J, Lindsay S M, Leuba S H. Single molecule force spectroscopy in biology using the atomic force microscope. Prog. Biophys. Mol. Biol, 2000, 74: 37-61.

[44] 余军平,单分子力谱研究蛋白质/DNA 及蛋白质/蛋白质的相互作用:[博士学位论文]. 北京:中国科学院化学研究所,2007.

[45] Boland T, Ratner B D. Direct measurement of hydrogen bonding in DNA nucleotide bases by atomic force microscopy. Proc. Natl. Acad. Sci. USA, 1995, 92: 5297-5301.

[46] Williams J M, Han T, Beebe Jr T P. Determination of single-bond forces from contact force variance in atomic force microscopy. Langmuir, 1996, 12: 1291-1295.

[47] 万立骏. Rh(111)及 Pt(111)电极表面吸附层结构的电化学 STM 研究:[博士学位论文]. 日本东北大学,1996.

[48] 董绍俊, 车广礼, 谢远武. 化学修饰电极. 北京:科学出版社, 1995.

[49] 陈体衔. 实验电化学. 福建:厦门大学出版社, 1993.

[50] Tian Z Q, Ren B, Wu D Y. Surface-enhanced Raman scattering: From noble to transition metals and from rough surfaces to ordered nanostructures. J. Phys. Chem., 2002, 106:9463-9483.

[51] 周公度, 段连运. 结构化学基础. 第 2 版. 北京大学出版社, 1995.

[52] Osawa M. Dynamics processes in electrochemical reactions studied by surface-enhanced infrared absorp-

tion spectroscopy(SEIRAS). Bull. Chem. Soc. Jpn. ，1997，70：2861-2880.

[53] Ataka K，Yotsuyanagi T，Osawa M. Potential dependent reorientation of water molecules at an electrode/electrolyte interface studied by surface-enhanced infrared absorption spectroscopy. J. Phys. Chem. ，1996，100：10664-10672.

[54] Osawa M，Yoshii K. *In situ* and real-time surface-enhanced infrared study of electrochemical reactions. Appl. Spectrosc. ，1997，51：512-518.

[55] Ataka K，Osawa M. *In-situ* infrared study of water-sulfate coadsorption on gold(111)in sulfuric acid solutions. Langmuir, 1998，14：951-959.

[56] Osawa M，Yoshii K，Hibino Y H，Nakano T，Noda I. Two-dimensional infrared correlation analysis of electrochemical reactions. J. Electroanal. Chem. ，1997，426：11-16.

[57] Sun S G，Cai W B，Wan L J，Osawa M. Infrared absorption enhancement for CO adsorbed on Au films in perchloric acid solutions and effects of surface structure studied by cyclic voltammetry, scanning tunneling microscopy, and surface-enhanced IR spectroscopy. J. Phys. Chem. B1999, 103：2460-2466.

[58] 郭可信,叶恒强,等. 电子衍射图在晶体学中的应用. 北京：科学出版社, 1983.

[59] 漆睿,戎华. X 射线与电子显微分析. 上海交通大学出版社, 1992.

[60] 叶恒强,王元明. 透射电子显微学进展. 北京：科学出版社, 2003.

[61] 王中林,惠春. 纳米管的电子显微分析. 北京：清华大学出版社, 2004.

[62] Somorjai G A. Introduction to Surface Chemistry and Catalysis. Germany：John Wiley & Sons, 1994.

[63] 黄惠忠,等. 论表面分析在材料研究中的应用. 北京：科学技术文献出版社, 2002.

第 3 章　烷烃及其衍生物分子的组装

作为纳米科学技术中"自下而上"技术路线的代表性方法,自组装被认为是构筑表面纳米结构的有效途径。STM 和 AFM 等分析检测技术的问世,实现了人类"看"原子分子的梦想,使得在真空、气相以及溶液中观察和研究单分子以及表面分子组装结构成为可能[1-5]。

分子在二维固体表面的组装是一个复杂的物理化学过程,涉及许多基本科学问题,如表界面效应,组装分子内的相互作用、分子间的相互作用及分子与基底间的相互作用,分子的扩散/热运动,以及吸附组装结构的形成、生长和结构转化等等。组装过程中,分子所处环境和外界条件的变化也有可能对最终组装结构和由此得到的分子纳米结构的性能产生重要影响。因此,为实现对分子表面纳米结构的精确控制,获得性能特定和稳定的分子纳米器件,必须研究有机分子在固体表面的组装行为,探索分子组装和结构转化规律。

STM 技术问世以后,表面分子组装中研究最早和最多的体系是烷烃分子及其衍生物在石墨(即高定向裂解石墨,HOPG)表面的组装。这类分子一般具有以下特点:①分子结构相对简单;②分子烷基部分的碳-碳键长度与石墨晶格尺寸接近;③烷基链与石墨表面存在较强的相互作用;④通过引入不同的官能团,可以改变烷烃及其衍生物在组装时分子间的相互作用力,借此可以设计研究多种相互作用(范德华力、氢键、偶极-偶极作用等)对分子组装结构的影响。由于以上特点,烷烃分子及其衍生物分子在石墨表面的组装成为分子在固体表面吸附组装研究的模型体系和经典体系,已积累了许多研究成果。但是,即便是对此简单体系,目前仍有许多科学问题不清,因而,对其研究仍是目前的热点之一。本章以作者研究组近年来的研究工作为主,结合国内外其他研究组的相关研究结果,介绍烷基类化合物分子在石墨等多种基底表面的吸附组装行为和组装结构,探索组装规律。

3.1　烷烃类分子在石墨表面的组装

3.1.1　正构烷烃在石墨表面的自组装

正构烷烃是一类饱和的线形碳氢化合物,全反式烷基链的碳原子排列成"之"字形(zigzag)结构,键长约为 1.54 Å,键角约为 109°28′,两"间隔"碳原子间的距离约为 2.52 Å。在 STM 发明以前,多种手段例如 IR、中子衍射、LEED、XRD 等都被用来研究过这类分子的组装结构,而 STM 凭借其原位高分辨的成像能力,有其他分析手段所不可比拟的优势。当烷基分子在固体表面吸附排列时,从 STM 高分辨图像可以直接获得分子取向、组装结构和结构稳定性等诸多信息[6,7]。经过多年研究积累,已经发展了在大气环境、溶液之中或者真空条件下对烷基化合物分子进行组装和结构研究的系列技术方法,可以在石墨、MoS_2、$MoSe_2$ 及金属 Au 等多种材料表面组装分子,对分子进行直接成像,研究多种分子的组装过程和组装结构,为固体表面分子组装积累了经验并奠定了基础。

　　石墨作为良好的导体,是利用 STM 研究固体表面分子组装的理想基底材料。石墨与云母和 MoS_2 一样具有层状结构。如图 3.1 所示,在每一石墨层中,碳原子以 sp^2 杂化,剩下的一个 p 轨道彼此平行垂直于表面。因此,同一层中的原子在宏观尺度上形成了一个共轭 π 键网络。有机分子在表面吸附时容易与石墨基底之间产生非共价相互作用,分子既不会完全不受基底控制而随意运动,又不会像在金属表面被束缚过紧,这为研究分子/基底和分

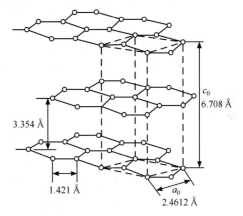

图 3.1　石墨的片层结构

子/分子相互作用对组装结构的影响,实现 STM 稳定成像提供了一个很好的环境。石墨上下两层间的距离为 3.35 Å,由弱的范德华力维系,这便于通过机械剥离的简单方法来获得新鲜洁净的表面。石墨表面为 3 次对称结构,沿着任意一条 C_3 对称轴,碳原子都表现为同样的 zigzag 伸展,两个“间隔”碳原子之间的距离为 2.46 Å,与烷基链中两相隔碳原子间距离为 2.52 Å 的结构参数非常接近,二者的尺度匹配使长链正构烷烃与石墨表面存在明显的范德华力相互作用,易于在表面稳定组装。

　　迄今为止,许多研究者利用 STM 技术对不同碳链长度的正构烷烃在石墨表面的吸附组装结构开展过研究,并取得有意义的研究结果。例如加拿大 Manitoba 大学的 G. C. McGonigal 研究组、德国马普研究所的 J. P. Rabe 研究组和美国哥伦比亚大学的 G. W. Flynn 研究组在烷基化合物吸附结构的 STM 研究方面都开展了许多开创性的工作[8-11]。McGonigal 研究组在 1990 年得到了 $C_{30}H_{62}$ 在 HOPG 表面的 STM 图像[9],发现 $C_{30}H_{62}$ 在 HOPG 表面可以组装形成长程有序的单分子层,并表现出很高的有序性和稳定性。此后,研究者还获得了一系列短到 $C_{13}H_{28}$,长至 $C_{50}H_{102}$ 的正烷烃分子的 STM 图像[7,12-15]。结果表明,组装结构中,正烷烃分子的长链相互平行并排成条垄状,垄与垄之间有边界分隔。分子是以其长

轴平行于石墨表面的方式吸附,同时分子的轴线与垄边界的走向垂直,这种结构被称为"perpendicular lamellae"结构。烷烃分子在石墨表面的吸附和组装结构主要由分子的化学结构和石墨基底决定,体系中存在分子/基底以及分子间的范德华力,形成垂直条垄结构能够实现分子间以及分子与基底间的最大接触,从而实现范德华作用力的最大化[16]。不过,后来也有研究结果显示,当 $C_{14}H_{30}$ 分子在石墨表面组装时,其分子长轴方向与条垄边界的走向的夹角是 $60°$,其机理有待于进一步研究[17,18]。

　　图 3.2 是正十八烷在 HOPG 表面自组装结构的典型 STM 图像,它表现出与其他烷烃分子在石墨表面组装结构一样的分子列呈等间距的条垄状排列组装结构。$C_{18}H_{38}$ 并肩排列在条垄中,分子骨架的长轴轴线方向与垄的走向垂直。在同一条垄中,两个相邻平行的分子间的距离约为 0.45 nm。若仔细观察会发现相邻条垄在横向上有"半分子宽"的错位,图中用 ΔL 表示,ΔL 大概是 0.22 nm 左右。这两个数值均与文献报道的正烷烃的体相结构的中子衍射结果相符[19,20]。垄宽 L

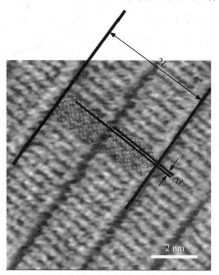

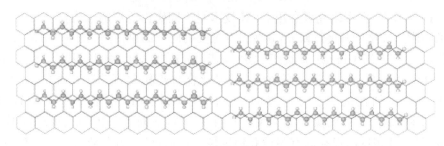

图 3.2　$C_{18}H_{38}$ 分子在 HOPG 表面的自组装结构和结构模型示意图。
STM 成像条件:$E_{bias}=802$ mV;$I_t=672$ pA

的测量长度为 2.42 nm±0.1 nm,与一个舒展的全反式十八烷烃分子的长度相符。其他正烷烃的组装结构与 $C_{18}H_{38}$ 基本一致,仅仅是由于分子骨架长度不同引起的分子条垄宽度不同而已[13]。图 3.2 也同时示出了正十八烷分子在 HOPG 表面自组装的结构模型,与 1970 年 Groszek 等人提出的结构模型吻合[21]。从 Groszek 模型中可以知道,烷烃的每一个亚甲基都吸附在基底碳原子六元环中。分子 zigzag 全反式平面与基底平行,每一个亚甲基均有一个氢原子与基底接触。

结合 STM 实验结果和理论分析,推测出正烷烃类分子组装结构的重复周期 L 与分子中碳原子数 n 存在的定量关系,如公式(3.1)所示,其中 0.246(nm)是石墨基底相邻间隔碳原子之间的距离。图 3.2 中标出了 $2L$ 的含义。这一关系公式可以用来快速计算出 C_nH_{2n+2} 类分子在石墨表面自组装时的垄宽。对该关系式稍作调整,也可以用于其他烷烃衍生物,如羧酸分子等在 HOPG 表面自组装结构的参数计算。

$$L(nm) = 0.246 \times (n+2)/2 \tag{3.1}$$

在烷烃类分子组装结构研究中,虽然可以确定烷烃分子在石墨表面吸附时烷基链与基底平行,但就烷烃骨架呈反式几何构象的两排碳原子所在平面是平行还是垂直吸附于基底表面是有争议的。结合三维体相结构的 X 射线衍射数据,Rabe 小组认为若是烷烃分子平面平行吸附于石墨表面,分子的排列将发生 10% 的收缩,但从 STM 图像上却看不到收缩现象,因此认为烷烃分子可能是骨架平面垂直于石墨基底表面[10]。而 Flynn 和 McGonigal 等人则认为反式的分子碳原子骨架平面是平行吸附于石墨表面,采取 Groszek“平躺”构型。此时,分子中的每一个亚甲基刚好位于每一个石墨碳原子形成的六边形格子的中间[8]。从对分子碳链骨架的 STM 图像研究结果来看,大多数现象属于以下两种情况,即在 STM 图像中分别是单排半数“亮点”和双排 zigzag 全数“亮点”,这些“亮点”一般解释为由分子中的亚甲基或对应于亚甲基中的氢原子。①当图像中的“亮点”数目等于分子碳链骨架碳原子数目的一半时,有两种可能的解释:一是由于分子骨架平面垂直于表面,因此成像时仅仅看到一侧的亚甲基的碳原子[10];二是由于烷烃分子吸附后对石墨晶格像产生调制作用,所看到的“亮点”实际上对应的是基底的碳原子而非分子碳链骨架中的碳原子[9]。②若干情况下,在 STM 图像中可以看到两排“亮点”,其“亮点”数目与分子碳链骨架碳原子数目相同,一般认为这时的“亮点”对应的是分子中甲基或亚甲基上的氢原子[22]。两排“亮点”与碳链骨架位置一致,呈 zigzag 方式排列,烷烃分子采取的是图 3.2 中所示的平行构型。图 3.3 给出了这两种不同 STM 图像与分子吸附构象的关系解释。纵观多年对烷烃分子在石墨表面吸附的 STM 研究结果,虽然烷烃分子还有一些特殊吸附构型,但是大多数情况都在这两类现象之中。

理论计算结果表明,当烷烃分子在石墨表面吸附形成密排结构时,分子中的每

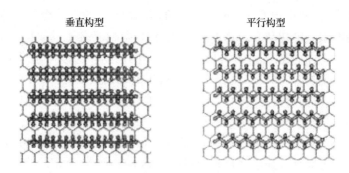

图 3.3　正烷烃分子在石墨表面吸附时的可能构型

个 CH_2 基团对分子吸附能的贡献是相同的,但大小与吸附构型有关。当分子采取平行吸附构型时,吸附能约为 11.7 kJ/mol;而采取垂直吸附构型时,每个 CH_2 基团的吸附能约为 10.5 kJ/mol[23]。表明随着分子链长的增加,烷烃分子将倾向于采取平行吸附构型以降低体系的能量。例如,有文献结果表明,$C_{14}H_{30}$ 分子采取垂直构型吸附在石墨表面,而 $C_{16}H_{34}$ 分子则倾向于采取平行构型吸附在石墨表面[18]。

3.1.2　烷烃自组装层的稳定性

　　早期的量热实验结果证明,烷烃分子在石墨表面具有很强的吸附倾向[21],因而一些功能分子被烷基化后容易在固体表面吸附形成组装结构。由于热效应的原因,有机分子在固体表面吸附组装时,最终状态实际上是分子吸脱附平衡的结果。相对而言,烷烃链较短的分子在固体表面的吸附相对较弱,由于存在热运动,分子在表面的状态相对更自由,也容易从表面脱附,形成的自组装膜也会不稳定。定量研究结果表明,烷烃链较长的 $C_{32}H_{66}$ 分子的吸附热为 -399 kJ/mol,而烷烃链较短的 C_7H_{16} 分子的吸附热只有 -99 kJ/mol[12,23];每增加一个亚甲基,烷烃分子的吸附热就会变化约 -12 kJ/mol[23]。因此,烷烃分子在固体表面吸附形成稳定的组装结构与分子的碳链长短有关,势必存在一个碳链长短的吸附临界数值“n”,即在室温常压条件下,烷烃分子碳链上碳原子数目少于 n 的正烷烃无法在表面形成稳定的组装结构,而烷烃分子碳链上碳原子数大于 n 的分子则可以形成稳定的自组装膜。多年来,研究者通常认为室温常压条件下,在石墨表面如果要形成有序结构,烷烃分子碳链的碳原子数不小于 16[24-27]。但近来研究结果表明,庚烷和十四烷在室温常压条件下也可以于石墨表面形成 2~3 层的吸附层,不过结构的有序程度较差[28];又有结果表明,正十四烷在室温常压条件下同样可以在石墨表面形成单层组装结构[17]。

　　为进一步了解烷烃分子在室温常压条件下于石墨表面吸附组装结构的稳定

性,选择了 $C_{12}H_{26}$ ～ $C_{15}H_{32}$ 等几种碳链长度不等的烷烃分子,研究了这些正烷烃分子在石墨表面自组装结构的稳定性[29]。STM 研究结果表明,除 $C_{12}H_{26}$ 分子之外,$C_{13}H_{28}$ ～ $C_{15}H_{32}$ 都可以在石墨表面形成大范围有序的单分子组装结构,如图 3.4(a)和(b)所示。$C_{13}H_{28}$ 分子在石墨表面吸附,形成的是致密有序的组装结构,分子肩并肩排列成条垄状,分子骨架的轴线方向与分子垄的夹角为 90°。实验测量结果显示,分子条垄宽约为 1.78 nm,与 $C_{13}H_{28}$ 分子的化学结构长度相近[28,30]。仔细观察 STM 图像可以发现,图像的清晰度不高,难以观察到单个分子的清晰的高分辨 STM 图像。这是因为 $C_{13}H_{28}$ 分子烷基链长度相对较短,室温下烷烃分子在表面的热运动较强,分子与石墨基底的作用相对较弱,从而受到基底的"束缚"也较弱的原因。相比较而言,图 3.4(c)和(d)中 $C_{14}H_{30}$ 分子的图像细节更为清楚,能清晰看到单个烷烃分子,分子仍排列成平行条垄结构,分子轴线与分子列条垄的走向垂直。但是,在同样实验条件下,当含 $C_{12}H_{26}$ 分子溶液被滴加至 HOPG 表面后,使用 STM 对表面进行扫描成像,却没有发现有序的分子组装结构。基于以上实验结果,可以认为,在所述的实验条件下,在石墨表面可以稳定吸附的长度最短烷烃是正十三烷分子。需要指出的是,如果降低实验温度,分子的表

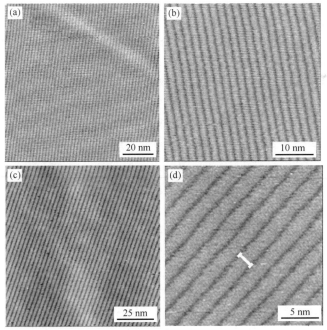

图 3.4　$C_{13}H_{28}$ 和 $C_{14}H_{30}$ 分子在 HOPG 表面的自组装结构。(a)和(b),大范围和高分辨的 $C_{13}H_{28}$ 分子的 STM 图像,二者成像条件均为 E_{bias}＝646 mV；I_t＝829 pA。(c)和(d),大范围和高分辨的 $C_{14}H_{30}$ 分子的 STM 图像,短线标注的是一个 $C_{14}H_{30}$ 分子。成像条件:(c)E_{bias}＝740 mV, I_t＝412 pA;(d)E_{bias}＝881 mV；I_t＝473 pA

面热运动减弱,链长更短的烷烃分子也可能在石墨表面形成稳定的吸附层。Arnold等人曾利用中子衍射和 X 射线衍射对此作了深入研究,结果表明正己烷和正戊烷在温度足够低的情况下也可以在石墨表面稳定吸附[31,32]。

也有关于正烷烃自组装结构研究的理论计算结果,为 STM 实验结果提供了理论佐证与解释。例如,Tománek 小组以不限长度的聚乙基(PE)结构为对象,采用从头算密度泛函理论研究了长链烷烃组装的最优吸附构象,并根据体系能量变化解释了 STM 图像观察到的分子畴区的成因[33]。结果表明,第一,以不限长度的聚乙基(PE)结构为对象,石墨基底存在与否会引起分子能量的变化,约为 0.1 eV/C_2H_4,也就是说相对于真空无依托条件而言,聚乙基更倾向于在石墨基底表面吸附组装。第二,zigzag 构象较 armchair 构象而言,能量上更优,平均有约 0.08 eV/C_2H_4 的差异。第三,同为 zigzag 构象,分子碳链骨架平面平行于基底与垂直于基底在能量上同样存在差异,与 STM 观察结果相符,平行结构有约 0.03 eV/C_2H_4 的优势。所以,从吸附组装体系的能量变化考虑,zigzag 构象分子碳链骨架所在平面平行于基底表面应是烷烃分子在石墨表面稳定吸附的理想组装方式。

3.1.3　烷基衍生物在石墨表面的吸附组装

正烷烃在石墨表面吸附组装时,分子/分子和分子/基底间的范德华力是结构形成的主要驱动力。当其端基被其他官能团,譬如羟基、羧基、氨基、卤素等基团取代后,组装中的非共价作用也将发生变化,可能会产生除范德华力之外的氢键、偶极作用等非共价键作用,从而影响组装结构。以烷醇为例,为了有利于羟基之间氢键的形成,分子的轴线方向与分子垄列的走向可能呈 60°夹角,而不同于正烷烃的垂直垄状结构。以下介绍几种烷基衍生物,包括烷醇、羧酸、卤代烷烃、烷基硫醇、烷基胺和酰胺等分子在石墨表面的吸附自组装结构,并简单探讨结构成因。

1. 烷醇

利用 STM 技术,人们观察研究了从 $C_{10}H_{21}OH$ 到 $C_{30}H_{61}OH$ 的一系列烷醇类化合物分子在石墨表面的吸附自组装结构[29,34-37]。研究发现,分子的烷烃链多为平行密排,形成类似于烷烃的条垄状结构。但由于 OH 基团的存在,导致这些条垄内分子的相对取向以及垄与垄的取向都与正烷烃分子排列结构有显著差别,例如,可以观察到分子的碳链方向与其所形成的分子条垄方向呈 60°夹角(烷烃为90°)。类似的分子排列结构在醇分子晶体中也看到过,起因被认为是由相邻垄间 OH 基团形成氢键所决定的。归纳烷醇类化合物在石墨表面的吸附自组装结构发现,烷醇在石墨表面可以形成两种吸附组装结构。第一种结构:短链烷醇(如 $C_{12}H_{25}OH$,$C_{18}H_{37}OH$ 等)倾向于形成"人"字形或"V"字形结构,又称"鱼骨状"结构,即分子排列成条垄状,相邻条垄分子间呈 120°夹角,这是由氢键以及与石墨基底的相互作用共同决定的。第二种结构:长链烷醇(如 $C_{24}H_{49}OH$,$C_{30}H_{61}OH$ 等)
则倾向于形成倾斜条垄结构[36]。文献报道过 $C_{18}H_{37}OH$ 分子在石墨表面组装时
形成的是"人"字形结构,图 3.5(a)是根据 STM 图像得出的典型的 $C_{18}H_{37}OH$ 分
子在 HOPG 表面自组装结构的模型[36]。$C_{19}H_{39}OH$ 分子在石墨表面也能形成有
序单分子组装层,如图 3.5(b)所示。由 STM 图像可见,该结构不同于图 3.5(a)
的"人"字形结构,此时分子形成整齐的条垄结构,分子的骨架轴线与分子条垄的方
向呈 60° 夹角。在相邻条垄之间,分子的轴线是相互平行的,不同于 $C_{18}H_{37}OH$ 自
组装层的"人"字形结构,图 3.5(c)是其结构示意图。关于烷醇的研究结果表明,
短链烷醇倾向于形成"人"字形结构,长链烷醇则倾向于形成倾斜条垄结构[36]。十
八烷醇和十九烷醇可能正是处于这两种结构变化的临界点。

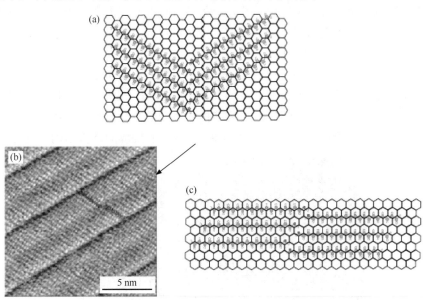

图 3.5　(a)$C_{18}H_{37}OH$ 分子在 HOPG 表面吸附自组装结构的模型。(b)与(c)$C_{19}H_{39}OH$ 分子
在 HOPG 表面吸附自组装结构的 STM 图像和结构模型。STM 成像条件:$E_{bias}=650$ mV;
$I_t=790$ pA。图(b)的箭头示出了两条垄状分子列间的羟基位置

羟基相对于烷基骨架没有明显的成像反差,所以难以从 STM 图像反差上判
断出分子的端基取向。但有趣的是,分子形成的条垄存在宽窄不同的间距,通常认
为这是由于分子形成的是头对头,即羟基对羟基的结构。深的沟槽处对应的是甲
基端的"尾对尾"结构,而不明显的沟槽处是羟基"头对头"吸附的位置[如图 3.5
(b)中的黑色箭头所示]。不难理解,一列分子的羟基上的"O"与相邻条垄分子的
羟基形成了较强的非共价作用——氢键,从而得到了"头对头"吸附结构。除此之
外,温度对自组装结构也可能存在影响[16,38],参考相关文献的报道,温度较低时有

利于"人"字形结构的形成。

2. 羧酸

羧酸分子是另一类重要的烷烃衍生物,其中若干分子也可以在 HOPG 表面进行自组装,并形成有序的吸附组装结构[39-41]。羧酸分子在表面自组装时,结构多呈平行密排的条垄状结构,而羧基的存在可能引入氢键作用,导致分子间趋向于"头对头"排列方式。但不同于醇类分子自组装结构,相邻条垄中分子的羧基基团的氢键配对方式发挥了作用,羧酸分子组装结构中分子的烷烃轴向与分子垄列的走向多保持 90°。同时,高分辨 STM 图像存在沿分子条垄方向上的亮暗调制现象,这种约 4～5 个分子宽度的周期性的调制图形被称为 Moire 图形,其原因是由于羧酸官能团所占据的空间较大,沿分子条垄方向分子的烷烃链部分与石墨基底晶格非完全匹配,引起吸附分子在基底上吸附位置的周期性变化,从而产生了 STM 图像中的亮暗调制现象。

羧酸研究中还报道过因分子中含碳原子奇偶数目不同,分子吸附组装不仅结构不同,还会引起对称性的变化。图 3.6 是羧酸分子 $C_{21}H_{43}COOH$ 和羧酸分子 $C_{18}H_{37}COOH$ 在 HOPG 表面吸附组装结构的典型的高分辨 STM 图像[40],两分子中含有偶数个或奇数个碳原子。观察发现,与烷烃和烷醇的条垄结构不同,羧酸分

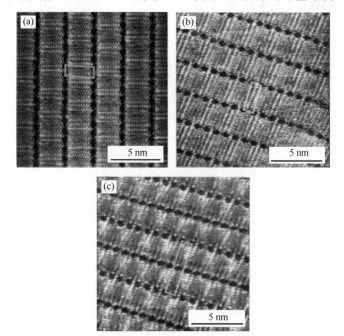

图 3.6 (a)和(b)含有偶数碳原子($C_{21}H_{43}COOH$)和(c)奇数碳原子($C_{18}H_{37}COOH$)的羧酸分子在 HOPG 表面形成的吸附组装结构的高分辨 STM 图像[40]

子在石墨表面吸附组装形成的分子条垄的边缘并不"整齐",而是呈现类似"锯齿"状结构。分析认为,这是因为同一分子条垄内各个羧酸分子的取向周期性交替变化,每个分子与相邻两个分子的分子碳链骨架平行,但其羧基方向排列相反。同时,通过单胞结构的比较,在 $C_{21}H_{43}COOH$ 和羧酸分子 $C_{18}H_{37}COOH$ 中,含有奇数个碳原子和含有偶数个碳原子的羧酸分子在 HOPG 表面形成的结构不同,偶数羧酸分子形成的组装结构中可以找到互为镜像的手性畴区,如图 3.6(a)和(b)所示,则为 $C_{21}H_{43}COOH$ 通过组装所形成的两个手性异构体畴区。虽然羧酸分子本身是非手性的,但在二维表面组装时由于羧基的不对称性,组装结构表现为手性。经过研究利用多种羧酸分子在 HOPG 表面的组装实验结果,研究者认为含有偶数个碳原子的羧酸分子的组装结构会产生手性畴区,而含有奇数个碳原子的羧酸分子的组装结构则无手性结构出现[40]。图 3.7 是他们据此给出的作为这两类羧酸代表的两个分子(一个含有 16 个碳原子,一个含有 17 个碳原子)的自组装结构的模型。

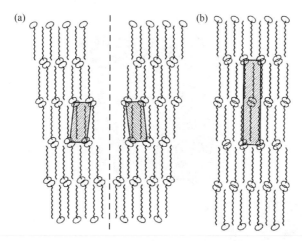

图 3.7　脂肪酸分子的可能吸附组装结构模型。(a)以分子中含有偶数 16 个碳原子的羧酸为例,其在石墨表面吸附形成镜面对称的手性结构。(b)以分子中含有奇数 17 个碳原子的羧酸为例,奇数羧酸形成的组装结构不是镜面对称的手性结构。椭圆圈表示分子中的羧基,锯齿形结构表示分子中的烷基链。结构单胞均用阴影标出

3. 卤代烷烃

若烷烃的一端被卤素原子取代,则该烷烃被称为卤代烷烃。根据取代卤素的种类不同,可分为氟代烷烃、氯代烷烃、溴代烷烃和碘代烷烃等。从氟到碘,原子的极性、电负性、离子化能和原子半径逐渐改变,而这些性质对于卤代烷烃分子的自组装结构和 STM 成像等均有重要影响。下面以最为简单的几种一卤代烷为例,

介绍卤代烷烃分子在 HOPG 表面的自组装行为和 STM 图像特点。

(1) 氯代烷烃

以 $C_{18}H_{37}Cl$ 分子为例,如图 3.8(a)所示,分子吸附于 HOPG 表面且有序密堆积成单分子层结构,组装结构与正烷烃相似。分析认为,分子吸附于石墨表面,分子的碳链骨架与基底表面平行,呈反式构象铺展,这可由图像中分子长度测量结果所证实。分子间彼此平行,排列成垄状,分子轴线与分子条垄方向的夹角为 $90°$。由于氯原子和烷基链骨架图像反差非常接近,从 STM 图像中很难决定氯原子的位置与取向,因此难以定出其组装结构的模型[37,42]。对于 $C_{19}H_{39}Cl$ 分子,其在 HOPG 表面组装结构如图 3.8(b)所示,虽与图 3.8(a)的 STM 图像结构不同,但仅仅依靠图像反差,仍然不能完全区分氯原子与碳原子。不过,在分子的条垄与条垄之间可以观察到沟槽的存在,与烷醇分子在 HOPG 表面的组装结构相似,凭借此特征和利用其他分析技术得到的结果,初步推断 $C_{19}H_{39}Cl$ 分子采取的可能是"头对头"组装方式。根据以上分析,图 3.8(c)提出了 $C_{19}H_{39}Cl$ 分子组装结构的模型。

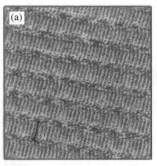

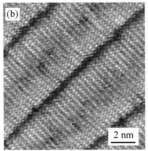

图 3.8 (a)$C_{18}H_{37}Cl$ 分子在 HOPG 表面组装的高分辨 STM 图像。成像条件:
$E_{bias}=1500$ mV;$I_t=120$ pA。(b)$C_{19}H_{39}Cl$ 在 HOPG 表面组装的高分辨 STM 图像。
成像条件:$E_{bias}=600$ mV;$I_t=944$ pA。(c)为(b)的结构模型

（2）溴代烷烃

溴代烷烃分子与氯代烷烃分子在 HOPG 表面的组装结构有相似之处。以 $C_{18}H_{37}Br$ 分子为例，如图 3.9(a)所示，分子可以在石墨表面吸附且有序自组装[29]，分子间紧密堆积，分子的碳链骨架取向平行并排列成条垄状结构，分子的条垄间有沟槽存在，对比图 3.8，可以推测出 $C_{18}H_{37}Br$ 采用的也是"头对头"的组装方式。Br 原子在通常状态下与碳原子相比 STM 图像反差没有明显差异。但在某些成像条件下，Br 原子可能会表现出更为明亮的图像反差，如图 3.9(b)所示，进一步证实了溴代烷的"头对头"取向，图像反差的变化有可能是端基碳-碳键的 trans-gauche 构象异构化造成的，因为这两种构象的能量非常接近，在室温下即可发生转化[37]。当表现为 gauche 构象时，Br 原子的电子波函数高于分子平面，针尖与 Br 原子的电子云重叠加强，隧穿电流也随之增大，从而表现出明亮的反差。图 3.9(c)和(d)就给出了这两种不同构象的结构模型，包括其俯视图和侧视图。

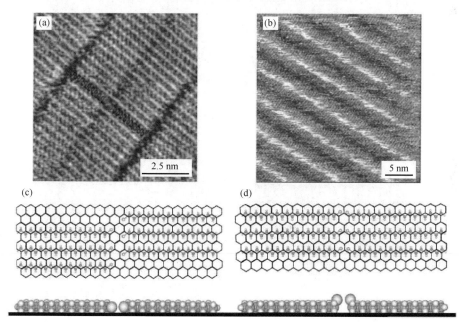

图 3.9　$C_{18}H_{37}Br$ 分子在 HOPG 表面自组装结构的 STM 图像和结构模型。(a)溴原子表现"暗"反差的高分辨 STM 图像。成像条件：$E_{bias}=750$ mV；$I_t=900$ pA。(b)溴原子表现"亮"反差的高分辨 STM 图像。成像条件：$E_{bias}=1560$ mV；$I_t=592$ pA。(c)溴原子表现"暗"反差的结构模型。(d)溴原子表现"亮"反差的结构模型

还利用另一种溴代烷烃分子 $C_{22}H_{45}Br$ 在 HOPG 进行表面组装研究，实验结果表明，除了分子条垄宽度随分子长度有变化之外，$C_{22}H_{45}Br$ 分子与 $C_{18}H_{37}Br$ 分子在 HOPG 表面的组装结构一致[29,37]。

当利用 $C_{19}H_{39}Br$ 分子在 HOPG 表面进行组装时,其所形成的组装结构与利用 $C_{18}H_{37}Br$ 分子在 HOPG 表面形成的组装结构是不同的[29]。图 3.10(a)是 $C_{19}H_{39}Br$ 分子在 HOPG 表面自组装结构的大范围 STM 图像,图中可以看到分子在表面吸附且有序排列,层内间有无序分布的亮线。高分辨 STM 图像中可以看到更多的结构细节,如图 3.10(b)所示。亮线是由一些较大的亮点构成,从大小和位置来看,可以推定亮点是溴原子所致。不同于 $C_{18}H_{37}Br$ 分子组装层,$C_{19}H_{39}Br$ 分子组装层中的溴原子始终呈现明亮的图像反差,不存在暗、亮反差之间的转变。

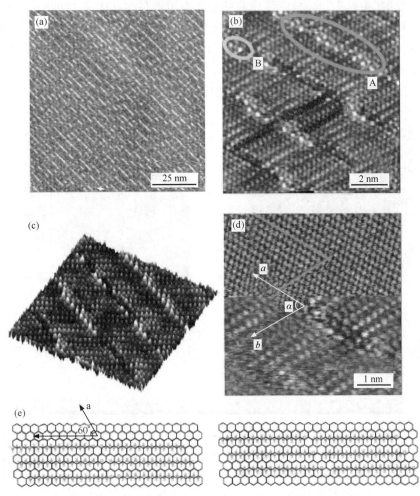

图 3.10　$C_{19}H_{39}Br$ 分子在 HOPG 表面自组装结构的 STM 图像和结构模型示意图。(a)大范围 STM 图像。成像条件:$E_{bias}=660\ mV$; $I_t=900\ pA$。(b)高分辨 STM 图像。成像条件:$E_{bias}=625\ mV$; $I_t=816\ pA$。(c)图(b)的侧视图。(d)$C_{19}H_{39}Br$ 分子畴区与石墨基底的复合图像。(e)分子组装采取的"头对头"(左)和"头对尾"(右)排列的结构模型

而暗、亮反差无序分布是溴原子取向的不确定,或排列方式不一所致,即分子中的溴原子取向既有"头对头"的方式,如椭圆 A 处所示,也有"头对尾"的方式,如椭圆 B 处所示。图 3.10(c)是图(b)的侧视图,清楚显示了两种不同的取向。除此之外,分子轴线与分子条垄间的夹角也不同于 $C_{18}H_{37}Br$ 分子自组装层,而由 90°变为 60°。为了排除图像漂移的可能影响,实验中,改变成像条件,原位扫描得到 $C_{19}H_{39}Br$ 分子吸附组装层(下面部分)与石墨基底原子排列(上面部分)的复合图像,如图 3.10(d)所示。分析图像结果可以看到分子的碳链骨架方向(箭头 b 所示)和分子条垄分析(箭头 a 所示)均与基底石墨晶格的密堆积方向平行,从而进一步证实了其夹角为 60°。同时,在 $C_{19}H_{39}Br$ 分子自组装层的 STM 图像中还可以看到 Moire 图形。沿着分子条垄方向,约 4~5 个分子间距,图像反差有从暗到亮的变化,这在 $C_{18}H_{37}Br$ 的自组装层中未观察到。根据以上分析结果,图 3.10(e)示出了 $C_{19}H_{39}Br$ 分子在 HOPG 表面组装时可能采取的"头对头"和"头对尾"两种排列方式的结构模型示意图。

从实验条件来看,上述实验都是在室温大气条件下,在相同石墨基底进行,所用溶剂也相同,不同的只是两个分子的化学结构虽然类似,但碳链中碳原子的数目有所不同。对比上述实验结果可以看出,$C_{19}H_{39}Br$ 与 $C_{18}H_{37}Br$ 两分子在石墨表面的自组装结构却存在明显差异。在上面关于羧酸自组装研究的介绍中有因分子中含碳原子奇偶数目不同,分子吸附组装不仅结构不同,还会引起对称性变化的结果。溴代烷烃是否存在奇偶影响以及如何影响,尚有待于深入研究,不能简单推而广之,也不能简单否定。

(3) 碘代烷烃

碘原子在卤族元素中具有最大的半径,电负性也不相同,因此其自组装结构与氯原子和溴原子应有不同。图 3.11 是 $C_{18}H_{37}I$ 分子在 HOPG 表面自组装层的 STM 图像[37],分析实验结果结合理论模拟,可以推断出图像中的亮带部分对应的是分子中碘原子的所在位置,而亮带之间的较暗的部分则对应于分子的烷基链部分。根据尺寸测量结果和图像反差,两条亮带间的距离相当于两个 $C_{18}H_{37}I$ 分子并排排列的距离,分子采用的是"头对头"排列方式。单个分子的长度和分子位向如图中直线段所示。同时,也是由于空间位阻较大,碘代烷烃自组装结构与基底晶格的匹配度不高,在 STM 图像中可以观察到明暗交替的 Moire 图案。

4. 烷基硫醇

烷基硫醇分子易溶于有机溶剂,在室温下将含有硫醇的溶液滴加至洁净的 HOPG 表面,就会自动形成硫醇分子组装层。同时,因为巯基与多种金属,如金可以形成较强的金-硫键,形成化学吸附,结合力强,因此烷基硫醇分子被广泛应用于多种基底表面的自组装研究。但与在 Au 表面的化学吸附不同,烷基硫醇分子在

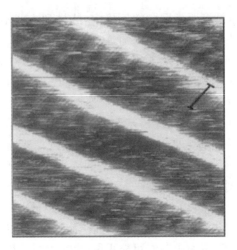

图 3.11　$C_{18}H_{37}I$ 分子在 HOPG 表面自组装结构的 STM 图像。线段
示出一个分子的长度[37]

石墨表面的吸附是物理吸附。根据已有研究结果,在 HOPG 石墨表面烷基硫醇分子会形成两种不同的条垄状自组装结构。一种是垂直条垄状结构,如图 3.12 所示。此图像显示的是 $CH_3(CH_2)_{21}SH$ 分子在 HOPG/辛基苯固液界面间自组装的典型结构,相邻条垄间分子的轴线互相平行,分子轴线方向与条垄的走向垂直[37,43]。图像中存在反差差异,较"亮"的区域对应的是分子中的巯基官能团,而较暗部分则为分子的烷基链部分,黑色线段代表的是一个 $CH_3(CH_2)_{21}SH$ 分子。通过明亮区域的分布,可以得到分子中巯基所在的位置,并确定分子的取向。可以看出,大部分区域分子倾向于"头对头"排列方式,即相邻条垄间分子的巯基相互靠

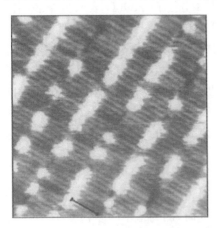
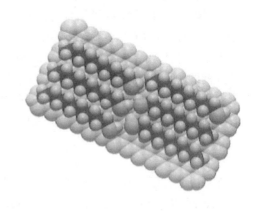

图 3.12　$CH_3(CH_2)_{21}SH$ 分子在 HOPG 表面自组装结构的典型 STM 图像及
结构模型示意图。分子长度及分子烷基骨架位向由图中线段标出

近;而局部区域也可以看到某些无规律的亮点,反映的是分子采取的是"头对尾"排列方式,即分子的巯基与相邻分子的甲基端靠近。不同于烷基醇分子,烷基硫醇分子形成的这种垂直条垄结构意味着巯基的 SH···S 作用比羟基的 OH···O 弱,与烷基链相关的范德华力可能主导烷基硫醇分子在石墨表面的自组装。

　　烷基硫醇分子在石墨表面形成的另一种典型结构是"人"字形结构,或称"V"字形结构。$C_{18}H_{37}SH$ 和 $C_{19}H_{39}SH$ 分子在石墨表面形成的自组装结构即为该种结构。图 3.13(a)是 $C_{18}H_{37}SH$ 分子在 HOPG 表面形成的自组装结构的高分辨STM 图像。图像中,每个 $C_{18}H_{37}SH$ 分子清晰可辨,分子中的巯基官能团与烷基链部分反差不同,可以推断出该"人"字形结构中巯基官能团相对排列,分子采取的是"头对头"的自组装方式,彼此靠近的两个巯基之间存在氢键作用。仔细观察发现,分子条垄间的亮带有两种不同排列的亮点,图 3.13(a)中分别用箭头 A 和 B 标出,其宽度分别为 0.56 nm±0.02 nm 和 0.34 nm±0.02 nm,这意味着 $C_{18}H_{37}SH$ 分子间可能存在两种不同的氢键作用方式。根据理论计算和 STM 图像分析结果,提出了相应的结构模型,如图 3.13(c)所示,其中的 A 和 B 两种排列分别对应

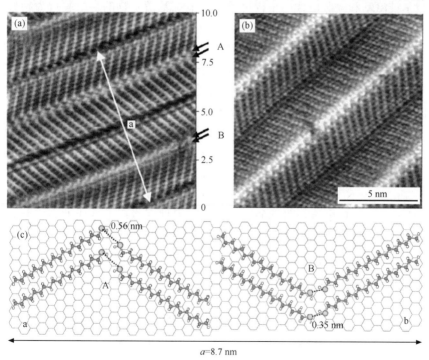

图 3.13　(a)$C_{18}H_{37}SH$ 分子在 HOPG 表面自组装结构的高分辨 STM 图像。
(b)$C_{19}H_{39}SH$ 分子在 HOPG 表面自组装结构的高分辨 STM 图像。
(c)$C_{18}H_{37}SH$ 分子在 HOPG 表面自组装结构的模型

的是 STM 图像中 A 和 B 箭头所指的区域。在模型中相邻硫醇分子的 S···S 间距与实验中测得的 0.56 nm 和 0.34 nm 一致,说明该模型很好地反映了 $C_{18}H_{37}SH$ 分子在 HOPG 表面的自组装结构[43,44]。"V"形结构的重复周期 a 约为 8.7 nm,跨越了四个分子条垄的宽度。

利用 STM,还研究了 $C_{19}H_{39}SH$ 分子在 HOPG 表面的自组装结构,可以看到分子整齐排列,形成达到数百纳米的大尺寸有序畴区[29]。图 3.13(b)是其高分辨 STM 图像,分子的碳链骨架清晰可见,呈双排亮点分布,说明烷基链部分呈反式伸展。分子碳链骨架与分子条垄间的夹角为 60°,且形成"人"字形结构。巯基官能团部分在 STM 成像中的反差亮度明显高于烷基链部分,中间的亮线区域对应的是硫醇头对头的部分。但与 $C_{18}H_{37}SH$ 分子自组装结构对比,该亮线区域的宽度均一,没有明显的宽窄差异,说明其氢键作用方式与 $C_{18}H_{37}SH$ 分子自组装结构中的 A 型区域较接近。

5. 烷基胺和酰胺

端基被氨基和酰胺取代的正构烷烃与其他烷基衍生物的自组装行为相近,在 HOPG 等基底表面同样可以吸附自组装形成大范围的有序单分子层结构[37,45],而且由于"N—H···O"和"N—H···N"氢键的作用,其组装方式更与烷基醇和烷基硫醇分子有相当多的共同之处。烷基酰胺分子在常温常压条件下于 HOPG 表面形成的自组装结构与烷基胺分子基本一致,此处以烷基胺分子为例进行说明。

图 3.14(a)是 $CH_3(CH_2)_{17}NH_2$ 分子在 HOPG 表面吸附自组装结构的高分辨 STM 图像[37],分子排列成紧密的条垄状结构,分子的骨架平行于石墨基底表面且彼此平行排列,分子碳链的轴线与分子条垄间的夹角为 60°。根据实验结果和理论分析可以推断,烷基胺分子可能与烷基醇分子一样形成分子间的氢键网络。但与烷基醇分子不同的是,NH_2 官能团可以产生比烷基链更强的隧穿电流,因而在 STM 图像中表现出更为明亮的图像反差。根据图像反差造成的亮度差异,可以推断出氨基所在的位置。相邻分子条垄间的氨基基团相互靠近,呈"头对头"排列,因而相邻的两列分子之间有一条亮线,图 3.14(a)中用单线箭头示出;而相邻分子的烷基端则呈暗色的沟槽所,如图 3.14(a)中的双线箭头所示。比较可知,该结构与烷基醇分子自组装结构中的倾斜条垄结构非常相似。仔细观察发现,分子沿分子条垄方向存在有明显的亮暗调制,这种宽度约为 4~5 个分子的周期性调制的 Moire 图形在羧酸等烷烃类分子的自组装结构中也出现过,其原因是吸附分子组装层的周期与石墨基底的晶格周期不匹配所致。图 3.14(b)和(c)是 $CH_3(CH_2)_{17}NH_2$ 分子在 HOPG 表面吸附自组装结构的模型示意图。

如前所述,由于烷基链长和官能团会同时影响分子在石墨表面的自组装结构,若要研究官能团对烷基类化合物(包括烷烃及其衍生物)分子在石墨表面自组装行

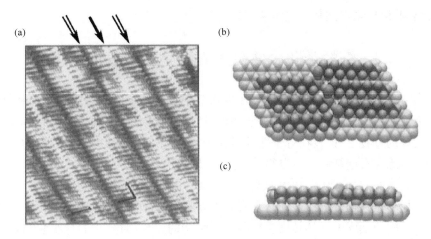

图 3.14　$CH_3(CH_2)_{17}NH_2$ 分子在 HOPG 表面吸附自组装结构的高分辨 STM 图像(a)
和结构模型示意图(b)和(c),其中(b)为俯视图,(c)为侧视图

为的影响,严格来说,需要将烷基链长固定,为此,本节选择的多是碳原子数为 18
和 19 的烷基化合物。根据实验结果,这些分子均可在石墨表面吸附自组装,形成
高度有序的条垄状结构。不论是烷烃分子还是被某官能团取代的烷基类化合物分
子,范德华力都是分子自组装的重要驱动作用力,分子/基底间的范德华力使分子
稳定吸附于表面,分子/分子间的范德华力使分子密堆积成烷基链对插的条垄结
构。除此之外,通过比较可以看到被不同官能团取代的烷基衍生物的自组装结构
也有区别。例如,当烷烃分子吸附在 HOPG 表面,范德华力是涉及的最主要的作
用力,所以分子形成了垂直条垄状结构。当利用分子间可以形成氢键的醇类分子
自组装时,最有利于形成氢键的角度是 $60°$,因而分子烷基链方向与分子条垄方向
间的夹角为 $60°$。对于硫醇分子,由于分子间形成氢键的能力较弱[46],所以自组装
时的最终结构取决于氢键与范德华力的竞争。如果分子/基底和烷基/烷基作用为
主导,多会形成垂直垄状结构,"头对头"和"头对尾"排列方式共存;如果 S···H—S
键较强,则成键的方向性使得分子的轴线方向与分子条垄方向间形成一定夹角,如
$C_{18}H_{37}SH$ 分子可以自组装形成"人"字形结构。关于图像反差,一般说来,可以产
生较大隧道电流的官能团会在 STM 图像中表现出较亮的反差。不过同一官能团
在不同的基底上其 STM 图像反差也会有变化,此处的反差仅限于各种官能团在
HOPG 表面的可能反差。

　　烷烃及其衍生物分子的自组装研究是利用 STM 开展的早期工作,也是经典
研究工作,结果很多。此类分子化学结构简单,但自组装结构多样,虽然在特定体
系中似有规律可循,但是往往不能在相同体系中推而广之,还需不断努力,通过理
论和实验结合,特定分子合成,STM 与谱学等表征技术的结合,广泛研究分子的自

组装结构,以探索得到其一般组装规律。

3.2　烷烃类化合物分子在其他基底表面的组装

前节集中讨论了烷烃及烷烃类衍生物分子在石墨表面的自组装行为和结构,实际上,这类分子无论是作为自组装理论研究的模型体系,还是表面改性作为纳米传感器件的过渡层,以及在分子器件研究中的可能应用等都得到研究者的广泛关注,因此,除在石墨基底上的自组装研究之外,该类分子也被用来在其他基底表面,例如金属表面和某些化合物表面进行自组装,并已取得许多研究成果。

烷烃类化合物分子在多种基底表面可以吸附,进而自组装,形成有序的自组装结构。不同的基底由于其晶格参数和电子结构的差异,对分子的自组装结构会产生不同的影响。例如,某些基底与分子间存在较强的共价键或非共价键作用,甚至化学吸附作用,这类基底有类似于"模板"的作用,对烷烃类化合物分子在其表面的烷基链取向、伸展长度、分子间距、分子碳链与分子条垄间的夹角以及分子各种官能团的作用和呈现的 STM 图像反差等均会产生影响。本节将主要介绍烷烃和烷基醇分子在 Au、$MoSe_2$ 和 MoS_2 等基底表面的自组装。

3.2.1　烷烃分子在 MoS_2 和 $MoSe_2$ 表面的组装

过渡金属硫属化合物 MoS_2 和 $MoSe_2$ 是一类具有层状结构的半导体材料。与石墨相似,通过机械剥离的方法即可方便获得具有特定晶面以及原子级平整度的 MoS_2 和 $MoSe_2$ 清洁表面,因此这类材料也是利用 STM 研究分子自组装的典型基底材料。从晶体结构可知,MoS_2 和 $MoSe_2$ 晶体与 HOPG 都具有相同的三次对称结构,只是晶格参数不同。由于晶格参数的不同,因此烷烃类分子在这两种基底表面自组装时,分子与基底间的尺寸匹配度不高。另外由于材料化学性质的不同,也会影响在其表面分子自组装的行为和组装结构。

图 3.15 是烷烃分子 $C_{32}H_{66}$ 在 $MoSe_2$ 表面吸附自组装结构的典型高分辨

(a)　　　　　　　　　　　　　　　　　　(b)

图 3.15　$C_{32}H_{66}$ 分子在 $MoSe_2$ 表面自组装结构的高分辨 STM 图像。

(a)"人"字形结构;(b)倾斜垄状结构

STM 图像。由图可见,分子平行吸附于基底表面,紧密堆积,形成条垄状有序结构[47]。每个分子的烷基链方向与分子条垄走向的夹角呈 60°。仔细观察发现,相邻条垄间分子的取向有两种方式,即"人"字形排列[如图 3.15(a)所示]和倾斜条垄结构[如图 3.15(b)所示]。烷烃分子在 MoS_2 基底表面的自组装结构与在 $MoSe_2$ 表面类似,此处不再介绍。

对比分子吸附自组装结构的稳定性,在 HOPG 表面吸附组装的烷烃分子具有相对较好的结构稳定性,而在 MoS_2 和 $MoSe_2$ 表面的分子自组装结构的稳定性相对较差。相关研究结果表明,MoS_2 和 $MoSe_2$ 基底与分子间的作用要弱于分子与HOPG 间的作用,例如 $C_{32}H_{66}$ 分子与 MoS_2 的相互作用力只有它与 HOPG 相互作用力的三分之一左右[45],因而分子难以被稳定"束缚"在基底表面,烷烃分子在MoS_2 和 $MoSe_2$ 表面更容易"移动",形成的组装结构也容易出现缺陷。同时,由于晶格匹配度和化学性质的双重影响,在同样的实验条件下,STM 的成像质量下降,一般难以得到分子的非常清晰的高分辨率 STM 图像。

3.2.2　烷烃分子在 Au(111)表面的组装

与石墨一样,Au 也是分子自组装最常用的基底材料之一,不过与 HOPG 以及MoS_2 和 $MoSe_2$ 相比,欲获得原子级平整的清洁表面,不能采取机械剥离的方法,而要进行一系列前处理,包括获得单晶面、退火以及清洗等。制备 Au(111)单晶面有多种方法,例如可在云母、硅或者玻璃表面通过物理气相沉积、电沉积和化学沉积等方法沉积平整的金膜,然后进行退火、冷却等便可以获得原子级平整的清洁Au(111)表面。另一种常用的方法则是 Clavilier 熔融法[48],具体步骤包括金丝的清洗、氢氧焰熔融制金球,金球再重熔冷却。通过该法处理即可得到所需金球,表面能看到熠熠生辉的小结晶面。其中尺寸较大的为 Au(111)面,尺寸较小的为Au(100)面,一般在金球表面呈对称规则分布。当金晶面浸没于含有特定分子的溶液中一段时间,再取出用水或溶剂冲洗掉多余的有机分子,即可获得在金基底表面吸附组装的单分子层结构。

谢兆雄等利用电化学 STM 系统研究了 12 种正构烷烃 C_nH_{2n+2}($n=14\sim38$)在 Au(111)表面的自组装结构[49]。结果显示,这些烷烃分子在 Au(111)表面自组装时,其分子呈反式几何构象,由两排碳原子形成的骨架平面与 Au(111)表面平行,各分子的长轴也是平行紧密排列形成条垄状结构,组装结构大范围有序,如图 3.16所示。观察发现,具有奇数碳链的烷烃分子形成的是分子碳骨架方向与分子条垄走向垂直的组装结构,而具有偶数碳链的烷烃分子则既可形成这种垂直条垄组装结构,同时还可能形成倾斜条垄结构,即分子碳骨架方向不垂直于分子条垄走向,而是形成一定夹角。在常温(25℃)下,碳链长度短于 22 个碳的偶数烷烃分子只有倾斜条垄这一种结构,而当链长超过 22 个碳原子时,则可能两种结构共存,并随着链长的增加,垂直条垄结构所占的比例也增加,而当长度超过 38 个碳原子后,正烷烃分子在 Au(111)表面的组装则很难得到倾斜条垄结构。

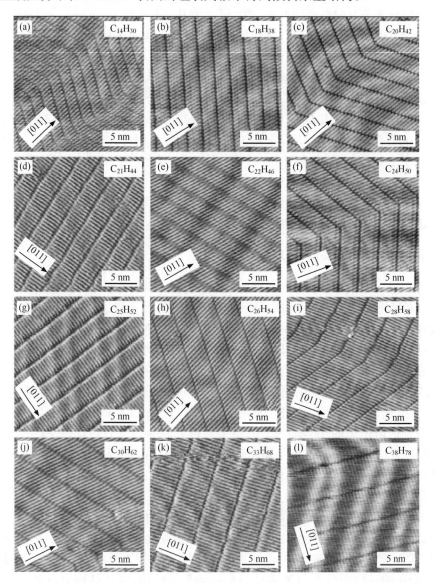

图 3.16　12 种烷烃分子 C_nH_{2n+2} ($n=14\sim38$)在具有重构结构的 Au(111)表面形成的
自组装结构的高分辨 STM 图像。图中箭头所指方向为 Au(111)基底的 $[01\bar{1}]$ 方向

需要指出的是,正构烷烃分子只能在具有重构结构的 Au(111)表面进行有序组装,而在未重构的 Au(111)表面则难以于常温下且无外场辅助作用时得到有序的组装结构[49]。

与分子在石墨表面的自组装一样,组装最终结构的形成是分子-分子、分子-基底等多种相互作用的综合效果。若考虑分子-分子作用,为了形成密堆积结构,奇数烷烃采用垂直条垄结构,而偶数烷烃会有可能同时采用两种结构,且分子力学理论计算表明倾斜条垄结构具有一定的能量优势[50]。据推测这种奇偶效应来源于奇数和偶数烷烃的末端碳原子不同的几何位置产生的不同效果[51]。较强的分子-基底相互作用倾向于形成垂直条垄结构,反之,在分子-基底作用较弱时,则倾斜条垄结构将占优势[49]。譬如,烷烃分子在石墨表面组装若形成垂直条垄结构,而在MoS_2 为基底时则只有倾斜条垄结构[47,52]。以 $C_{32}H_{66}$ 为例,后者吸附热只有前者的三分之一[25]。据此推测,烷烃分子-金的相互作用介于烷烃-HOPG 和烷烃-MoS_2 之间,从而可以很好地解释烷烃分子在 Au 表面的组装行为。

3.2.3　烷基醇分子在 Au(111)表面的组装

除了石墨基底以外,关于烷基醇分子在其他基底表面组装研究的报道不多,本部分也仅介绍烷基醇分子在 Au(111)表面的自组装结果。1992 年曾有癸基醇分子在 Au(111)表面吸附组装的结果,认为癸基醇分子在 Au(111)表面吸附,烷基链采取的是垂直构象,羟基朝下与基底表面靠近[53]。后来,研究者通过对系列烷基醇分子 $C_nH_{2n+1}OH(n=10\sim30)$ 的研究发现,烷基醇分子在 Au(111)表面吸附组装,分子间可以形成氢键,得到条垄状的组装结构,如图 3.17 所示。烷基醇分子的这些组装结构与烷烃分子的组装结构很相似,但由于 OH 基团的存在,结构上仍有自己的特点。具体如下:

1) 条垄状结构可以分成三类:"人"字形结构[图 3.17(a)]、倾斜平行条垄结构[图 3.17(b)]和垂直条垄结构[图 3.17(c)]。这三种结构是烷基类分子组装的典型方式。有趣的是垂直条垄状结构多出现在奇数碳链的烷基醇分子的组装结构之

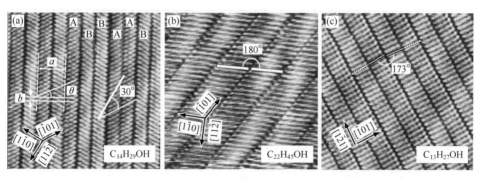

图 3.17　烷基醇分子在重构 Au(111)表面的 3 种自组装结构的高分辨 STM 图像。
(a)"人"字形结构(1-$C_{14}H_{29}OH$),(b)倾斜平行条垄结构(1-$C_{22}H_{45}OH$)和
(c)垂直条垄结构(1-$C_{13}H_{27}OH$)

中,而"人"字形和倾斜平行条垄结构则多出现在由偶数碳链烷基醇分子的组装结构之中,在 $n<18$ 时"人"字形结构主导,而 $n>18$ 时则向倾斜平行条垄结构转变。

2) 研究还发现,烷基醇分子在重构的和未重构的 Au(111)面都可以得到有序的自组装单分子层,由羟基产生的氢键可能发挥了重要作用。偶数碳链烷基醇分子沿[1$\bar{1}$0]方向排列。根据理论计算结果,三种不同垄状分子结构中分子间的氢键作用强度是不同的,以图 3.18 为例,(a)>(b)≫(c)。所以对于偶数碳链烷基醇分子而言,"人"字形结构是主导的,只有在碳链长度增加,例如超过 18 个碳以后,由于范德华力的增强,组装结构中才逐渐出现更多的倾斜条垄状结构。

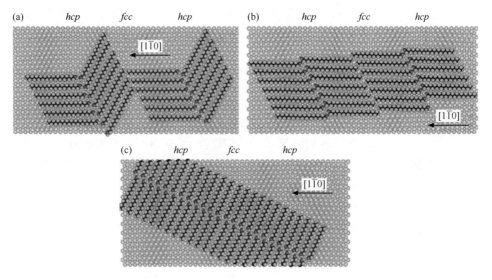

图 3.18　烷醇分子在重构 Au(111)表面组装三种结构的模型示意图

3.3　烷烃类化合物分子自组装结构的奇偶效应

除了分子结构中的官能团影响,吸附基底影响等因素之外,研究还发现,分子烷基链所含碳原子的奇偶个数对于分子的组装结构有时也会有一定影响,这种影响即通常所说的奇偶效应。一般说来,分子的化学结构不同,例如烷烃分子中亚甲基的多少,分子尺寸大小或是否包括官能团等肯定会影响分子的自组装结构,但是这种影响可能只是分子排列周期的扩展或单胞参数的简单增加或缩小。但是奇偶效应中,除了或不仅仅是这种简单的尺寸变化,还有分子排列方式和位向的变化,例如分子碳骨架的方向和分子条垄间的位向,不同分子条垄的伸展方向,不同分子条垄中分子的排列位向,分子与基底间的位向以及是否有手性现象等等。奇偶效应是一种由于分子单元的奇偶性不同而引起的材料结构或性质的交替振荡变化,这种单元可以是亚甲基、金属原子或是其他更复杂的个体[54,55]。奇偶效应对材料的宏观性质例如烷基醇的沸点,以及微观结构与性质例如由奇或偶数个原子组成的纳米团簇等[56,57],都可能会产生影响,是在化学、物理、生物和材料等科学研究中经常可以看到和存在的一种现象。有机分子自组装结构的奇偶效应在多种基底材料表面均有报道,包括 HOPG[58,59]、MoS_2[60,61]、Au(111)[62,63]、Ag(111)[64,65]等等,在本章上述两节的研究工作介绍中亦有体现,例如羧酸在 HOPG 表面的自组装结构已表现出奇偶效应。这些由奇偶效应导致的具有不同自组装结构的薄膜不仅结构可能,在性质上也可能有体现,比如摩擦性、化学反应活性、电子性质和电化学性质等也可能有所不同。不过迄今为止,对组装结构奇偶效应虽有报道,但是尚无规律可循,有的研究体系中奇偶效应可能并不明显,但由于此现象的重要性和奇特性,本章特设一节,简单介绍不同基底表面具有奇偶效应的烷基类分子的自组装,以引起读者注意,并期待更多的研究成果问世,特别是对此效应的理论研究结果,以期解明奇偶效应的本质和规律。

3.3.1　在 HOPG 表面组装结构的奇偶效应

烷烃类分子和其衍生物分子在 HOPG 表面吸附组装,形成不同组装结构,其中单官能团取代的饱和羧酸分子是体现奇偶效应的典型实例之一[40,66],可参考本章 3.1 节。

1. $Br(CH_2)_nCOOH$ 分子

含有多官能团的脂肪酸衍生物分子,例如端基取代的溴代脂肪酸在 HOPG 表面组装的单分子层结构也会表现出奇偶效应[67,68]。以 $Br(CH_2)_{11}COOH$ 和 $Br(CH_2)_{10}COOH$ 分子为例,图 3.19(a)和(b)分别为两分子在 HOPG 表面组装结构的 STM 图像,在图中均能看到相邻的成对亮点,这对应的是两个 Br 原子成对地排列在邻近的两垄之间,而这成对的亮点有可能以两对(D)、三对(T)的方式聚集。在同一垄内分子的长轴彼此平行且平行于 HOPG 基底表面,分子骨架取向与分子垄的夹角不同于羧酸的 90°,而是呈一定锐角。通过比较两图,奇偶不同的溴代脂肪酸分子组装结构的 STM 图像中,在多对亮点的相对排列位置上有明显差异:对于 $Br(CH_2)_{11}COOH$ 分子的组装结构,处于下方的亮点对相对于上排的亮点对有可能向左也有可能向右移动,如图 3.19(a)中右边和左边的方框所示;而对于 $Br(CH_2)_{10}COOH$ 分子的组装结构,下排的亮点对总是偏向上排亮点对的右方,如图 3.19(b)中的方框所示。

理论模拟结果得到如图 3.19(a)和(b)的结构模型,揭示了组装结构中产生分子奇偶效应的机理。由 3.19(a1)和(b1)中分子的化学结构示意图可见,$Br(CH_2)_{11}COOH$ 分子中的 Br 原子与 OH 基团处于分子碳链骨架长轴的同侧,而

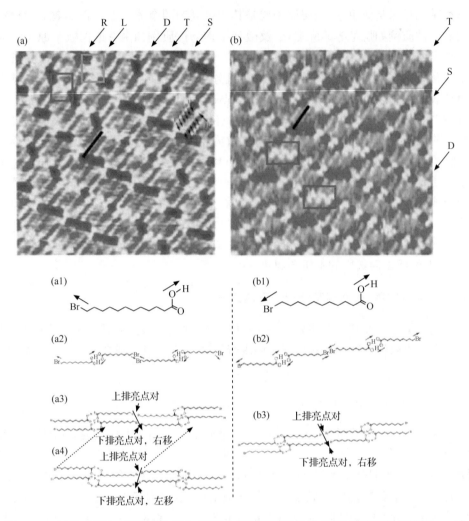

图 3.19　(a)Br(CH$_2$)$_{11}$COOH 分子在 HOPG 表面组装结构的 STM 图像和结构模型。一个分子的长度用黑色线段标出。字母 S，D 和 T 分别指定单组、双组和三组的亮点对，而 R 和 L 表示在多组亮点对中处于下方的亮点相对于上方亮点的偏移位置。(b)Br(CH$_2$)$_{10}$COOH 分子在 HOPG 表面组装结构的 STM 图像和结构模型

Br(CH$_2$)$_{10}$COOH 分子中的 Br 原子与 OH 基团则处于分子碳链骨架长轴的异侧，此差异将使分子在 HOPG 基底表面吸附组装时形成不同形式的氢键结构，导致不同的分子组装结构。Br(CH$_2$)$_{11}$COOH 分子组装时沿着分子长轴延伸的方向，交替地上下排列，形成类似"方波"形状，如图 3.19(a2)所示；而 Br(CH$_2$)$_{10}$COOH 分子则只在一个方向上单一排列，向上或向下，形成台阶式的结构，如图 3.19(b2)所示。此时，对于 Br(CH$_2$)$_{10}$COOH 分子，下方的分子必须与上方分子保持一致的

排列方向从而整体或向右偏移或向左偏移,否则将会破坏这两个不同偏移方向上的台阶式氢键结构间的结合,从而造成结构的不稳定。而对于 $Br(CH_2)_{11}COOH$ 分子,由于交替的上下排列结构,下排的分子即使采取不同于上排分子的构象[如图 3.19(a3)与(a4)],仍然可以形成氢键结合,可以通过沿着分子长轴方向偏移一个分子长度的方法来实现分子的紧密排列,如图中的两个虚线箭头所示。所以,$Br(CH_2)_{11}COOH$ 分子在 HOPG 表面能够同时实现两种不同的排列方式,下排的分子既可以向右偏移又可以向左偏移。这种组装结构上的差异又对畴区手性产生影响,例如 $Br(CH_2)_{11}COOH$ 分子组装结构中,由于分子的两种排列方式共存而使结构消旋,使得畴区整体不表现出手性;而 $Br(CH_2)_{10}COOH$ 分子组装结构中则某一特定畴区会表现出同一的手性。

2. $OH(CH_2)_nCOOH$ 分子

以 $OH(CH_2)_{14}COOH$ 和 $OH(CH_2)_{15}COOH$ 两分子为例进行介绍。从实验结果可以看出,分子碳原子数目(或 $-CH_2$ 的数目)的奇偶性对分子组装结构有明显影响,影响结构中分子的排列方式,包括分子与分子条垄间的方向、分子间氢键的结构模式、分子与石墨基底间的位向等等。

图 3.20(a)是 $OH(CH_2)_{14}COOH$ 分子在 HOPG 表面自组装单分子层的典型高分辨 STM 图像[68]。图中的条垄由 $OH(CH_2)_{14}COOH$ 分子紧密排列而成,两条垄又组成为一组,一组中不同条垄中分子轴线的方向不同,彼此呈 120°夹角,呈"V"字形结构,如图中直线所示。从分子的化学结构来看,$OH(CH_2)_{14}COOH$ 分子包含三个部分,即 $-OH$、烷基链 $(CH_2)_{14}$ 和 $-COOH$。从 STM 图像中很容易辨认出分子的烷基链部分,而由于 OH 与 COOH 部分在图像中的反差相近,因而从图像中不易直接分辨。但是通过与烷基羧酸分子自组装结构的 STM 结果比较,加之模拟计算,仍可以得到分子在 HOPG 表面的吸附组装排列模型,如图 3.20(b)所示[68]。图 3.20(c)是 $OH(CH_2)_{15}COOH$ 分子在 HOPG 表面吸附组装结构的高分辨 STM 图像。仔细分析图像结果可知,图像中的小亮点对应的是分子的烷基链部分,用圆圈标注的 T1~T4 部分则对应于分子的 OH 与(或)COOH 的位置。圆圈示出的部分含有近似于矩形的黑色区域,其矩形具有两种不同的取向,分别用线段表示。其中部分矩形与分子轴线的夹角为 120°左右,而部分矩形与分子轴线的夹角为 70°左右。不同于 $OH(CH_2)_{14}COOH$ 分子组装结构,$OH(CH_2)_{15}$COOH 分子组装层中的所有分子都沿着同样的方向排列。图 3.20(d)给出了分子的组装结构模型。可以看出,圆圈 T1~T4 包含有两个 OH 基团和两个 COOH 基团形成的氢键作用的分子四聚体,彼此间的差异来源于分子与基底的取向的不同。

3. $C_nH_{2n+1}Br$ 分子

本章 3.1 节已经介绍了 $C_{18}H_{37}Br$ 分子和 $C_{19}H_{39}Br$ 分子在 HOPG 表面的自

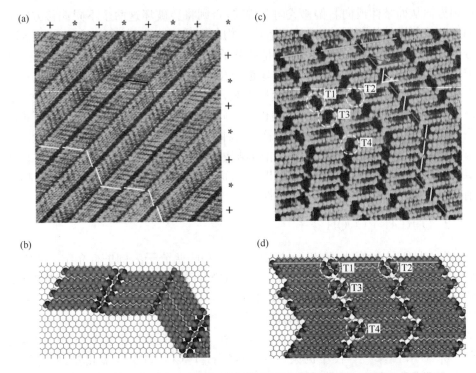

图 3.20　(a)和(b)OH(CH$_2$)$_{14}$COOH 分子在 HOPG 表面的 STM 图像和结构模型。
(a)中的＋号和 * 号分别表示一组分子和相邻条垄组的位置。(c)和(d)与
OH(CH$_2$)$_{15}$COOH 分子在 HOPG 表面的 STM 图像和结构模型

组装结构。结果表明两分子的组装结构存在差异，显示出烷基溴分子在石墨表面
组装时组装结构可能存在奇偶效应。这里将系统介绍一组奇偶溴代烷烃分子在
HOPG 表面的组装，包括三种偶数溴代烷分子 C$_n$H$_{2n+1}$Br(n＝16，18，20)和三种
奇数溴代烷分子 C$_n$H$_{2n+1}$Br(n＝15，17，19)，以期进一步验证分子组装的"奇偶
效应"。

　　结果表明，偶数溴代烷烃分子在 HOPG 表面的组装结构基本类似，与前文给
出的 C$_{18}$H$_{37}$Br 的排布相同。图 3.21(a)和(b)分别是 C$_{16}$H$_{33}$Br 分子组装结构的大
范围和高分辨 STM 图像。图 3.21(c)和(d)分别是 C$_{20}$H$_{41}$Br 分子组装结构的大
范围和高分辨图像。由图可见，C$_{20}$H$_{41}$Br 分子组装结构中分子平行排列，其轴线
与垄的走向垂直，宽窄交替的垄间距表明在两垄为一组的分子垄中，分子可能采取
头对头的取向，即分子中的 Br 基团两两相对排列。图像中，分子 Br 基团与烷基链
的对比度差别不大，只在局部区域可以偶尔发现 Br 基团的反差表现得更亮一些。
结构组装模型可参见图 3.9。当烷基链长度缩短到 16 个碳时，如图 3.21(a)和(b)
所示，由于 C$_{16}$H$_{33}$Br 分子室温下在 HOPG 表面的热运动能力较 C$_{20}$H$_{41}$Br 分子为

强,STM 观测时图像的清晰度和分辨率均较 $C_{20}H_{41}Br$ 分子组装层 STM 图像的清晰度和分辨率为差。另外,在 $C_{16}H_{33}Br$ 分子组装层中,没有看到如图 3.21(d)所示的两垄为一组的分子垄结构,分子条垄的间距也没有明显的宽窄变化,虽然条垄内相邻分子均平行排列,但是条垄边缘模糊,显示了分子在基底表面热运动的效果,也无法简单判断分子中的官能团位置。

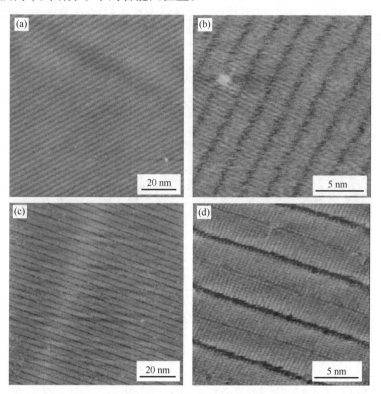

图 3.21　(a)和(b)$C_{16}H_{33}Br$ 分子在 HOPG 表面组装的 STM 图像。STM 成像条件:
(a)$E_{bias}=650$ mV,$I_t=681$ pA;(b)$E_{bias}=650$ mV,$I_t=700$ pA。(c)和(d)$C_{20}H_{41}Br$ 分子
在 HOPG 表面组装的 STM 图像。STM 成像条件:(c)$E_{bias}=705$ mV,$I_t=635$ pA;
(d)$E_{bias}=655$ mV,$I_t=685$ pA

　　图 3.22 是奇数溴代烷烃分子 $C_{15}H_{31}Br$ 和 $C_{17}H_{35}Br$ 在 HOPG 表面组装结构的 STM 观察结果,其中(a)和(b)是 $C_{17}H_{35}Br$ 分子组装结构的大范围和高分辨 STM 图像,(c)和(d)是 $C_{15}H_{31}Br$ 分子组装结构的大范围和高分辨 STM 图像。与前文的 $C_{19}H_{39}Br$ 分子组装结果比较可以发现,奇数溴代烷烃分子的组装结构有类似之处,例如:①分子轴线与分子垄的走向呈约 60°夹角;②分子中的 Br 基团不完全是以头对头的方式组装;③在图像对比度上 Br 基团相对于烷基链部分更亮一些;④组装结构有时会表现出 Moire 图案,如图 3.22(b)所示。$C_{19}H_{39}Br$ 分子组装

层和 $C_{17}H_{35}Br$ 分子组装层的结构接近,不同分子条垄间的分子平行排列的。但在 $C_{15}H_{31}Br$ 分子组装层中则稍有不同,相邻条垄中的分子间形成"V"字形结构。对于这一现象,烷基醇分子组装层中也有类似情况,当烷基链长度较短时,分子倾向于形成"V"字形结构,当烷基链长度较长时,分子倾向于形成平行排列结构。同样,由于 $C_{15}H_{31}Br$ 分子的烷基链长较短,实验条件下分子在石墨基底上的热运动能力较 $C_{17}H_{35}Br$ 分子增强,针尖对分子的扰动效果变大,导致 STM 观察时图像的清晰度和分辨率下降,成像质量变差。

图 3.22　(a)和(b)$C_{17}H_{35}Br$ 分子在 HOPG 表面组装的大范围和高分辨 STM 图像。STM 成像条件:(a)E_{bias}=660 mV;I_t=665 pA。(b)E_{bias}=660 mV;I_t=700 pA。(c)和(d)$C_{15}H_{31}Br$ 在 HOPG 表面组装的大范围和高分辨 STM 图像。STM 成像条件:(c)E_{bias}=705 mV;I_t= 605 pA。(d)E_{bias}=682 mV;I_t=605 pA

　　虽然化学结构上只差一个碳原子,但是奇数和偶数烷基溴分子在石墨表面吸附组装结构的差异是显而易见的,影响结构的单胞参数与对称性,具体可以影响到分子中溴基团的取向(头对头,头对尾),分子烷基骨架与分子条垄方向间的夹角以及单胞参数;影响 STM 图像的反差(明,暗)。这些组装结构差异是在实验条件相同的情况下产生的,说明了分子烷基部分奇偶性对组装结构的作用。

3.3.2 在金属表面组装结构的奇偶效应

烷烃及其衍生物分子在金属表面的自组装结构也有奇偶效应,除图 3.16 所示的 12 种烷烃分子 $C_nH_{2n+2}(n=14\sim38)$ 在具有重构结构的 Au(111) 表面形成的自组装结构有此效应之外,研究还发现,烷基硫醇类化合物分子和羧酸类化合物分子也有这种组装结构的奇偶效应[55]。

以烷基硫醇分子在金表面的吸附组装为例进行介绍。硫醇分子在金基底表面的吸附是化学吸附,可以形成金-硫键。在表面吸附形成的结构与多种因素有关,例如含有硫醇分子溶液的浓度,金基底在溶液中浸泡的时间等等。一般短时或溶液浓度较低时,烷基硫醇分子在金表面吸附,烷基链与基底平行。但是当浸泡时间较长或溶液浓度较高时,分子的烷基链则会离开金表面而在基底表面"站立"且与基底表面形成一定倾斜角度。详细实验结果分析及组装规律变化请参见本书第 10 章 10.2 节"烷基硫醇分子组装的动力学及表面接触角变化"。

当烷基硫醇分子的烷基链离开 Au(111) 表面,在基底表面"站立"时,烷基链与基底 Au(111) 的法线可成一定的夹角和扭转角[69-71],分子尾端甲基的取向取决于碳链所具有奇数或偶数个碳原子。在图 3.23 所示的示意图中,烷基硫醇分子 $CH_3(CH_2)_7SH$(此时 n 为奇数)和 $CH_3(CH_2)_6SH$(此时 n 为偶数)在 Au(111) 基底表面自组装,形成两种不同的结构,体现了奇偶效应,这一效应对自组装结构的影响也被多种分析手段所证实[72,73]。例如,高分辨电子能量损失谱(HREELS)结果表明,$C_n(CH_2)_nS$-Au 体系中在 1380 cm^{-1} 的特征峰的有无与碳链的奇偶性密切相关。这是因为,对于具有奇数或偶数个碳原子的 $C_n(CH_2)_nS$-Au 吸附体系,分子末端两个碳原子的连线有可能平行于或倾斜于 Au(111) 基底的法线,如图 3.23 所示,从而明显增强或减弱偶极散射,最终对末端甲基的振动谱峰产生影响。

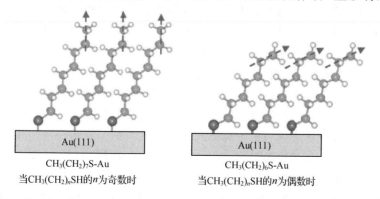

CH$_3$(CH$_2$)$_7$S-Au
当 CH$_3$(CH$_2$)$_n$SH 的 n 为奇数时

CH$_3$(CH$_2$)$_6$S-Au
当 CH$_3$(CH$_2$)$_n$SH 的 n 为偶数时

图 3.23 烷基硫醇分子 $CH_3(CH_2)_7SH$(此时 n 为奇数)和 $CH_3(CH_2)_6SH$(此时 n 为偶数)在 Au(111) 基底表面吸附自组装结构奇偶效应的示意图

　　烷基硫醇分子的奇偶效应还体现为对表面组装层性质的影响。接触角实验结果表明，当 n 为奇数时，修饰有 $CH_3(CH_2)_nSH$ 分子的表面有较大的接触角，即较低的浸润性；反之，当 n 为偶数时，修饰有 $CH_3(CH_2)_nSH$ 分子的表面则表现出较小的接触角，即较高的浸润性[62]。图 3.24 是 n 为 12～15 时，$CH_3(CH_2)_nSH$ 分子和 $C_6H_5(CH_2)_nSH$ 分子修饰的金表面于三种不同接触液中的接触角实验结果。结果显示，无论端基是甲基还是苯基(Ph，$-C_6H_5$)，两种硫醇分子在 Au(111) 表面自组装层的接触角均随 n 的奇偶数目不同而表现出大小不同的周期性变化。

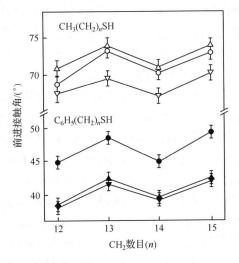

图 3.24　$CH_3(CH_2)_n$S-Au 和 $C_6H_5(CH_2)_n$S-Au 单组装层在二碘甲烷(○和●)，硝基苯
(▽和▼)和二甲基甲酰胺(△和▲)为接触液的接触角实验。空心符号表示
$CH_3(CH_2)_n$S-Au，实心符号表示 $C_6H_5(CH_2)_n$S-Au

　　本章简要介绍了国内外近年来关于烷基类有机分子在固体表面，特别是在石墨表面和 Au(111) 表面自组装的代表性研究结果，并以这一经典体系为例，归纳总结了该类有机分子在固体表面自组装的特点，包括化学结构和基底环境对自组装单分子层结构的影响，自组装层的结构稳定性，不同官能团(羟基、卤素、硫醇等)对于烷烃衍生物分子组装结构的影响，烷烃烷醇分子在不同固体材料表面组装行为的差异，以及烷基链碳原子数的奇偶性对组装结构与性质的影响等。这些研究结果对进一步研究固体表面分子组装具有重要意义。但是有机分子千千万万，烷烃类分子及其衍生物也是种类繁多，这些研究虽然开始时间不短，成果不少，但是其中的很多科学问题和组装规律尚不清楚，因此直到今日仍可见到关于这类工作的最新成果。例如，关于烷烃类分子表面吸附自组装结构奇偶效应的研究仍是自组装研究的热点，其中对自组装结构的影响规律和对性质的影响仍不完全清楚。再如，硫醇类分子已经研究多年，甚至应是最早提出自组装概念时研究的体系，但是

迄今为止仍难以简单概括和确定获得特定自组装结构的条件,其中的热力学稳定性和动力学生长问题虽然对某些体系已有结果,有所了解,但普遍规律仍不得而知。因此期待更多的研究者共同努力,获得更多的实验和理论计算模拟结果,最终揭开固体表面分子自组装规律之谜。

参 考 文 献

[1] 万立骏. 电化学扫描隧道显微术及其应用. 北京:科学出版社, 2005.

[2] Collins P G, Zettl A, Bando H, Thess A, Smalley R E. Nanotube nanodevice. Science, 1997, 278: 100-103.

[3] Jortner J, Ratner A M. Molecular Electronics. Oxford: Blackwell Science Ltd. , 1997.

[4] Tans S J, Verschueren A R M, Dekker C. Room-temperature transistor based on a single carbon nanotube. Nature, 1998, 393: 49-52.

[5] 白春礼. 纳米科技现在与未来. 成都:四川教育出版社, 2001.

[6] Findenegg G H, Liphard M. Adsorption from solution of large alkane and related molecules onto graphitized carbon. Carbon, 1987, 25: 119-128.

[7] Venkataraman B, Breen J J, Flynn G W. Scanning tunneling microscopy studies of solvent effects on the adsorption and mobility of triacontane/triacontanol molecules adsorbed on graphite. J. Phys. Chem. , 1995, 99: 6608-6619.

[8] Cyr D M, Venkataraman B, Flynn G W. STM investigation of organic molecules physisorbed at the liquid-solid interface. Chem. Mater. , 1996, 8: 1600-1615.

[9] McGonigal G C, Bernhardt R H, Thomson D J. Imaging alkane layers at the liquid/graphite interface with the scanning tunneling microscope. Appl. Phys. Lett. , 1990, 57: 28-30.

[10] Rabe J P, Buchholz S. Commensurability and mobility in two-dimensional molecular patterns on graphite. Science, 1991, 253: 424-427.

[11] Rabe J P, Buchholz S. Direct observation of molecular structure and dynamics at the interface between a solid wall and an organic solution by scanning tunneling microscopy. Phys. Rev. Lett. , 1991, 66: 2096.

[12] McGonigal G C, Bernhardt R H, Yeo Y H, Thomson D J. Observation of highly ordered, two-dimensional n-alkane and n-alkanol structures on graphite. J. Vac. Sci. Technol. , 1991, B9: 1107-1110.

[13] Couto M S, Liu X Y, Meekes H, Bennema P. Scanning tunneling microscopy studies on n-alkane molecules adsorbed on graphite. J. Appl. Phys. , 1994, 75: 627-629.

[14] Gilbert E P, White J W, Senden T J. Evidence for perpendicular n-alkane orientation at the liquid/graphite interface. Chem. Phys. Lett. , 1994, 227: 443-446.

[15] Rabe J P, Buchholz S, Askadskaya L. Scanning tunnelling microscopy of several alkylated molecular moieties in monolayers on graphite. Synth. Met. , 1993, 54: 339-349.

[16] Gunning A P, Kirby A R, Mallard X, Morris V J. Scanning tunnelling microscopy of various alkanols and an alkanethiol adsorbed onto graphite. J. Chem. Soc. Faraday Trans. , 1994, 90: 2551-2554.

[17] 陈永军, 赵汝光, 杨威生. 长链烷烃和醇在石墨表面吸附的扫描隧道显微镜研究. 物理学报, 2005, 54: 284-290.

[18] Zhao M, Jiang P, Deng K, Yu A F, Hao Y Z, Xie S S, Sun J L. Insight into STM image contrast of n-

tetradecane and *n*-hexadecane molecules on highly oriented pyrolytic graphite. Appl. Surf. Sci. , 2011, 257: 3243-3247.

[19] Hansen F Y, Herwig K W, Matthies B, Taub H. Intramolecular and lattice melting in *n*-alkane monolayers: An analog of melting in lipid bilayers. Phys. Rev. Lett. , 1999, 83: 2362.

[20] Herwig K W, Matthies B, Taub H. Solvent effects on the monolayer structure of long *n*-alkane molecules adsorbed on graphite. Phys. Rev. Lett. , 1995, 75: 3154.

[21] Groszek A J. Selective adsorption at graphite/hydrocarbon interfaces. Proc. R. Soc. London A, 1970, 314: 473-498.

[22] Liang W, Whangbo M-H, Wawkuschewski A, Cantow H-J, Magonov S N. Electronic origin of scanning tunneling microscopy images and carbon skeleton orientations of normal alkanes adsorbed on graphite. Adv. Mater. , 1993, 5: 817-821.

[23] Yin S-X, Wang C, Qiu X-H, Xu B, Bai C-L. Theoretical study of the effects of intermolecular interactions in self-assembled long-chain alkanes adsorbed on graphite surface. Surf. Interface Anal. , 2001, 32: 248-252.

[24] Groszek A J. Preferential adsorption of normal hydrocarbons on cast iron. Nature, 1962, 196: 531-533.

[25] Groszek A J. Preferential adsorption of long-chain normal paraffins on MoS_2, WS_2 and graphite from *n*-heptane. Nature, 1964, 204: 680.

[26] Kern H E, Findenegg G H. Adsorption from solution of long-chain hydrocarbons onto graphite-surface excess and enthalpy of displacement isotherms. J. Colloid Interface Sci. , 1980, 75: 346-356.

[27] Parfitt G D, Thompson P C. Adsorption at the solid/liquid interface. Part 6. Thermodynamics of adsorption on graphon and rutile from *n*-heptane+*n*-hexadecane mixtures. Trans. Faraday Soc. , 1971, 67: 3372-3380.

[28] Xie Z-X, Xu X, Mao B-W, Tanaka, K. Self-assembled binary monolayers of *n*-alkanes on reconstructed Au(111)and HOPG surfaces. Langmuir, 2002, 18: 3113-3116.

[29] Chen Q, Yan H J, Yan C J, Pan G B, Wan L J, Wen G Y, Zhang D Q. STM investigation of the dependence of alkane and alkane ($C_{18} H_{38}$, $C_{19} H_{40}$) derivatives self-assembly on molecular chemical structure on HOPG surface. Surf. Sci. , 2008, 602: 1256-1266.

[30] Thibaudau F, Watel G, Cousty, J. Scanning tunneling microscopy imaging of alkane bilayers adsorbed on graphite: Mechanism of contrast. Surf. Sci. Lett. , 1993, 281: 303-307.

[31] Arnold T, Dong C C, Thomas R K, Castro M A, Perdigon A, Clarke S M, Inaba A. The crystalline structures of the odd alkanes pentane, heptane, nonane, undecane, tridecane and pentadecane monolayers adsorbed on graphite at submonolayer coverages and from the liquid. Phys. Chem. Chem. Phys. , 2002, 4: 3430-3435.

[32] Arnold T, Thomas R K, Castro M A, Clarke S M, Messe L, Inaba A. The crystalline structures of the even alkanes hexane, octane, decane, dodecane and tetradecane monolayers adsorbed on graphite at submonolayer coverages and from the liquid. Phys. Chem. Chem. Phys. , 2002, 4: 345-351.

[33] Yang T, Berber S, Liu J F, Miller G P, Tománek D. Self-assembly of long chain alkanes and their derivatives on graphite. J. Chem. Phys. , 2008, 128: 124709.

[34] Yeo Y H, Yackoboski K, McGonigal G C, Thomson D J. Intramolecular imaging of physisorbed molecules with the scanning tunneling microscope at liquid/graphite interface. J. Vac. Sci. Technol. A,

1992, 10: 600-602.

[35] Claypool C L, Faglioni F, Goddard Ⅲ W A, Gray H B. Lewis N S, Marcus R A. Source of image contrast in STM images of functionalized alkanes on graphite: A systematic functional group approach. J. Phys. Chem. B, 1997, 101: 5978-5995.

[36] Buchholz S, Rabe J P. Molecular imaging of alkanol monolayers on graphite. Angew. Chem. Int. Ed. Engl., 1992, 31: 189-191.

[37] Cyr D M, Venkataraman B, Flynn G W, Black A, Whitesides G M. Functional group identification in scanning tunneling microscopy of molecular adsorbates. J. Phys. Chem., 1996, 100: 13747-13759.

[38] Yeo Y H, McGonigal G C, Thomson D J. Structural phase transition of a 1-dodecanol monolayer physisorbed at the liquid/graphite interface by scanning tunneling microscopy. Langmuir, 1993, 9: 649-651.

[39] Hibino M, Sumi A, Hatta I. Molecular arrangements of fatty acids and cholesterol at liquid/graphite interface observed by scanning tunnelling microscopy. Jpn. J. Appl. Phys, 1995, 34: 3354-3359.

[40] Hibino M, Sumi A, Tsuchiya H, Hatta I. Microscopic origin of the odd-even effect in monolayer of fatty acids formed on a graphite surface by scanning tunneling microscopy. J. Phys. Chem. B, 1998, 102: 4544-4547.

[41] Yablon D G, Wintgens D, Flynn G W. Odd/even effect in self-assembly of chiral molecules at the liquid-solid interface: An STM investigation of coadsorbate control of self-assembly. J. Phys. Chem. B, 2002, 106: 5470-5475.

[42] Venkataraman B, Flynn G W, Wilbur J L, Folkers J P, Whitesides G M. Differentiating functional groups with the scanning tunneling microscope. J. Phys. Chem., 1995, 99: 8684-8689.

[43] Xu Q-M, Wan L-J, Yin S-X, Wang C, Bai C-L. Effect of chemically modified tips on STM imaging of 1-octadecanethiol molecule. J. Phys. Chem. B, 2001, 105: 10465-10467.

[44] Xu Q-M, Wan L-J, Wang C, Bai C-L. Adlayer structure of 1-$C_{18}H_{37}$SH molecules: Scanning tunnelling microscopy study. Surf. Interface Anal., 2001, 32: 256-261.

[45] Giancarlo L C, Fang H B, Rubin S M, Bront A A, Flynn G W. Influence of the substrate on order and image contrast for physisorbed, self-assembled molecular monolayers: STM studies of functionalized hydrocarbons on graphite and MoS_2. J. Phys. Chem. B, 1998, 102: 10255-10263.

[46] Yin S-X, Wang C, Xu Q M, Lei S B, Wan L J, Bai C L. Studies of the effects of hydrogen bonding on monolayer structures of $C_{18}H_{37}$X(X=OH, SH)on HOPG. Chem. Phys. Lett., 2001, 348: 321-328.

[47] Cincotti S, Rabe J P. Self-assembled alkane monolayers on $MoSe_2$ and MoS_2. Appl. Phys. Lett., 1993, 62: 3531-3533.

[48] Clavilier J. The role of anion on the electrochemical behaviour of a(111)Platinum surface: An unusual splitting of the voltammogram in the hydrogen region. J. Electroanal. Chem., 1979, 107: 211-216.

[49] Zhang H-M, Xie Z-X, Mao B-W, Xu X. Self-assembly of normal alkanes on the Au(111)surfaces. Chem. Eur. J., 2004, 10: 1415-1422.

[50] Xie Z X, Xu X, Tang J, Mao B W. Molecular packing in self-assembled monolayers of normal alkane on Au(111)surfaces. Chem. Phys. Lett., 2000, 323: 209-216.

[51] Yamada R, Uosaki K. Two-dimensional crystals of alkanes formed on Au(111)surface in neat liquid: Structural investigation by scanning tunneling microscopy. J. Phys. Chem. B, 2000, 104: 6021-6027.

[52] Giancarlo L C, Fang H, Rubin S M, Bront A A, Flynn G W. Influence of the substrate on order and

image contrast for physisorbed, self-assembled molecular monolayers: STM studies of functionalized hydrocarbons on graphite and MoS_2. J. Phys. Chem. B, 1998, 102: 10255-10263.

[53] Yeo Y H, McGonigal G C, Yackoboski K, Guo C-X, Thomson D J. Scanning tunneling microscopy of self-assembled n-decanol monolayers at the liquid/gold(111)interface. J. Phys. Chem. , 1992, 96: 6110-6111.

[54] Wei Y, Kannappan K, Flynn G W, Zimmt M B. Scanning tunneling microscopy of prochiral anthracene derivatives on graphite: Chain length effects on monolayer morphology. J. Am. Chem. Soc. , 2004, 126: 5318-5322.

[55] Tao F, Bernasek S L. Understanding odd-even effects in organic self-assembled monolayers. Chem. Rev. , 2007, 107: 1408-1453.

[56] Hakkinen H, Landman U. Gold clusters(Au_N, $2 \leqslant N \leqslant 10$)and their anions. Phys. Rev. B, 2000, 62: R2287.

[57] Zhao J, Yang J, Hou J G. Theoretical study of small two-dimensional gold clusters. Phys. Rev. B, 2003, 67: 085404.

[58] De Feyter S, Grim P C M, Van Esch J, Kellogg R M, Feringa B L, De Schryver F C. Nontrivial differentiation between two identical functionalities within the same molecule studied by STM. J. Phys. Chem. B, 1998, 102: 8981-8987.

[59] Kim K, Plass K E, Matzger A J. Structure of and competitive adsorption in alkyl dicarbamate two-dimensional crystals. J. Am. Chem. Soc. , 2005, 127: 4879-4887.

[60] Taki S, Kai S. Molecular alignment in monolayer of n-alkyloxy-cyanobiphenyl and clear evidence of the odd-even effect. Jpn. J. Appl. Phys. , 2001, 40: 4187-4192.

[61] Taki S, Okabe H, Kai S. Study of odd-even effect in molecular alignments of nOCB liquid crystals: STM observation and charge density distribution analysis. Jpn. J. Appl. Phys. , 2003, 42: 7053-7056.

[62] Lee S, Puck A, Graupe M, Colorado Jr R, Shon Y-S, Lee T R, Perry S S. Structure, wettability, and frictional properties of phenyl-terminated self-assembled monolayers on gold. Langmuir, 2001, 17: 7364-7370.

[63] Wolf K V, Cole D A, Bernasek S L. Low-energy collisions of pyrazine and d_6-benzene molecular ions with self-assembled monolayer surfaces? The odd/even chain length effect. Langmuir, 2001, 17: 8254-8259.

[64] Park B, Chandross M, Stevens M J, Grest G S. Chemical effects on the adhesion and friction between alkanethiol monolayers: Molecular dynamics simulations. Langmuir, 2003, 19: 9239-9245.

[65] Menzel H, Horstmann S, Mowery M D, Cai M, Evans C E. Diacetylene polymerization in self-assembled monolayers: Influence of the odd/even nature of the methylene spacer. Polymer, 2000, 41: 8113-8119.

[66] Tao F, Bernasek S L. Chirality in supramolecular self-assembled monolayers of achiral molecules on graphite: Formation of enantiomorphous domains from arachidic anhydride. J. Phys. Chem. B, 2005, 109: 6233-6238.

[67] Fang H, Giancarlo L C, Flynn G W. Packing of $Br(CH_2)_{10}COOH$ and $Br(CH_2)_{11}COOH$ on graphite: An odd-even length effect observed by scanning tunneling microscopy. J. Phys. Chem. B, 1998, 102: 7421-7424.

[68] Wintgens D, Yablon D G, Flynn G W. Packing of $HO(CH_2)_{14}COOH$ and $HO(CH_2)_{15}COOH$ on

graphite at the liquid/solid interface observed by scanning tunneling microscopy: Methylene unit direction of self-assembly structures. J. Phys. Chem. B, 2002, 107: 173-179.

[69] Ulman A. Formation and structure of self-assembled monolayers. Chem. Rev. , 1996, 96: 1533-1554.

[70] Porter M D, Bright T B, Allara D L, Chidsey C E D. Spontaneously organized molecular assemblies. 4. Structural characterization of *n*-alkyl thiol monolayers on gold by optical ellipsometry, infrared spectroscopy, and electrochemistry. J. Am. Chem. Soc. , 1987, 109: 3559-3568.

[71] Nuzzo R G, Dubois L H, Allara D L. Fundamental studies of microscopic wetting on organic surfaces. 1. Formation and structural characterization of a self-consistent series of polyfunctional organic monolayers. J. Am. Chem. Soc. , 1990, 112: 558-569.

[72] Kato H S, Noh J, Hara M, Kawai M. An HREELS study of alkanethiol self-assembled monolayers on Au(111). J. Phys. Chem. B, 2002, 106: 9655-9658.

[73] Wong S-S, Takano H, Porter M D. Mapping orientation differences of terminal functional groups by friction force microscopy. Anal. Chem. , 1998, 70: 5209-5212.

第 4 章　金属配合物分子的组装与调控

具有高对称性及各种构型的金属配合物分子，由于其规则而多样化的外形和丰富的磁学、电学和光物理特性，近年来得到了广泛关注。尤其自 20 世纪 70 年代以来，随着该类化合物的合成方法的不断发展和完善[1-15]，化学家已成功设计合成了一系列具有特定对称性，如三角形、五边形、多面体等多种形貌的配合物分子。此外，经过多年发展，配合物分子在基础和应用领域的研究也得到全面开展和不断深入，除了在催化、传感等领域取得了一系列重要成果之外，一些新的研究方向也相继涌现[10,16]，例如，手性和低维对称性的配合物晶体或薄膜有可能应用于非线性光学材料和化学传感器中；具有电磁性质的配合物分子在信息存储方面也表现出了巨大的应用潜力。由于金属配合物中的配位键具有高度方向性、选择性和稳定性，在一定程度上它可以与生物体系中广泛存在的氢键作用相比拟[1,17-21]，所以，研究金属配合物体系还可为研究和模拟生物分子的结构以及生物分子的互补识别过程提供一条有效的途径。此外，研究结果已表明，表面上单层或多层有机分子膜的存在将影响体相材料甚至整个薄膜材料的性质，构筑并调控基于金属配合物分子的自组装膜结构，对发展新的纳米材料，研究分子的表面吸附行为，对理解分子间的相互作用，掌握分子组装规律具有重要意义[22,23]。

相对于这一体系在基础和应用领域的潜在价值，目前针对这些金属配合物分子的表面自组装、原位配合、结构调控以及分子性质的研究还比较少[22,24-37]。这主要是由于该类分子的结构比较复杂，与表面之间的相互作用力复杂，而且分子的尺寸较大，立体性强，并且在许多溶剂中不稳定，这些都会导致分子的自组装性能不好。因此，构筑稳定且有序的配合物分子纳米结构，特别是对配合物分子组装结构的调控，目前仍是分子组装研究中的挑战课题之一。

众所周知，在固体表面发生的分子自组装过程实际上是一个非常复杂的过程，它受到分子间相互作用以及分子与基底间相互作用的影响[38-41]，分子自组装纳米结构的形成通常是多种弱相互作用力（或共价键）协同、加和等效应的总体体现[42,43]。在理解并利用这些复杂的弱相互作用的基础上，近年来研究者在金属配合物分子自组装结构的构筑和调控方面开展了研究工作，利用扫描隧道显微术[44-47]，结合多种自组装技术，成功在多种固体表面构筑了多种稳定有序的金属配合物组装组织，这些组装组织可以存在于不同化学环境之中，并成功发展了对于这些复杂分子的高分辨 STM 成像技术，在原子、分子水平上观察研究了具有不同尺寸、形状的配合物分子在不同基底上的自组装层结构。考察了实验条件，如

pH 值和电极电位，以及外场环境对配合物组装结构的影响，揭示了配合物分子化学组装的一般规律，对最终实现金属配合物分子在表面上的可控组装具有重要意义。此外，还比较了配体分子和配合物分子表面组装结构之间的异同，探讨了配体和配合物分子组装结构间的联系等。这些研究工作为构筑和调控以金属配合物分子为结构基元的表面组装功能性纳米结构，发展相关吸附组装理论提供了实验依据。同时，这些成果将有利于"分子工程学"的发展。

4.1　分子尺寸对组装结构的影响

分子在表面吸附形成的组装结构是由分子间相互作用和分子与表面相互作用等的协同结果[48-53]。分子尺度的改变会引起相关作用力的改变，因此分子尺度对于分子自组装结构有重要影响，改变组装分子的尺度可实现对表面自组装结构的调控。这一部分选取了两种结构相似，但尺寸不同的长方形配合物分子进行比较组装[35,36,40]，通过考察它们在 Au(111) 基底上的组装行为，探讨了分子尺寸对表面组装结构的影响。图 4.1 是所利用的两种具有长方形形貌特征的配合物分子的化学结构式和堆积模型，分子由 Pt 原子和 N 原子通过配位键构成，Pt 原子上连接的 PEt₃ 基团则分别位于平面的上下方，因此整个分子呈现出三层的三明治式结构。与小长方形分子(左)相比，大长方形分子(右)比小长方形分子多出了一个苯环和两个三键部分，即右图中的虚线圈出部分。

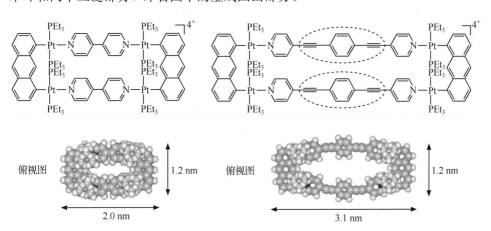

图 4.1　小长方形(左)和大长方形(右)配合物分子的化学结构式和堆积模型[35,36]

将分子在溶剂中稀释溶解后，把金球置于溶液中，分子在特定晶面吸附组装，形成一定结构。然后将如此制备的金球放于电化学 STM 的电化学池里，支持电解质为 $HClO_4$。电化学 STM 观察实验时，将电极电位设定在双电层电位区间。

这里所述的两种分子,以及后面将要研究的其他配合物分子吸附组装层的制备和STM实验条件基本相同。

图 4.2(a)是小长方形分子在 Au(111)表面吸附层的典型 STM 图像,图像显示该分子在 Au(111)表面形成了长程有序的分子阵列。实验结果表明,这种有序畴区的面积往往超过 100 nm×100 nm,显示了小长方形分子间较好的耦合作用以及分子与基底间良好的匹配关系。此外,从图中还可明显观察到基底 Au(111)表面的(23×$\sqrt{3}$)重构现象,说明基底表面重构不会影响配合物分子形成长程有序结构。图 4.2(b)是小长方形分子在 Au(111)表面吸附层的典型高分辨 STM 图像,给出了表面分子吸附层的详细信息。从图中可以看出,配合物分子在 STM 图中仍呈长方形,每个分子由四瓣椭圆形亮点组成,中心较暗的空洞部分对应于分

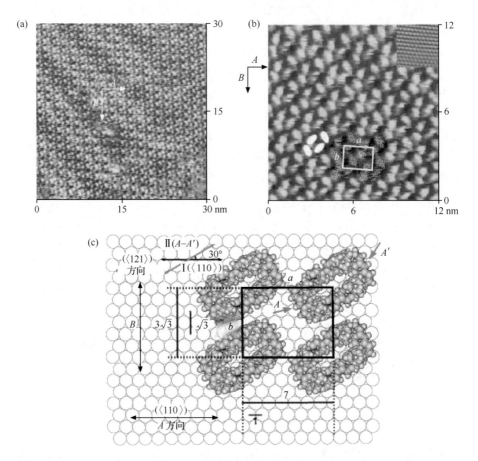

图 4.2　小长方形分子在 Au(111)表面的大范围(a)和高分辨(b)STM 图像及结构模型(c)。
成像条件(a)E=550 mV,E_{tip}=392 mV,I_{tip}=941.0 pA;(b)E=550 mV,E_{tip}=370 mV,
I_{tip}=765.0 pA。参比电极为 RHE[36]

子结构中的空穴部分。为了清晰表示单个分子,四瓣白色的椭圆表示一个分子。从 STM 图像中测得分子的尺寸为 2.0 nm×1.2 nm,这与分子的尺寸数据一致[12]。因此,根据尺寸和几何形状,可以确定分子应以"平躺"方式吸附在 Au(111)表面,形成矩形单胞,单胞参数为 $a=2.0$ nm, $b=1.5$ nm。在双电层区,完成分子结构的观测后,负向扫描基底电位至氢气发生区,分子将从表面脱附,可直接观测到 Au(111)基底的原子图像。图 4.2(b)右上角的插入图即为 Au(111)的原子图像,图中每个亮点对应一个 Au 原子,相邻原子间的距离约为 0.29 nm。对比基底原子密排方向和分子组装的高分辨 STM 图像可以发现,配合物分子的长轴方向与基底的⟨110⟩方向成 30°,分子列 A 的方向平行于基底的⟨110⟩方向,分子列 B 的方向则与基底的⟨121⟩方向一致。由此可以推断出小长方形配合物分子在 Au(111)表面形成(7×3√3)结构。图 4.2(c)为分子在表面的吸附模型,分子保持其原有形状"平躺"吸附于基底表面,并形成紧密堆积结构。由于分子本身的结构复杂性和立体性,从 STM 图像中很难确定分子与基底金原子间的准确键接关系,这与文献中对卟啉分子和酞菁分子在 Au(111)表面吸附结构的报道类似[41,54]。

大长方形分子在 Au(111)表面吸附层的大范围 STM 图像[图 4.3(a)]显示该分子在 Au(111)表面也可形成长程有序的吸附结构。高分辨 STM 图像[图 4.3(b)]显示长方形分子沿 A 方向形成分子列,对比基底 Au(111)表面的原子图像可知分子列方向平行于基底的⟨110⟩方向。值得注意的是,图 4.3(b)中相邻分子列间存在一个距离位移,这一点与小长方形分子在 Au(111)表面的吸附结构不同。此外,每个大长方形分子在 STM 图像中表现为中心有凹陷的长方形结构,从 STM 图中测得长方形长 3.0 nm±0.2 nm,宽 1.1 nm±0.2 nm,这与大长方形分子的 X 射线晶体数据一致[12]。因此,大长方形分子应以"平躺"的方式吸附在 Au(111)表面。根据相邻分子间的距离及吸附层的对称性,可确定该吸附层的单胞参数为 $a=8.3$ nm±0.2 nm, $b=2.0$ nm±0.2 nm, $\alpha=78°$。图 4.3(c)为大长方形分子在 Au(111)表面的吸附结构模型。

以上研究结果表明,结构相似但尺寸不同的长方形分子在 Au(111)表面的组装结构不同,说明配合物分子自组装膜结构与分子尺度密切相关,小尺度分子形成的单胞结构比大尺度分子形成的单胞结构更依赖于分子本身的结构形状。通过改变配合物分子的尺度可以调节吸附过程中分子间以及分子与基底间的相互作用,从而达到改变吸附层结构的目的。该研究对发展表面自组装理论有重要意义,也为构筑和调控基于配合物分子的纳米结构提供了实验依据。

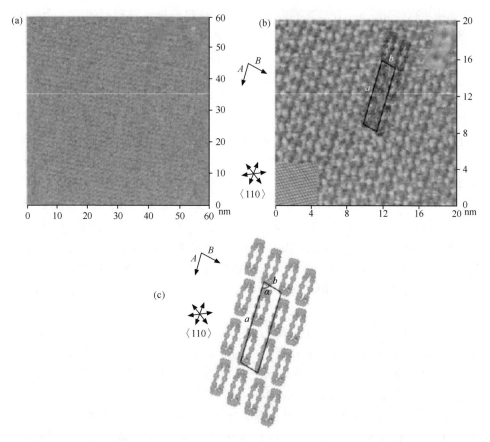

图 4.3　大长方形分子在 Au(111)表面的大范围(a)和高分辨(b)STM 图像及其结构
模型(c)。成像(a)E_{bias}＝－50 mV, I_{tip}＝1.883 nA;(b)E_{bias}＝－50 mV, I_{tip}＝ 1.698 nA。
参比电极为 RHE[35]

4.2　分子形状和构型对组装膜结构的影响

　　研究分子形状和构型变化对自组装结构的影响也是分子组装研究领域中的一
个重要方向[31,55]。明确分子的本征形状与其自组装结构之间的联系,分子结构的
立体性的增加对分子的吸附行为及其自组装结构有无必然影响,对设计构筑表面
分子膜直至纳米器件都具有重要意义。此外,研究分子构象,对考察分子的识别性
能,实现作用点与底物分子在空间位置上的匹配也有重要意义。通过归纳这些研
究中的一般现象,有助于设计合成更具优越性的表面组装功能分子。本节的研究
对象是具有不同形状和构型的正方形分子、三维笼形分子(分子结构如图 4.4 所
示)以及前面提到的长方形分子,通过考察它们在 Au(111)表面的组装结构,研

究分子形状和构型对组装结构的影响，探索金属配合物分子在固体表面组装的特点和规律。

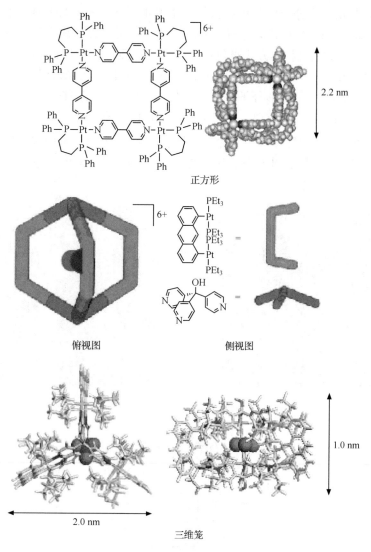

图 4.4　正方形(左)和三维笼形(右)分子的化学结构式和堆积模型[36]

　　图 4.5(a)是正方形分子在 Au(111)表面吸附组装层的典型 STM 图像，表明该分子在 Au(111)表面能有序组装并形成长程有序的分子阵列，不过这种有序畴区的面积一般较小，50 nm×50 nm 大的畴区都比较少见，没有观察到类似于长方形配合物分子形成的 100 nm×100 nm 大的畴区。此外，正方形分子形成的有序畴区中存在较多的缺陷，这可能是正方形分子与基底间的相互作用较弱所致。

图 4.5(b)是正方形分子在 Au(111)表面吸附层的典型高分辨 STM 图像，从图中可以看出每个配合物分子在 STM 图中表现为一个正方形，正方形的中心有一暗的凹陷，这与正方形分子的几何结构能够很好地对应。从 STM 图像中测得分子的尺度为 2.1 nm×2.1 nm，这与晶体结构中分子尺度数据相一致[3]，据此可知，正方形分子应以"平躺"的方式吸附在 Au(111)表面，形成类正方形单胞，单胞参数为 $a=2.3$ nm±0.1 nm，$b=2.5$ nm±0.1 nm。对比分子吸附层的 STM 图像和基底的原子像可知，正方形分子边的方向与基底的⟨110⟩方向成 15°，分子列 A 的方向平行于基底的⟨110⟩方向，分子列 B 的方向则与基底的⟨121⟩方向一致，因此分子在表面上形成的是(8×5$\sqrt{3}$)结构。图 4.5(c)所示为分子的表面吸附结构模型，为了易于辨认，图中用 I 表示基底的⟨110⟩方向，用 AA' 表示正方形分子的边的方向，二者之间的夹角为 15°。

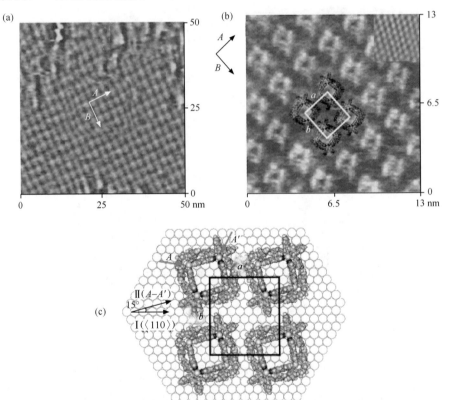

图 4.5　正方形分子在 Au(111)表面的大范围(a)和高分辨(b)STM 图像及其结构模型(c)。
成像条件：(a)$E=510$ mV，$E_{tip}=281$ mV，$I_{tip}=966.3$ pA；(b)$E=510$ mV，$E_{tip}=195$ mV，
$I_{tip}=531.8$ pA。参比电极为 RHE[36]

　　三维笼形分子的结构可分为上下两层,俯视图中分子呈三次对称的螺旋桨状结构,侧视图中分子呈矩形。虽然相对于前两种分子,三维笼形分子具有更强的立体性,但大范围 STM 图像[图 4.6(a)]表明它在 Au(111)表面也可组装形成长程有序的吸附结构。从图 4.6(b)所示的高分辨 STM 图像可以看出,每个分子在 STM 图像中表现为一个边长为 2.3 nm±0.1 nm 的三叶螺旋桨状结构,这与分子的俯视图的形状吻合得很好,与晶体结构数据也一致[14],因此,三维笼形分子应以“平躺”的方式吸附在 Au(111)表面。有趣的是,相邻分子间以“头-尾”对插的密堆积方式排列,理论计算表明这种堆积方式可有效降低分子在 Au(111)表面吸附的能量。图 4.6(b)中的白色矩形表示的是该吸附结构的一个矩形单胞,单胞参数为 $a=2.0$ nm±0.1 nm, $b=4.0$ nm±0.1 nm。对比基底原子像可知三维笼形

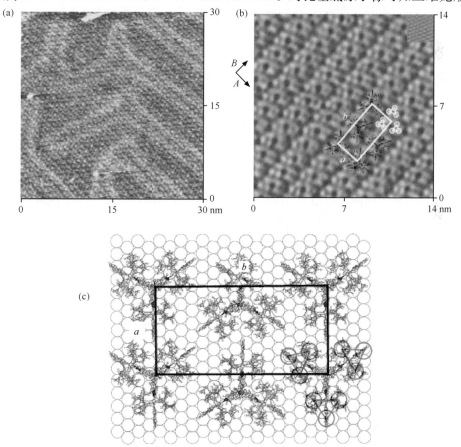

图 4.6　三维笼形分子在 Au(111)表面的大范围(a)和高分辨(b)STM 图像及其结构模型(c)。
成像条件:(a)$E=550$ mV,$E_{tip}=312$ mV,$I_{tip}=1.000$ nA;(b)$E=550$ mV,$E_{tip}=337$ mV,
$I_{tip}=852.1$ pA。参比电极为 RHE[36]

分子在 Au(111) 表面形成 $(7 \times 8\sqrt{3})$ 结构。吸附结构模型[图 4.6(c)]中包含了三维笼形分子在 Au(111) 表面吸附的更多细节信息。

通过对比不同形状和构型的金属配合物分子在 Au(111) 表面的组装结构可知，改变分子本征形状和构型会影响吸附过程中分子间以及分子与基底间的相互作用，进而改变分子在表面的组装膜的结构。因此，通过选择具有特定形状和构型的配合物分子，可望实现按照研究者的主观意愿设计构筑表面组装膜结构的目的。这一结果也为界面力平衡(分子间相互作用和分子与基底间相互作用等)关系的研究提供了实验依据。

4.3　基底材料对组装膜结构的影响

以上研究表明，分子的大小、形状和构型对其表面组装结构有重要影响。实际上，基底材料同样会影响分子的表面组装结构，通过选择不同的基底材料以实现对分子表面组装膜结构的调控是表面组装研究中的又一重要途径[56-58]。本节将通过考察大长方形分子在 Au(111) 和高定向裂解石墨(HOPG)两种基底表面的组装结构，揭示基底材料对配合物分子表面组装结构的影响[35]。

大长方形分子的化学结构式及其在 Au(111) 表面的吸附层结构详见第 4.1 节。

在 HOPG 表面，大长方形分子自组装形成高度有序的分子网格结构[图 4.7(a)所示]，分子吸附层由沿 A 方向的亮线和沿 B 方向的宽带组成，A 方向和 B 方向的夹角为 $90° \pm 2°$，对比基底的原子像发现，长方形分子沿 HOPG 基底晶格方向排列。图 4.7(a)中标出了一个单胞，单胞参数为 $a = 4.0$ nm ± 0.2 nm，$b = 1.0$ nm ± 0.2 nm，$\alpha = 90° \pm 2°$。高分辨 STM 图像显示，组成有序吸附层的基本单元是亮线，这些亮线平行于 A 方向，沿 B 方向看去，邻近的亮线相互穿插形成密排结构。从 STM 图中测得亮线的长度为 3.1 nm ± 0.2 nm，与 X 射线晶体数据中长方形长边尺寸接近[12]。因此，一条亮线被认为对应着一个长方形分子，分子以其长边垂直于 HOPG 表面的方式吸附。相应的分子吸附模型如图 4.7(c)所示，该模型与 STM 图像完全吻合。

以上结果表明，在 HOPG 表面，大长方形分子以分子平面垂直于石墨基底的方式吸附，相邻分子间相互对插形成具有矩形晶胞的二维网格结构。而在 Au(111) 表面，如图 4.3 所示，大长方形分子以分子平面平行于基底的方式吸附，形成的是链条状结构，二维晶胞结构也不是矩形。也就是说，大长方形分子在 HOPG 和 Au(111) 两种基底表面的分子排列结构及对称性明显不同。我们知道，分子在表面的自组装层结构由分子间及分子与基底间的相互作用力共同决定。在 HOPG 表面，分子与基底的相互作用力较弱，因此，分子间的相互作用力在分子自

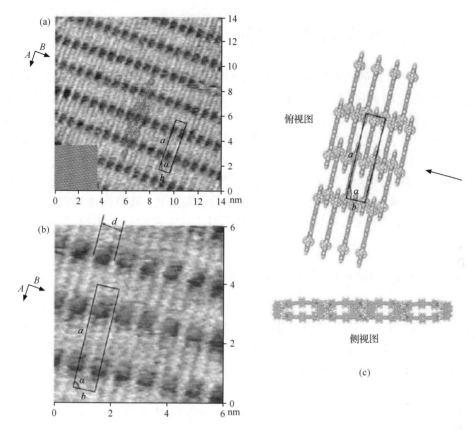

图 4.7　大长方形分子在 HOPG 表面的大范围(a)和高分辨(b)STM 图像及其结构模型(c)。
成像条件：(a)$E_{bias}=758$ mV，$I_{tip}=684$ pA；(b)$E_{bias}=758$ mV，$I_{tip}=684$ pA。
实验在大气和无溶液存在条件下进行[35]

组装过程中占主导地位，分子以分子平面相互平行的方式吸附，形成了密排的二
维分子网格结构。当分子吸附在 Au(111)表面时，分子与 Au(111)基底间较强的
相互作用力起到了主导作用，因此只观察到线形链状结构。尽管大长方形分子在
HOPG 及 Au(111)表面都是沿基底晶格方向排列，但在两种基底表面的组装结构
却完全不同，说明吸附分子相对于基底的取向与基底材料有关。这一研究结果表
明，分子与不同基底的相互作用明显不同，改变基底材料可调节分子在表面的取
向，从而调控表面纳米结构。同时，通过对比分子在不同基底表面的组装结构，
有助于进一步理解分子与基底间相互作用在分子组装和表面分子取向调控中的作
用，为表面分子吸附组装理论的发展提供实验依据。

4.4 配体及其配合物分子表面组装膜结构比较

配体是配合物的基本结构组成单元，研究配体及其对应配合物分子的表面吸附组装结构间的关联关系，对丰富自组装理论，实现表面结构调控有重要意义[59]。此外，由于配位键在一定程度上可与生物体系中广泛存在的氢键作用比拟，配合物中也存在类似于生物体系中的等级组装结构，因此，研究配合物体系也可为研究和模拟生物分子的结构以及生物互补识别过程提供一条有效的途径。本节中我们选用两组包含吡咯环和碳氮双键结构的配体及其 Zn 离子配合物分子为研究对象，通过对比它们在 Au(111)表面的组装结构，研究配体与中心金属之间的相互作用，配体官能团之间的相互作用，配体和配合物组装结构间的联系等。

4.4.1 配体分子 BPMB 及其螺旋形配合物的组装

配体分子 BPMB 及其螺旋形配合物分子的化学结构式和堆积模型如图 4.8所示。配体分子(左图)中含有双吡咯环和两个双键 N 原子，通过 N 原子和 Zn 原子间的配位作用，两个配体分子与两个 Zn^{2+} 形成螺旋形配合物(右图)，这种结构类似于生物体系中的 DNA 互补双螺旋结构，只是长度上短得多。

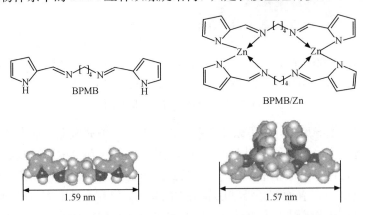

图 4.8 配体 BPMB(左)及其螺旋形配合物(右)的结构式和堆积模型[37]

将 Au(111)电极浸入配体 BPMB 的乙醇溶液中 1 min 以制备分子吸附层，然后将该 Au(111)电极装入电解池中进行 STM 观测，电极电位设在双电层区间，支持电解质仍为 $HClO_4$。图 4.9(a)是吸附层的一张大范围 STM 图像，说明该分子在 Au(111)表面能形成长程有序的纳米阵列，分子沿箭头 A、B 的方向生长。从高分辨 STM 图像[图 4.9(b)]中能更为清晰地观察到表面分子吸附层细节的信息。

由图 4.9(b)可知,每个配体分子在 STM 图像中呈中心凹陷的哑铃形结构,为更清晰地表示单个分子,图 4.9(b)中用一组白色的椭圆突出显示分子特征。实验测得分子尺度为 1.6 nm±0.1 nm,与分子理论模拟的尺寸数据相一致[60]。根据文献对苯分子的表面吸附结构的报道可知,每个哑铃头应对应于分子中一组吡咯环中的双键 N 部分,而中心凹陷的位置对应于吡咯环所在的位置。从图 4.9(b)左下角放大的单个吸附分子的 STM 图像可更清晰地看到这一特点。图 4.9(b)中画出了该吸附结构的一个单胞,单胞参数为 $a = 1.0$ nm±0.1 nm,$b = 1.8$ nm±0.1 nm,$\theta = 65°$。对比分子组装结构的 STM 图像和基底的原子像发现,分子列 A 的方向平行于基底的〈121〉方向,分子列 B 的方向为基底的 $\sqrt{37}$ 方向,因此,配体 BPMB 分子在表面应形成($2\sqrt{3} \times \sqrt{37}$)结构,分子的长轴方向与基底的〈121〉的方向成 53°角。图 4.9(c)是分子的吸附结构模型,该模型与 STM 图像吻合良好。循环伏安实验表明,在选用的电位范围内,BPMB 分子不会发生氧化还原反应或脱附行为,STM 实验进一步证实了这一点,而且,分子取向不随基底电位的变化而变化。

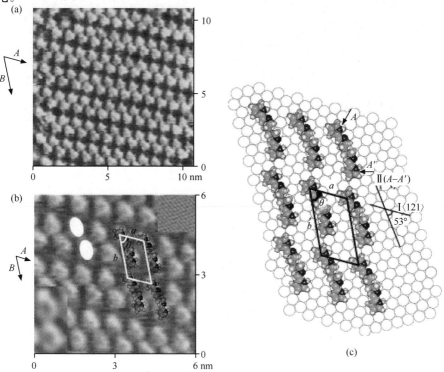

图 4.9　配体 BPMB 分子在 Au(111)表面的大范围(a)和高分辨(b)STM 图像及其结构模型(c)。成像条件:(a)$E = 550$ mV,$E_{tip} = 400$ mV,$I_{tip} = 1.51$ nA;(b)$E = 550$ mV,$E_{tip} = 421$ mV,$I_{tip} = 2.11$ nA。参比电极为 RHE[37]

为研究配体和配合物结构及组装结构间的联系，进一步观察了配体 BPMB 的螺旋形配合物分子在 Au(111)表面的组装结构。图 4.10(a)是螺旋形配合物分子在 Au(111)表面吸附组装层的大范围 STM 图像，可明显看到基底 Au(111)表面的重构现象，实验结果证明，基底表面的重构并不影响螺旋形配合物分子形成长程有序结构。图 4.10(b)为组装层的高分辨 STM 图像，从图中可以看到，分子沿 A、B 所示的方向排列，不同于配体 BPMB 分子。螺旋形配合物分子以分子平面侧立的方式吸附在 Au(111)表面，这种吸附方式可以保证分子与基底间有最强的吸附作用。从 STM 图中测得分子的大小为 1.6 nm±0.1 nm，这与分子的理论模拟尺寸数据相一致。图 4.10(b)中还画出了该组装结构的一个单胞，单胞参数为 $a=$ 1.0 nm±0.1 nm，$b=1.6$ nm±0.1 nm，$\theta=71°$。在完成配合物分子吸附层的观测后，负向扫描基底电位以观测基底的原子图像。图 4.10(b)右上角的插入图即为

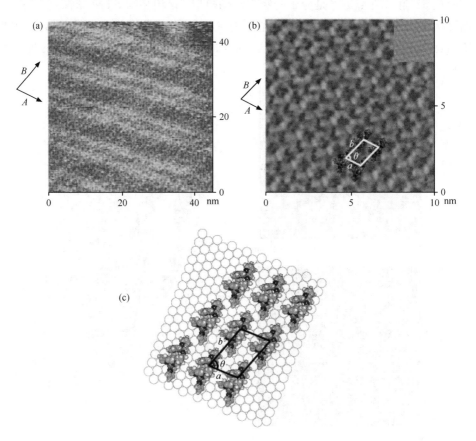

图 4.10　BPMB 的螺旋形配合物分子在 Au(111)表面的大范围(a)和高分辨(b)STM 图像
及其结构模型(c)。成像条件：(a)$E=550$ mV，$E_{tip}=420$ mV，$I_{tip}=2.000$ nA；
(b)$E=550$ mV，$E_{tip}=418$ mV，$I_{tip}=1.678$ nA。参比电极为 RHE[37]

Au(111)表面(1×1)的形貌图像,对比基底原子列方向发现,分子列 A 的方向平行于基底的⟨121⟩方向,分子列 B 的方向为基底的$\sqrt{7}$方向,也就是说,螺旋形配合物分子在 Au(111)表面形成了($2\sqrt{3}\times2\sqrt{7}$)结构,夹角 θ 为 71°。图 4.10(c)是螺旋形配合物分子的表面吸附结构模型,分子侧立吸附在表面,形成平行四边形单胞结构。

4.4.2 配体分子 BPMmB 及其三角形配合物的组装

配体 BPMmB 及其三角形配合物分子的分子结构和堆积模型如图 4.11 所示,配体分子中含有两个酯基取代的吡咯环、一个苯环和两个双键 N 原子,通过 N 原子和 Zn 原子间的配位作用,三个配体分子与三个 Zn^{2+} 空间缠绕形成一个三角形配合物。

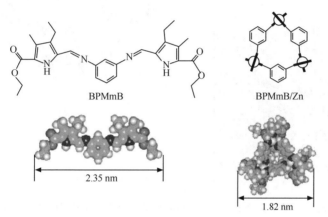

图 4.11 配体 BPMmB 分子(左)及其三角形金属配合物(右)的化学结构式和堆积模型[37]

将 Au(111)电极浸入配体 BPMmB 的乙醇溶液中 1 min 以制备配体分子吸附层,之后用电化学 STM 直接对分子吸附层结构进行观测。图 4.12(a)是在 510 mV 电位下得到的吸附层的一张典型 STM 图像(30 nm×30 nm),与 BPMB 分子类似,配体 BPMmB 分子在 Au(111)表面也可形成长程有序的分子阵列,对比基底 Au(111)表面的重构线的方向可知,分子列 A 的方向与基底的⟨121⟩方向平行。从高分辨 STM 图像[图 4.12(b)]中能更为清晰地观察到表面分子吸附层的细节。图 4.12(b)显示,每个配合物分子由五个亮点组成,呈"ω"形结构。为清晰地表示单个分子,在图 4.12(b)中用一组白色的椭圆突出显示了分子的特征。实验测得分子的尺寸为 2.3 nm±0.1 nm,这与分子模拟的尺寸数据相一致[61]。对比 STM 图像和分子的结构可知,五个亮点分别对应于分子中的两个酯基氧,两个吡咯环和一个苯环部分,配体 BPMmB 分子以分子平面"平躺"的方式吸附在 Au(111)表面。至此,可以画出该吸附结构的单胞,如图 4.12(b)中白色平行四边形所示,其中 a＝2.0 nm±0.2 nm(约 $4\sqrt{3}$ 金原子间距), b＝1.3 nm±0.1 nm(约 $\sqrt{21}$ 金原子间距),夹角 θ 为 79°±2°。图 4.12(c)是相应的吸附结构模型,该模型与 STM 图像能够很好地吻合。

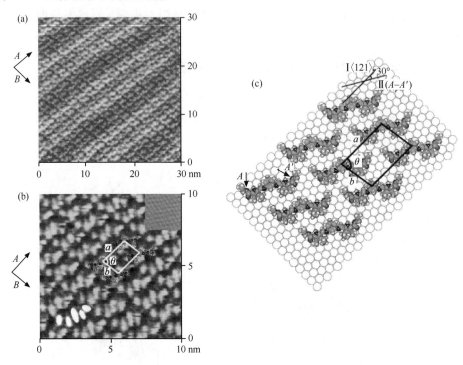

图 4.12　配体 BPMmB 分子在 Au(111)表面的大范围(a)和高分辨(b)STM 图像及其结构模型(c)。成像条件:(a)E＝510 mV,E_{tip}＝390 mV,I_{tip}＝800.0 pA;(b)E＝510 mV,E_{tip}＝379 mV,I_{tip}＝556.7 pA。参比电极为 RHE[37]

　　为探讨配体及其对应的配合物分子组装结构的关系,进一步考察了 BPMmB 的三角形配合物分子在 Au(111)表面形成的组装结构。从大范围 STM 图像[图 4.13(a)]中可明显观察到基底 Au(111)表面的重构现象,说明基底表面的重构并不影响三角形配合物分子形成长程有序的纳米阵列。从高分辨 STM 图像[图 4.13(b)]中能更为清晰地观察到吸附层的细节,分子列 A 和分子列 B 成 60°夹角,每个配合物分子在 STM 图像中呈现为一个中心为暗的三角形,对应于分子以“平躺”方式吸附在基底表面的构型,这种吸附方式可以保证分子与基底有最强的吸附作用。从 STM 图像中测得分子的尺寸为 2.0 nm±0.1 nm,这与理论模拟得到的分子尺寸相一致。此外,对比配合物分子吸附层的 STM 图像和基底 Au(111)表面的原子图像可知,分子沿基底的〈121〉方向排列,形成($4\sqrt{3}\times4\sqrt{3}$)的吸附结构。基于以上分析,得到如图 4.13(c)所示的吸附结构模型,从图中可以看出，三角形配合物分子以分子平面平行于基底的方式吸附在 Au(111)表面，该模型与 STM 图像能很好地吻合。

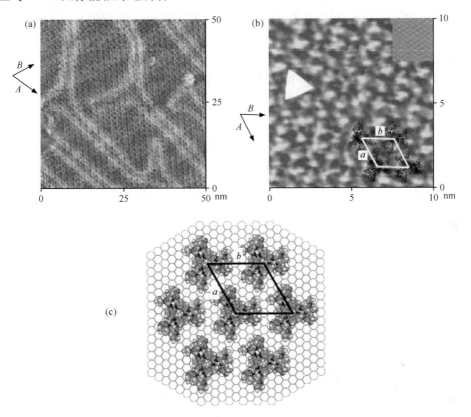

图 4.13　三角形配合物分子在 Au(111)表面的大范围(a)和高分辨(b)STM 图像及其结构模型(c)。成像条件：(a)$E=510$ mV，$E_{tip}=300$ mV，$I_{tip}=1.000$ pA；(b)$E=536$ mV，$E_{tip}=334$ mV，$I_{tip}=984.6$ pA。参比电极为 RHE[37]

　　虽然两对配体及其对应的金属配合物分子都能在 Au(111)表面有序组装，但配体分子及其对应的配合物分子的吸附层结构却截然不同，体现了配合物分子纳米结构形成时，分子结构如尺寸、构型和基底协调作用的重要性。

4.5　基于分子模板控制的金属配合物在石墨表面的单分散

　　以上研究结果表明，改变分子的尺寸、构型或基底可调节吸附过程中分子间以及分子与基底间相互作用，从而实现对分子组装结构的调控。本节将讨论利用分子模板控制金属配合物分子在石墨表面的单分散吸附组装[62]。

　　主客体复合物在近几十年来逐渐成为超分子化学的研究热点，利用主体分子形成的一维、二维或三维的网格结构来捕获客体分子以构筑特定的功能性纳米结构也是目前常用的调控分子纳米结构的方法[63-65]。本节选择苯三氧十一酸分子（TCDB）为分子模板，期望利用 TCDB 分子形成的网格结构[66]捕获在 HOPG 表面无法形成有序单分子层的小长方形分子，实现小长方形金属配合物分子在 HOPG 表面的单分散。

图 4.14(a)是小长方形分子在 HOPG 表面吸附的典型 STM 图像，显示小长方形分子在 HOPG 表面形成的是一种无序的结构，这可能是小长方形分子与 HOPG 基底间相互作用力较弱的缘故。图 4.14(b)是 TCDB 分子在 HOPG 表面形成的自组装单层的 STM 图像，从图中可以看到 TCDB 分子形成了带有四方形空穴的二维网状结构，如图中黑色四方形所示，空穴的尺寸大约为 2.4 nm×1.3 nm。但当将小长方形分子和 TCDB 混合时，STM 观察发现高度有序的双组分共吸附结构[图 4.14(c)]。与图 4.14(b)相比，图 4.14(c)最大的特点是 TCDB 自组装层中的相对较暗的空穴部分已被单分散的椭圆形亮点所填满，亮点的大小与小长方形分子的尺寸相当，说明小长方形分子已经被捕获到 TCDB 的分子模板

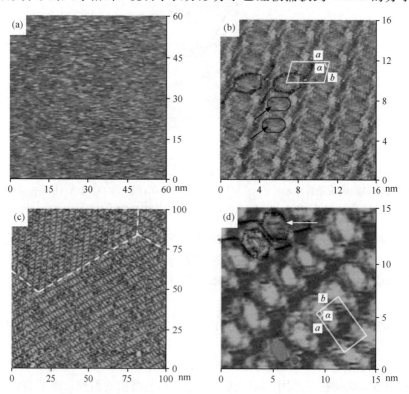

图 4.14　利用分子模板调控的有序单分散。(a)小长方形分子，(b)TCDB 分子以及
(c,d)TCDB 分子与小长方形分子混合溶液在 HOPG 表面吸附层的 STM 图像

中。图 4.14(d)是一张高分辨的 STM 图像,在图中箭头所指位置,发现了一个长方形分子的缺失,进一步证明小长方形分子的确被捕获到 TCDB 的分子模板中。

小长方形分子之所以能被 TCDB 分子模板所捕获,其主要原因是小长方形分子的尺寸与 TCDB 分子模板中空穴的几何结构具有良好的匹配性。TCDB 分子的烷基链长度决定了分子层中空穴的大小,烷基链与小长方形分子间的范德华作用力也有助于主客体复合结构的形成。其次,TCDB 分子中柔性的烷基链可以在保持其基本组装结构不变的情况下进行微小的调整,从而使分子模板与被捕获的分子获得更好的尺寸和相互作用匹配度。

4.6　酞菁分子配合物的组装

酞菁类分子的化学结构和性质都比较稳定,并且具有优异的光学和电学性质,因而用途十分广泛,从传统的染料行业到现代的太阳能电池、燃料电池、光电器件、场效应晶体管等都有应用[67-72]。在与分子器件相关的固体表面分子组装研究中,也广泛利用了该类分子。研究结果表明,酞菁类分子易于在固体表面形成有序的组装层。

随着对酞菁分子结构和性质研究的不断深入,科学家还合成了酞菁分子的配合物——双层酞菁(double-decker phthalocyanine)。双层酞菁一般为两个酞菁环从上下两个平面由一个金属离子配位,形成“三明治”结构。用于配位的金属离子多为过渡金属的镧系元素。已有利用磁圆二色性(magnetic circular dichroism, MCD)、吸收谱及理论计算等确定双层酞菁分子结构的结果。结果表明双层酞菁分子中的镧系金属离子同酞菁环中的氮原子形成八配位结构,上下两层的酞菁环扭转一定的角度[73-77]。双层酞菁分子具有内在的半导体性质、非线性光学及电致生色等性质,而且双层酞菁分子是一类有可能应用于制造分子开关和分子器件的分子,因而受到了广泛的关注[78-83]。一些研究者用布儒斯特角显微镜(Brewster angle microscopy, BAM)在空气/水的界面上观察了取代的双层酞菁镱(YbPc2)的 LB 膜形貌和相转变的情况,并且通过极化的紫外可见光谱确定了双层酞菁镱分子在 LB 膜中的取向[78]。除了对单独的双层酞菁镱 LB 膜的研究,还用原子力显微镜、共振拉曼散射(resonance Raman scattering, RRS)和表面增强共振拉曼散射(surface-enhanced resonance Raman scattering, SERRS)等方法研究了不同比例的双层酞菁镱和硬脂酸共存时的 LB 膜。研究结果显示,当体系中硬脂酸较少时膜的相分离程度较小,而且双层酞菁镱和硬脂酸之间并不存在分子水平上的作用力[84]。用双层酞菁镥(LuPc2)和双层酞菁铥(TmPc2)构筑的场效应晶体管器件只有在无机绝缘层中不存在缺陷时才能观察到场效应的行为[85]。此外,比利时和法国的科学家系统地研究了中间的配位金属离子及侧烷基链长度对镧系双层酞菁分子的液晶性能的影响。结果显示十一种镧系双层酞菁分子都能形成六角柱状中间相,它们的转变温度和分子取代基的长度有一定的关系[86]。除了同一种配体的双层酞菁分子,不同配体环的双层配位分子和含有三种相同或不同配体的三层配位分子也受到一些科学家的关注[81,87-90]。比如有些科学家用具有不同取代基的酞菁的三层配位分子制备了高性能的场效应晶体管等[91]。

在配合物分子组装研究的基础上,研究了取代的双层酞菁镨配合物、取代的酞菁配体及寡聚苯乙炔在液体/高定向裂解石墨界面上的组装行为[92]。并把研究体系从双组分扩展到了三组分。比较了双层酞菁化合物及其配体在不同的体系中的组装结构。结果对理解双层酞菁分子和酞菁分子的多组分自组装行为有重要意义。

4.6.1　双层酞菁镨配合物结构

图 4.15(a)和(b)分别是经过优化的双层酞菁镨分子结构的俯视图和侧视图。由图可见,双层酞菁镨分子的上下两个酞菁配体相互扭转了一定的角度[如 4.15(a)俯视图],而且因为受到中间配位金属的影响,上下两个酞菁配体不再是平面的而是中间塌陷四周翘起的碗状结构[如 4.15(b)侧视图]。图 4.15(c)和(d)是八辛

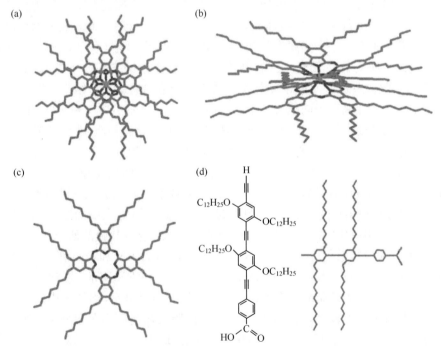

图 4.15　(a)和(b)双层酞菁镨分子化学结构的俯视图和侧视图。
(c)和(d)是八辛基酞菁和寡聚苯乙炔的化学结构示意图[92]

基酞菁和寡聚苯乙炔的化学结构示意图,它们也被用于进行与双层酞菁镨分子的对比组装和多组分组装研究。

4.6.2　双层酞菁镨分子的组装结构

图 4.16(a)和(d)是两张双层酞菁镨分子在高定向裂解石墨(HOPG)表面组装形成的大范围 STM 图像。重复实验结果表明,双层酞菁镨分子在石墨表面可以有序组装,形成具有四次和准六次对称的两种类型的吸附组装结构,分别如图 4.16(a)和(d)所示。

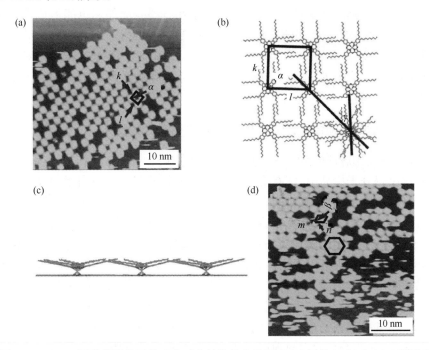

图 4.16　(a)双层酞菁镨分子的四次对称结构的大范围 STM 图像。(b)和(c)双层酞菁镨分子四次对称结构的俯视和侧视模型图。(d)双层酞菁镨分子的准六次对称结构的大范围 STM 图像。成像条件:(a)偏压:847 mV,隧道电流:470 pA;(d)偏压:1.15 V,隧道电流:506 pA[92]

虽然图 4.16(a)所示的具有四次对称的吸附组装结构中存在分子空位缺陷,但它仍然可以在原子级平整的石墨表面形成几十到上百纳米的畴区。根据吸附结构的对称性和分子间的距离,可以确定出四次对称吸附结构的单胞及单胞参数。图 4.16(a)中用黑线标出了单胞结构,单胞参数分别为 $k = 2.6$ nm ± 0.2 nm, $l = 2.6$ nm ± 0.2 nm, $\alpha = 89° \pm 2°$。单胞参数与八辛基酞菁铜在石墨上的四次对称吸附结构的单胞参数非常接近[93,94]。这是因为在双层酞菁镨分子中,上下两层酞菁配体的结构与八辛基酞菁铜分子的结构非常相似。双层酞菁镨分子由中心配位金属引起的酞菁配体的变形并没有对分子的组装结构产生很大的影响。基于双层酞菁镨分子吸附结构的对称性及单胞参数,图 4.16(b)和(c)分别示出了四次对称组装结构的结构模型示意图的俯视和侧视图。为了能够清楚地显示双酞菁镨分子在石墨表面的吸附组装,图 4.16(b)中简化了双层酞菁镨分子的模型,只在俯视图的右下方示出了一个完整的双层酞菁镨分子,其余的双层酞菁镨分子中远离石墨表面的一个酞菁配体没有表示在模型中。通过简化的俯视图和侧视图可以清楚看出双层酞菁镨配合物分子在石墨表面的吸附组装方式。

除了四次对称的吸附结构,双酞菁镨分子在石墨表面偶尔也能形成准六次对称的自组装结构,如图 4.16(d)所示。同样在图中用黑线标出了单胞的结构。单胞参数为 $m=2.4$ nm±0.2 nm,$n=2.5$ nm±0.2 nm,$\beta=57°\pm2°$。但是对于准六次对称的组装结构来说,不论是在出现概率上还是畴区的规模上都远远小于四次对称的组装结构。

4.6.3　双层酞菁镨配合物分子与八辛基酞菁共存的组装结构

在制备双层酞菁镨分子的反应中,反应物中含有八辛基酞菁分子。因此,在合成的双层酞菁分子样品中,常有痕量八辛基酞菁分子存在。在利用扫描隧道显微镜分析吸附组装结构时,有时能发现数量不等的八辛基酞菁分子与双层酞菁镨分子共存的现象。图 4.17 是一张典型的同时含有八辛基酞菁和双层酞菁镨分子的 STM 图像。图中,稍暗的斑点对应的是八辛基酞菁分子,亮的突起是双层酞菁镨配合物分子。从图中可以看出尽管在双酞菁镨组装结构中存在着缺陷,但它和八辛基酞菁分子都能形成非常有序的结构。仔细观察发现,八辛基酞菁分子和双层酞菁镨配合物分子形成几乎相同的组装结构。这也容易给人造成亮的突起有可能是两个八辛基酞菁分子重叠导致的高反差的假象。但从图中黑箭头标出的几个亮的突起来看,这几个亮的突起和周围较暗的突起形成的吸附结构并不匹配,而且单个亮的突起能够稳定地成像而不受针尖的影响。据此,可以肯定亮的突起是双层酞菁镨分子,而不是两个八辛基酞菁分子的简单重叠。图 4.17(b)是沿着(a)图中的 S-S'分子列的断面图,可以看出两种突起在表面起伏度的变化。

研究结果曾表明八辛基酞菁铜分子可以在石墨表面形成稳定的自组装结构[93,94]。在图 4.17(a)的 STM 图像中,也可以推断出八辛基酞菁分子的吸附组装结构。在图 4.17(a)中标出了八辛基酞菁分子组装结构的单胞,单胞参数为 $k'=2.5$ nm±0.2 nm,$l'=2.5$ nm±0.2 nm,$\alpha'=90°\pm2°$,这与以前报道的八辛基酞菁铜分子四次对称结构的单胞参数值非常的接近[93,94]。另外,在与八辛基酞菁共吸附时,双层酞菁镨分子的组装结构和它单独存在时的组装结构类似,都是四次对称的结构。

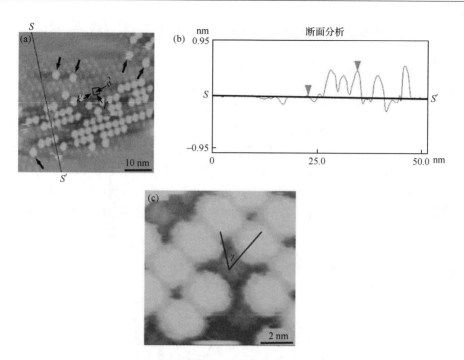

图 4.17　(a)双层酞菁镨和八辛基酞菁共吸附的大范围 STM 图。(b)为(a)图中沿 S-S'
线的切面图。(c)双层酞菁镨和八辛基酞菁共吸附的小范围 STM 图。成像条件：
(a)偏压：921 mV,隧道电流：552 pA;(c)偏压：834 mV,隧道电流：559 pA[92]

在双层酞菁类配合物分子中,上下两个酞菁环扭转了一定的角度。借助于八辛基酞菁分子的组装层和分子取向,通过分析图 4.17 的 STM 图像,可以得到双层酞菁镨分子的上下两个配体的扭转角度γ。在高分辨 STM 图像 4.17(c)和分子结构模型图 4.16(b)中均标出了扭转角度γ。在图 4.17(c)中,双层酞菁镨分子可以很明显地通过亮的四方突起而被辨认出来。从大范围的 STM 图 4.17(a)中可以发现,双层酞菁镨分子和八辛基酞菁分子在石墨表面上的取向是一致的。因此可以判断,双层酞菁镨分子吸附在石墨表面的配体的取向和八辛基酞菁分子的取向也应该是一致的。通过比较 4.17(c)中的八辛基酞菁分子和双层酞菁镨配合物分子上层配体的取向,可以得出γ值约为 $47°\pm2°$,与通过其他实验方法得到的结果基本一致[76,77,86,95]。

在高分辨 STM 图像中,并不能很清楚地观察到双层酞菁镨分子的细节如烷基链的排列方式,这是因为在双层酞菁镨分子的吸附组装层中,双层酞菁镨分子的上层配体烷基链并没有吸附在石墨表面,有很大的柔性和不稳定性。而在八辛基酞菁铜分子的组装结构中,侧烷基链完全吸附在基底表面,较为稳定,因此在高分辨 STM 图像中可分辨的分子的细节也较多。

4.6.4　双层酞菁镨配合物、八辛基酞菁及寡聚苯乙炔三元共存的组装结构

当体系中只有双层酞菁镨分子和八辛基酞菁分子时,二者的组装行为很接近。当体系中引入第三种组分寡聚苯乙炔分子时,组装行为和结构发生很大变化。

图 4.18 是同时含有双层酞菁镨配合物分子、八辛基酞菁分子及寡聚苯乙炔分子的三元组装体系的 STM 图像。图由三种不同畴区构成,分别用 Pr、P 和 O 表示。从分子的化学结构和表面组装结构特点分析判断,Pr 畴区应是双层酞菁镨分子的吸附组装畴区,O 畴区是寡聚苯乙炔分子的吸附组装畴区(从寡聚苯乙炔的高分辨 STM 图像中可知它吸附组装结构与已有报道的结果一致[96])。在 P 畴区中,虽然能看到零星的双层酞菁镨分子的亮的突起,但主要组分是八辛基酞菁分子。

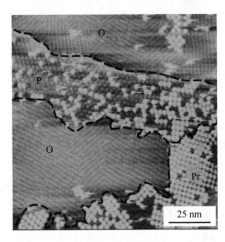

图 4.18　双层酞菁镨分子、八辛基酞菁及寡聚苯乙炔共存的 STM 图。
成像条件:偏压:853 mV,隧道电流:426 pA

为了更好地理解上述三元体系的共吸附组装行为,分别考察了八辛基酞菁分子和寡聚苯乙炔、双层酞菁镨分子和寡聚苯乙炔两个双组分体系的组装行为。图 4.19 是一张典型的八辛基酞菁分子和寡聚苯乙炔分子共存时组装结构的 STM 图像。可以看到两种组分都可以在石墨表面组装且形成有序结构。寡聚苯乙炔分子的 π 电子主干成像为一条亮线,其侧烷基链则成像为暗反差的宽带。八辛基酞菁分子形成了六次对称的结构。在图 4.19 中可以看到八辛基酞菁分子和寡聚苯乙炔的吸附畴区之间有明显清晰的畴界,形成了相分离结构。同时这两种分子都直接吸附在石墨表面,没有发现多层吸附现象。

当体系中的组分为双层酞菁镨分子和寡聚苯乙炔时,组装结构发生很大变化。图 4.20 是由双层酞菁镨分子和寡聚苯乙炔分子二元组分组装形成的组装结构的 STM 图像。显而易见,图中明亮的斑点对应于双层酞菁镨分子,分子有序排列,形

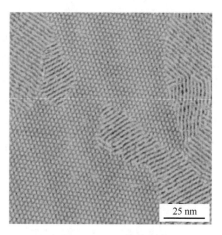

图 4.19　八辛基酞菁分子及寡聚苯乙炔共存的 STM 图像。
成像条件:偏压:710 mV,隧道电流:679 pA

成几个取向不同的畴区,所有畴区中的分子都组装成为四次对称的分子阵列,和图 4.16中的结果一致。在双层酞菁分子的周围可以看到寡聚苯乙炔分子的存在,表现为大面积的有序组装结构。根据图像特征和分子间的对应关系,可以判断双层酞菁镨分子吸附在寡聚苯乙炔吸附层之上,而寡聚苯乙炔分子直接吸附在石墨基底表面,两种分子形成分离的两层结构。

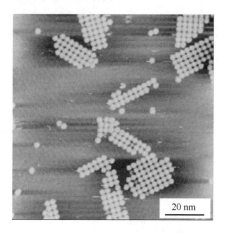

图 4.20　双酞菁镨分子及寡聚苯乙炔共存的 STM 图。
成像条件:偏压:894 mV,隧道电流:500 pA

为了进一步证实组装形成的是分离的两层结构,通过设置实验条件(通常是低偏压,大隧道电流,高扫描速度),可以利用 STM 针尖进行分子操纵,将上层分子移走。如果是分离的两层结构,当移走上层双层酞菁镨分子后,仍然可以看到下层的寡聚苯乙炔分子组装层的存在。图 4.21(a~c)是实验过程的 STM 图像。选择

如图 4.21(a)所示的区域,并用箭头在图的右下方作为标记以确认图 4.21(a～c)
是在同样的扫描区域。该区域中存在双层酞菁镨分子和寡聚苯乙炔分子的两层结
构。然后利用 STM 针尖进行分子操纵,将图像中间部分的上层双层酞菁镨分子
移走,图 4.21(b)是移走一部分双层酞菁镨分子后得到的 STM 图像。与图 4.21
相比较,可以看到扫描区域中部的一部分双层酞菁镨分子已经被移走,从而暴露出
其下层组织结构。从图像中可以清楚看到,在双层酞菁镨分子的下面确实存在寡
聚苯乙炔分子,寡聚苯乙炔分子组装形成了条垄状结构,直接吸附在石墨表面。这
就直接证实了双层酞菁镨分子吸附在寡聚苯乙炔分子之上,是分离的两层结构。
图像 4.21(c)是在图像 4.21(b)基础上继续移动双层酞菁镨分子的 STM 图像,更
大面积的寡聚苯乙炔分子显露在石墨表面,构成两层结构的底层。

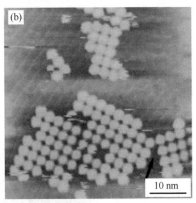

图 4.21　(a)移走双层酞菁镨分子之前的双层酞菁镨分子及寡聚苯乙炔分子共存的 STM
图像。(b)移走部分双层酞菁镨分子之后的双酞菁镨分子及寡聚苯乙炔分子共存的 STM
图像。(c)继续移走部分双层酞菁镨分子之后的双层酞菁镨分子及寡聚苯乙炔分子共存的
STM 图像。成像条件:(a)偏压:894 mV,隧道电流:466 pA;(b)偏压:808 mV,隧道电流:
443 pA;(c)偏压:753 mV,隧道电流:468 pA

在图 4.21(b)和(c)中,移走双层酞菁镨分子之后暴露出来的寡聚苯乙炔分子组装层还有可能是在双层酞菁镨分子被移走后,从其他区域来的寡聚苯乙炔分子临时吸附在基底表面而成的。如果确实如此,寡聚苯乙炔分子在短时间内的吸附组装或者会有不同畴区出现,或者至少应有分子缺陷被观察到。然而在实验中发现,移走双层酞菁镨分子后暴露出来的寡聚苯乙炔分子,和没有被双层酞菁镨分子占有,从而在移走双层酞菁镨分子之前就可以观察的寡聚苯乙炔分子处在同一畴区,分子排列连续,位向相同,也没有观察到因外来吸附造成的分子缺陷。根据这一现象,更有理由相信,双层酞菁镨分子组装层不是被寡聚苯乙炔分子组装层包围,嵌在并处于同层之中,而是处于寡聚苯乙炔分子组装层之上,形成分离的多层结构,而表面组装结构的形成主要是分子-分子和分子-基底相互作用力平衡的结果。有时是分子间的作用力占主导地位,有时是分子和基底间的作用力主导了组装结构的形成。以上研究中,当体系中只存在双层酞菁镨分子和八辛基酞菁分子时,由于双层酞菁镨配合物分子的配体结构和八辛基酞菁分子的结构非常相近,因此同种分子间的作用力不足于导致相分离结构的形成,较强的分子和石墨基底间的作用力主导了吸附组装结构的形成过程。然而对于八辛基酞菁分子和寡聚苯乙炔分子体系,同种分子间的作用力要强于不同种分子间的作用力,因此形成了相分离结构。对于双层酞菁镨分子和寡聚苯乙炔分子体系,同种分子间的作用力也强于不同种分子间的作用力,因此双层酞菁分子和寡聚苯乙炔分子也产生了相分离,各自成畴。同时又因为寡聚苯乙炔分子和基底间的作用力要强于双层酞菁镨分子与石墨基间的作用力,因此寡聚苯乙炔分子优先吸附组装在石墨基底上,导致双层酞菁镨分子只能在其之上组装成畴。研究结果对构筑、调控多组分组装结构和理解分子间以及分子与基底间的作用力有一定的帮助。

利用扫描隧道显微技术,系统研究了分子尺寸、形状和构型、基底材料、分子模板等对配合物分子的组装行为、组装结构的影响,还考察了配体与其对应的金属配合物分子的表面自组装结构,讨论了它们的组装结构间的异同和联系,可以看到:

1) 配合物分子在固体表面的自组装膜结构与配合物分子的几何尺寸密切相关。这主要是因为尺寸的变化会影响分子间,尤其是分子与基底间相互作用的缘故。这一结果表明,通过改变配合物分子的尺寸,可调节其表面组装结构。

2) 配合物分子的形状和构型会影响它们在固体表面的组装能力和组装结构。一般来说,立体性较大的金属配合物分子在固体表面形成的有序纳米结构的面积较小,通常还存在一些缺陷,这可能是由于它们与基底间的相互作用较弱的缘故。改变分子形状和构型可以调节吸附过程中分子间以及分子与基底间作用力的平衡,从而改变分子的吸附组装结构,这一结果为界面多种力平衡关系的研究提供了实验依据。

3) 组装层结构由分子间及分子与基底间的作用力共同决定,这一规律在研究大长方形配合物分子在不同基底表面的组装结构时得到体现。在 Au(111) 表面，大长方形分子以分子平面平行于基底的方式吸附，形成链状结构；而在石墨表面，分子以分子平面垂直于基底吸附，形成二维密排的分子网格结构。这一研究结果说明分子与基底间的相互作用明显影响着分子的组装结构，利用这种现象可通过选择合适的基底材料来有效调节分子的取向，从而对形成的表面组装结构进行调控。

　　4）配体分子和配合物分子的表面组装结构及对称性都与分子结构密切相关。STM 的分子原子级分辨能力，可成功实现对配体和配合物分子结构的观测，这对确定一些复杂的配合物的结构具有一定的意义。另外，通过条件优化，可以在固体表面直接进行从配体开始的配合物配合。

　　5）利用分子模板可有效调控配合物分子在固体表面的吸附行为和吸附结构。这主要是基于配合物分子和分子模板间良好的匹配关系，包括几何尺寸上的匹配和非共价作用力的匹配等。

　　上述研究结果为理解金属配合物分子在固体表面的吸附、组装、组装规律以及组装膜的性能研究等方面提供了实验依据。同时，通过考察分子尺寸、形状和构型、基底材料、分子模板对配合物分子的组装结构的影响和调控作用，进一步明确了分子间以及分子与基底间相互作用力对分子组装结构的影响，对设计和合成特定配合物分子，构筑功能性纳米结构具有参考价值。

参 考 文 献

[1] Holliday B J, Mirkin C A. Strategies for the construction of supramolecular compounds through coordination chemistry. Angew. Chem. Int. Edit., 2001, 40: 2022-2043.

[2] Fujita M. Metal-directed self-assembly of two- and three-dimensional synthetic receptors. Chem. Soc. Rev., 1998, 27: 417-425.

[3] Stang P J, Cao D H, Saito S, Arif A M. Self-Assembly of cationic, tetranuclear, Pt(II)and Pd(II)macrocyclic squares. X-ray crystal structure of $[Pt^{2+} (dppp)(4,4'\text{-bipyridyl}) \cdot 2^- OSO_2CF_3]_4$. J. Am. Chem. Soc., 1995, 117: 6273-6283.

[4] Baxter P N W, Hanan G S, Lehn J M. Inorganic arrays *via* multicomponent self-assembly: The spontaneous generation of ladder architectures. Chem. Commun., 1996: 2019-2020.

[5] Baxter P N W, Lehn J M, Kneisel B O, Fenske D. Self-assembly of a symmetric tetracopper box-grid with guest trapping in the solid state. Chem. Commun., 1997: 2231-2232.

[6] Hasenknopf B, Lehn J M, Boumediene N, DupontGervais A, Van Dorsselaer A, Kneisel B, Fenske D. Self-assembly of tetra- and hexanuclear circular helicates. J. Am. Chem. Soc., 1997, 119: 10956-10962.

[7] Suarez M, Lehn J M, Zimmerman S C, Skoulios A, Heinrich B. Supramolecular liquid crystals. Self-assembly of a trimeric supramolecular disk and its self-organization into a columnar discotic mesophase. J. Am. Chem. Soc., 1998, 120: 9526-9532.

[8] Baxter P N W, Lehn J M, Baum G, Fenske D. The design and generation of inorganic cylindrical cage

architectures by metal-ion-directed multicomponent self-assembly. Chem. Eur. J. ,1999, 5: 102-112.

[9] Kuehl C J, Mayne C L, Arif A M, Stang P J. Coordination-driven assembly of molecular rectangles *via* an organometallic "clip". Org. Lett. , 2000, 2: 3727-3729.

[10] Leininger S, Olenyuk B, Stang P J. Self-assembly of discrete cyclic nanostructures mediated by transition metals. Chem. Rev. , 2000, 100: 853-908.

[11] Eddaoudi M, Moler D B, Li H L, Chen B L, Reineke T M, O'Keeffe M, Yaghi O M. Modular chemistry: Secondary building units as a basis for the design of highly porous and robust metal-organic carboxylate frameworks. Acc. Chem. Res. , 2001, 34: 319-330.

[12] Kuehl C J, Huang S D, Stang P J. Self-assembly with postmodification: Kinetically stabilized metalla-supramolecular rectangles. J. Am. Chem. Soc. , 2001, 123: 9634-9641.

[13] Radhakrishnan U, Schweiger M, Stang P J. Metal-directed formation of three-dimensional M_3L_2 trigonal-bipyramidal cages. Org. Lett. , 2001, 3: 3141-3143.

[14] Kuehl C J, Kryschenko Y K, Radhakrishnan U, Seidel S R, Huang S D, Stang P J. Self-assembly of nanoscopic coordination cages of D_{3h} symmetry. Proc. Natl. Acad. Sci. USA, 2002, 99: 4932-4936.

[15] Kuehl C J, Yamamoto T, Seidel S R, Stang P J. Self-assembly of molecular prisms *via* an organometallic "clip". Org. Lett. , 2002, 4: 913-915.

[16] Ruben M, Rojo J, Romero-Salguero F J, Uppadine L H, Lehn J M. Grid-type metal ion architectures: Functional metallosupramolecular arrays. Angew. Chem. Int. Edit. , 2004, 43: 3644-3662.

[17] Ruben M, Lehn J M, Muller P. Addressing metal centres in supramolecular assemblies. Chem. Soc. Rev. , 2006, 35: 1056-1067.

[18] Zhang H M, Xie Z X, Long L S, Zhong H P, Zhao W, Mao B W, Xu X, Zheng L S. One-step preparation of large-scale self-assembled monolayers of cyanuric acid and melamine supramolecular species on Au(111)surfaces. J. Phys. Chem. C, 2008, 112: 4209-4218.

[19] James S L. Metal-organic frameworks. Chem. Soc. Rev. , 2003, 32: 276-288.

[20] Kikkawa Y, Koyama E, Tsuzuki S, Fujiwara K, Miyake K, Tokuhisa H, Kanesato M. Two-dimensional structure control by molecular width variation with metal coordination. Langmuir, 2006, 22: 6910-6914.

[21] Zhang H M, Zhao W, Xie Z X, Long L S, Mao B W, Xu X, Zheng L S. One-step synthesis of metal-organic coordination polymer monolayers on Au (111) surfaces. J. Phys. Chem. C, 2007, 111: 7570-7573.

[22] Ziener U, Lehn J M, Mourran A, Moller M. Supramolecular assemblies of a bis(terpyridine)ligand and of its [2×2] grid-type Zn^{II} and Co^{II} complexes on highly ordered pyrolytic graphite. Chem. Eur. J. , 2002, 8: 951-957.

[23] Stepanow S, Lin N, Payer D, Schlickum U, Klappenberger F, Zoppellaro G, Ruben M, Brune H, Barth J V, Kern K. Surface-assisted assembly of 2D metal organic networks that exhibit unusual threefold coordination symmetry. Angew. Chem. Int. Edit. , 2007, 46: 710-713.

[24] Zhou X S, Xu X M, Zhong H P, Long L S, Huang R B, Xie Z X, Zheng L S, Mao B W. Adsorption of metal-organic complex molecule on Au(111)surface. Acta Phys. Chim. Sin. 2005, 21: 949-951.

[25] Semenov A, Spatz J P, Moller M, Lehn J M, Sell B, Schubert D, Weidl C H, Schubert U S. Controlled arrangement of supramolecular metal coordination arrays on surfaces. Angew. Chem. Int. Edit. , 1999, 38: 2547-2550.

[26] Kurth D G, Severin N, Rabe J P. Perfectly straight nanostructures of metallosupramolecular coordination-polyelectrolyte amphiphile complexes on graphite. Angew. Chem. Int. Edit. , 2002, 41: 3681-3683.

[27] Xu Q M, Zhang B, Wan L J, Wang C, Bai C L, Zhu D B. In situ electrochemical STM of charge-transfer complex on Cu(111). Surf. Sci. , 2002, 517: 52-58.

[28] Shieh D L, Shiu K B, Lin J L. Ordered assembly of octa- and tetra-metallic supramolecules on graphite. Surf. Sci. , 2004, 548: L7-L12.

[29] Figgemeier E, Merz L, Hermann B A, Zimmermann Y C, Housecroft C E, Guntherodt H J, Constable E C. Self-assembled monolayers of ruthenium and osmium bis-terpyridine complexes: Insights of the structure and interaction energies by combining scanning tunneling microscopy and electrochemistry. J. Phys. Chem. B, 2003, 107: 1157-1162.

[30] Takaishi S, Miyasaka H, Sugiura K, Yamashita M, Matsuzaki H, Kishida H, Okamoto H, Tanaka H, Marumoto K, Ito H, Kuroda S, Takami T. Visualization of local valence structures in quasi-one-dimensional halogen-bridged complexes$[Ni_{1-x}Pd_x(chxn)_2Br]Br_2$ by STM. Angew. Chem. Int. Edit. , 2004, 43: 3171-3175.

[31] Zell P, Mogele F, Ziener U, Rieger B. Structure and behavior of degenerated spider silk. Chem. Commun. , 2005: 1294-1296.

[32] Kakegawa N, Hoshino N, Matsuoka Y, Wakabayashi N, Nishimura S I, Yamagishi A. Nanometer-scale ordering in cast films of columnar metallomesogen as revealed by STM observations. Chem. Commun. , 2005: 2375-2377.

[33] Safarowsky C, Merz L, Rang A, Broekmann P, Hermann B A, Schalley C A. Second-order templation: Ordered deposition of supramolecular squares on a chloride-covered Cu(100) surface. Angew. Chem. Int. Edit. , 2004, 43: 1291-1294.

[34] Mourran A, Ziener U, Moller M, Breuning E, Ohkita M, Lehn J M. Two morphologies of stable, highly ordered assemblies of a long-chain-substituted $[2 \times 2]$-Grid-Type Fe^{II} complex adsorbed on HOPG. Eur. J. Inorg. Chem. , 2005, 13: 2641-2647.

[35] Gong J R, Wan L J, Yuan Q H, Bai C L, Jude H, Stang P J. Mesoscopic self-organization of a self-assembled supramolecular rectangle on highly oriented pyrolytic graphite and Au(111) surfaces. Proc. Natl. Acad. Sci. USA, 2005, 102: 971-974.

[36] Yuan Q H, Wan L J, Jude H, Stang P J. Self-organization of a self-assembled supramolecular rectangle, square, and three-dimensional cage on Au(111) surfaces. J. Am. Chem. Soc. , 2005, 127: 16279-16286.

[37] Yuan Q H, Wan L J. Structural comparison of self-organized adlayers of ligands and their metal-coordinated complexes on a Au(Ⅲ) surface: An STM study. Chem. Eur J. , 2006, 12: 2808-2814.

[38] He Y, Ye T, Borguet E. Porphyrin self-assembly at electrochemical interfaces: Role of potential modulated surface mobility. J. Am. Chem. Soc. , 2002, 124: 11964-11970.

[39] Keeling D L, Oxtoby N S, Wilson C, Humphry M J, Champness N R, Beton P H. Assembly and processing of hydrogen bond induced supramolecular nanostructures. Nano Lett. , 2003, 3: 9-12.

[40] Wan L J. Fabricating and controlling molecular self-organization at solid surfaces: Studies by scanning tunneling microscopy. Acc. Chem. Res. , 2006, 39: 334-342.

[41] Hipps K W, Scudiero L, Barlow D E, Cooke M P. A self-organized 2-dimensional bifunctional structure formed by supramolecular design. J. Am. Chem. Soc. , 2002, 124: 2126-2127.

［42］Cyr D M，Venkataraman B，Flynn G W. STM investigations of organic molecules physisorbed at the liquid-solid interface. Chem. Mat. ，1996，8：1600-1615.

［43］Giancarlo L C，Flynn G W. Scanning tunneling and atomic force microscopy probes of self-assembled，physisorbed monolayers：Peeking at the peaks. Annu. Rev. Phys. Chem. ，1998，49：297-336.

［44］Otero R，Rosei F，Besenbacher F. Scanningtunneling microscopy manipulation of complex organic molecules on solid surfaces. Annu. Rev. Phys. Chem. ，2006，57：497-525.

［45］De Feyter S，De Schryver F C. Two-dimensional supramolecular self-assembly probed by scanning tunneling microscopy. Chem. Soc. Rev. ，2003，32：139-150.

［46］De Feyter S，De Schryver F C. Self-assembly at the liquid/solid interface：STM reveals. J. Phys. Chem. B，2005，109：4290-4302.

［47］Theobald J A，Oxtoby N S，Phillips M A，Champness N R，Beton P H. Controlling molecular deposition and layer structure with supramolecular surface assemblies. Nature，2003，424：1029-1031.

［48］Nion A，Jiang P，Popoff A，Fichou D. Rectangular nanostructuring of Au(111)surfaces by self-assembly of size-selected thiacrown ether macrocycles. J. Am. Chem. Soc. ，2007，129：2450-2451.

［49］Wang D，Wan L J. Electrochemical scanning tunneling microscopy：Adlayer structure and reaction at solid/liquid interface. J. Phys. Chem. C，2007，111：16109-16130.

［50］Kikkawa Y，Koyama E，Tsuzuki S，Fujiwara K，Miyake K，Tokuhisa H，Kanesato M. Odd-even effect and metal induced structural convergence in self-assembled monolayers of bipyridine derivatives. Chem. Commun. ，2007：1343-1345.

［51］Miyake K，Hori Y，Ikeda T，Asakawa M，Shimizu T，Sasaki S. Alkyl chain length dependence of the self-organized structure of alkyl-substituted phthalocyanines. Langmuir，2008，24：4708-4714.

［52］Shao X，Luo X C，Hu X Q，Wu K. Chain-length effects on molecular conformation in and chirality of self-assembled monolayers of alkoxylatedbenzo［c］cinnoline derivatives on highly oriented pyrolytic graphite. J. Phys. Chem. B，2006，110：15393-15402.

［53］Chen Q，Yan H J，Yan C J，Pan G B，Wan L J，Wen G Y，Zhang D Q. STM investigation of the dependence of alkane and alkane($C_{18}H_{38}$，$C_{19}H_{40}$)derivatives self-assembly on molecular chemical structure on HOPG surface. Surf. Sci. ，2008，602：1256-1266.

［54］Yoshimoto S，Suto K，Itaya K，Kobayashi N. Host-guest recognition of calcium by crown-ether substituted phthalocyanine array on Au(111)：Relationship between crown moieties and gold lattice. Chem. Commun. ，2003：2174-2175.

［55］Abdel-Mottaleb M M S，Gomar-Nadal E，Surin M，Uji-i H，Mamdouh W，Veciana J，Lemaur V，Rovira C，Cornil J，Lazzaroni R，Amabilino D B，De Feyter S，De Schryver F C. Self-assembly of tetrathiafulvalene derivatives at a liquid/solid interface：Compositional and constitutional influence on supramolecular ordering. J. Mater. Chem，. 2005，15：4601-4615.

［56］Zheng Y，Qi D C，Chandrasekhar N，Gao X Y，Troadec C，Wee A T S. Effect of Molecule-substrate interaction on thin-film structures and molecular orientation of pentacene on silver and gold. Langmuir，2007，23：8336-8342.

［57］Zou Z Q，Chen F. In situ scanning tunneling microscopy studies of zinc(Ⅱ)octaethylporphyrin arrays self-assembled on graphite and Au (111) surfaces in organic solution. J. Appl. Phys. ，2008，103：094304.

［58］Wang Y F，Ye Y C，Wu K. Adsorption and assembly of copper phthalocyanine on cross-linked TiO_2

(110)-(1×2)and TiO₂(210). J. Phys. Chem. B, 2006, 110: 17960-17965.

[59] Li S S, Yang Z Y, Yan C J, Yan H J, Wan L J, Guo P Z, Liu M H. From amphiphilic organic ligands to metal-coordinated complexes: Structural difference in their self-organizations studied by STM. J. Phys. Chem. C, 2007, 111: 4667-4672.

[60] Yang L Y, Chen Q Q, Yang G Q, Ma J S. Self-assembly of bis(pyrrol-2-yl-methyleneamine)s bridged by flexible linear carbon chains. Tetrahedron, 2003, 59: 10037-10041.

[61] Wu Z K, Chen Q Q, Xiong S X, Xin B, Zhao Z W, Jiang L J, Ma J S. Double-stranded helicates, triangles, and squares formed by the self-assembly of pyrrol-2-ylmethyleneamines and Zn-II ions. Angew. Chem. Int. Edit. , 2003, 42: 3271-3274.

[62] Li S S, Yan H J, Wan L J,Yang H B, Northrop B H,Stang P J. Control of supramolecular rectangle self-assembly with a molecular template. J. Am. Chem. Soc. , 2007, 129: 9268-9269.

[63] Thaimattam R, Xue F, Sarma J, Mak T C W, Desiraju G R. Inclusion compounds of tetrakis(4-nitrophenyl)methane: C-H center dot center dot center dot O networks, pseudopolymorphism, and structural transformations. J. Am. Chem. Soc. , 2001, 123: 4432-4445.

[64] Matsuda R, Kitaura R, Kitagawa S, Kubota Y, Kobayashi T C, Horike S, Takata M. Guest shape-responsive fitting of porous coordination polymer with shrinkable framework. J. Am. Chem. Soc. , 2004, 126: 14063-14070.

[65] Grave C, Lentz D, Schafer A, Samori P, Rabe J P, Franke P, Schluter A D. Shape-persistant macrocycles with terpyridine units: Synthesis, characterization, and structure in the crystal. J. Am. Chem. Soc. , 2003, 125: 6907-6918.

[66] Lu J, Lei S B, Zeng Q D, Kang S Z, Wang C, Wan L J, Bai C L. Template-induced inclusion structures with copper(II)phthalocyanine and coronene as guests in two-dimensional hydrogen-bonded host networks. J. Phys. Chem. B, 2004, 108: 5161-5165.

[67] Bariáin C, Matías I R, Fernández-Valdivielso C, Arreguia F J, Rodríguez-Méndez M L, De Saja J A. Optical fiber sensor based on lutetium bisphthalocyanine for the detection of gases using standard telecommunication wavelengths. Sens. Actuators B, 2003, 93: 153-158.

[68] De Saja R, Souto J, Rodríguez-Méndez M L, De Saja J A. Array of lutetium bisphthalocyanine sensors for the detection of trimethylamine. Mater. Sci. Eng. C, 1999, 8-9: 565-568.

[69] Rodríguez-Méndez M L, Souto J, De Saja R, Martínez J, De Saja J A. Lutetium bisphthalocyanine thin films as sensors for volatile organic components(VOCs)of aromas. Sens. Actuators B, 1999, 58: 544-551.

[70] Arrieta A, Rodriguez-Mendez M L, De Saja J A. Langmuir-Blodgett film and carbon paste electrodes based on phthalocyanines as sensing units for taste. Sens. Actuators B, 2003, 95: 357-365.

[71] Capobianchi A, Paoletti A M, Pennesi G, Rossi G, Scavia G. UHV deposition of titanium bis-phthalocyanine on the GaAs(100)-β2-(2 ×4)and on graphite surface: An STM-UHV study. Surf. Sci. , 2003, 536: 88-96.

[72] Gutierrez N, Rodríguez-Méndez M L, De Saja J A. Arrays of sensors based on lanthanide bisphthalocyanine Langmuir-Blodgett films for the dectection of olive oil aroma. Sens. Actuators B, 2001, 77: 437-442.

[73] Dunford C L, Williamson B E, Krausz E. Temperature-dependent magnetic circular dichroism of lutetium bisphthalocyanine. J. Phys. Chem. A, 2000, 104: 3537-3543.

[74] Gasyna Z, Schatz P N, Boyle M E. Analysis of the intervalence band in Lutetium bis(phthalocyanine): The system is delocalized. J. Phys. Chem. , 1995, 99: 10159-10165.

[75] Ortí E, Brédas J L, Clarisse C. Electronic structure of phthalocyanines: Theoretical investigation of the optical properties of phthalocyanine monomer, dimers, and crystals. J. Chem. Phys. , 1990, 92: 1228-1235.

[76] Rousseau R, Aroca R, Rodriguez-Méndez M L. Extended Hückel molecular orbital model for lanthanide bisphthalocyanine complexes. J. Mol. Struct. , 1995, 356: 49-62.

[77] Van Cott T C, Gasyna Z, Schatz P N, Boyle M E. Magnetic circular dichroism and absorption spectra of Lutetium bis (phthalocyanine) isolated in an Argon matrix. J. Phys. Chem. , 1995, 99 (13): 4820-4830.

[78] Gan L, Liang B J, Lu Z H, Wei Q L. Monolayer behavior of a rare-earth bisphthalocyanine derivative and determination of its molecular orientation in an LB film. Supramol. Sci. , 1998, 5(5-6): 583-586.

[79] Mendonça C R, Gaffo L, Misoguti L, Moreira W C, Oliveira O N, Zilio Jr S C. Characterization of dynamic optical nonlinearities in ytterbium bis-phthalocyanine solution. Chem. Phys. Lett. , 2000,323: 300-304.

[80] Wen T C, Lian I D. Nanosecond measurements of nonlinear adsorption and refraction in solution of bis-phthalocyanine at 532 nm. Synth. Met. , 1996. 83: 111-116.

[81] Takami T, Ye T, Arnold D P, Sugiura K I, Wang R M, Jiang J Z, Weiss P S. Controlled adsorption orientation for double-decker complexes. J. Phys. Chem. C, 2007, 111: 2077-2080.

[82] Kottas G S, Clarke L I, Horinek D, Michl J. Artificial molecular rotors. Chem. Rev. , 2005, 105: 1281-1376.

[83] Tashiro K, Konishi K, Aida T. Metal bisporphyrinate double-decker complexes as redox-responsive rotating modules. Studies on ligand rotation activities of the reduced and oxidized forms using chirality as a probe. J. Am. Chem. Soc. , 2000, 122: 7921-7926.

[84] Gaffo L, Constantino C J L, Moreira W C, Aroca R F, Oliveira Jr O N. Atomic force microscopy and micro-raman imaging of mixed Langmuir-Blodgett films of ytterbium bisphthalocyanine and stearic acid. Langmuir, 2002, 18: 3561-3566.

[85] Guillaud G, Al Sadoun M, Maitrot M, Simon J, Bouvet M. Field-effect transistors based on intrinsic molecular semiconductors. Chem. Phys. Lett. , 1990, 167: 503-506.

[86] Binnemans K, Sleven J, De Feyter S, De Schryver F C, Donnio B, Guillon D. Structure and mesomorphic behavior of alkoxy-substituted bis(phthalocyaninato)lanthanide(III)complexes. Chem. Mater. , 2003, 15: 3930-3938.

[87] Otsuki J, Kawaguchi S, Yamakawa T, Asakawa M, Miyake K. Arrays of double-decker porphyrins on highly oriented pyrolytic graphite. Langmuir, 2006, 22: 5708-5715.

[88] Ye T, Takami T, Wang R M, Jiang J Z, Weiss P S. Tuning interactions between ligands in self-assembled double-decker phthalocyanine arrays. J. Am. Chem. Soc. , 2006, 128: 10984-10985.

[89] Wang R M, Li R, Li Y, Zhang X X, Zhu P H, Lo P C, Dennis K P N, Pan N, Ma C Q, Kobayashi N, Jiang J Z. Controlling the nature of mixed(phthalocyaninato)(porphyrinato)rare-earth(iii)double-decker complexes: The effects of nonperipheral alkoxy substitution of the phthalocyanine ligand. Chem. Eur. J, 2006, 12: 1475-1485.

[90] Su W, Jiang J Z, Xiao K, Chen Y L, Zhao Q Q, Yu G, Liu Y Q. Thin-film transistors based on Lang-

muir-Blodgett films of heteroleptic bis(phthalocyaninato)rare earth complexes. Langmuir, 2005, 21: 6527-6531.

[91] Chen Y L, Su W, Bai M, Jiang J Z, Li X, Liu Y, Wang L X, Wang S. High performance organic field-effect transistors based on amphiphilic tris(phthalocyaninato)rare earth triple-decker complexes. J. Am. Chem. Soc. , 2005, 127: 15700-15701.

[92] Yang Z Y, Gan L H, Lei S B, Wan L J, Wang C, Jiang J Z. Self-assembly of PcOC8 and its sandwich lanthanide complex Pr(PcOC8)$_2$ with oligo(phenylene-ethynylene)molecules. J. Phys. Chem. B, 2005, 109:19859-19865.

[93] Qiu X H, Wang C, Zeng Q D, Xu B, Yin S X, Wang H N, Xu S D, Bai C L. Alkane-assisted adsorption and assembly of phthalocyanines and porphyrins. J. Am. Chem. Soc. , 2000, 122: 5550-5556.

[94] Qiu X H, Wang C, Yin S X, Zeng Q D, Xu B, Bai C L. Self-assembly and immobilization of metallophthalocyanines by alkyl substituents observed with scanning tunneling microscopy. J. Phys. Chem. B, 2000, 104: 3570-3574.

[95] Gasyna Z, Schatz P N, Boyle M E. Analysis of the intervalence band in Lutetium bis(phthalocyanine): The system is delocalized. J. Phys. Chem. , 1995, 99: 10159-10165.

[96] Gong J R, Zhao J L, Lei S B, Wan L J, Bo Z S, Fan X L, Bai C L. Molecular organization of alkoxy-substituted oligo(phenylene-ethynylene)s studied by scanning tunneling microscopy. Langmuir, 2003, 19: 10128-10131.

第5章　分子模板与主客体组装

分子器件设计制备研究中需要得到具有特定结构的分子组装阵列。研究表明,分子吸附到固体表面达到平衡状态时都会产生组装结构,但是这些结构依条件不同可能是规则有序也可能是杂乱无序。分子在基底表面的吸附位点、位向,以及分子组装结构的阵列周期、对称性等均会影响吸附表界面的物理化学性质,进而影响分子器件的性能。当前,分子器件研究中除了分子本身性质的研究,包括结构与性质设计,以及高效廉价环保合成之外,另一个重要科学技术问题就是如何控制功能分子在固体表面的分布和调控分子的组装结构。为了得到特定的组装结构,提高有机分子在固体表面排列的可控性,"模板"这一方法被引入分子组装。模板一般是指引导物质成为特定形状的模具,分子模板(molecular template)便是指利用分子构筑的"模具",表面分子模板可以理解为是能以纳米级精确度引导和规范分子或原子在表面排列的结构化基底。模板的周期间距、容纳尺寸、选择性、对称性等参数可以预先设计,因此能够有效地引导和规范有机分子的组装行为。科学家们尝试制备分子模板并将其应用于表面分子可控组装,已经取得有意义的进展[1]。例如,利用分子模板可以调控富勒烯分子在固体表面的分子组装阵列[2]。

表面分子模板一般可以分为两大类:①依靠分子在表面组装形成的分子网格(molecular network)结构;②纳米级结构化的基底表面,可以是特殊结构表面,或是利用微纳加工等技术方法获得的基底。分子网格结构能够诱导客体分子、原子或离子等进入网格空穴之中,并通过相互作用将客体分子限制和固定,形成由网格分子和外来分子共吸附的"主客体"(host-guest)复合分子组装结构。尽管分子也可能填入其自身形成的分子网格结构中,通常意义上的主客体结构是指以分子网格结构为分子模板,填充其他种类的有机分子等所形成的多组分表面组装结构。选择具有特殊功能的客体分子(也可能是主体分子),就可能得到具有特殊功能的表界面结构或材料。纳米级结构化的基底表面,例如金属的重构表面、加工修饰后的表面等,也能够提供特定的吸附位点,选择性吸附分子、原子或离子,引导和规范表面吸附和组装/组织结构。

STM 能够在三维实空间下,以原子/分子级的分辨率观察原子、分子在固体表面吸附的形貌和结构,实时、原位地研究表界面的物理化学过程。STM 还可以在超高真空(UHV)、室温大气及电化学溶液等环境下工作,这些优势使得 STM 成为研究表面分子纳米结构调控、分子模板和主客体结构的强有力工具[3-5]。借助STM,可以深入研究分子网格结构的形成过程和机理,各种作用力的协同作用,主体模板对客体分子的引导和规范,主客体结构的热力学和动力学过程,各种因素对组装结构的影响等科学问题。本章将主要介绍近年来利用 STM 研究固体表面分子模板和主客体复合结构的工作,重点介绍第一类模板,以及利用第一类模板形成的主客体分子组装结构,包括分子网格模板结构的形成和种类、客体分子的填充、分子模板对主客体结构的调控、分子模板和主客体结构的性质研究等。

5.1 分子模板的构筑

分子在固体表面组装时,受到分子间的各种相互作用力和分子与基底间作用力的共同影响,最终达到热力学或动力学稳定的结构。在设计表面分子网格模板时,表面分子网格的可控性对于分子间相互作用的强度、方向、选择性、协同性、竞争性等非常重要,其中主体分子,即形成分子模板分子的化学结构的预设计,如调整分子的尺寸、形状、对称性、作用基团及作用位点等,将决定分子间及分子与基底间的相互作用和最终分子模板结构的形成[1, 6-8]。例如因为氢键具有良好的方向性、选择性和可调节的作用强度,因此常被原来构筑表面氢键网格结构,该结构往往可以作为分子模板使用。本节将介绍以各种分子相互作用为驱动力,构筑和调控分子模板结构的典型研究工作。

5.1.1 氢键网格结构

氢键是负电性原子/原子团共价连接的氢原子与邻近的负电性原子(如氧原子、氮原子)之间形成的一种非共价键[9]。氢键具有方向性和选择性,其键能一般介于 $2\sim70$ kJ/mol 之间。通过连接具有不同种类或位置的氢键质子给受体基团,单组分或多组分分子组装基元在基底表面的排列方式和结合强度可以得到有效调控,因此氢键被广泛地应用于表面分子网格模板结构的设计和构筑。

1. 单组分氢键模板结构

许多有机官能团如羧基等可同时作为氢键给体和受体,自身即可形成氢键[10, 11]。同一分子也可同时拥有氢键给体和受体。因此,可以制备单组分氢键网格结构。1,3,5-苯三酸分子(TMA)是苯分子的 1,3,5 位氢原子被羧基取代而形成的有机分子。TMA 具有三次对称的几何形状和羧基官能团,作为模型分子,其表面组装行为得到了深入的研究。Heckl 等人最早在 UHV 环境下研究了 TMA 在高定向裂解石墨(HOPG)表面的组装行为,发现 TMA 在 HOPG 表面可形成鸡笼状(chicken wire)或称蜂窝状网格结构和花状(flower)网格两种结构,结果如图 5.1 所示[12]。在蜂窝状结构中[图 5.1(a)],每六个 TMA 分子形成一个正六边形状的六元环,并分别占据六元环的顶点。每个 TMA 分子均同时作为三个六元环的顶点,分子间依靠羧基间形成的 O—H…O 氢键连接[图 5.1(b)]。由此得到的氢键网格结构具有六次对称性,六元环的空穴直径约为 1.5 nm。而在花状结构中[图 5.1(c)],尽管 TMA 分子也形成了与蜂窝状结构相似的六元环,但六元环之间相互独立,不再共用顶点和边,因此相邻六元环空穴的间距增大。在六元环内,分子间氢键结构如图 5.1(b)所示,而在六元环间,分子间可形成如图 5.1(d)所示的氢键。这一组装方式还导致了花状结构形成了长方形空穴,其宽度约为 0.75 nm。之后的许多研究表明 TMA 也可以在其他基底或其他环境下形成类似的网格结构[13-15]。

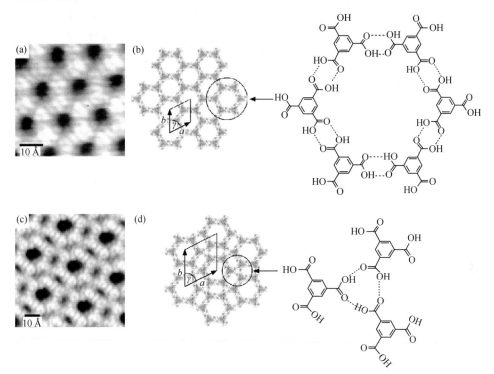

图 5.1　在 UHV 环境下,TMA 在 HOPG 表面由氢键作用形成的两种网格结构。
(a, b)蜂窝状网格结构及其模型;(c, d)花状网格结构及其模型[12]

与上述六元环结构相同的六元环组装体也可由间苯二酸及间苯二酸衍生物形成[16-18]。将间苯二酸的 5 位氢原子用其他基团取代,可以在保持六元环分子空穴尺寸的同时,有效地控制表面分子空穴的间距和密度。例如,图 5.2 显示的是一种间苯二酸枝状衍生物 BIC 当浓度低于 1×10^{-4} mol/L 时,在 HOPG 表面形成的分子网格结构(溶剂为辛基苯)。BIC 分子的间苯二酸基团通过分子间氢键形成六元环,其中心孔洞直径约为 1.5 nm,与 TMA 的六元环空穴相同。分子的枝状基团和烷基链吸附于六元环外围,并稳定这一网格结构。分子的六元环空穴保持六次对称性,但其间距增至 5.7 nm,空穴密度相较 TMA 蜂窝状或花状结构也大为降低。

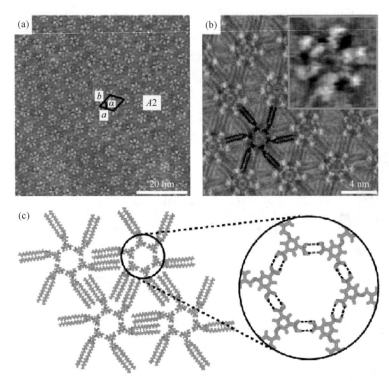

图 5.2　在辛基苯中,当浓度低于 1×10^{-4} mol/L 时,BIC 分子在 HOPG 表面形成网格结构的 STM 图像及结构模型示意图[18]

　　在保持分子三次对称性的基础上,增长分子末端羧基与中心的距离,也可以在表面形成蜂窝状网格结构,且网格空穴的尺寸可以得到有效的控制。例如,在 TMA 的苯环与羧基之间连接一个苯环而形成的分子 BTB,便可在 HOPG 和 Ag(111) 表面形成蜂窝状氢键网格结构,其六元环空穴的直径可达 2.95 nm[19,20]。分子的对称性可以影响氢键形成的方式和最终的空穴形状。例如,直线形的四羧基取代的联苯分子在 HOPG 表面可以形成具有方形空穴的四方形网格结构,而另一直线形的四羧基取代的苯乙炔撑类分子可以形成具有六方形和三角形两种形状的表面空穴的网格结构[21]。

　　烷基链是经常使用的分子修饰基团。通过在 TMA 的苯环与羧基间连接烷氧基而形成的系列苯三氧脂酸分子,常被用来构筑表面分子网格和主客体结构。其中,苯三氧乙酸(TCMB)在 HOPG 表面也可形成具有六次对称性的网格结构,如

图 5.3 所示[22]。在表面吸附组装时,尽管烷氧基具有柔性,该分子依然保持其三次对称的分子构象,羧基之间形成 O—H···O 氢键,并连接六个分子形成六元环组装单元,在 HOPG 表面延伸为蜂窝状网格结构。其六元环空穴的直径约为 1.9 nm。

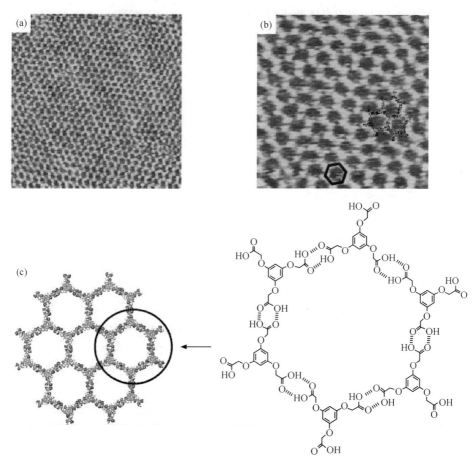

图 5.3　TCMB 在 HOPG 表面形成的蜂窝状氢键网格结构的 STM 图像及结构模型[22]

　　随着苯三氧脂酸烷基链的逐渐增长,羧基将诱导柔性的烷基链在 HOPG 表面发生弯曲,从而使苯三氧脂酸分子不再保持其三次对称的分子构象,形成不同于蜂窝状结构的分子网格。例如,STM 研究表明,苯三氧丁酸(TCPB)分子在 HOPG 表面自组装时,不再形成六次对称的蜂窝状网格结构,而是在弯曲的烷基链端部的羧基的作用下形成氢键二聚体组装结构。当苯三氧十一酸分子(TCDB)在 HOPG 表面组装时,分子的烷基链弯曲吸附于表面,使分子呈现出不对称的吸附构象(图 5.4)[23]。每两个分子相对排列组成基本组装单元,并分别贡献出两条烷基链封闭形成一个长方形的空穴,烷基链末端的羧基形成两对 O—H···O 氢键并稳定这一网格单元。分子的网格单元在表面排列成线状结构。每个分子的第三条烷基链吸附于线状结构间隙,其端部羧基与不同列分子的羧基形成氢键,进一步稳定了这一网格结构。分子的长方形空穴的尺寸约为 2.3 nm×1.3 nm,可填入蒄、酞菁等多种客体分子,形成主客体分子组装结构[23-26]。

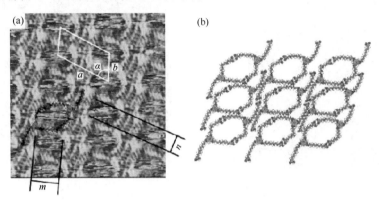

图 5.4　　TCDB 分子在 HOPG 表面形成的氢键网格结构的 STM 图像及结构模型[23]

除了羧基,许多其他的氢键官能团也可以诱导有机分子形成单组分的氢键网格结构。例如,在 UHV 环境下,蒽醌分子在 Cu(111) 表面可以组装形成蜂窝状网格结构[27]。每三个分子并排成三聚体,并作为六边形分子环的一条边,因此得到了远大于分子尺寸的六边形空穴。蒽醌分子的羰基氧原子与芳香环上的氢原子之间形成的氢键被认为是分子形成该网格结构的驱动力之一。生物类分子多含有丰富的可以形成氢键的官能团,可在固体表面形成氢键组装结构。例如 Besenbacher 的研究组报道了在 UHV 环境下,鸟嘌呤(guanine,G)在 Au(111) 表面可以形成由氢键四聚体为组装单元形成的网格结构[28]。他们还用其他嘌呤或嘧啶分子如腺嘌呤(adenine,A)、尿嘧啶(uracil,U)等在 Au(111)、HOPG 等表面构筑了氢键网格或密堆积结构。这些研究促进了氢键诱导的有机分子表面组装的研究,也为实现基于氢键分子模板的主客体组装奠定了基础。

　2. 双组分氢键网格模板结构

利用氢键也可以构筑双组分表面分子网格。例如,羧基和吡啶基之间可以形成强度较高的 O—H···N 氢键[9],常被用来构筑多元复合分子结构[29]。再如 1,3,5-三(4-吡啶基)-2,4,6-三嗪(TPT)分子是具有三次对称性的分子,其吡啶环可以作为氢键受体,与其他氢键给体如 TMA 等分子形成氢键,在 HOPG 表面形成网格分子模板,如图 5.5 所示[30]。由图可见,当 TPT 与 TMA 在 HOPG 表面共组装时,每三个 TPT 分子与三个 TMA 分子相间排列成六元环组装单元,并占据六元环的顶点。每个 TPT 或 TMA 分子同时为相邻三个六元环共有,相邻 TPT 与 TMA 分子间形成 O—H⋯N 氢键。由此得到的蜂窝状网格结构具有三次对称性,其分子空穴直径约为 2.0 nm。图 5.5(a, b)是这一网格结构的 STM 图像和结构模型,分子间 O—H⋯N 氢键如图 5.5(b)所示。STM 研究还表明,分子的结构和对称性会影响氢键的形成和分子间相互作用的方式。如将上述 TMA 分子替换为对苯二酸(TPA)分子后,由于羧基沿 TPA 分子相反方向分布,两个 TPT 分子与一个 TPA 分子通过 O—H⋯N 氢键形成直线形三分子组装单元。该组装单元沿相互垂直的方向在表面排列成拥有方形空穴的双组分网格结构,如图 5.5(c, d)所示。

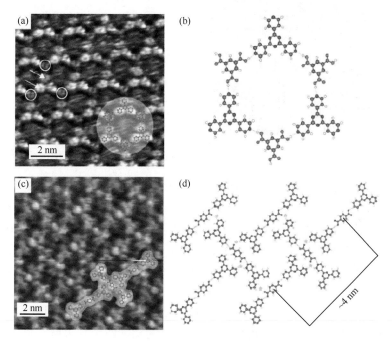

图 5.5 TPT 与 TMA 及 TPA 在 HOPG 表面形成的双组分氢键网格结构。
(a, b)TPT-TMA 二元网格结构的 STM 图像及结构模型;(c, d)TPT-TPA 二元网格结构的 STM 图像及结构模型[30]

三重和多重氢键具有较高的强度,其选择性和方向性也更高,因此常应用于超分子化学领域。利用三重氢键构筑的氢键网格结构具有较高的稳定性,其强度甚至可与共价键比拟。三聚氰胺(melamine,M)和三聚氰酸(cyanuric acid,CA)是两种拥有相似形状及对称性的分子,分子间可通过三重互补氢键在溶液中或固体表面形成物质的量比为 1∶1 的共结晶超分子网格结构[31-35]。图 5.6 是在室温大气环境下,CA 与 M 在 HOPG 表面形成的蜂窝状网格结构[35],两种分子可根据

STM 图像中的亮斑大小得以分辨。每三个 CA 与三个 M 分子相间排列,组成一个六元环状组装单元。每个 CA 或 M 分子为三个相邻的六元环共有,分子间依靠三重氢键连接。CA 与 M 在几何外形上非常匹配,分子间的三重氢键强度也较大,对基底和组装环境的依赖性也比较小,因此能在多种基底如 Ag/Si(111)-$\sqrt{3}\times$ $\sqrt{3}R30°$、Au(111)、HOPG 表面和不同环境如 UHV、电化学溶液、室温大气环境下形成 CA-M 表面网格结构[32-35]。

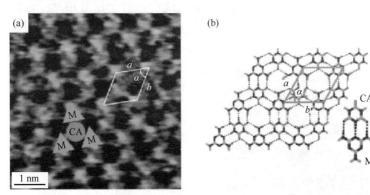

图 5.6   在室温大气下,CA 与 M 在 HOPG 表面形成的网格结构的 STM 图像及结构模型[35]

苝等芳香化合物的端部经过修饰可得到具有三重氢键基团的衍生物,也可与具有三重互补氢键的分子形成双组分网格结构。例如,苝-3,4,9,10-四甲酰二亚胺(PTCDI)可与三聚氰胺(M)在 Ag/Si(111)-$\sqrt{3}\times\sqrt{3}R30°$ 表面共组装得到氢键网格结构[36],如图 5.7 所示。每个二次对称的 PTCDI 分子可形成两组三重氢键,而三次对称的 M 则可形成三组三重氢键[图 5.7(a~c)]。当 PTCDI 与 M 在表面组装时,每六个 PTCDI 与六个 M 分子形成一个六边形网格单元。其中,PTCDI 组成了六边形的边,而 M 则组成了六边形的顶点,PTCDI 和 M 之间依靠三重氢键连接,其分子数目比为 2∶3。每个 PTCDI 分子为相邻两个六边形共用,而每个 M 分子则为相邻三个六边形共用,六边形网格单元以此方式在表面延伸,并形成具有六次对称性的二元网格结构[图 5.7(d~f)]。该网格结构可作为分子模板填入富勒烯七聚体,还可以诱导富勒烯分子形成蜂窝状网格结构[图 5.7(g)]。由于多组分分子组装的复杂性,PTCDI 与 M 还可以形成其他类型的氢键,因此在 Au(111)等表面形成菱形、风车等其他类型的氢键网格结构[37-40]。其他化合物如苝-3,4,9,10-四羧酸二酐(PTCDA),萘-1,4,5,8-二酰亚胺(NTCDI)等也可与 M 共组装,形成二维分子网格等组装结构[41-44]。

当分子组装的组分增多时,组装结构可能呈现多样化的特征,也易于获得一些新颖的组装结构。但同时,组分的增多也使分子组装难以预测和控制。对多元分子氢键网格结构的构筑来说,分子的氢键基团容易相互干涉,致使分子组装结构变

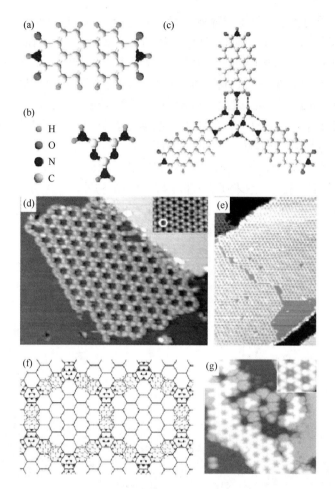

图 5.7　UHV 环境下,PTCDI 与 M 在 Ag/Si(111)-$\sqrt{3}\times\sqrt{3}R30°$ 表面共组装形成的分子网格。
(a～c)PTCDI 与 M 的分子结构及三重氢键作用方式;(d, e)PTCDI 与 M 形成的二元分子
网格结构的 STM 图像;(f)PTCDI 与 M 形成的网格结构的分子模型;(g)主体分子网格
诱导客体分子富勒烯形成的蜂窝状网格结构[36]

得复杂多样。目前报道的氢键网格结构多为单组分或双组分结构,三组分以上的
网格结构尚不多见。

3. DNA 氢键网格结构

DNA 是可以承载生命遗传指令,引导生物体发育与生命机能运作的重要生物
大分子。DNA 分子含有丰富的氢键官能团,其碱基以互补配对原则使 DNA 单链
具有高度的识别性,能与互补单链形成双螺旋结构。DNA 分子也可以作为分子材
料,通过分子组装形成包括网格结构在内的多种二维或三维结构[45-48]。He 等人

利用 DNA 分子的碱基互补配对原则设计了由七条 DNA 单链组成的具有三次对称性的三角星状 DNA 多聚体组装单元,如图 5.8(a)所示[49]。在三角星状 DNA 组装单元的顶端设计出相同的分子序列,以保证其在组装时三个方向上的氢键强度一致。当组装单元在表面形成如图 5.8(b)所示的蜂窝状网格结构时,组装单元采取相反的两种吸附方式。因此,尽管单个组装单元可能为非平面结构,但整个组装结构的平面化较好。将 DNA 的溶液样品滴于新解离的云母表面,并从 90℃逐步降温至 4℃,最终可获得如图 5.8(c,d)所示的 DNA 六方氢键网格结构。这种 DNA 氢键网格结构可形成 30 μm 以上的有序畴区,其空穴直径可达 29.9 nm,并能作为分子模板填充金属纳米团簇。除六方网格结构外,DNA 分子还可组装成四方结构等二维分子网格结构[50, 51]。这些研究不但发展了 DNA 分子组装结构,而且为二维分子模板和主客体研究提供了思路。

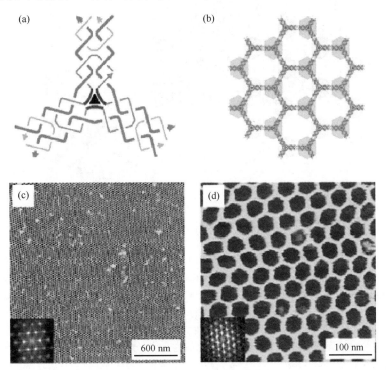

图 5.8　DNA 分子依靠氢键在云母表面形成的六方网格结构。(a)七个 DNA 单链组成的三角星状组装单元;(b)六方网格结构的组装示意图;(c, d)DNA 六方网格结构的大范围及小范围 AFM 图像[49]

5.1.2　范德华力网格结构

范德华力是普遍存在于分子间的相互作用力,虽然它不具有方向性和选择性,但通过合理设计分子的形状和结构,在具有特定对称性晶格的基底表面的诱导下,分子间与分子-基底间的范德华力的强度及方向性仍然能够得到控制。因此,也可以利用范德华力为驱动力来构筑表面分子网格结构。例如,为使范德华力的强度增大,较长的烷基链间常采取交叉排列的方式,并沿与 HOPG 基底晶格匹配的方向吸附。这可以看作赋予了范德华力以一定的方向性和选择性,可以依此制备以范德华力为主要驱动力的表面分子网格结构。

2,7,12-三己氧基三聚茚(Tr)分子是一种具有三次对称性的有机功能分子,拥有三条己氧基链。Tr 分子拥有与 HOPG 基底相匹配的对称性,且烷基链的长度不足以使分子在表面以紧密堆积的方式排列,因此它在 HOPG 表面组装时,保持了自身三次对称的分子构象,并形成六方网格结构[52]。图 5.9 显示了 Tr 分子的六方网格结构,每六个分子围成一个六方形状组装单元,并在表面延伸形成蜂窝状网格结构。分子的烷基链沿三个方向对称吸附于 HOPG 表面,相邻分子两条烷基链平行排列。在分子间及分子与基底间的范德华力的作用下,这一网格结构稳定

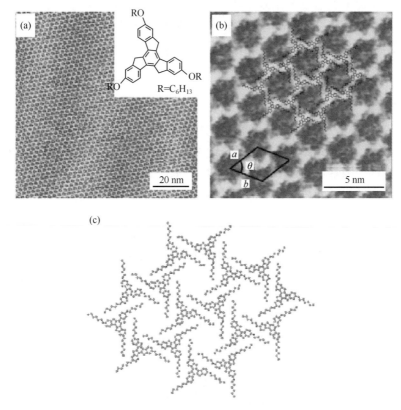

图 5.9　Tr 分子依靠范德华力在 HOPG 表面形成的六方网格结构。
(a,b)STM 图像;(c)结构模型[52]

地吸附于表面,其分子空穴具有六次对称性,直径约为 1.8 nm。类似地,其他一些具有三次对称的分子也能依靠范德华力在 HOPG 等基底表面形成六方网格结构[53-55]。

　　Kagome(来自日文:笼目)网格结构是一种特殊的网格结构,可看成由大小相同的两个正三角形围绕同一中心并沿相反方向叠加形成,它同时拥有六方形和三角形两种分子空穴。Kagome 网格结构在自旋阻挫磁性材料等方面具有重要的研究价值[56],在表面分子组装领域也得到了广泛的关注[57-61]。以范德华力为驱动力,也可在 HOPG 表面构筑这一复杂的分子网格结构[57]。De Feyter 的研究组设计了一种具有菱形芳香核的苯炔类分子。该分子在 HOPG 表面组装时,沿三种方向并成 120°夹角吸附于表面。每个分子作为 Kagome 网格的一个顶点,与相邻分子通过烷基链间的交叉平行排列连接,并闭合出六方形和三角形两种分子空穴,如图 5.10 所示。分子间及分子与基底间的范德华力是这一 Kagome 网格结构形成和稳定的主要驱动力。类似的三角形苯炔分子在 HOPG 表面只能形成蜂窝状六方网格结构,而不能形成 Kagome 网格结构。图 5.10(b)显示了不同形状的组装单元形成不同二维结构的几何学原理。这表明分子的形状、结构和对称性对于分子间范德华力的调节及最终组装结构的形成具有重要影响。

5.1.3　配位键网格结构

　　许多有机官能团如羧基、氰基等可以与 Fe,Co 等金属原子形成配位键,在有机合成等领域具有重要的作用。配位键具有良好的方向性,且强度较高,因此也适合构筑表面分子网格结构[62]。在配位键网格结构中,除了有机配体分子的形状、结构、官能团等因素,金属原子的种类和配位数等也决定了最终网格结构的形成。不仅如此,金属原子的自旋性、磁性等特性也可为这类组装结构赋予特殊的性质和功能[63]。

　　含有羧基的有机小分子经常作为配位键网格结构的配体分子。例如,苯三酸(TMA)分子可以和 Fe 原子形成表面网格结构,其形貌、对称性和分子空穴等均与 TMA 的氢键网格结构不同[64]。在 UHV 环境下,对苯二酸(TPA)及三联苯二酸(TDA)与 Fe 原子在 Cu(100)表面也可形成配位键网格结构,如图 5.11 所示[65]。在 440 K 的温度下将 TPA 分子升华沉积到 Cu(100)表面后,在表面铜原子的催化下,分子的羧基将发生去质子化。再将 Fe 原子升华沉积到 Cu(100)表面,经过合适的退火处理,便可得到有序的配位键网格结构,如图 5.11(a, b)所示。由于一个 Fe 原子可以与四个羧基氧原子配位,因此可以与 TPA 产生多种配位方式。当 Fe 原子的沉积量较少时,TPA 的羧基氧原子只有部分与 Fe 原子形成配位键,而剩余部分则可能与苯环上的氢原子形成较弱的氢键,导致梯状网格结构的形成[图 5.11(a)]。当 Fe 原子的沉积量较多时,在 Fe 原子与羧基氧原子间配位键的作

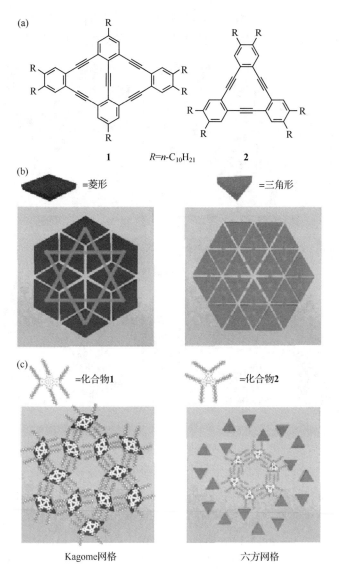

图 5.10　菱形和三角形的苯炔类分子在 HOPG 表面分别形成 Kagome 网格结构
和六方网格结构的示意图[57]

用下,每四个 TPA 分子围成一个四方形组装单元。这一组装单元在表面延伸形
成了如图 5.11(b)中所示的四方形网格结构。在每个网格结点处,两个 Fe 原子与
四个 TPA 分子的氧原子形成配位键,Fe 原子与 TPA 配体均达到饱和。通过控制
配体分子的长度,可以有效地控制分子空穴的尺寸。例如,TDA 配体可以和 Fe 原
子在 Cu(100) 表面形成类似的四方形网格结构,配体与金属原子的配位方式如

图 5.11(c)所示。在这一结构中,Fe 原子的分布不具有四次对称性,因此该结构拥有长方形而非正方形的网格空穴,且可填入三个富勒烯分子。

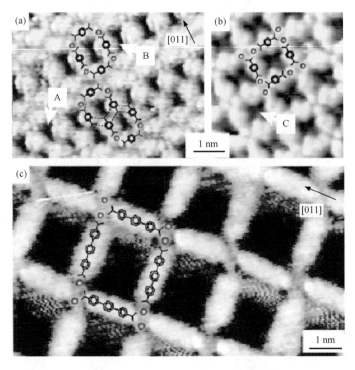

图 5.11　Fe 原子与 TPA(a, b)和 TDA(c)在 Cu(100)表面形成的配位键网格结构
的 STM 图像[65]

通过改变配体、配位原子等方法可以得到不同的网格结构,并可调节网格空穴的大小、形状和对称性。例如,六联苯二氰基配体分子可以和 Co 原子在 Ag(111)表面形成空穴直径约 6 nm 的蜂窝状配位键网格结构[66]。利用四吡啶代卟啉配体分子和 Au 原子可在 Au(111)表面得到 Kagome 配位键网格结构[67]。

不同种类的配体分子也可用于同一组装体系中,并提高配位键网格结构的可控性[68, 69]。例如,对联苯二酸与对联苯二吡啶两类配体分子可以和 Fe 原子在 Cu(100)表面形成一系列四方形配位键网格结构(图 5.12)[68]。在这一系列结构中,两个对联苯二吡啶类分子和两个对联苯二酸类分子组成一个长方形组装单元,并分别充当长方形的两组对边。Fe 原子充当网格结构的结点,与吡啶环上的一个氮原子和去质子化的羧基的两个氧原子形成配位键,稳定网格结构。通过改变两种配体分子的苯环个数,可以有效地实现长方形网格空穴的长度和宽度,如图 5.12(b)所示。

除了在 UHV 环境下,在固液界面也可以得到配位键组装结构。在这类组装

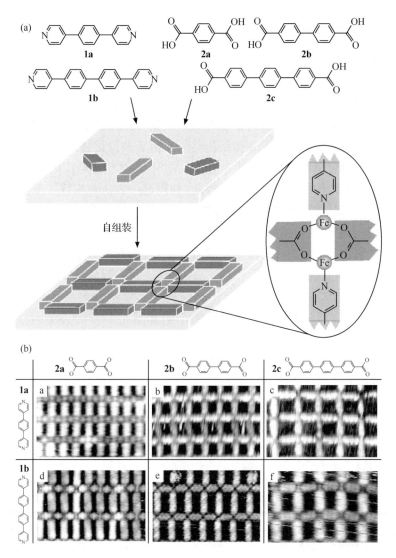

图 5.12　对联苯二吡啶类配体和对联苯二酸类配体与 Fe 原子在 Cu(100)表面形成的
多元配位网格结构[68]

体系中,配位原子选择含有金属离子的有机盐或无机盐。例如,Pd(Ac)₂ 等金属有
机盐可以与 2,2′-联吡啶基团形成配位键,调控系列 2,2′-联吡啶衍生物的表面组
装结构[70]。Co²⁺ 金属离子也被用作金属配体,在 HOPG 表面构筑网格结构[71]。
这些成果不仅促进了表面分子组装和分子模板构筑的研究,也在分子磁学等研究
领域具有重要价值。

5.1.4　共价键网格结构

　　将有机分子作为反应前体吸附于固体表面之后,在特定的条件下诱导分子间发生化学反应,可在表面形成依靠共价键连接的一维或二维结构。由于聚合物等分子在表面的组装一般难以控制,这一形成表面共价键结构的方法是得到类似聚合物等特定组装结构行之有效的途径之一。例如,许多有机分子可以在表面发生光/电聚合反应,形成聚合分子表面结构[72-75]。由于共价键强度较大,最终形成的结构具有很高的稳定性和良好的力学性能。同时,在共价键结构中,电子的传输性能比在非共价键结构中会提高许多。因此,利用这一方法可实现二维网格结构的可控构筑,也可制备综合性能如力学和电子学性能良好的表面二维单分子层纳米材料,发展类石墨烯的新型分子材料等[76]。

　　脱卤素缩合反应是指在高温等特定条件下,含卤素的分子脱去卤素而形成共价键,从而得到缩合物的化学反应。图 5.13(a)是利用四溴代卟啉分子的脱溴缩合反应在 Au(111)表面构筑共价键网格结构的示意图[77]。四溴代卟啉分子在 Au(111)表面首先形成大面积的紧密排列结构,如图 5.13(c)所示。对样品进行加热后,分子脱去溴原子,相邻分子可以形成共价键,并在表面形成四方形网格结构。由于分子脱溴缩合的位点不同及反应的不完全性,当脱溴反应发生后,分子可以在 Au(111)表面形成通过共价键连接的结构多样且排列分布不同的畴区,如图 5.13(d)所示。例如,当分子的对位溴原子间发生脱溴缩合反应时,可使分子沿直线排

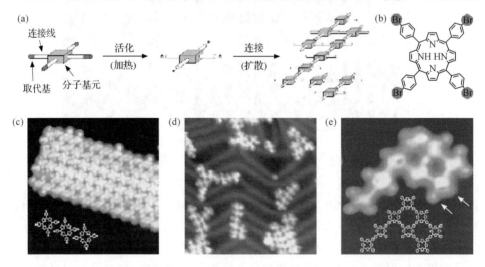

图 5.13　四溴代卟啉分子在 Au(111)表面发生脱溴反应可以形成共价键网格结构[77]。
(a)反应过程示意图;(b)四溴代卟啉分子结构示意图;(c)分子发生脱溴反应前组装结构
的 STM 图像;(d)和(e)分子发生脱溴反应后形成的具有共价键的分子组装结构

列。而当分子的邻位溴原子间反应时,则使分子间成 90°角,可能形成封闭的四方形网格,如图 5.13(e)所示。该研究还发现,其他溴代卟啉分子如一溴代卟啉等在 Au(111)表面也能形成共价键结构,溴原子的个数及位点对最终形成的表面结构具有重要影响。利用类似的反应还可以得到六方形分子网格结构[78]。

　　硼酸类分子在加热时也可以发生脱水反应,常被用来制备三维分子筛材料。这一类反应也可以在固体表面进行,得到二维共价键网格结构。图 5.14(a)和(b)是对苯二硼酸分子在 Ag(111)表面发生的脱水反应,及反应形成的表面共价键网格结构[79]。在反应中,每三个对苯二硼酸分子相互成 120°,临近的三个硼酸基团脱去三个水分子,并形成硼氧六元共价环。在理想的情况下,分子将在这种反应方式的驱使下,形成蜂窝状网格结构,分子空穴直径为 1.53 nm。但由于在形成共价键后,过强的共价键阻碍了对苯二硼酸分子骨架的运动,因此该网格结构不能很好地发生自修复以减少其缺陷。STM 结果显示,最终形成的网格结构有序性较差,分子空穴以六边形为主。这一网格结构在 750 K 的温度下仍能稳定存在,表现出较高的稳定性。利用对苯二硼酸和六羟基三苯两种前体分子,也可以形成共价键网格结构,并有效调节网格空穴的尺寸。图 5.14(c)是对苯二硼酸与六羟基三苯形成的网格结构的高分辨 STM 图像,分子空穴以直径为 2.98 nm 的六边形空穴为主,并兼有五边形和七边形空穴。

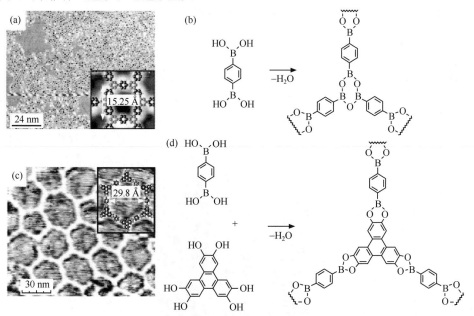

图 5.14　利用脱水反应构筑的共价键网格结构。(a,b)对苯二硼酸形成的共价键网格结构的 STM 图像及反应过程示意图;(c,d)对苯二硼酸及六羟基三苯形成的共价键网格结构的 STM 图像及反应过程示意图[79]

石墨烯是具有优异性能的新型二维材料,利用表面化学合成的方法也可以制备石墨烯材料[80]。Fasel 等人报道了一种利用碘取代的六元环状分子可在 Ag(111)表面发生缩合反应,形成具有蜂窝状空穴的石墨烯结构。这对于石墨烯材料的修饰和分子模板的形成均具有意义[81]。

由于共价键的强度较大,共价键网格结构具有更高的稳定性。不过,一旦形成共价键,分子便很难调整其构象或进行自我修复得到长程有序组装结构,且表面反应往往具有复杂性和不完全性,因此共价键网格结构往往有序度较低,且难以调控。如何在保证分子网格结构的稳定性的同时,增强其可控性及组装结构有序度,是构筑共价键网格结构的难点之一。

5.1.5　大环化合物网格结构

为了得到拥有分子网格的表面组装结构,还可以合成含有空腔的大环化合物,并将大环化合物组装于基底表面。网格的形状和尺寸可以通过大环化合物的空腔尺寸来确定,而其对称性、间距和表面密度则可通过修饰大环化合物的外侧基团进行调控。不仅如此,大环化合物的空腔骨架也可选择性合成,并赋予空腔特定性质和功能,这一策略已被应用在构筑表面功能性主客体复合组装结构方面。

噻吩官能团是典型的电子给体基团,在有机半导体分子材料领域被广泛利用。图 5.15 显示了一种由十二个噻吩环组成的环状分子 C[12]T,六个相间分布的噻吩环分别接有两个丁基,因此该分子呈现出六次对称性[82]。在 HOPG 表面组装时,C[12]T 分子保持了其六次对称的分子构象,与 HOPG 表面晶格的对称性一致,因此形成了具有六次对称性的组装结构。分子的烷基链也吸附于表面,进一步增加了该组装结构的稳定性。高分辨 STM 图像清晰地显示了分子内的空腔,其直径约为 1 nm。由于寡聚噻吩是典型的电子给体基团,C[12]T 分子的空腔可能会捕获诸如 C_{60} 等电子受体分子,形成给受体复合结构[83]。类似地,双炔与三联噻吩为骨架形成的环状分子也可在 HOPG 表面形成大环化合物网格结构[82]。

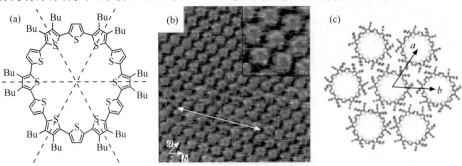

图 5.15　(a)大环化合物 C[12]T 的化学结构和(b)其在 HOPG 表面组装结构的 STM 图像及(c)组装结构模型[82]

　　大环金属配合物是一类重要的分子材料,由于其结构和性质可由配位金属调节,因此在电子学、磁学、光学和催化领域具有重要的应用价值[84]。图 5.16 显示了在 $HClO_4$ 电解液中,长方形和正方形金属配合物在 Au(111)表面可形成高度有序的二维网格[85, 86]。在图 5.16(a)中,每个长方形配合物分子呈一组由四瓣亮点组成的长方形结构(如图中的四瓣白色椭圆所示),其中心暗的孔洞部分对应于分子结构中的空穴。这表明该分子以平躺的方式在表面吸附。尽管正方形配合物立体性较长方形配合物更强,但仍能在 Au(111)表面形成稳定吸附的结构。图 5.16(b)显示了该分子在表面呈正方形,其中心处有一暗的凹陷,这与该分子的几何结构能够很好地对应。类似于长方形配合物,正方形配合物在表面也采取平躺的方式吸附。基底的晶格方向对这两种配合物分子的吸附方向也具有影响。更多的关于大环金属配合物组装的内容,请参见第 4 章。除了有机半导体大环分子和大环金属配合物分子之外,冠醚、杯芳烃等超分子受体在离子、分子识别等方面具有重要的研究价值,其二维组装结构也得到广泛研究[87-91]。

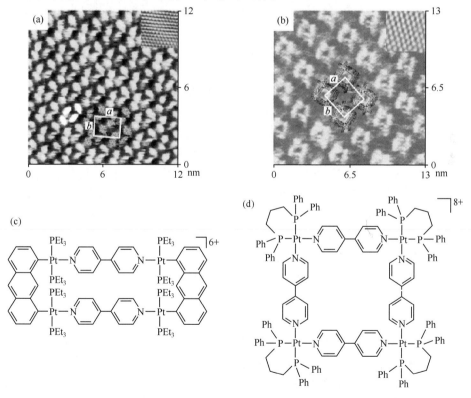

图 5.16　长方形(a)及正方形(b)大环金属配合物分子在 Au(111)表面形成组装结构的 STM
图像和对应的分子结构(c,d)[85]。STM 图像右上角的插图均为基底 Au(111)的原子图像
本图(a,b)另见书末彩图

以上介绍了一些典型的表面分子网格结构。除了大环化合物网格结构之外，其他类型的网格结构大多依靠各种分子间作用力连接主体分子而封闭出分子空穴，因此研究各种分子间相互作用的强度、方向、角度、协同性、竞争性等因素对于制备和调节表面分子网格的尺寸、密度、对称性等具有重要意义。其他类型的分子间作用力如偶极-偶极相互作用也可驱使有机分子形成表面网格结构[92, 93]，在此不再详述。此外，一些具有特殊结构的表面分子网格也受到研究者的关注。例如，表面手性现象在手性识别和手性构筑等方面具有研究价值，文献中有很多关于表面手性网格结构构筑和表征的研究工作[61, 64, 94]。研究已知，可以利用手性分子或非手性分子获得表面手性组装结构，可以利用杯芳烃类分子构筑手性的 Kagome 分子网格结构等[61]。本书第 8 章专门探讨了各种类型分子形成表面手性组装结构的影响因素和组装规律。这些研究结果为设计构筑特定分子模板和特定组装结构，实现表面组装结构的功能化提供了重要的理论和实验依据。

5.2　客体分子的填充与主客体结构的形成

设计构筑表面分子网格结构的目标之一是以其作为分子模板，填充和固定具有特定功能的客体分子，形成表面主客体复合结构，并赋予表面复合结构以一定的性质和功能。主体网格空腔的特征，如尺寸、形状、对称性、密度、手性等因素，将决定客体分子的分散和排列方式。客体分子的分散和固定既可以在主体分子模板形成之后进行，也可以和主体分子模板的组装同时进行。主体分子网格与客体分子间的作用力及客体分子与基底间作用力是形成主客体复合结构的重要驱动力。为了避免客体分子的填充导致主客体之间形成较强的作用力，干涉主体分子间的作用力和破坏主体分子网格结构，客体分子常选用不带有可形成较强非共价键或共价键的基团，仅依靠范德华力固定于主体模板的空穴之中。在这种情况下，客体分子与主体空穴的尺寸匹配性对复合结构的形成和稳定具有重要作用。另一方面，合理地利用主客体分子间氢键等相互作用力，也可以填充和固定客体分子。主客体分子间作用位点的匹配性也将对复合结构的形成产生重要影响。

5.2.1　尺寸匹配性

在主客体化学中，主体分子空腔与客体分子的几何匹配（包括大小、形状）程度对于主客体复合物的形成具有重要作用。通常主体空穴与客体分子的大小、形状匹配的越好，主客体复合结构就越容易形成，也更趋稳定。选择几何匹配程度高的主体分子模板和功能性客体分子是人们构筑表面主客体结构时应该考虑的重要因素。

如 5.1.1 小节所述，苯三氧十一酸（TCDB）可以在 HOPG 表面形成具有长方形空穴的网格结构,其空腔的大小为 2.3 nm×1.3 nm。利用这一分子网格结构可以实现大环金属配合物的单分散。如第 4 章所述,大环金属配合物具有一定的立体性,与 HOPG 基底间相互作用较弱,不能在室温大气环境下形成稳定有序的组装结构。但这种金属配合物可以在 TCDB 分子模板的辅助下,与 TCDB 分子形成主客体结构[26]。图 5.17 再次重复了利用分子模板辅助单分散进而形成有序主客体结构策略的示意图。依据主体分子空穴和客体分子的尺寸匹配性,可以获得多种表面主客体结构[23-25, 58, 95, 96],甚至可以得到诸如俄罗斯套娃结构的多重主客体二维结构[16, 97]。

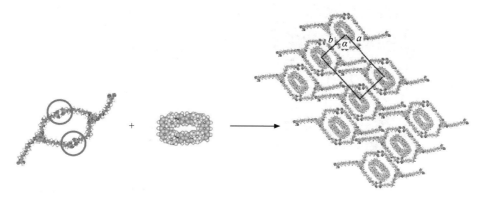

图 5.17   利用分子模板控制客体分子在固体表面有序分散策略的示意图[26]

多数主客体结构的形成是客体分子填入主体网格空穴,与主体网格共平面的二维结构。在有些主客体组装体系中,客体分子则吸附在主体网格之上,形成不共平面甚至多层的主客体分子结构。例如,由于富勒烯具有球形结构,许多以富勒烯为客体的主客体组装实际形成了不完全共平面的结构[36, 98-100]。尽管如此,在这类体系中,主客体分子间的尺寸匹配性也是主客体组装结构形成的重要条件。另一方面,还可以使用一种大环化合物作为主体分子模板,在大环分子骨架之上固定形状与大环分子相匹配的另一种大环配合物客体分子[101],如图 5.18 所示。由图可见,其中一种大环化合物在 HOPG 表面可以形成有序排列的组装结构,而图 5.16中所示的正方形或长方形配合物则不能在 HOPG 表面稳定吸附和组装。不过由于大环化合物的骨架尺寸与正方形或长方形配合物的尺寸匹配,因此当正方形或长方形配合物加入大环化合物组装结构之后,形成了如图 5.18(a)和(c)所示的主客体双层结构。客体分子加入前后主体分子的二维单胞结构并没有改变,客体分子外延生长在主体分子模板上面,说明主客体分子的匹配程度较好。这一工作系统地研究了第一层自组装单层膜模板对第二层客体分子自组装选择性的问题,对于以自组装单层膜为基底生长三维复杂的自组装结构具有重要意义。

利用杯芳烃等超分子受体的识别性,可预先将客体分子填入该类分子的空腔,

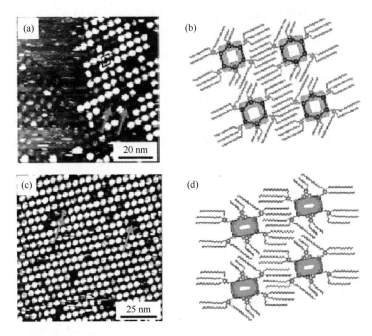

图 5.18　大环化合物与正方形或长方形配合物形成的主客体双层结构。(a，b)正方形
配合物与大环化合物分子模板形成的主客体结构的 STM 图像及结构模型；(c，d)长方形
配合物与大环化合物分子模板形成的主客体结构的 STM 图像及结构模型[101]

形成络合物，再将主客体络合物组装于表面，得到主客体复合结构。潘革波与郑企
雨等人合作研究了杯[8]芳烃(OBOCMC8)及其 C_{60} 络合物(C_{60}/OBOCMC8)在电
化学溶液中的 Au(111)表面的二维有序结构[90]。图 5.19(a～c)显示了 C_{60}/OB-
OCMC8 络合物的化学形成过程，及 OBOCMC8 和 C_{60}/OBOCMC8 的化学结构
式。OBOCMC8 分子本身可在 Au(111)表面形成有序的组装结构，高分辨 STM
图像显示该分子保持了其杯状的分子构象，分子空穴清晰可见[图 5.19(d)]。OB-
OCMC8 分子的空腔与 C_{60} 分子在尺寸和结构上非常匹配，因此可以包合 C_{60} 分子
形成稳定的络合物 C_{60}/OBOCMC8。这一络合物在 Au(111)表面也可形成有序的
分子阵列，如图 5.19(e)所示。在该结构中，每个杯状环内均含有一个亮点，这与
C_{60} 分子相对应。该研究为制备富勒烯分子阵列提供了一种全新的思路。更为重
要的是，通过主客体相互作用，有可能在杯[8]芳烃阵列中填充其他功能分子，如金
属团簇等。

5.2.2　位点匹配

　　影响主客体分子识别和客体分子的填充与稳定的另一因素是主体分子和客体
分子之间相互作用位点的匹配。当主体分子与客体分子间形成具有方向性的作用

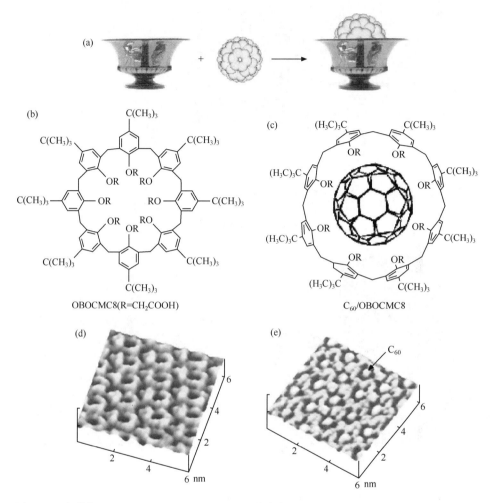

图 5.19　杯芳烃 OBOCMC8 及 C$_{60}$/OBOCMC8 络合物在 Au(111)表面的组装结构。(a)组装
示意图；(b,c)杯芳烃 OBOCMC8 及 C$_{60}$/ OBOCMC8 络合物的分子结构；(d,e)杯芳烃
OBOCMC8 及 C$_{60}$/OBOCMC8 络合物在 Au(111)表面形成的组装结构的 STM 图像[90]

力例如氢键时，客体分子往往会被"固定"于主体分子形成的空腔之中，其吸附位置
和取向受到主客体分子间相互作用位点的影响[102,103]。合理地控制和利用主客体
分子间相互作用位点的方向性和选择性，有助于实现客体分子的分散和稳定，从而
得到理想的表面主客体分子组装结构。

　　例如，利用氢键的位点匹配性，张旭等设计了模块化构筑柔性线状主客体分子
纳米结构的组装路线，如图 5.20(a)所示[102]。在吡啶乙炔撑类客体分子的诱导
下，主体分子 BIC 可以在 HOPG 表面形成柔性的线状分子模板，分子条垄内含有
羧基官能团。由于羧基官能团的间距确定，因此可以选择性地与具有相匹配的吡

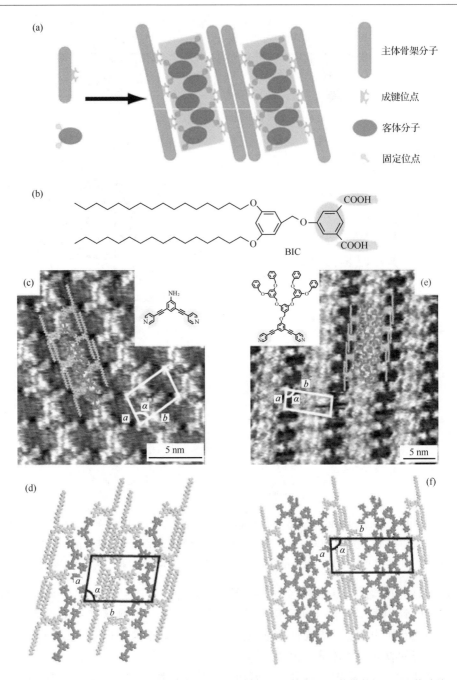

图 5.20　基于枝状分子 BIC 的线状柔性模板得到的主客体分子组装结构。(a)组装路线
设计的结构示意图；(b)BIC 分子结构；(c～f)利用 BIC 分子模板与两种吡啶乙炔撑类客体
分子形成的线状主客体分子组装结构的 STM 图像及结构模型[102]

本图另见书末彩图

啶间距的基团形成 O—H···N 氢键,形成主客体组装结构。例如,与该分子模板的氢键位点相匹配的多种吡啶乙炔撑类客体分子可填入模板之中,而与氢键位点不匹配的四吡啶卟啉分子则不能填入该分子模板。该主体线状模板还可以根据客体分子的大小、形状和个数进行调整,表现出很大的柔性。图 4.20(c~f)显示了这种柔性线状分子模板填入两种不同的客体分子,形成的线状主客体纳米结构。通过改变与吡啶乙炔撑基团相连接的官能团,可以赋予客体分子以一定的性质和功能,有望实现表面自组装膜功能可控的目的。这一研究也反映了客体分子对主体分子模板的重要影响。

　　不同种类有机半导体分子之间可能产生电荷传输,此时的主客体分子结构间也会具有位点匹配[82,104,105]。例如,由噻吩和乙炔基为分子骨架的大环分子可在 HOPG 表面形成大环化合物网格结构,并可通过位点匹配与富勒烯客体分子形成主客体结构[104]。图 5.21(a)是该类大环化合物分子的化学结构示意图,它能够作

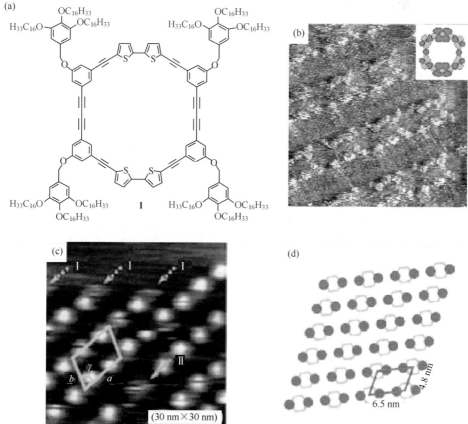

图 5.21　大环化合物与 C_{60} 分子通过位点匹配形成的主客体结构。(a)大环化合物的分子结构;(b)大环化合物网格结构的 STM 图像;(c,d)主客体复合结构的 STM 图像及结构示意图[104]

为电子给体,其骨架上的二聚噻吩,可以与电子受体分子如富勒烯等分子产生相互作用,形成电子的给受体结构。研究结果表明,该类大环化合物分子在 HOPG 表面组装时,可在分子内和分子间形成两种不同的空腔结构。当电子受体分子 C_{60} 与大环化合物共组装时,富勒烯分子并未填入大环化合物的空腔中心,而是在电子给受体间作用下,吸附在大环空腔的边缘。每个大环分子可填入两个 C_{60} 分子,形成主客体分子比例为 1:2 的结构。这类组装体系涉及不同类型的半导体分子的电荷传输等问题,对有机太阳能电池等有机纳米器件的研究具有重要意义,引起了人们的广泛兴趣,正渐成为目前器件与组织研究的一个热点领域。

在主客体复合结构中,客体分子的二维点阵结构依赖于主体分子模板的填充和固定作用,主客体分子间的尺寸匹配和位点匹配对于客体分子的填充及主客体复合结构的形成有产生重要影响。在主客体组装结构的研究中,除了客体分子的填充和固定,客体分子的运动、分子构象变化等现象也值得关注。例如,C_{60} 分子可以在 TMA 的蜂窝状网格结构的空穴间发生跳跃[106],这不仅是研究分子运动等基本科学问题的良好体系,也对表面分子的操纵和分子机器的研究具有重要意义。

5.3　分子模板和主客体结构的调控

有机分子在固体表面的组装是一个复杂的过程,不仅与分子本身的结构有关,而且也受到各种组装环境的影响[4]。例如,固体基底是分子组装的承载体,对分子的吸附和组装具有重要影响。其他外界因素如光、热、电场等也会改变分子表面组装结构[107,108]。利用这些影响因素,可以有效地实现分子组装结构的调控。对主客体组装结构来说,改变主体分子和客体分子在表面的排列及分子比例均会影响最终的主客体结构,因此对表面主客体结构的调控更加复杂。本节将分别介绍影响主客体组装结构的多种因素,以及利用这些因素来调控表面分子模板和主客体结构的部分代表性研究结果。

5.3.1　基底

分子在固体表面的组装主要是分子间作用力与分子-基底间作用力共同作用的结果。基底不仅有助于稳定在表面吸附的分子,而且会影响表面组装结构。例如,一种长方形大环化合物在 HOPG 表面垂直于基底组装,而在 Au(111) 表面平行于基底组装。这是因为该分子与 HOPG 基底间作用力较弱,分子间的作用力是分子组装的主要驱动力,而分子与 Au(111) 基底间作用力较强,分子与基底间的作用力是分子组装的主要驱动力[109]。

如前节所述,苯三氧乙酸(TCMB)可在分子间氢键的驱使下,在 HOPG 表面形成蜂窝状网格结构,分子空腔直径约为 1.9 nm(见图 5.3)。TCMB 分子的网格结构也受到基底的影响。在 HClO$_4$ 电解液中，TCMB 在 Au(111)表面形成的是紧密蜂窝状网格结构，如图 5.22 所示[110]。尽管该网格结构呈现出蜂窝状的特征，但单胞参数和分子空腔均不同于图 5.3 所示的 TCMB 在 HOPG 表面的组装结构。STM 图像和理论模拟结果显示，TCMB 分子在 Au(111)表面组装时，分子间羧基的相互作用方式与在 HOPG 表面吸附组装时的方式不同，而是羧基相互错开形成一个氢键，如图 5.22(c)所示。因此 TCMB 形成了更为致密的网格结构，分子空腔的直径约为 0.8 nm。究其原因主要是因为 TCMB 分子与 Au(111)基底间的作用力要强于其与 HOPG 基底间的作用力。同时，电解液中水分子也可能对TCMB分子间氢键的形成模式产生影响，这也是原因之一。

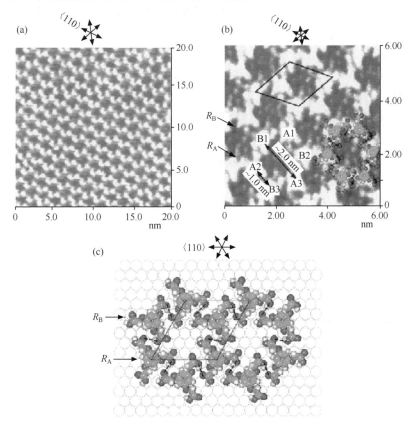

图 5.22　在 HClO$_4$ 电解液中，TCMB 在 Au(111)表面形成的紧密型蜂窝状网格结构[110]。
(a)和(b)分别是大范围和高分辨的 STM 图像；(c)是结构模型示意图。
图中箭头所示为 Au(111)基底的晶体方向

　　基底对主客体复合结构的形成和最终结构也会产生重要影响。这不仅因为基底影响主体分子模板这一主客体复合结构形成的前提，而且因为基底也影响客体分子的吸附和稳定。在修饰原子或分子后的基底表面进行分子组装，也可以获得新颖的表面结构，是改变表面结构的一种常用方法。

5.3.2　客体分子的影响

分子主客体结构的形成过程是主体分子模板和客体分子通过识别和协同作用达到动力学以及热力学稳定状态的过程。在这一过程中，客体分子不仅仅被动地填入主体模板的空腔之中，而且与主体分子发生相互作用，进一步稳定主客体复合结构，甚至诱导主体分子模板和最终主客体结构的形成。

苯三氧十一酸(TCDB)分子模板的空腔是由具有一定柔性的烷基链围成，并受羧基间的氢键"开关"控制，因此可以根据客体分子的数目、大小和形状做出一定调整，形成稳定结构[24,25]。De Feyter 等人报道了一种对客体分子具有响应的主体分子模板。含有三角形分子骨架的苯炔类分子在 HOPG 表面形成条垄状密堆积结构。而当加入蔻、酞菁等客体平面分子后，条垄状密堆积结构可以转化为蜂窝状网格结构，并填充蔻、酞菁等客体分子形成有序的主客体二元结构[111]，从中可以看出客体分子对最终形成主客体结构的反作用。

张旭等人研究了枝状分子衍生物 BIC3 和吡啶类有机分子的共组装行为[103]。BIC3 在 HOPG 表面可以形成条垄状密堆积结构。当加入吡啶类分子如 4-4′联吡啶等时，由于羧基与吡啶基之间可形成较强的 O$-$H$\cdots$N 氢键，BIC3 分子的条垄状密堆积结构转化为柔性线状网格结构，并与填入的客体分子形成线状主客体纳米结构，如图 5.23 所示。不仅如此，不同的客体分子还影响组装结构中氢键形成的方式和最终的主客体结构特征。4-4′联吡啶的长度较小，不能与同侧 BIC3 分子的氢键形成氢键，因此调整相对两列 BIC3 分子的位置，并与两侧分子的羧基形成 O$-$H$\cdots$N 氢键。在这种组装方式中，每个 BIC3 分子只有一个羧基与 4-4′联吡啶形成氢键，而另一个羧基则与相邻 BIC3 分子羧基形成 O$-$H$\cdots$O 氢键。不同于 4-4′联吡啶，另一种联吡啶分子的两个吡啶环间距与同侧 BIC3 分子羧基间距匹配，可以与同侧的 BIC3 分子形成 O$-$H$\cdots$N 氢键，因此主体分子模板的所有羧基均与客体分子的吡啶基形成氢键。这两种组装方式还导致了主客体分子的比例有所不同，表明客体分子的结构对主体分子模板的调整作用，最终导致不同主客体复合结构的形成。

Beton 研究组报道了 C_{60} 分子诱导的主体分子三联苯四酸(TPTC)形成双层分子模板的 STM 研究结果[112]。在分子间氢键的作用下，TPTC 分子在 HOPG 表面可形成二维准晶网格结构[113]。尽管在这种二维准晶结构中，TPTC 分子存在多种组装单元，但其分子空穴的尺寸大体相同，且近似为六次对称分布。当加入球形 C_{60} 分子并保持足够时间后，TPTC 分子可形成双层网格结构，并填充富勒烯客体分子，如图 5.24 所示。这是由于 C_{60} 分子立体性较强，单层网格结构的空腔不足以

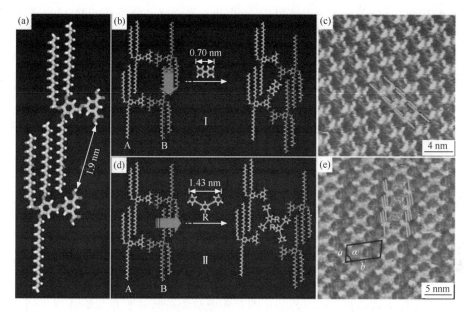

图 5.23　在吡啶基客体分子的诱导下,枝状分子衍生物 BIC3 形成不同类型主客体结构的
STM 图像和结构模型示意图[103]

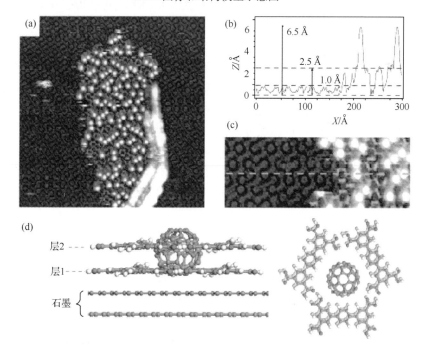

图 5.24　C$_{60}$ 客体分子诱导的 TPTC 双层分子模板[112]:(a)和(c)STM 图像；
(b)是(c)中沿虚线方向的高度变化横截面图;(d)结构模型示意图

捕捉和固定 C_{60} 分子。从图中还可以看到,在未填入 C_{60} 分子处,TPTC 分子只形成了单层网格结构,表明双层网格结构的形成与 C_{60} 分子的诱导密切相关。研究还发现,平面的蔻分子可以取代 C_{60} 填入主体分子模板,并导致双层分子模板坍塌,形成单层主客体复合结构。这一研究不仅有助于研究双层主体分子模板的形成和调控,而且对于三维复杂自组装结构的形成和生长也具有重要意义。

5.3.3　组分比例

当两种或者两种以上分子共组装时,组分的比例可能影响最终的组装结构,调节各组分的比例也是调控表面分子组装的有效方法之一。对于主客体分子组装来说,许多分子模板的空腔可能只有部分被客体分子填充[114,115],含有较大分子空腔的表面网格结构也可以填入多个客体分子[23,36],这均将导致比例不同的主客体分子复合结构的形成。

寡聚亚苯基乙炔撑(OPE)分子在 HOPG 表面可形成具有长方形空腔的网格结构,并作为主体分子模板,可以填充蔻等分子,形成主客体组装结构[95]。在这一结构中,主体模板的长方形空腔的长度和宽度分别可与两个和一个蔻分子的尺寸匹配。通过调节主客体分子的比例,可以获得填入不同数量的蔻分子的主客体复合结构,如图 5.25 所示。当主客体分子比例为 2∶1 时,每个 OPE 分子模板的空穴填充一个蔻分子[图 5.24(b)],OPE 分子模板的单胞不随之改变。当主客体分子比例为 1∶1 时,每个 OPE 分子模板的空穴填充两个蔻分子[图 5.25(c)],主体模板的单胞也不改变。而当主客体分子比例为 2∶3 时,蔻分子撑开 OPE 分子的网格结构,形成两种分子空腔,并填入其中,OPE 模板的单胞随之改变。这一结果表明主客体分子比例影响主体网格结构和主客体复合结构。

在构筑多元分子网格时,各组分的比例也会影响最终的网格结构,这将进一步影响和改变主客体分子组装结构[116,117]。例如,在 HOPG 表面,调节 TMA 和 BTB 两种具有三次对称的羧酸类分子的比例和浓度,可获得具有不同组分比的分子网格结构,分子网格空腔的尺寸、形状、对称性等也得到调控[116]。

5.3.4　覆盖度(浓度)

许多有机分子在固体表面组装时,表面分子浓度,即表面覆盖度将引起分子间相互作用的差异,导致多样化发展组装结构的形成[15,118]。特别地,当使用一定浓度的溶液进行分子组装时,溶液中溶质分子的浓度会直接影响分子在表面的覆盖度,因此影响分子的表面组装结构[43,119,120]。

北京大学吴凯研究组在超高真空条件下系统研究了不同覆盖度下,TMA 分子在 Au(111)表面形成的系列六方网格结构[15]。这些结构的基本组装单元为密堆积排列的正三角形 TMA 分子组合,其边由 $1\sim n$(n 为正整数)个分子组成,如

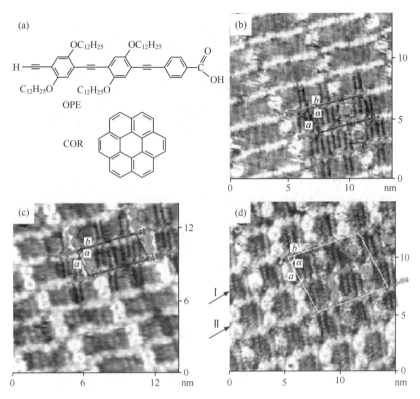

图 5.25　寡聚亚苯基乙炔撑主体分子与客体分子蔻在不同比例下形成的主客体结构的
STM 图像和结构模型示意图[95]

图 5.26 所示。当 n 为 1 和 2 时,网格结构分别为经典的 TMA 蜂窝状和花状网格结构。随着分子覆盖度的增加,基本组装单元的边分子数 n 也逐步增加,分子空腔的间距因此而逐步增加。当 n 增加 1,分子空腔间距随之增加到 0.93 nm。当 n 无穷大时,TMA 形成的组装结构则为完全密堆积结构。在这些结构中,TMA 分子均通过羧基形成氢键,但分子在密堆积处和空腔处的氢键模式不同。这一研究表明覆盖度影响分子组装结构,通过控制表面分子的覆盖度,可以实现分子网格结构的逐级调控。类似地,随着表面覆盖度的增加,一种五并苯衍生物 DPDI 分子也可在 Cu(111) 表面形成蜂窝状网格结构、三聚体网格结构和密堆积结构[118]。

　　通过调节分子浓度,可以有效地控制分子的表面覆盖度[119]。不仅如此,分子浓度的不同还会影响溶剂与分子间的作用方式。例如,以辛醇为溶剂时,间苯二酸枝状衍生物 BIC 在浓度高于 $5×10^{-4}$ mol/L 时形成条垄状紧密堆积结构[120]。分子的紧密排列方式阻止了辛醇溶剂参与分子组装。当浓度介于 $5×10^{-5}$ mol/L 与 $5×10^{-4}$ mol/L 之间时,分子形成四聚体结构,辛醇可参与 BIC 的组装,与 BIC 分子形成氢键,形成溶质溶剂比例为 1∶1 的共组装结构。当浓度低于 $5×10^{-5}$ mol/L

图 5.26　在超高真空条件下，TMA 分子在 Au(111)表面随着覆盖度的不同形成的系列网格
结构的 STM 图像。结构模型示意图叠加在每幅 STM 图像之上[15]

时，更多的辛醇分子可参与 BIC 分子的组装，并形成新的氢键作用方式，得到溶质
溶剂比例为 1∶2 的网格状共组装结构。对客体分子的覆盖度或浓度的控制可以
看成对主客体组分比例的控制，在此不再详细叙述。

5.3.5　溶剂

利用溶液样品构筑表面分子自组装结构时，组装体系内的作用力更加复杂，除
了溶质分子间作用力及分子与基底间作用力之外，溶剂与溶质分子间作用力、溶剂
与基底间作用力、溶剂分子本身的作用力等也会对分子组装产生影响[121]。溶剂
影响分子组装的因素包括溶剂的溶解能力、溶剂极性、黏度、挥发性、共吸附能力等
等[108]。在分子组装过程中，这些因素可以单独作用，但往往是共同作用，最终形
成热力学稳定或动力学稳定的表面组装结构。因此，选择不同溶剂也可以有效地
调控包括分子网格结构的表面自组装结构。

Lackinger 等人系统地研究了脂肪酸对于苯三酸 TMA 分子在 HOPG 表面形

成网格结构的影响[13]。他们发现，TMA 在丁酸、戊酸和己酸中只形成花状网格结构，在庚酸中可以同时形成花状网格结构和蜂窝状网格结构，而在辛酸和壬酸中则只形成蜂窝状网格结构。这与 TMA 分子在不同溶剂中的溶解度有关。进一步的研究还表明，类似于 TMA 的分子 BTB 在 HOPG 表面的网格结构也受到溶剂的调控[19]。

间苯二酸枝状衍生物 BIC 分子[分子结构见图 5.20(b)]在 HOPG 表面组装时，溶剂能否作为配对物参与分子组装对最终的分子结构具有重要的影响[18,120]。在溶剂为辛基苯时，BIC 在低浓度下可形成六次对称的氢键网格结构，溶剂分子不参与组装。当溶剂为 1,2,4-三氯苯时，BIC 也形成氢键网格结构，溶剂分子可填入 BIC 分子空腔，影响 BIC 分子的吸附构象，并增加该结构的稳定性。当以辛醇为溶剂时，BIC 分子可形成多种结构。例如图 5.27(c)显示的是 BIC 分子在浓度低于 10^{-5} mol/L 时形成的六方网格结构，图中的椭圆线显示辛醇分子共吸附于表面。当溶剂为辛酸时，BIC 分子则形成线状网格结构，辛酸分子也通过与 BIC 分子形成

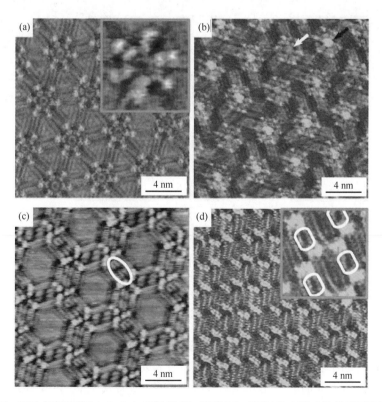

图 5.27　BIC 在辛基苯(a)、1,2,4-三氯苯(b)、辛醇(c)、辛酸(d)中形成的分子网格结构的
STM 图像[18,120]。(a)和(d)中的插图是各自的局部放大图像
本图另见书末彩图

氢键共吸附于表面。溶剂分子与 BIC 分子间能否形成氢键决定了溶剂分子能否作为配对物参与分子组装。之后的研究还表明,BIC 的线状结构还可以作为柔性分子模板,填充吡啶乙炔撑类客体分子[102]。

在主客体组装结构的形成过程中,溶剂与客体分子也可相互作用,影响客体分子的填充和固定。刘嘉等人研究了 1,2,4-三氯苯、辛基苯、辛醇和十四烷等溶剂对 2,7,12-三己氧基三聚茚(Tr)和蔻分子在 HOPG 表面共组装结构的影响[52]。研究表明,Tr 分子在不同溶剂中均形成蜂窝状网格结构,晶胞参数也一致,表明溶剂对 Tr 分子的主体网格结构没有影响。但当滴加含有客体分子蔻的溶液后,蔻的填充和主客体结构的形成则与溶剂的选择有关,如图 5.28 所示。在 1,2,4-三氯苯中,蔻分子不能填入 Tr 分子空腔;而在其他三种溶剂中,蔻分子可以填入 Tr 分子空腔,形成主客体结构。溶剂的极性将导致溶剂与蔻间的相互作用力产生差异,这是溶剂影响组装结构的主要原因。

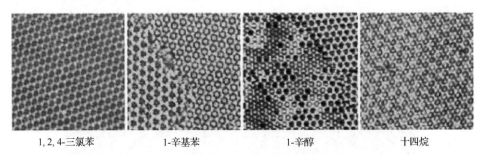

　　1,2,4-三氯苯　　　　　1-辛基苯　　　　　　1-辛醇　　　　　　十四烷

图 5.28　四种不同溶剂影响客体分子蔻填入 Tr 主体分子网格[52]

5.3.6　外界因素

分子在表面的组装过程固然受到组装体系内的诸多因素如基底、分子结构、浓度等的影响,但外界条件的介入也可影响分子的构象、吸附、运动等表面行为,因此也可用来调节分子模板和分子主客体结构等表面分子组装结构[108]。不仅如此,利用对外界光、热、电场等条件有响应的分子表面组装体系,可以制备分子元件或器件,如分子梭、分子开关、分子轴承等。这使得利用外界因素来调控表面组装结构具有诱人的理论研究价值和应用前景。

有机分子在固体表面吸附形成组装结构的过程中,受控于组装动力学和热力学过程,最终趋于表面自由能较小的稳定或亚稳定结构。在温度较高时,分子的热运动比较显著,因而能够更充分地调整吸附构象,或者发生热诱导的构象转变,达到热力学最稳定的状态[122,123]。对表面分子模板和主客体组装结构进行加热,通过热效应的介入,可以实现组装结构的调控。

Lackinger 等人系统地研究了温度控制 BTB 分子在固液界面发生可逆相转变

的组装行为[124]。在室温下(25℃),BTB 分子在壬酸-HOPG 界面可形成蜂窝状网格结构,分子平躺于表面。当将样品加热到 55℃后,BTB 分子网格结构转变为紧密堆积的条状结构,分子并排侧立于 HOPG 表面,如图 5.29 所示。将样品降温至室温后,组装结构又转变为网格结构。这一结构转变主要是温度变化导致的溶剂性质变化引起的。当温度较低时,壬酸的高黏度有助于壬酸填入 BTB 分子空穴,稳定 BTB 分子网格结构。随着温度的升高,壬酸的黏度降低,热运动增强,不再填入 BTB 分子空腔,因此降低了 BTB 分子网格结构的稳定性,使其转变为稳定的条状紧密堆积结构。研究还发现溶剂和浓度等多种因素均对这一结构转变具有影响。例如,选择烷基链较短的辛酸会导致 BTB 的结构转变温度降为 43℃。

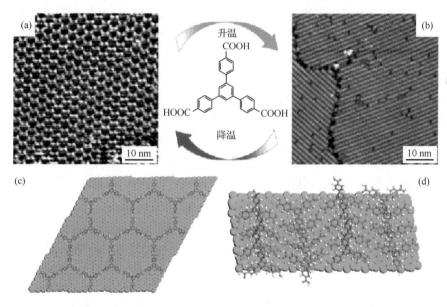

图 5.29　温度调控 BTB 分子发生网格结构和密堆积结构之间的可逆转变[124]。
图中包括分子结构示意图、组装结构转变示意图、STM 图像等

　　控制温度也会对主客体结构的形成产生重要影响。例如研究表明,退火可以诱导苯三氧十一酸(TCDB)与钒氧酞菁(VOPc)主客体复合结构发生相转变[25]。在室温下,VOPc 以二聚体的形式填充于 TCDB 分子模板之中。当温度升高时,客体分子的热运动加剧,促进了主体分子模板结构的调整,并以单体的形式填充于 TCDB 分子模板之中,形成了更稳定的主客体复合结构。控制温度还可以诱导一些有机分子在表面发生反应,形成共价键网格结构。前面已作论述,在此不予详述。

　　光反应现象在光信息存储、光电器件、传感器和光催化等许多领域扮演着重要的角色。利用分子对光的响应如光异构、光聚合等,不仅可以有效地调控包括分子

主客体复合结构在内的表面组装结构，也是实现分子组装结构的功能化，制备分子纳米器件重要途径之一[107]。可以利用光响应的主客体分子体系，调控得到不同的分子组装结构[125]。

　　许多分子的性质及吸附构象与其所处的电场或电位密切相关[126]。例如，电场方向可以调控极性分子的排列方向。电场或电位会影响分子的吸附位点和分子与基底之间的作用力。电位的变化还可能导致分子发生氧化-还原反应[127]。在电化学溶液环境下，基底电位被经常用来调控分子的吸附构象和组装结构，诱发分子的化学反应[128]。

　　Itaya 研究组利用电化学 STM 研究了基底电位对四羧基钴酞菁（CoTCPP）在 Au(111) 表面的组装结构的影响[129]。当基底电位较正时，分子在表面形成无序的结构。而当基底电位低于 0.5 V(vs. RHE)时，分子形成规则有序的四方网格结构，如图 5.30(a) 所示。这是由于在该电位下，CoTCPP 分子与基底之间相互作用较弱，而四方网格结构有利于分子间形成氢键以使结构稳定。当在 0.2 V 得到 CoTCPP 的四方网格结构后，将电位增至 0.85 V，该网格结构依然能够在短时间内保持，如图 5.30(b) 所示。TMA 在 Au(111)-0.05 mol/L H_2SO_4 界面的组装行为也与基底的电位密切相关，它在不同电位下可形成蜂窝状网格结构、带状结构等五种不同的组装结构[14]。此外，研究表明 TMA 和蔻在 HOPG 表面可形成主客体结构，并在施加 4000 V 高电压后形成超晶格结构[130]。这些例子为调控分子模板和主客体结构提供了思路。

　　基于分子模板的主客体组装过程涉及主体分子形成分子模板和客体分子填充形成复合结构的过程，相对于单组分组装更为复杂，其影响因素也多种多样。对以上所述的各种主客体组装的影响因素的深入认识和利用，有助于实现主客体组装

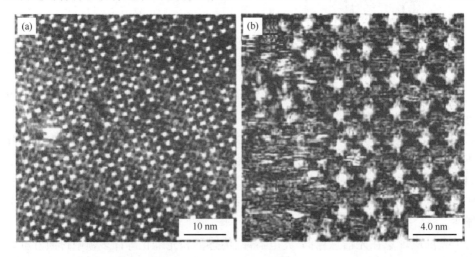

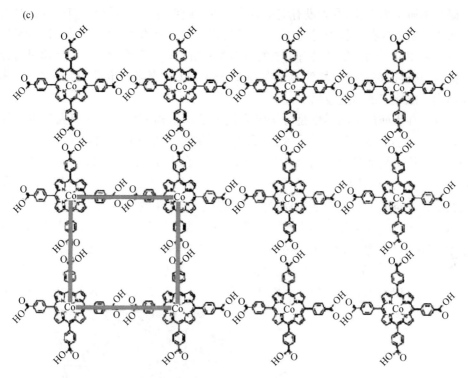

图 5.30 在 HClO₄ 电解液中，CoTCPP 在 Au(111) 表面形成分子网格结构的
STM 图像和结构示意图[129]

的可控构筑，精确控制分子在表面的点阵结构。此外，利用结构对组装环境的响应性，还可制备具有功能性的表面结构，这对于发展功能化分子材料和制备分子纳米器件均具有重要意义。

5.4 主客体组装结构的功能化

固体表面的分子工程学研究将促进纳米构筑技术的发展，获得具有特殊形态和化学组成的二维材料。对有机功能分子在表面的连接及电子学性质的操控又是分子电子学的重要内容之一。实现分子在表面运动的可操纵性不仅可以获得所谓的"分子转子"、"分子汽车"等概念元器件，还有望得到真正可用的或实用的纳米结构，如分子线路、分子元器件等元件。这一目标的实现离不开表面分子组装和组装结构的精确控制。如上所述，具有空腔的表面分子网格结构，能够选择性地识别、填充和固定客体分子，有助于获得具有特定功能的表面结构。在获得分子组装结构以后，如果其中的分子对光、电、磁场等刺激具有响应能力，将有助于实现表面分子的集成化和图案化，这些都是实现分子纳米器件的基础。近年来，科学家们在这一研究领域努力工作,尽管没有实用的分子机器或单分子器件问世,有的或许是人为赋予或定义成分子机器,但确实得到了具有一定功能的分子基元或原理性器件,对发展实用分子纳米器件具有重要的科学参考价值。本节将介绍几例利用进行分子操纵,获得原理性分子器件,调控主客体分子组装结构物理化学性质,实现主客体结构功能化等的研究成果。

　　分子在表面的运动不仅是分子吸附热力学和结构形成动力学研究的重要课题,也是实现分子转子、分子马达、分子汽车等纳米仿机械元件或器件的基础。表面分子网格结构能够提供纳米级空腔,精确规范客体分子的位置和运动,得到广泛研究。例如,在室温大气下,利用 STM 的针尖可诱导 C_{60} 分子从 TMA 的蜂窝状网格结构的空腔向相邻空腔跳跃[106],实现分子的表面激发运动。Diederich 等人报道了一种表面超分子旋转器件[93],其原理和结果如图 5.31 所示。在 UHV 环境中,卟啉分子[图 5.31(a)]可在 Cu(111) 表面形成具有六次对称性的手性分子网格结构,其组装单元为六个顺时针或逆时针环绕的六元环,如图 5.31(b) 所示。该分子还可以填入自身形成的网格结构的空腔之中。温度为 77 K 时,分子在空腔

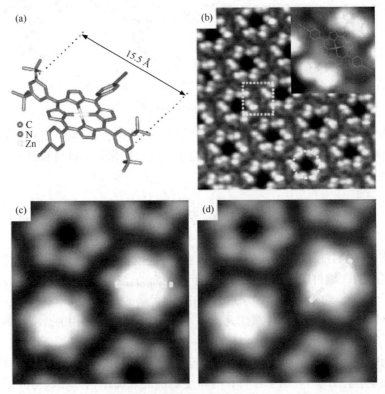

图 5.31　在 Cu(111) 表面获得的卟啉类分子旋转器件[93],包括分子结构示意图,稳定吸附和激发引起分子转动的 STM 图像

中运动性较差,稳定处于空腔中的特定位置,利用 STM 可以分辨出分子的对苯二异丁基基团。当温度升高至 112 K 时,分子可以在空穴内发生旋转。不仅如此,STM 针尖也可诱导这种卟啉分子在分子空穴内旋转。图 5.31(c,d)是温度为 77 K 时,STM 针尖诱导分子旋转前后的两张 STM 对比图像。由图像可以看出,分子轴的方向发生了变化。这一结构可以作为分子旋转器件。类似地,Barth 研究组也报道了其研究结果:在配位键网格结构内,具有手性的客体分子三聚体可以发生旋转,其旋转频率可由温度控制,三聚体手性也可以发生反转。

　表面图案化、表面刻蚀等表面纳米加工和成型技术是纳米器件的制备、集成和应用的前提条件。表面分子网格结构能够提供纳米级的尺寸可控的空腔,且空腔在表面的排列和分布可以调控。利用分子组装等技术,可以利用或在这些空腔内进行表面图案化和表面刻蚀等加工。表面分子网格还可作为分子围栏,控制纳米加工的尺寸。最近,Madueno 等人报道了利用主体分子网格结构来控制自组装膜的表面图案的研究,如图 5.32 所示[131]。他们首先利用 PTCDI 分子与三聚氰胺分

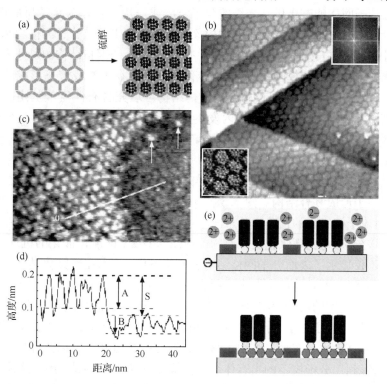

图 5.32　利用分子网格结构实现硫醇自组装膜的表面图案化和 Cu^{2+} 离子的可控电沉积。(a)硫醇自组装膜图案化的示意图;(b)图案化的硫醇自组装膜的 STM 图像;(c,d)Cu^{2+} 离子电沉积后的 STM 图像及高度分布图;(e)可控 Cu^{2+} 离子电沉积的原理示意图[131]

子在 Au(111) 表面构筑了双组分的氢键网格结构。由于这两种分子间可以形成三重氢键,这一分子网格结构非常稳定,有利于作为模板进行进一步的表面分子组装。将样品处理后,浸入含有硫醇类分子的溶液中,硫醇分子通过化学吸附固定在网格结构的分子空腔之处,形成自组装图案。图 5.32(b) 显示了硫醇单分子组装膜的结构,STM 图像中可以清楚分辨出每个空腔内的硫醇分子。不仅如此,这种图案化的自组装膜还可以作为模板,控制 Cu^{2+} 离子在 Au(111) 表面发生的电化学沉积。图 5.32(c, d) 分别显示了在 Cu^{2+} 离子电沉积后获得的 STM 图像和高度分布图。由于主体分子模板在 Au(111) 表面稳定吸附,Cu^{2+} 离子只在硫醇图案下方发生电沉积,如图 5.32(e) 所示。相对于普通的硫醇自组装膜,这种图案化的自组装膜使 Cu^{2+} 离子的电沉积加快[132]。进一步的研究表明,在获得表面图案化自组装膜之后,还可以利用硫醇分子将主体分子网格除去,形成复合型图案化自组装膜[133]。这一系列研究为获得图案化的自组装分子膜和纳米结构提供了新的思路。

二维分子网格能够提供纳米级的分子空腔或作用位点作为化学反应微环境,可以控制分子的化学反应。反应物的构象和位置依赖于其与分子网格和基底的相互作用,因此其反应过程也可受到控制。不仅如此,分子网格结构的尺寸限制还可能导致化学反应具有选择性,使反应物转化为不同于在固态或液态形成的反应产物。例如,苯三氧十一酸(TCDB)分子网格结构可填充含有偶氮苯基团的大环分子。在光照下,大环分子可在空穴内发生异构现象[125]。一种锰卟啉类分子的表面组装网格结构可用来催化顺式二苯乙烯的环氧化反应[134],如图 5.33 所示。该分子在十四烷溶液(用氩气饱和)与 Au(111) 的界面形成表面分子组装结构,得到二价锰原子的二维点阵。当通入 O_2 到样品表面后,卟啉分子的锰被氧化至五价,并连接氧原子形成复合结构。图 5.33(b) 中箭头处显示的比其他亮点更"高"一些的亮点,对应于被氧化的锰卟啉分子。当加入顺式二苯乙烯分子后,锰卟啉分子可催化氧化该分子,得到环氧化反应产物。图 5.33(d) 是该氧化催化的机理示意图。这一研究不仅显示了表面分子网格结构和原位 STM 技术在研究化学反应和催化机理方面的优势,而且有助于探索控制表面分子催化反应。

表面组装结构的功能化将会影响表面电子传输等表面物理化学性质,对光电开关、纳电子学、分子磁学、分子传感、异相催化、手性界面等诸多方面的研究具有重要的应用价值,也是实现二维纳米材料和器件的物质基础。以上介绍的分子模板设计制备,利用分子模板的主客体结构构筑,以及最终实现表面组装结构的功能化,有助于深入认识表面物理化学现象和变化规律,有助于发展二维分子材料和分子器件。随着相关领域研究的不断深入和表面分析操纵技术的不断进展,经过科学家们的长期不懈努力,功能性表面分子结构的集成和应用一定会实现,分子机器和分子器件也终将会成为现实。可以预见,分子模板和主客体分子组装结构将在这一过程中发挥其应有的作用。

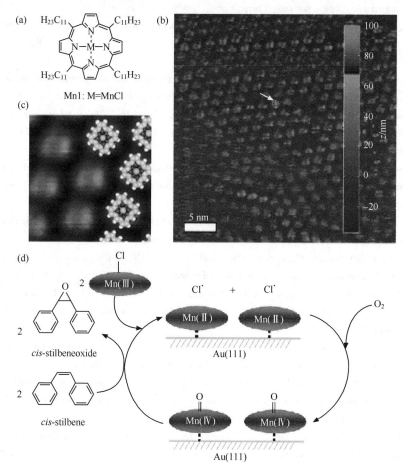

图 5.33　利用锰卟啉分子网格催化顺式二苯乙烯的环氧化反应。(a)锰卟啉分子结构；
(b，c)分子形成的表面组装结构；(d)环氧化催化的反应机理示意图[134]

参 考 文 献

[1] Cicoira F，Santato C，Rosei F. Two-dimensional nanotemplates as surface cues for the controlled assembly of organic molecules. Top. Curr. Chem.，2008，285：203-267.

[2] Sanchez L，Otero R，Gallego J M，Miranda R，Martin N. Ordering fullerenes at the nanometer scale on solid surfaces. Chem. Rev.，2009，109：2081-2091.

[3] 万立骏. 电化学扫描隧道显微术及其应用. 北京：科学出版社，2005(1 版)，2011(2 版).

[4] Wan L J. Fabricating and controlling molecular self-organization at solid surfaces：Studies by scanning tunneling microscopy. Acc. Chem. Res.，2006，39：334-342.

[5] Barth J V. Molecular architectonic on metal surfaces. Annu. Rev. Phys. Chem.，2007，58：375-407.

［6］Bonifazi D, Mohnani S, Llanes-Pallas A. Supramolecular chemistry at interfaces: Molecular recognition on nanopatterned porous surfaces. Chem. Eur. J. ,2009, 15: 7004-7025.

［7］Liang H, He Y, Ye Y C, Xu X G, Cheng F, Sun W, Shao X, Wang Y F, Li J L, Wu K. Two-dimensional molecular porous networks constructed by surface assembling. Coordin. Chem. Rev. ,2009, 253: 2959-2979.

［8］Kudernac T, Lei S B, Elemans J A A W, De Feyter S. Two-dimensional supramolecular self-assembly: Nanoporous networks on surfaces. Chem. Soc. Rev. ,2009, 38: 3505-3505.

［9］Steiner T. The hydrogen bond in the solid state. Angew. Chem. Int. Edit. ,2002, 41: 48-76.

［10］Lackinger M, Heckl W M. Carboxylic acids: Versatile building blocks and mediators for two-dimensional supramolecular self-assembly. Langmuir,2009, 25: 11307-11321.

［11］Ivasenko O, Perepichka D F. Mastering fundamentals of supramolecular design with carboxylic acids. Common lessons from X-ray crystallography and scanning tunneling microscopy. Chem. Soc. Rev. , 2011, 40: 191-206.

［12］Griessl S, Lackinger M, Edelwirth M, Hietschold M, Heckl W M. Self-Assembled Two-Dimensional Molecular Host-Guest Architectures from Trimesic Acid. Single Mol,2002, 3: 25-31.

［13］Lackinger M, Griessl S, Heckl W A, Hietschold M, Flynn G W. Self-assembly of trimesic acid at the liquid-solid interface: A study of solvent-induced polymorphism. Langmuir,2005, 21: 4984-4988.

［14］Li Z, Han B, Wan L J, Wandlowski T. Supramolecular nanostructures of 1,3,5-benzene-tricarboxylic acid at electrified Au(111)/0. 05 M H_2SO_4 interfaces: An *in situ* scanning tunneling microscopy study. Langmuir,2005, 21: 6915-6928.

［15］Ye Y C, Sun W, Wang Y F, Shao X, Xu X G, Cheng F, Li J L, Wu K. A unified model: Self-assembly of trimesic acid on gold. J. Phys. Chem. C,2007, 111: 10138-10141.

［16］Lei S, Surin M, Tahara K, Adisoejoso J, Lazzaroni R, Tobe Y, De Feyter S. Programmable hierarchical three-component 2D assembly at a liquid-solid interface: Recognition, selection, and transformation. Nano Lett. ,2008, 8: 2541-2546.

［17］De Feyter S, Gesquiere A, Klapper M, Mullen K, De Schryver F C. Toward two-dimensional supramolecular control of hydrogen-bonded arrays: The case of isophthalic acids. Nano Lett. , 2003, 3: 1485-1488.

［18］Zhang X, Chen Q, Deng G J, Fan Q H, Wan L J. Structural diversity of a monodendron molecule self-assembly in different solvents investigated by scanning tunneling microscopy: From dispersant to counterpart. J. Phys. Chem. C,2009, 113: 16193-16198.

［19］Kampschulte L, Lackinger M, Maier A K, Kishore R S K, Griessl S, Schmittel M, Heckl W M. Solvent induced polymorphism in supramolecular 1, 3, 5-benzenetribenzoic acid monolayers. J. Phys. Chem. B,2006, 110: 10829-10836.

［20］Ruben M, Payer D, Landa A, Comisso A, Gattinoni C, Lin N, Collin J P, Sauvage J P, De Vita A, Kern K. 2D supramolecular assemblies of benzene-1,3,5-triyl-tribenzoic acid: Temperature-induced phase transformations and hierarchical organization with macrocyclic molecules. J. Am. Chem. Soc. , 2006, 128: 15644-15651.

［21］Zhou H, Dang H, Yi J H, Nanci A, Rochefort A, Wuest J D. Frustrated 2D molecular crystallization. J. Am. Chem. Soc. ,2007, 129: 13774-13775.

［22］Lu J, Zeng Q D, Wang C, Zheng Q Y, Wan L J, Bai C L. Self-assembled two-dimensional hexagonal networks. J. Mater. Chem. ,2002, 12: 2856-2858.

[23] Lu J, Lei S B, Zeng Q D, Kang S Z, Wang C, Wan L J, Bai C L. Template-induced inclusion structures with copper(II)phthalocyanine and coronene as guests in two-dimensional hydrogen-bonded host networks. J. Phys. Chem. B,2004, 108: 5161-5165.

[24] Kong X H, Deng K, Yang Y L, Zeng Q D, Wang C. H-bond switching mediated multiple flexibility in supramolecular host-guest architectures. J. Phys. Chem. C,2007, 111: 17382-17387.

[25] Kong X H, Deng K, Yang Y L, Zeng Q D, Wang C. Effect of thermal annealing on hydrogen bond configurations of host lattice revealed in VOPc/TCDB host-guest architectures. J. Phys. Chem. C, 2007, 111: 9235-9239.

[26] Li S S, Yan H J, Wan L J, Yang H B, Northrop B H, Stang P J. Control of supramolecular rectangle self-assembly with a molecular template. J. Am. Chem. Soc. ,2007, 129: 9268-9269.

[27] Pawin G, Wong K L, Kwon K Y, Bartels L. A homomolecular porous network at a Cu(111)surface. Science,2006, 313: 961-962.

[28] Otero R, Schock M, Molina L M, Laegsgaard E, Stensgaard I, Hammer B, Besenbacher F. Guanine quartet networks stabilized by cooperative hydrogen bonds. Angew. Chem. Int. Edit. ,2005, 44: 2270-2275.

[29] Li M, Yang Y L, Zhao K Q, Zeng Q D, Wang C. Bipyridine-mediated assembling characteristics of aromatic acid derivatives. J. Phys. Chem. C,2008, 112: 10141-10144.

[30] Kampschulte L, Griessl S, Heckl W M, Lackinger M. Mediated coadsorption at the liquid-solid interface: Stabilization through hydrogen bonds. J. Phys. Chem. B,2005, 109: 14074-14078.

[31] Seto C T, Whitesides G M. Self-assembly based on the cyanuric acid melamine lattice. J. Am. Chem. Soc. ,1990, 112: 6409-6411.

[32] Perdigao L M A, Champness N R, Beton P H. Surface self-assembly of the cyanuric acid-melamine hydrogen bonded network. Chem. Commun. ,2006: 538-540.

[33] Xu W, Dong M D, Gersen H, Rauls E, Vazquez-Campos S, Crego-Calama M, Reinhoudt D N, Stensgaard I, Laegsgaard E, Linderoth T R, Besenbacher F. Cyanuric acid and metamine on Au(111): Structure and energetics of hydrogen-bonded networks. Small,2007, 3: 854-858.

[34] Zhang H M, Xie Z X, Long L S, Zhong H P, Zhao W, Mao B W, Xu X, Zheng L S. One-step preparation of large-scale self-assembled monolayers of cyanuric acid and melamine supramolecular species on Au(111)surfaces. J. Phys. Chem. C,2008, 112: 4209-4218.

[35] Zhang X, Chen T, Chen Q, Wang L, Wan L J. Self-assembly and aggregation of melamine and melamine-uric/cyanuric acid investigated by STM and AFM on solid surfaces. Phys. Chem. Chem. Phys. , 2009, 11: 7708-7712.

[36] Theobald J A, Oxtoby N S, Phillips M A, Champness N R, Beton P H. Controlling molecular deposition and layer structure with supramolecular surface assemblies. Nature,2003, 424: 1029-1031.

[37] Perdigao L M A, Perkins E W, Ma J, Staniec P A, Rogers B L, Champness N R, Beton P H. Bimolecular networks and supramolecular traps on Au(111). J. Phys. Chem. B,2006, 110: 12539-12542.

[38] Silly F, Shaw A Q, Porfyrakis K, Briggs G A D, Castell M R. Pairs and heptamers of C-70 molecules ordered via PTCDI-melamine supramolecular networks. Appl. Phys. Lett. ,2007, 91: 253109.

[39] Staniec P A, Perdigao L M A, Saywell A, Champness N R, Beton P H. Hierarchical organisation on a two-dimensional supramolecular network. ChemPhysChem. ,2007, 8: 2177-2181.

[40] Silly F, Shaw A Q, Castell M R, Briggs G A D. A chiral pinwheel supramolecular network driven by the assembly of PTCDI and melamine. Chem. Commun. ,2008: 1907-1909.

[41] Swarbrick J C, Rogers B L, Champness N R, Beton P H. Hydrogen-bonded PTCDA-melamine networks and mixed phases. J. Phys. Chem. B,2006, 110: 6110-6114.

[42] Perdigao L M A, Fontes G N, Rogers B L, Oxtoby N S, Goretzki G, Champness N R, Beton P H. Coadsorbed NTCDI-melamine mixed phases on Ag-Si(111). Phys. Rev. B,2007, 76: 245402.

[43] Palma C A, Bonini M, Llanes-Pallas A, Breiner T, Prato M, Bonifazi D, Samori P. Pre-programmed bicomponent porous networks at the solid-liquid interface: The low concentration regime. Chem. Commun. ,2008: 5289-5291.

[44] Palma C A, Bjork J, Bonini M, Dyer M S, Llanes-Pallas A, Bonifazi D, Persson M, Samori P. Tailoring bicomponent supramolecular nanoporous networks: Phase segregation, polymorphism, and glasses at the solid-liquid interface. J. Am. Chem. Soc. ,2009, 131: 13062-13071.

[45] Yan H, Park S H, Finkelstein G, Reif J H, LaBean T H. DNA-templated self-assembly of protein arrays and highly conductive nanowires. Science,2003, 301: 1882-1884.

[46] Seeman N C. DNA in a material world. Nature,2003, 421: 427-431.

[47] Rothemund P W K. Folding DNA to create nanoscale shapes and patterns. Nature, 2006, 440: 297-302.

[48] Andersen E S, Dong M, Nielsen M M, Jahn K, Subramani R, Mamdouh W, Golas M M, Sander B, Stark H, Oliveira C L P, Pedersen J S, Birkedal V, Besenbacher F, Gothelf K V, Kjems J. Self-assembly of a nanoscale DNA box with a controllable lid. Nature,2009, 459: 73-75.

[49] He Y, Chen Y, Liu H P, Ribbe A E, Mao C D. Self-assembly of hexagonal DNA two-dimensional(2D) arrays. J. Am. Chem. Soc. ,2005, 127: 12202-12203.

[50] Liu Y, Ke Y G, Yan H. Self-assembly of symmetric finite-size DNA nanoarrays. J. Am. Chem. Soc. , 2005, 127: 17140-17141.

[51] Chelyapov N, Brun Y, Gopalkrishnan M, Reishus D, Shaw B, Adleman L. DNA triangles and self-assembled hexagonal tilings. J. Am. Chem. Soc. ,2004, 126: 13924-13925.

[52] Liu J, Zhang X, Yan H J, Wang D, Wang J Y, Pei J, Wan L J. Solvent-controlled 2D host-guest(2,7, 12-trihexyloxytruxene/coronene)molecular nanostructures at organic liquid/solid interface investigated by scanning tunneling microscopy. Langmuir,2010, 26: 8195-8200.

[53] Schull G, Douillard L, Fiorini-Debuisschert C, Charra F, Mathevet F, Kreher D, Attias A J. Selectivity of single-molecule dynamics in 2D molecular sieves. Adv. Mater. ,2006, 18: 2954-2957.

[54] Cnossen A, Pijper D, Kudernac T, Pollard M M, Katsonis N, Feringa B L. A trimer of ultrafast nanomotors: Synthesis, photochemistry and self-assembly on graphite. Chem. Eur. J. , 2009, 15: 2768-2772.

[55] De Wild M, Berner S, Suzuki H, Yanagi H, Schlettwein D, Ivan S, Baratoff A, Guentherodt H J, Jung T A. A novel route to molecular self-assembly: Self-intermixed monolayer phases. ChemPhysChem,2002, 3: 881-885.

[56] Greedan J E. Geometrically frustrated magnetic materials. J. Mater. Chem. ,2001, 11: 37-53.

[57] Furukawa S, Uji-i H, Tahara K, Ichikawa T, Sonoda M, De Schryver F C, Tobe Y, De Feyter S. Molecular geometry directed Kagome and honeycomb networks: Toward two-dimensional crystal engineering. J. Am. Chem. Soc. ,2006, 128: 3502-3503.

[58] Li M, Deng K, Lei S B, Yang Y L, Wang T S, Shen Y T, Wang C R, Zeng Q D, Wang C. Site-selective fabrication of two-dimensional fullerene arrays by using a supramolecular template at the liquid-solid interface. Angew. Chem. Int. Edit. ,2008, 47: 6717-6721.

[59] Klappenberger F, Kuhne D, Krenner W, Silanes I, Arnau A, De Abajo F J G, Klyatskaya S, Ruben M, Barth J V. Dichotomous array of chiral quantum corrals by a self-assembled nanoporous kagome network. Nano Lett. ,2009, 9: 3509-3514.

[60] Mao J H, Zhang H G, Jiang Y H, Pan Y, Gao M, Xiao W D, Gao H J. Tunability of supramolecular kagome lattices of magnetic phthalocyanines using graphene-based moire patterns as templates. J. Am. Chem. Soc. ,2009, 131: 14136-14137.

[61] Chen T, Chen Q, Zhang X, Wang D, Wan L J. Chiral kagome network from thiacalix[4]arene tetra-sulfonate at the interface of aqueous solution/Au(111)surface: An *in situ* electrochemical scanning tunneling microscopy study. J. Am. Chem. Soc. ,2010, 132: 5598-5599.

[62] Lin N, Stepanow S, Ruben M, Barth J V. Surface-confined supramolecular coordination chemistry. Top. Curr. Chem. ,2009, 287: 1-44.

[63] Gambardella P, Stepanow S, Dmitriev A, Honolka J, de Groot F M F, Lingenfelder M, Sen Gupta S, Sarma D D, Bencok P, Stanescu S, Clair S, Pons S, Lin N, Seitsonen A P, Brune H, Barth J V, Kern K. Supramolecular control of the magnetic anisotropy in two-dimensional high-spin Fe arrays at a metal interface. Nat. Mater. ,2009, 8: 189-193.

[64] Spillmann H, Dmitriev A, Lin N, Messina P, Barth J V, Kern K. Hierarchical assembly of two-dimensional homochiral nanocavity arrays. J. Am. Chem. Soc. ,2003, 125: 10725-10728.

[65] Stepanow S, Lingenfelder M, Dmitriev A, Spillmann H, Delvigne E, Lin N, Deng X B, Cai C Z, Barth J V, Kern K. Steering molecular organization and host-guest interactions using two-dimensional nanoporous coordination systems. Nat. Mater. ,2004, 3: 229-233.

[66] Kuhne D, Klappenberger F, Decker R, Schlickum U, Brune H, Klyatskaya S, Ruben M, Barth J V. High-quality 2D metal-organic coordination network providing giant cavities within mesoscale domains. J. Am. Chem. Soc. ,2009, 131: 3881-3883.

[67] Shi Z L, Lin N. Porphyrin-based two-dimensional coordination kagome lattice self-assembled on a Au(111)surface. J. Am. Chem. Soc. ,2009, 131: 5376-5377.

[68] Langner A, Tait S L, Lin N, Rajadurai C, Ruben M, Kern K. Self-recognition and self-selection in multicomponent supramolecular coordination networks on surfaces. Proc. Natl. Acad. Sci. USA, 2007, 104: 17927-17930.

[69] Langner A, Tait SL, Lin N, Chandrasekar R, Ruben M, Kern K. Two- to one-dimensional transition of self-assembled coordination networks at surfaces by organic ligand addition. Chem. Commun. ,2009: 2502-2504.

[70] De Feyter S, Abdel-Mottaleb M M S, Schuurmans N, Verkuijl B J V, van Esch J H, Feringa B L, De Schryver F C. Metal ion complexation: A route to 2D templates? Chem. Eur. J. ,2004, 10: 1124-1132.

[71] Semenov A, Spatz J P, Moller M, Lehn J M, Sell B, Schubert D, Weidl C H, Schubert U S. Controlled arrangement of supramolecular metal coordination arrays on surfaces. Angew. Chem. Int. Edit. ,1999, 38: 2547-2550.

[72] Xu L P, Yan C J, Wan L J, Jiang S G, Liu M H. Light-induced structural transformation in self-assembled monolayer of 4-(amyloxy)cinnamic acid investigated with scanning tunneling microscopy. J.

Phys. Chem. B,2005, 109: 14773-14778.

[73] Yang G Z, Wan L J, Zeng Q D, Bai C L. Photodimerization of P2VB on Au(111)in solution studied with scanning tunneling microscopy. J. Phys. Chem. B,2003, 107: 5116-5119.

[74] Sakaguchi H, Matsumura H, Gong H, Abouelwafa A M. Direct visualization of the formation of single-molecule conjugated copolymers. Science,2005, 310: 1002-1006.

[75] Yang L Y O, Chang C, Liu S, Wu C, Yau S L. Direct visualization of an aniline admolecule and its electropolymerization on Au(111)with in situ scanning tunneling microscope. J. Am. Chem. Soc., 2007, 129: 8076-8077.

[76] Perepichka D F, Rosei F. Chemistry extending polymer conjugation into the second dimension. Science, 2009, 323: 216-217.

[77] Grill L, Dyer M, Lafferentz L, Persson M, Peters M V, Hecht S. Nano-architectures by covalent assembly of molecular building blocks. Nat. Nanotechnol.,2007, 2: 687-691.

[78] Gutzler R, Walch H, Eder G, Kloft S, Heckl W M, Lackinger M. Surface mediated synthesis of 2D covalent organic frameworks: 1,3,5-tris(4-bromophenyl)benzene on graphite(001), Cu(111), and Ag (110). Chem. Commun.,2009: 4456-4458.

[79] Zwaneveld N A A, Pawlak R, Abel M, Catalin D, Gigmes D, Bertin D, Porte L. Organized formation of 2D extended covalent organic frameworks at surfaces. J. Am. Chem. Soc.,2008, 130: 6678-6679.

[80] Cai J M, Ruffieux P, Jaafar R, Bieri M, Braun T, Blankenburg S, Muoth M, Seitsonen A P, Saleh M, Feng X L, Mullen K, Fasel R. Atomically precise bottom-up fabrication of graphene nanoribbons. Nature,2010, 466: 470-473.

[81] Bieri M, Treier M, Cai J M, Ait-Mansour K, Ruffieux P, Groning O, Groning P, Kastler M, Rieger R, Feng X L, Mullen K, Fasel R. Porous graphenes: Two-dimensional polymer synthesis with atomic precision. Chem. Commun.,2009: 6919-6921.

[82] Mena-Osteritz E. Superstructures of self-organizing thiophenes. Adv. Mater.,2002, 14: 609-616.

[83] Mena-Osteritz E, Bauerle P. Complexation of C_{60} on a cyclothiophene monolayer template. Adv. Mater.,2006, 18: 447-481.

[84] Stang P J, Olenyuk B. Self-assembly, symmetry, and molecular architecture: Coordination as the motif in the rational design of supramolecular metallacyclic polygons and polyhedra. Acc. Chem. Res.,1997, 30: 502-518.

[85] Yuan Q H, Wan L J, Jude H, Stang P J. Self-organization of a self-assembled supramolecular rectangle, square, and three-dimensional cage on Au(111)surfaces. J. Am. Chem. Soc.,2005, 127: 16279-16286.

[86] Li S S, Northrop B H, Yuan Q H, Wan L J, Stang P J. Surface confined metallosupramolecular architectures: Formation and scanning tunneling microscopy characterization. Acc. Chem. Res.,2009, 42: 249-259.

[87] Ohira A, Sakata M, Hirayama C, Kunitake M. 2D-supramolecular arrangements of dibenzo-18-crown-6-ether and its inclusion complex with potassium ion by potential controlled adsorption. Org. Biomol. Chem,2003, 1: 251-253.

[88] Pan G B, Wan L J, Zheng Q Y, Bai C L, Itaya K. Self-organized arrays of calix[4]arene and calix[4] arene diquinone disulfide on Au(111). Chem. Phys. Lett.,2002, 359: 83-88.

[89] Pan G B, Wan L J, Zheng Q Y, Bai C L. Highly ordered adlayers of three calix[4]arene derivatives on

Au(111)surface in $HClO_4$ solution: *In situ* STM study. Chem. Phys. Lett. ,2003, 367: 711-716.

[90] Pan G B, Liu J M, Zhang H M, Wan L J, Zheng Q Y, Bai C L. Configurations of a calix[8]arene and a C_{60}/calix[8]arene complex on a Au(111)surface. Angewa. Chem. Int. Edit. ,2003, 42: 2747-2751.

[91] Yan C J, Yan H J, Xu L P, Song W G, Wan L J, Wang Q Q, Wang M X. Adlayer structures of aza- and/or oxo-bridged calix[2]arene[2]triazines on Au(111)investigated by scanning tunneling microscopy (STM). Langmuir,2007, 23: 8021-8027.

[92] Spillmann H, Kiebele A, Stohr M, Jung T A, Bonifazi D, Cheng F Y, Diederich F. A two-dimensional porphyrin-based porous network featuring communicating cavities for the templated complexation of fullerenes. Adv. Mater. ,2006, 18: 275-279.

[93] Wintjes N, Bonifazi D, Cheng F Y, Kiebele A, Stohr M, Jung T, Spillmann H, Diederich F. A supramolecular multiposition rotary device. Angew. Chem. Int. Edit. ,2007, 46: 4089-4092.

[94] Weigelt S, Busse C, Petersen L, Rauls E, Hammer B, Gothelf K V, Besenbacher F, Linderoth T R. Chiral switching by spontaneous conformational change in adsorbed organicmolecules. Nat. Mater. , 2006, 5: 112-117.

[95] Gong J R, Yan H J, Yuan Q H, Xu L P, Bo Z S, Wan L J. Controllable distribution of single molecules and peptides within oligomer template investigated by STM. J. Am. Chem. Soc. ,2006, 128: 12384-12385.

[96] Griessl S J H, Lackinger M, Jamitzky F, Markert T, Hietschold M, Heckl W A. Incorporation and manipulation of coronene in an organic template structure. Langmuir,2004, 20: 9403-9407.

[97] Adisoejoso J, Tahara K, Okuhata S, Lei S, Tobe Y, De Feyter S. Two-dimensional crystal engineering: A four-component architecture at a liquid-solid interface. Angew. Chem. Int. Edit. ,2009, 48: 7353-7357.

[98] Phillips A G, Perdigao L M A, Beton P H, Champness N R. Tailoring pores for guest entrapment in a unimolecular surface self-assembled hydrogen bonded network. Chem. Commun. , 2010, 46: 2775-2777.

[99] Bonifazi D, Spillmann H, Kiebele A, De Wild M, Seiler P, Cheng F Y, Guntherodt H J, Jung T, Diederich F. Supramolecular patterned surfaces driven by cooperative assembly of C_{60} and porphyrins on metal substrates. Angew. Chem. Int. Edit. ,2004, 43: 4759-4763.

[100] Nishiyama F, Yokoyama T, Kamikado T, Yokoyama S, Mashiko S, Sakaguchi K, Kikuchi K. Interstitial accommodation of C_{60} in a surface-supported supramolecular network. Adv. Mater. ,2007, 19: 117-120.

[101] Chen T, Pan G B, Wettach H, Fritzsche M, Hoger S, Wan L J, Yang H B, Northrop B H, Stang P J. 2D assembly of metallacycles on HOPG by shape-persistent macrocycle templates. J. Am. Chem. Soc. ,2010, 132: 1328-1333.

[102] Zhang X, Chen T, Yan H J, Wang D, Fan Q H, Wan L J, Ghosh K, Yang H B, Stang P J. Engineering of linear molecular nanostructures by a hydrogen-bond-mediated modular and flexible host-guest assembly. ACS Nano,2010, 4: 5685-5692.

[103] 张旭, 王选芸, 王栋, 万立骏. 吡啶基客体分子对枝状分子表面线状模板的选择性调节. 中国科学: 化学,2011, 41: 1359-1365.

[104] Pan G B, Cheng X H, Hoger S, Freyland W. 2D supramolecular structures of a shape-persistent macrocycle and co-deposition with fullerene on HOPG. J. Am. Chem. Soc. ,2006, 128: 4218-4219.

[105] MacLeod J M, Ivasenko O, Fu C Y, Taerum T, Rosei F, Perepichka D F. Supramolecular ordering in oligothiophene-fullerene monolayers. J. Am. Chem. Soc. ,2009, 131: 16844-16850.

[106] Griessl S J H, Lackinger M, Jamitzky F, Markert T, Hietschold M, Heckl W M. Room-temperature scanning tunneling microscopy manipulation of single C_{60} molecules at the liquid-solid interface: Playing nanosoccer. J. Phys. Chem. B,2004, 108: 11556-11560.

[107] Wang D, Chen Q, Wan L J. Structural transition of molecular assembly under photo-irradiation: An STM study. Phys. Chem. Chem. Phys. ,2008, 10: 6467-6478.

[108] 张旭, 万立骏. 表面分子自组装结构的外界调控及 STM 研究进展. 高等学校化学学报,2008, 29: 2582-2590.

[109] Gong J R, Wan L J, Yuan Q H, Bai C L, Jude H, Stang P J. Mesoscopic self-organization of a self-assembled supramolecular rectangle on highly oriented pyrolytic graphite and Au(111)surfaces. Proc. Natl. Acad. Sci. USA,2005, 102: 971-974.

[110] Yan H J, Lu J, Wan L J, Bai C L. STM study of two-dimensional assemblies of tricarboxylic acid derivatives on Au(111). J. Phys. Chem. B,2004, 108: 11251-11255.

[111] Furukawa S, Tahara K, De Schryver F C, Van der Auweraer M, Tobe Y, De Feyter S. Structural transformation of a two-dimensional molecular network in response to selective guest inclusion. Angew. Chem. Int. Edit. ,2007, 46: 2831-2834.

[112] Blunt M O, Russell J C, Gimenez-Lopez M D, Taleb N, Lin X L, Schroder M, Champness N R, Beton P H. Guest-induced growth of a surface-based supramolecular bilayer. Nat. Chem. ,2011, 3: 74-78.

[113] Blunt M O, Russell J C, Gimenez-Lopez M D, Garrahan J P, Lin X, Schroder M, Champness N R, Beton P H. Random tiling and topological defects in a two-dimensional molecular network. Science, 2008, 322: 1077-1081.

[114] Stohr M, Wahl M, Spillmann H, Gade L H, Jung T A. Lateral manipulation for the positioning of molecular guests within the confinements of a highly stable self-assembled organic surface network. Small,2007, 3: 1336-1340.

[115] Zhang H L, Chen W, Huang H, Chen L, Wee A T S. Preferential trapping of C_{60} in nanomesh voids. J. Am. Chem. Soc. ,2008, 130: 2720-2721.

[116] Kampschulte L, Werblowsky T L, Kishore R S K, Schmittel M, Heckl W M, Lackinger M. Thermo-dynamical equilibrium of binary supramolecular networks at the liquid-solid interface. J. Am. Chem. Soc. ,2008, 130: 8502-8507.

[117] Perdigao L M A, Staniec P A, Champness N R, Beton P H. Entrapment of decanethiol in a hydrogen-bonded bimolecular template. Langmuir,2009, 25: 2278-2281.

[118] Stohr M, Wahl M, Galka C H, Riehm T, Jung T A, Gade L H. Controlling molecular assembly in two dimensions: The concentration dependence of thermally induced 2D aggregation of molecules on a metal surface. Angew. Chem. Int. Edit. ,2005, 44: 7394-7398.

[119] Lei S B, Tahara K, De Schryver F C, Van der Auweraer M, Tobe Y, De Feyter S. One building block, two different supramolecular surface-confined patterns: Concentration in control at the solid-liquid interface. Angew. Chem. Int. Edit. ,2008, 47: 2964-2968.

[120] Zhang X, Chen T, Chen Q, Deng G J, Fan Q H, Wan L J. One solvent induces a series of structural transitions in monodendron molecular self-assembly from lamellar to quadrangular to hexagonal.

Chem. Eur. J. ,2009，15：9669-9673.

[121] Yang Y L，Wang C. Solvent effects on two-dimensional molecular self-assemblies investigated by using scanning tunneling microscopy. Curr. Opin. Colloid Interface Sci. ,2009，14：135-147.

[122] Rohde D，Yan C J，Yan H J，Wan L J. From a lamellar to hexagonal self-assembly of bis(4,4'-(m, m'-di(dodecyloxy)phenyl)-2,2'-difluoro-1,3,2-dioxaborin)molecules：A *trans*-to-*cis*-isomerization-induced structural transition studied with STM. Angew. Chem. Int. Edit. ,2006，45：3996-4000.

[123] Marie C，Silly F，Tortech L，Mullen K，Fichou D. Tuning the packing density of 2D supramolecular self-assemblies at the solid-liquid interface using variable temperature. ACS Nano，2010，4：1288-1292.

[124] Gutzler R，Sirtl T，Dienstmaier J F，Mahata K，Heckl W M，Schmittel M，Lackinger M. Reversible phase transitions in self-assembled mono layers at the liquid-solid interface：Temperature-controlled opening and closing of nanopores. J. Am. Chem. Soc. ,2010，132：5084-5090.

[125] Shen Y T，Guan L，Zhu X Y，Zeng Q D，Wang C. Submolecular observation of photosensitive macro-cycles and their isomerization effects on host-guest network. J. Am. Chem. Soc. , 2009，131：6174-6180.

[126] Wan L J，Noda H，Wang C，Bai C L，Osawa M. Controlled orientation of individual molecules by electrode potentials. ChemPhysChem,2001，2：617-619.

[127] Wen R，Pan G B，Wan U J. Oriented organic islands and one-dimensional chains on a Au(111)surface fabricated by electrodeposition：An STM study. J. Am. Chem. Soc. ,2008，130：12123-12127.

[128] Wang D，Wan L J. Electrochemical scanning tunneling microscopy：Adlayer structure and reaction at solid/liquid interface. J. Phys. Chem. C,2007，111：16109-16130.

[129] Yoshimoto S，Yokoo N，Fukuda T，Kobayashi N，Itaya K. Formation of highly ordered porphyrin adlayers induced by electrochemical potential modulation. Chem. Commun. ,2006：500-502.

[130] Li M，Deng K，Yang Y L，Zeng Q D，He M，Wang C. Electronically engineered interface molecular superlattices：STM study of aromatic molecules on graphite. Phys. Rev. B,2007，76：155438.

[131] Madueno R，Raisanen M T，Silien C，Buck M. Functionalizing hydrogen-bonded surface networks with self-assembled monolayers. Nature,2008，454：618-621.

[132] Silien C，Raisanen M T，Buck M. A supramolecular hydrogen-bonded network as a diffusion barrier for metal adatoms. Angew. Chem. Int. Edit. ,2009，48：3349-3352.

[133] Silien C，Raisanen M T，Buck M. A supramolecular network as sacrificial mask for the generation of a nanopatterned binary self-assembled monolayer. Small,2010，6：391-394.

[134] Hulsken B，Van Hameren R，Gerritsen J W，Khoury T，Thordarson P，Crossley M J，Rowan A E，Nolte R J M，Elemans J A A W，Speller S. Real-time single-molecule imaging of oxidation catalysis at a liquid-solid interface. Nat. Nanotechnol,2007，2：285-289.

第6章 功能体系的组装

分子结构决定分子性质,分子在固体表面吸附组装形成不同组装体系或自组装层,组装体系或组装层的结构也直接影响体系或层的性质。在上述各章中,讨论了从结构简单的烷烃分子到结构复杂的配合物分子等不同类型分子在不同固体表面吸附组装的可能性,并研究了它们的组装结构和结构变化,还针对具体体系初步探讨了其组装规律。另一方面,分子在表面吸附组装,可以改变或改善材料表面性质。同时,表面分子组装结构也常具有特定功能,可以是功能器件中的一部分,可与其他部分例如控制部分一起集成形成功能器件。基于分子组装得到的分子纳米结构的构筑、性质及结构变化直接影响所制备器件的性能,因而成为分子科学研究的重要课题。

为实现表面分子图案化,研究组装体的功能,模拟设计制备了多种由特定功能分子组装而成的组织体系,这些体系与分子器件的性质和功能密切相关[1-3]。利用扫描隧道显微技术不仅原位揭示了这些组装体系中的分子排列,还研究了其随结构变化的光、电等性质的变化。例如,利用主客体分子材料制备有机发光器件的简单模型结构,然后通过加热,研究了该模型结构在不同温度下分子组装结构的变化,根据结构变化的结果进而揭示了器件性能与组装结构的关系,为提高功能器件性能,研究结构与性能关系提供了重要的实验和理论依据[1,4]。

6.1 模拟光电器件的组装体系

近年来,有机发光器件的研究取得了重要进展,其代表性器件如有机发光二极管(organic light-emitting diode, OLED)已经在某些领域得到应用。OLED 具有自发光的特点,不需背光源,且对比度高、厚度薄、视角广、反应速度快,可用来制造挠曲性显示面板,现在已有商品化的 OLED 曲面电视问世。这类器件中的功能层厚度一般很薄,有时只有几个分子层厚度,但是这薄层中分子的排列组装结构对诸如器件发光、器件寿命和器件稳定性等却有着非常重要的影响。改善器件结构,提高器件性能,迫切需要掌握器件功能层中分子的组装结构,以及器件工作时功能层中分子组装结构的变化规律等。例如,热效应影响器件工作,对电致发光效率和寿命的影响被认为是引起 OLED 器件退化的重要因素之一[5],研究热效应对 OLED 器件退化的影响有重要意义。因此,为防止 OLED 器件发光退化,需要了解主客体(给受体)材料在无定形态中的相容性,工作时界面结构的热稳定性等等。研究表明,与在室温下工作的器件相比,根据材料不同,在一定温度下工作时的器件,其功能层的分子组装结构发生变化,从而影响器件性能和寿命,导致发光寿命可能会降低 1~2 个数量级[6]。

　　为深入理解器件工作时热效应对功能层界面结构中主客体分子材料的相容性、热稳定性以及温度对性能影响等问题,模拟设计了原理性光电器件的分子组装体系,并利用 STM 原位研究了体系在不同温度条件下的结构变化和性能变化。

　　选用 1,4-二(苯并噻唑-乙烯)苯(简写为 BT)和另一个苯并噻唑衍生物,1,4-二(m-甲基-苯并噻唑-乙烯)苯(简写为 m-BT)为客体分子,选用 2,2′,2″-(1,3,5-亚苯基)三(1-苯-1 氢-苯并咪唑)(简写为 TPBI)为主体分子[7,8]。图 6.1 是三个分子的结构示意图。首先将三种分子分别溶解并在高定向裂解石墨(HOPG)表面沉积,制备得到组装层,利用扫描隧道显微技术分别研究了它们的组装结构。然后,又将主客体分子混合[BT 分子在 TPBI 中的浓度约为 2%(质量分数)],形成 BT/TPBI 混合溶液,在 HOPG 表面模拟制备了与有机发光器件类似的分子薄膜,并通过在不同温度条件下(加热温度范围为 80~180℃,保温时间 1 h)加热退火,利用 STM 和扫描隧道谱(STS)研究了薄膜内分子组装结构的变化。研究发现,室温下主客体分子具有较好的相容性。但随加热退火温度升高,主客体分子之间发生相分离,不同分子独立成畴,并随之产生荧光强度降低现象。扫描隧道谱的测量结果表明,TPBI 和 BT 的特征能带宽度没有随温度升高发生改变。这一研究结果直接证实了相分离使主客体分子之间能量转移无效是导致 OLED 器件退化的主要原因。实验过程简要示意于图 6.2。

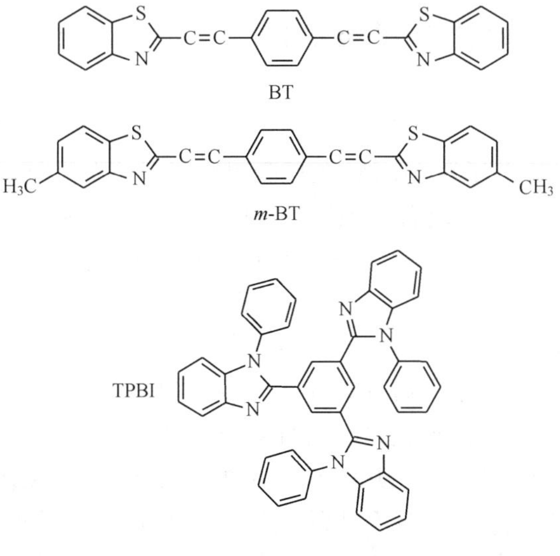

图 6.1　化合物的化学结构式

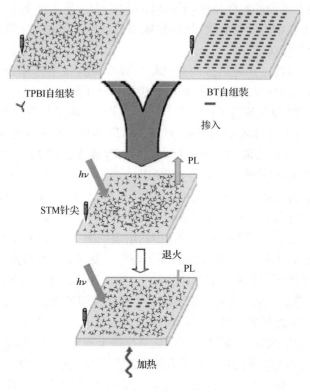

图 6.2　实验简要示意图

6.1.1　BT, *m*-BT, TPBI 分子的自组装结构

1. BT, *m*-BT 组装层

图 6.3(a)为 BT 分子在 HOPG 表面吸附组装层的大范围 STM 图像,可以看出 BT 分子吸附到 HOPG 表面,自组装形成有序结构,结构由明暗交替的分子列组成。图 6.3(b)中的高分辨 STM 图像显示了 BT 分子排列的结构细节。根据分子结构及尺寸大小,BT 分子表现为模型所示的一组亮点。吸附在 HOPG 上的分子具有相同的取向。图 6.3(c)是分子排列的结构模型。

m-BT 是 BT 分子的衍生物,较 BT 分子在两端各有一个甲基。与 BT 分子相似,*m*-BT 分子在 HOPG 表面也是吸附组装,形成有序的组装结构,图 6.4(a)为组装层典型的大范围 STM 图像。从图 6.4(b)的高分辨 STM 图像中可鉴别出分子中的芳香环显现为亮点,分子有序排列形成分子列,其分子模型覆盖于 STM 图像之上。图 6.4(c)是根据 STM 图像分析获得的分子组装的结构模型。理论分析表明,因为 BT、*m*-BT 两个分子都具有 π 电子,分子通过 π 电子与 HOPG 表面相互

作用，"平躺"吸附于基底表面。

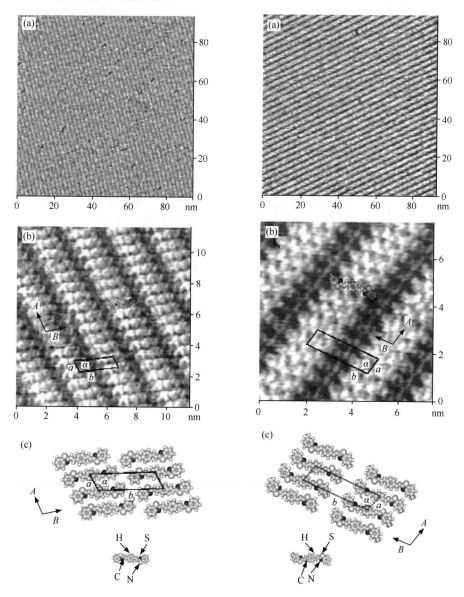

图 6.3　(a)BT 薄膜大范围 STM 图像。成像条件：$E_{bias}=727$ mV, $I_t=1.01$ nA。(b) BT 分子的高分辨 STM 图像。成像条件：$E_{bias}=648$ mV, $I_t=758$ pA。(c)BT 分子的组装结构模型

图 6.4　(a)m-BT 薄膜大范围 STM 图像。成像条件：$E_{bias}=405$ mV, $I_t=1.01$ nA。(b)m-BT 分子的高分辨 STM 图像。成像条件：$E_{bias}=800$ mV, $I_t=959$ pA。(c)BT 分子的组装结构模型

2. TPBI 吸附层

图 6.5 是 TPBI 分子在 HOPG 表面吸附组装层的典型 STM 图像。虽然表面可见分子吸附，但是分子组装层呈现无序结构，这可能与 TPBI 分子的复杂立体构型有关，使分子在 HOPG 表面难以形成长程有序结构。

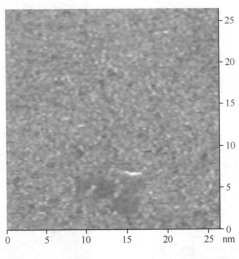

图 6.5　TPBI 在 HOPG 表面的 STM 图像

3. TPBI/BT 混合组装层

当在 TPBI 分子中掺杂 2%（质量分数）BT 分子时，两分子在 HOPG 表面形成的复合薄膜结构如图 6.6(a)所示。室温下(25℃时)，图像显示出 TPBI 和 BT 的均匀混合（右下角是一放大的 STM 图像），表明分子之间具有较好的相容性，但是看不到长程有序结构的存在。

然后，将 TPBI 和 BT 复合膜在 80℃，100℃和 180℃进行加热退火 1 h 处理，再利用 STM 研究其组装结构随温度的变化，同时还研究了吸附层结构与发光强度之间的关系。当加热至 80℃，由图 6.6(b)可以看出，混合组装层开始出现相分离，根据分子结构和分子尺寸，BT 分子在小范围内形成有序分子畴，如图中Ⅰ区所示。随温度升高，畴区逐步扩大。但是仍能看到无序区域存在，这是 TPBI 分子所处的位置。加热到 200℃时，表面分子组装层开始从 HOPG 基底脱附。

6.1.2　退火作用下的 TPBI/BT 复合层结构与发光强度

室温(25℃)下 TPBI/BT 分子复合层的光谱数据如图 6.7 所示，由图可见，BT分子在 450 nm 和 478 nm 有两个强发射峰，但没有看到 TPBI 分子的发射峰，表明

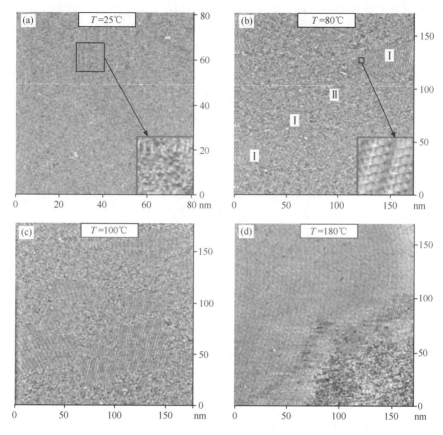

图 6.6　(a～d) HOPG 表面 TPBI/BT 复合薄膜在不同退火温度下的 STM 图像

复合膜发光来自客体分子 BT。80℃退火后,如图 6.6(b) 中 STM 图像所示,可观察到混合组装膜的结构发生改变,尽管大部分成像区域为无序结构(区域Ⅱ),仍可见由几个分子排组成的若干小畴区(区域Ⅰ),表明组装层中发生了相分离。右下角的插图为区域Ⅰ的高分辨 STM 图像,其有序畴区的分子结构和排列与图 6.3 中的 BT 分子相同,由此可以推断区域Ⅰ为 BT 分子吸附层。此时,尽管 450 nm 和 478 nm 的两个发射峰仍可见,但发光强度下降,从中可见相分离对发光性能的影响。提高退火温度至 100℃,混合膜发光强度下降到室温下的 2/3。这时在图 6.6(c) 中的 STM 图像显示 BT 分子畴区变大,其变大原因是由于 BT 的不断积聚使得小畴区接合和(或)生长。在图像显示的扫描区域,几乎一半的面积为 BT 分子的有序畴区。180℃退火后,可观察到大于 100 nm 的 BT 有序畴区[图 6.6 (d)]。需要提到的是混合薄膜中 BT 分子的掺杂浓度只有 2%(质量分数),虽然 BT 有序畴区几乎覆盖了整个扫描区域,但绝大部分吸附层应被无序的 TPBI 分子所占据。180℃退火后,发光强度极大降低,两个特征发射峰基本消失(图 6.7)。

相分离淬灭了发光中心,使不同分子间的能量转移效率降低,这可能是电致发光效率降低的主要原因。混合膜发光强度的降低与退火引起的膜结构变化密切相关。根据 Förster 能量转移模型,对有效的主客体能量转移存在着一个临界半径 R(1~10 nm),或捕获半径[9]。相分离使主客体分子间距超过临界半径 R,导致其间的能量转移不能发生。这是目前普遍认同的 OLED 退化的原因。STM 研究结果对 OLED 宏观退化现象给出了分子水平上的直接实验证据。

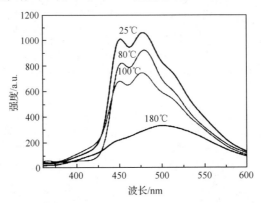

图 6.7　掺杂 2%(质量分数)BT 的 TPBI 复合薄膜在不同退火温度下(25℃,80℃,100℃和 180℃)的光致发光光谱,激发波长为 330 nm

6.1.3　自组装层的电子特性

OLED 器件通常是两个电极之间夹有有机电致发光材料的夹心式结构。电荷注入到阳极分子的最高占据轨道(HOMO)和阴极分子的最低未占据轨道(LOMO)。这些电荷在外加电场作用下迁移,直到复合发光。OLED 的结构及能级简单示意于图 6.8(a)。最近,高性能 OLED 的研制工作进展很大,人们正试图从实验和理论两个方面弄清器件发光的基本物理过程。对有机层界面能级的了解,有助于理解器件的工作原理,以改进结构,改进电极材料,借以提高器件工作效率。通常,有机分子通过较弱的范德华力吸附于基体表面。HOMO 和 LOMO 一般局域于每个分子之内,其分子间的能带宽度小于 0.1 eV,有机固体的电子结构大体保持了其分子特性[10]。

利用扫描隧道谱技术探测研究了局域电子特性。在这一技术中,STM 针尖充当微小的移动电极,有机材料吸附到充当对电极的 HOPG 表面。Sheats 等人的研究结果表明,用 Pt/Ir 丝制成的 STM 针尖获得的 MEH-PPV 复合分子膜的 I-V 特性与标准薄膜器件所获的结果基本一致[11,12]。UPS 可对有机材料的占据轨道能级进行测量,与之相比较,扫描隧道谱可对多层 OLED 各界面的占据及非占据轨道能级进行直接的测量。图 6.8(b)为典型的 STM 结构及能级示意图,其中电荷

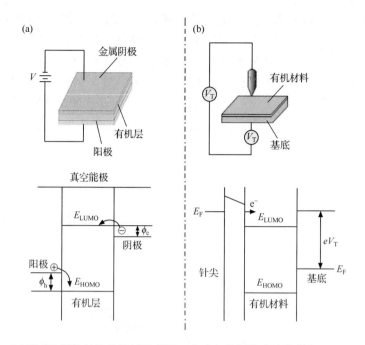

图 6.8　(a)OLED 器件结构及能级示意图。以真空能级作为参考能级，ϕ_h 和 ϕ_e 分别为空穴和电子注入势垒。(b)典型的 STM 结构及能级示意图，其中电荷通过隧道电流穿过真空势垒注入有机层。V_T 是相对于基底的费米能级施加的隧道偏压。如图所示针尖为负电性时，电子从针尖的费米能级注入到有机材料的空轨道

通过隧道电流穿过真空势垒注入有机层[13]。

　　针尖尖端的电场强度较平面电极界面的电场强度高得多。为降低这种影响，可以瞬间在针尖上施以较大电流，利用该方法可以形成相对较平的针尖尖端，STM 针尖在自组装有机层上扫描的同时获得隧道谱数据。另外，在 HOPG 及烷烃上进行隧道谱数据的平行实验，以检测数据的可靠性。dI/dV-V 曲线的采集是一项费时枯燥的工作，为确保数据的可靠及重复性，需要采集大量的数据进行统计处理，以排除假象，所提供的 dI/dV-V 曲线是大量数据的平均值。为进一步确保数据的可靠性，只选取在 STS 测量后 STM 图像仍存在的数据进行分析。

　　在 BT 分子组装层大范围有序畴区上测得的 dI/dV-V 曲线平均值示于图 6.9。从曲线可观察到零偏压处的能隙值，由 dI/dV-V 曲线斜率突变的位置确定能隙的边缘[14]。曲线结果表明，占据与未占据轨道之间的测量能隙(以 Δ 表示，图中 $\Delta=b-a$)，BT 分子组装层的 $\Delta_{BT}=1.58$ eV±0.05 eV。由公式 $\delta=(a+b)/2$ 计算得出费米能级(能带的中心位置)的偏移 $\delta_{BT}=0.03$ eV±0.02 eV。为了获得单个 BT 分子的 dI/dV-V 曲线，这里利用在烷烃层中孤立插入 BT 分子的方法，获得孤立的单个分子区域，利用这种方法，可获得单个 BT 分子的扫描隧道谱。这一插

入方法也被认为是研究孤立分子电子特性的理想方法[15]。图 6.10 所示的 STM
图像显示出插入到烷烃中的单个 BT 分子：在烷烃分子修饰的 HOPG 表面，可看
到孤立的单个 BT 分子分散插入烷烃阵列之中。从图 6.9 中可以看出，孤立 BT
分子的 dI/dV-V 曲线与 BT 畴区中的曲线基本相似，这一结果可由 BT 分子在表
面的吸附状态来解释。由于 BT 分子的芳香 π 体系与基底表面平行，所以其分子

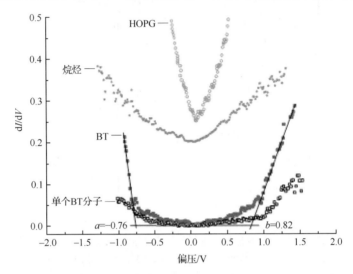

图 6.9　HOPG、烷烃、有序畴区中 BT 分子层及单个 BT 分子的扫描隧道谱。
成像条件：V_{bias}＝1.09 V，I_{tip}＝336 pA

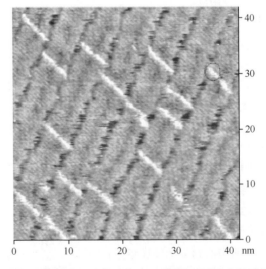

图 6.10　插入到烷烃中的单个 BT 分子的 STM 图像。圆圈中指示为单个 BT 分子。
成像条件：E_{bias}＝1.09 V，I_t＝336 pA

间无面对面 π-π 堆积结构形成。因此,在烷烃修饰的 HOPG 表面上的孤立 BT 分子的电子特性与 BT 分子畴区中的 BT 分子的电子特性相比基本没有变化。与之对照,在烷烃及 HOPG 表面获得的隧道谱没有出现明显的能隙,曲线呈抛物线形。

　　TPBI 分子吸附层的扫描隧道谱示于图 6.11,在费米能级左右,确定占据与未占据轨道分别约为 -1.28 eV 和 1.23 eV,TPBI 的能隙宽度为 2.51 eV± 0.05 eV,较文献报道的体相能隙宽度(3.5 eV)为小[16]。样品制备、基底、实验操作环境及掺杂剂的不同将极大地影响能隙值[10]。文献中报道 TPBI 的能隙宽度为 3.5 eV,二者实验条件的不同可能是产生不同能隙值的原因。

　　TPBI/BT 分子复合薄膜的扫描隧道谱也如图 6.11 所示,显示其能隙宽度为 1.96 eV±0.05 eV,与单纯的 BT 分子及 TPBI 分子扫描隧道谱不同。根据已有研究结果,当掺杂分子引入到复合分子组装层后,会使电荷陷阱重新排布[17]。

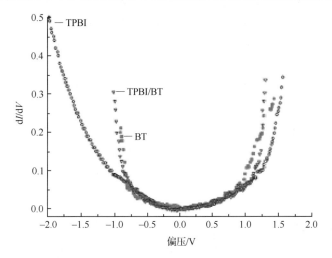

图 6.11　BT 分子、TPBI 分子、TPBI/BT 复合分子薄膜的扫描隧道谱。
成像条件:偏压 1.09 V,隧道电流 336 pA

　　研究中还测量了退火后样品的扫描隧道谱,分相后的 BT 分子及 TPBI 分子畴区的能隙值与其未掺杂样品室温下的能隙值基本无变化,表明分子的电子态没有明显改变。此结果说明,热现象引发的 OLED 器件退化,是由于相分离导致主客体分子间的距离超出 Förster 能量转移临界半径,而不是分子本身电子特性发生改变。

6.2　石墨烯分子的组装

自 2004 年英国曼彻斯特大学物理学家安德烈·海姆和康斯坦丁·诺沃肖洛

夫成功地从石墨中分离出石墨烯以来,对石墨烯的研究已经成为国际科学的前沿领域和研究热点,两人也因"在二维石墨烯材料的开创性实验",共同获得 2010 年诺贝尔物理学奖[18]。石墨烯仅有一个碳原子层的厚度(3.35 Å),是由碳原子之间依靠共价键连接而成的蜂窝状结构,是目前世界上最薄或是最坚固的材料。近年来,石墨烯已被应用于场效应管、太阳能电池、传感器、触摸屏和微电子器件等领域,并取得重要进展。

化学工作者可以通过有机合成的方法在芳环与芳环之间形成碳-碳键,从而构筑更多个六元碳环。这种自下而上的合成方法可以制备具有确定结构而且无缺陷的类石墨烯分子,能方便地调整其结构的大小和形状,并可进一步地对其进行功能化修饰[19]。通过有机合成的方法制备纳米尺度大 π 稠环芳烃功能分子可以作为石墨烯类材料的模型体系,其结构确定、功能可调,具有重要的科学意义,而这些具有大的 π 体系的稠环芳烃也开始被称作石墨烯分子,或是纳米石墨烯。

以双曲面形(Janus)石墨烯分子氟代三苯并晕苯(hexafluorotribenzo[a,g,m]coronene,简写为 FTBC-Cn,n=4,6,8,12,分子结构如图 6.12)为结构单元[20],将其组装于 HOPG 表面,利用 STM 研究其组装结构,并通过改变取代基上烷基链的长度,研究分子结构对组装结构的影响[2,21]。STM 实验结果和量化计算证明了该类分子的组装结构受控于分子的立体构象及取代的烷基链长度。四个同系物表现出丰富的组装方式,除了新奇的双曲面翻转排列的"up-down"结构外,还包括蜂窝状、垄状和准蜂窝状结构,非共价键作用的变化是改变 FTBC 组装结构的根本

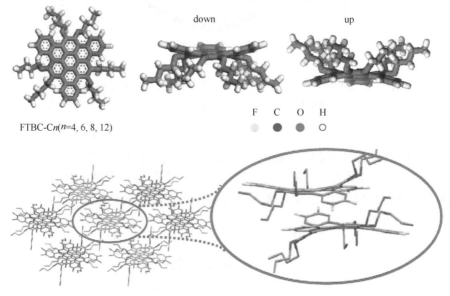

down　　　　　　up

FTBC-Cn(n=4, 6, 8, 12)

F　C　O　H

图 6.12　理论计算优化的分子构象和 FTBC-C4 的单晶 X 射线衍射的晶体结构

原因。除此之外,借助扫描隧道谱还测量了 FTBC 单分子层的电学性质,数据表明 FTBC 在吸附到石墨表面后,仍保留了分子的半导体性质。

6.2.1 构象诱导的正反交替组装结构

图 6.13(a)是 FTBC-C4 分子在石墨表面自组装时的大范围 STM 图像,分子不但可以稳定地吸附在表面,并构成了高度有序的单分子层。高分辨的 STM 图像[图 6.13(b)]显示分子畴区是由一个个三角形的单元组成,而每个单元均由三个亮点构成,其形状和大小(1.3 nm±0.1 nm)与分子的最低未占据轨道(LUMO)[图 6.13(b)插图]能很好地吻合。所以,可以确认每个三角形单元即为一个FTBC-C4分子的芳香核部分。由于烷基链过短以及参与隧穿的能力弱于苯环,在STM 图像上无明显特征。

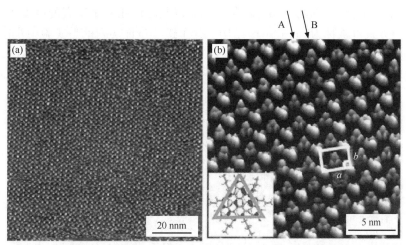

图 6.13　FTBC-C4 在 HOPG 表面的自组装组织的(a)大范围和(b)高分辨的 STM 图像。
成像条件:(a)E_{bias}=650 mV,I_t=670 pA;(b)E_{bias}=753 mV,I_t=674 pA

仔细观察 6.13 所示的 STM 图像发现,组装结构中包含亮与暗两种不同反差的三角形,如用 A 和 B 示出的两列分子。这两种不同的三角形交替排列,有序存在于扫描区域之内。同种分子表现出不同的反差,其原因可能是分子在基底表面的吸附位点不同,也可能是分子在吸附表面具有不同的构象等[22,23]。对 FTBC 分子而言,最可能的是构象的差异。其晶体结构[20]和单分子构象均为双曲面构象:一个曲面是由扭曲的共轭芳核部分构成,另一个曲面是由烷氧基部分围成。当分子在表面吸附时,这两个曲面都有可能与基底接触,从而存在两种不同的吸附取向:烷基链与 HOPG 靠近或者共轭面与 HOPG 靠近。或许正是这两种不同的吸附取向,造成了 STM 成像反差的不同。根据组装结构的周期性,在图 6.13(b)中标出一个矩形单胞。四个反差为亮的分子处于单胞的角上,而一个反差为暗的分子位于单胞的中心。单胞参数 $a=2.62$ nm±0.1 nm, $b=2.12$ nm±0.1 nm。

以上只是依据 STM 图像和分子三维结构晶体数据的合理推测,实际上, FTBC在稳定吸附后,由于受到苯环/基底间的 π-π 作用,分子的曲度是否还能维持,或者即使分子仍然维持其双曲面结构,STM 图像观察到的周期性反差变化就一定是不同吸附取向而造成的? 对此,结合密度泛函理论DFT 量化计算展开了更深入的研究。首先研究了单个分子在石墨表面吸附时的几何构象,结果如图 6.14 (a)和(c)所示。由于分子/基底间作用,分子的苯环面确实被平面化,烷基侧链柔性地舒展于上方。但当分子被放入 STM 图像所观察到的周期性结构之中,优化的构象如图 6.14(b)和(d)所示,分子的构象出现了分化。一种是类似前文中提到的第一种吸附取向,烷基链作为支点与基底靠近,共轭面远离基底并维持其曲度,称之为"down"构象;另一种就是单分子在石墨表面的构象,共轭面靠近基底平面化,烷基链向上伸展,称之为"up"构象。如果以共轭面相对于基底的高度为标准,这种组装方式可被称为"up-down"结构。为了进一步证实它就是实验中观察到的结构,通过 DFT 理论计算模拟了它的 STM 图像[图 6.14(e)]。模拟的 STM 图像与实验所得的 STM 图像[图 6.13(b)]非常吻合,并由此确定了 A 分子对应的是

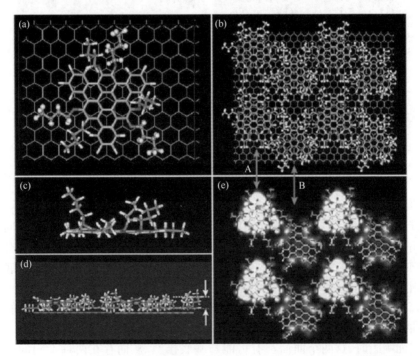

图 6.14　FTBC-C4 的组装模型和模拟的 STM 结果。(a)(b)单分子和周期性结构的几何优化模型。A 和 B 分别对应的是图 6.13 中的"down"和"up"构象。(c)(d)分别是(a)(b)的侧视图。(e)以 up-down 结构为模型模拟的 STM 图像

"down"构象,在图像中的反差为亮,三角形的顶点就是氟原子所在的位置;B 分子对应的是"up"构象,反差为暗,三角形的顶点是烷氧基所在的位置。除此之外,模拟图像还表明在"down"构象中的 F 原子面向的是"up"构象中的烷基链部分。由此看来,STM 图像的反差来自于分子不同的吸附构象,"up"和"down"构象中共轭面相对于针尖的高度不同造成隧穿贡献不同是反差差异的直接原因。

　　分析结果表明,分子在形成自组装膜的时候与单分子的构象不同,是因为除了分子/基底相互作用外,组装时分子还会受到周围其他分子的作用。通过理论计算发现,在"up-down"结构中有 C—H…F 氢键形成,如图 6.15(c)所示。F 原子与同分子和相邻分子的烷基链分别形成了分子内氢键和分子间氢键。氢键的距离不超过 0.254 nm,角度不小于 137°,均符合文献中 C—H…F 氢键的形成条件[24-26]。虽然 C—H…F 氢键相较于传统的 N,O 形成的氢键要弱很多,但在超分子化学中它同样发挥着重要作用。文献报道当 F 原子位于苯环上时,C—H…F 氢键的作用被加强[26-28]。在 FTBC-C4 的组装中,由于烷基链短,范德华力是较弱的。所以在

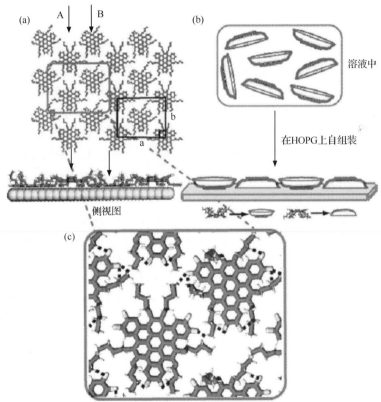

图 6.15　(a)FTBC-C4 的组装结构模型。(b)"up-down"组装的示意图。
(c)组装中可能存在的氢键用虚线标注

一定程度上氢键起到了决定性的作用:分子内和分子间的C—H⋯F氢键帮助"up-down"结构稳定存在,组装结构的覆盖度更高。

图6.15(a)提出了"up-down"结构的最终模型。A和B分别代表了FTBC-C4组装中的分子的两种不同的构象("down"和"up"),它们的相对高度不同,是导致成像反差差异的直接原因。值得一提的是,丁基的刚性是其可以作为支架维持共轭面的曲度,而C—H⋯F氢键帮助这种"up-down"结构稳定存在。图6.15(b)是这种结构的示意图,如将曲面的FTBC-C4分子比拟为一个盘子,在溶液中盘子原本是随意分布的,朝向没有规律,而吸附在石墨表面之后则组装成高度有序的正反交替的结构。

6.2.2　烷基取代对组装的影响及机理研究

为了理解烷基链对组装结构的影响,除了FTBC-C4,还研究了不同烷基链长(C6,C8和C12)对Janus双曲面石墨烯分子在石墨表面组装行为的影响。

1. FTBC-C6

FTBC-C6分子中,己基取代了FTBC-C4中的丁基,组装结果如图6.16(a)所示,在HOPG表面同样可以形成有序的单分子组装层。从图6.16(b)的高分辨STM图像可以看出,尽管只是烷基链增加了两个碳原子,FTBC-C6与FTBC-C4的组装结构完全不同,亮暗交替的分子列结构消失,取而代之的是六角形蜂窝状的结构。每一个蜂窝由六个亮团组成,蜂窝的中心是一个凹陷。通过比对分子结构和图像反差,可以确定每一个亮团即为一个FTBC-C6分子。蜂窝中间的凹陷表现出暗的反差,并能在其中看到一些细节,可以肯定它不是单纯的石墨基底,而应该是烷基支链。但由于支链的长度较短,隧穿能力相对于共轭面也较弱,在STM图像上未能观察到。根据图像的对称性,可以在组装层上归纳出一个菱形单胞,如图6.16(b)所示,单胞参数:$a=b=2.60$ nm±0.1 nm,$\gamma=60°\pm2°$。从STM图像来看,FTBC-C6没有表现出明显不同的成像反差,说明分子在石墨表面的吸附构象相同。图6.16(c)和(d)是根据STM结果得出的组装结构模型,分子间形成了丰富的氢键。为了简化模型,烷基链被处理为"平躺"吸附在石墨表面,实际上烷基链也有可能重叠或是翘起离开表面。

2. FTBC-C8

如图6.17(a)所示,FTBC-C8的自组装单层与FTBC-C6相似,也是六角蜂窝网格结构。图6.17(b)是自组装层的高分辨STM图像,根据图像的对称性,可以在组装层上归纳出一个菱形单胞,其单胞参数为:$a=b=2.70$ nm±0.1 nm,$\gamma=60°\pm2°$,尺寸稍大于FTBC-C6组装层。图6.17(c)是单分子层的组装结构模型和

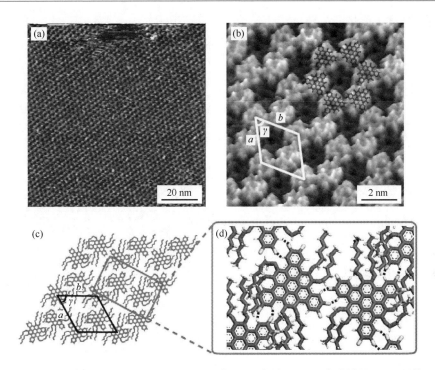

图 6.16　FTBC-C6 在 HOPG 表面的自组装的(a)大范围和(b)高分辨的 STM 图像。
(c)组装结构模型。(d)组装中的氢键。成像条件：(a)E_{bias}＝1280 mV，I_t＝420 pA；
(b)E_{bias}＝1060 mV，I_t＝223 pA
本图另见书末彩图

模拟的氢键作用关系。

3. FTBC-C12

当烷基链增长到 12 个碳，范德华力在 FTBC-C12 的组装中的作用明显增强。
除此之外，另一种重要的作用力是存在于芳核和 HOPG 基底间的 π-π 作用，还有
就是分子间的氢键，在这几种非共价力协同作用下，FTBC-C12 组装层有两种分子
排列：垄状结构和准蜂窝状结构。图 6.18(a)是 FTBC-C12 分子组装层的大范围
STM 图像，图中有三个有序畴区，分别用 A，B1 和 B2 表示，畴区的边界用白色虚
线勾勒出。仔细观察可以发现，B1 和 B2 是呈镜面对称的手性畴区。

图 6.18(b)是畴区 A 的高分辨 STM 图像。FTBC-C12 形成了垄状排列的有
序结构，相邻烷基链间的范德华力对这种结构的形成发挥了重要作用。亮团归属
为 FTBC 芳核，而暗色的垄间则是烷基链部分。不同列间的烷基链相互对插，形
成了密排结构。从图像上可以清楚地看到周期性出现的两条较亮的烷基链，而它
们分别归属于相邻列间的 FTBC 分子。根据观察结果，搭建模型时发现同一列中

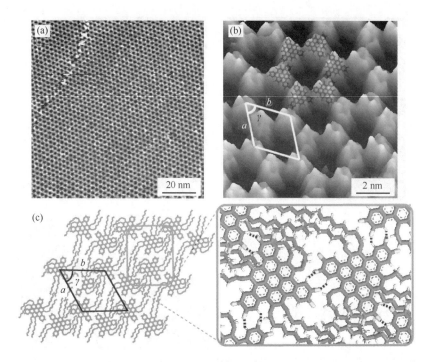

图 6.17　FTBC-C8 在 HOPG 表面的自组装的(a)大范围和(b)高分辨的 STM 图像。
(c)组装结构模型和形成氢键的示意图。成像条件:(a)E_{bias}＝－1.32 V,I_t＝120 pA;
(b)E_{bias}＝－1.53 V,I_t＝529 pA

的相邻分子在同一平面内采取的是相反的取向,三角形头尾相插,正反颠倒,刚好
排成一条致密的直线,如图中叠加的分子模型所示。根据分子的排列和对称性,可
以归纳出组装层的单胞,如图 6.18(b)所示,单胞参数 $a＝b＝3.20$ nm± 0.1 nm,
$\gamma＝45°\pm 2°$。图 6.18(e)给出了垄状结构的模型,其中可能存在的氢键如图 6.18
(h)所示。图 6.18(c)和(d)是畴区 B1 和 B2 的高分辨 STM 图像。图像中烷基链
和芳香核都清晰可见。不同于 FTBC-C6 和 FTBC-C8 的六角蜂窝结构,B1 和 B2
畴区形成的是发生形变的准蜂窝状结构,图中用蓝点白线标注。两个畴区的单胞
参数是一样的($a＝2.60$ nm± 0.1 nm,$b＝3.05$ nm± 0.1 nm, $\gamma＝75°\pm 2°$),每个单
胞中包含两个分子。为了更清楚地表现分子的组装排列方式,五个分子的模型被
叠加在组装层表面。由于方向不同,畴区 B1 和 B2 互为镜面对称,表现出组织手
性,图 6.18(f)和(g)分别为这两个手性畴区的结构模型。FTBC-C12 是非手性分
子,分子吸附在非手性的石墨表面,如同其他非手性分子形成的手性畴区一
样[23,29-31],会等概率地形成手性对映区,整个表面仍呈消旋结构。

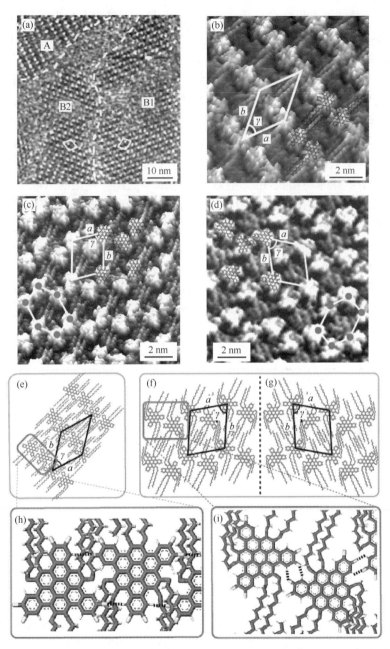

图 6.18 FTBC-C12 在 HOPG 表面的自组装。(a)大范围 STM 图像。A 和 B 标注的是垄状和准蜂窝状结构,B1 和 B2 是呈镜面对称的畴区。$E_{bias}=984$ mV,$I_t=503$ pA。(b)A 畴区(垄状结构)的高分辨图像。$E_{bias}=850$ mV,$I_t=410$ pA。(c,d)B1 和 B2 畴区(准蜂窝状结构)的高分辨图像。(e~g)A,B1 和 B2 的组装结构模型。(h,i)氢键形成的示意图。成像条件:(c)$E_{bias}=880$ mV,$I_t=500$ pA;(d)$E_{bias}=850$ mV,$I_t=498$ pA

　　表 6.1 总结了 FTBC-Cn(n=4,6,8,12)分子在石墨表面组装层的结构模型和单胞参数,分子结构尤其是烷基链对组装结构的影响一目了然。一般来说,分子自组装单层的形成是分子内、分子间和分子/基底等多种作用平衡的结果。在本研究中,分子/基底间的相互作用驱使分子通过共轭芳核和烷基链吸附在基底表面,分子内、分子间相互作用促使分子更紧密堆积,并选择合适的相对取向帮助非共价作用的形成以稳定结构。对于 FTBC-Cn,分子内作用主要是 C—H···F 氢键,分子间的作用主要是烷基/烷基作用(范德华力)和 C—H···F 氢键,分子/基底间的作用来自于烷基/基底间的范德华力和芳香核/基底间的 π-π 作用。从"up-down"结构到蜂窝状结构,烷基链增长,范德华力增加,从而促进分子吸附时采取平面化结构,STM 图像中分子列明暗相间的反差变化消失。分子改变取向,分子间形成更多的氢键,致使产生蜂窝状结构和分子密排结构,此时,组装层中分子内氢键为主的相互作用向分子间氢键为主的相互作用转变。当增长到具有 12 个碳的碳链时,烷基链平躺于石墨表面,烷基/基底间的范德华力增强,分子间氢键作用减弱,分子改变取向以保证烷基链间形成"对插"结构,增加结构的稳定性。由此可见,从明暗相间结构,六角蜂窝状结构到垄状、准蜂窝状结构的转变,其实是不同作用力转变的结果。

表 6.1　FTBC-Cn(n=4,6,8,12)的组装结构模型和单胞参数

	FTBC-C4	FTBC-C6	FTBC-C8	FTBC-C12	
结构模型				A	B
a/nm($\pm$0.1 nm)	2.62	2.60	2.70	2.78	2.60
b/nm($\pm$0.1 nm)	2.12	2.60	2.70	3.20	3.05
γ/(°)($\pm$2°)	90	60	60	45	75

6.2.3　单分子电学性质研究

　　除了对 FTBC 类分子的组装结构进行了考察,还利用扫描隧道谱在大气环境下研究了单分子层的电学性质。对基底施加一合适的电压,基底的费米能级会与吸附分子的某一个轨道发生共振。设定合适的起点和终点对电压范围扫描,就可以从 I-V 曲线和 dI/dV-V 曲线上得到最高占据轨道(HOMO)和最低未占据轨道(LUMO),以及二者之差——能隙(energy gap)[1,32]。

　　图 6.19(a)是 FTBC-Cn 四个分子在 HOPG 表面自组装单层的典型 dI/dV-V 曲线。这四条曲线几乎完全重叠,说明这四个分子具有相似的电学性质。曲线平

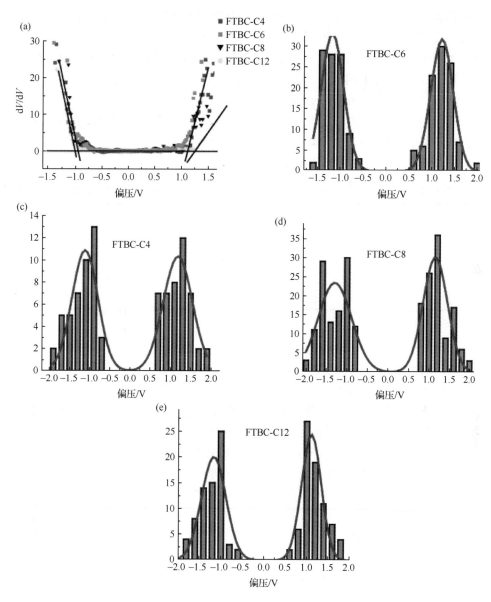

图 6.19　FTBC-Cn(n=4,6,8,12)在 HOPG 表面单分子层的 STS 研究。(a)四个分子
的典型 dI/dV-V 曲线。(b~e)四个分子各自的 HOMO、LUMO 的实验值的统计
柱状图。曲线为高斯拟合的结果

台部分的切线与上升隆起的部分的切线交点的横坐标分别对应的是分子的 HO-
MO 和 LUMO 数值。由于实验在大气中进行,干扰的因素要多于在超高真空中,
所以需要测量大量的数据,通过统计的方法来获得可靠的实验结果。图 6.19(b~

e)分别是 FTBC-Cn(n=4,6,8,12)分子的 HOMO 和 LUMO 的实验值的柱状图,表现了二者的统计分布。HOMO 和 LUMO 的实验值是对柱状图做高斯拟合得到的,图中的曲线即为高斯拟合曲线。能隙的实验值是 LUMO 与 HOMO 之差。也用 DFT 理论计算了四个分子的 HOMO、LUMO 和相应的能隙,结果显示,HOMO 和 LUMO 都集中在分子的芳香核部分,烷基链的影响很小。表 6.2 是 FTBC-Cn(n=4,6,8,12)的 HOMO、LUMO 和能隙的实验数据与理论计算的结果总结。结果显示,实验与理论计算的结果非常吻合。四个分子的能隙非常接近,说明烷基链对于分子的电学性质影响不大。

表 6.2　FTBC-Cn(n=4,6,8,12)的 HOMO、LUMO 和能隙的实验与理论计算结果

	FTBC-C4	FTBC-C6	FTBC-C8	FTBC-C12
能隙[a]/eV	2.41	2.43	2.44	2.49
HOMO[b]/eV(±0.2 eV)	−1.21	−1.19	−1.3	−1.28
LUMO[b]/eV(±0.2 eV)	1.18	1.22	1.15	1.16
能隙[b]/eV(±0.4 eV)	2.39	2.41	2.45	2.44

a. 理论计算结果;

b. STS 实验结果。

通过研究带有不同长度烷基链的 Janus 型双曲面分子 FTBC-Cn(n=4,6,8,12)发现,FTBC 类分子均可以在石墨表面组装形成有序的二维单分子层。分子烷基链的长度影响组装结构,由此也能通过对分子本身修饰改造,进而实现对组装结构进行调控,实现组装层的特定图案化。当侧链长度为 4 个碳时,FTBC 分子的非平面性影响了组装,分子呈现双曲面翻转排列的"up-down"结构,在 STM 图像上则表现为分子存在不同的明暗反差,密度泛函理论计算的结果也证实了该结构,并表明 C—H···F 氢键能帮助这种结构稳定存在。当侧链增长到 6 和 8 个碳时,侧链与石墨基底间的范德华力增强,分子平面地吸附到石墨表面,"up-down"构象消失,形成六角蜂窝状结构。当烷基链增加到 12 个碳时,分子出现垄状和准蜂窝状两种结构。非共价键作用的变化是影响 FTBC 组装结构的主要原因。扫描隧道谱的实验数据表明 FTBC 分子吸附到石墨表面后,其电学性质基本无改变,因此此类分子有可能被用作石墨烯纳米器件的组成模块。

6.3　二元分子的图案化组装

设计合成有机分子,再利用有机功能分子在固体表面制备有机纳米器件,其前提之一是如何可控组装这些分子,实现表面分子图案化,得到预定的分子组装结构[33-37]。前面介绍的工作大多是一种分子在固体表面的组装和控制,但在器件制备中往往需要使用多种分子,例如在光电器件中常常需要利用多种分子形成给受体结构,或进行分子掺杂等。比起一元分子体系,多元体系中分子间存在着更加复杂的相互作用力,得到的组装结构也往往具有多样性,性质也许会更加丰富,这些特点为材料的表面改性和提高器件性能提供了可行的途径。因此,开展多元多组分表面纳米结构的设计制备成为分子器件研究的热点领域,不仅对表面分子组装具有重要的科学意义,而且对组装技术也提出了新的要求,具有更大的挑战性[38-42]。近年来,经过科学家们的不懈努力,可以通过设计分子的结构来调节分子的能带,进而改善器件性能;也可以通过改进分子结构,改善不同分子的组装特性,以此获得多元分子间的特定组装结构,实现表面分子图案化。尽管工作难度很大,有时还有一定的随机性,但是随着分子电子学的发展和纳米器件制备技术的进步,二维表面多元复合纳米结构的构筑以及表面图案化的研究还是取得了重要进展[43-51]。

寡聚噻吩类衍生物和吡啶类衍生物因其确定的化学结构、良好的溶解性和优良的电学性质受到了研究者的广泛关注,也是制造高性能有机光电器件常用的重要分子材料[52-58]。利用噻吩衍生物 DTT 作为电子给体[59],吡啶类衍生物 PBP 作为电子受体[60],两分子的化学结构式见图 6.20(a)和(b),尝试在石墨表面组装构筑了二元杂化分子纳米结构[3,61,62]。研究结果表明,两种分子可以单独吸附于基

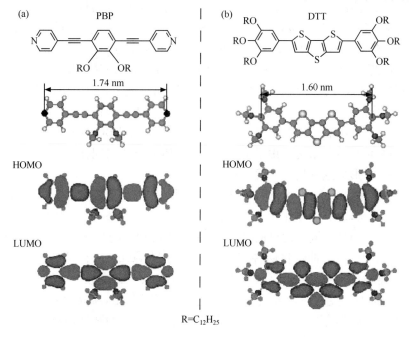

图 6.20　PBP 与 DTT 分子的化学结构式、分子尺寸及 HOMO/LUMO 轨道。
为简化计算,十二烷氧基用甲氧基代替,R＝C$_{12}$H$_{25}$

底表面并组装形成长程有序结构。另一方面,两种分子也可以同时在石墨表面吸附组装,并形成分子间有序相间、杂化排列的主客体结构。实验过程中,通过调整两种组分的浓度比例,可以改变表面组装结构,得到不同的分子图案,形成分子间的主客体结构。实验中还对两组分的单分子性质进行了研究,研究了杂化结构的形成对单分子的 HOMO/LUMO 及能隙的影响。

调整混合溶液中 DTT 和 PBP 双组分的浓度比例,可以得到一系列与单组分组装结构完全不同的表面双组分杂化结构,组成杂化结构单元中的两种分子的个数比与溶液中两种化合物的浓度比存在一定的对应关系。当溶液中 PBP∶DTT 增大时,分子间的作用力以及分子与基底之间作用力的竞争平衡导致了表面形成多种不同的杂化自组装结构,产生了这样的组装结构顺序:单组分 DTT 吸附结构→长方形杂化结构与单组分 DTT 结构共存→长方形-菱形杂化结构→菱形杂化结构(正方形杂化结构)→长菱形杂化结构→单组分 PBP 吸附结构。利用高分辨 STM,揭示了各种表面杂化结构中不同分子的取向,分子间排列位置,以及杂化结构的对称性等。

6.3.1 长方形杂化结构与单组分 DTT 结构并存

当混合溶液中受体分子 PBP 的浓度稍大于给体分子 DTT 时(约为 2∶1),得到长方形杂化结构和单组分 DTT 结构并存的表面组装结构,如图 6.21 所示。STM 图像中存在两个不同的畴区,以 A 和 B 表示,它们之间的畴界用虚线标出。仔细观察 STM 图像并根据分子结构可以得知,畴区 B 为 DTT 分子的"二聚体"组装单层:每两个 DTT 分子在 STM 图像中表现为一对紧密排列的亮棒。DTT 分子能够在 HOPG 表面单独成畴,也反映了 DTT 分子与石墨表面的吸附作用力更强,在双组分浓度相差不多的情况下,更容易在石墨表面吸附。在 A 畴区,可以发现此畴区的分子组装结构与 B 畴区不同,是由 DTT 和 PBP 两种分子共同吸附形成的新的杂化自组装结构。由于 DTT 分子和 PBP 分子之间存在较强的相互作用促使两种分子形成这种均一杂化结构。

图 6.22 是 A 畴区的高分辨 STM 图像,进一步揭示了长方形杂化结构的内部结构,包括分子取向,分子主干和烷基链排列的细节。图 6.22(a)中用小椭圆标示的亚单元包含两种不同对比度的亮条,其中对比度较小的亮条为直线形而对比度较大的亮条则稍微弯曲。将两种亮条的长度与 Hyperchem 模拟的 DTT 和 PBP 的分子长度对比,结合密度泛函计算结果可以确认对比度较小的直线形亮条为 PBP 分子,而对比度相对较大的弯曲型亮条为 DTT 分子,从高分辨的 STM 图像也可以发现直线形亮条的中心有一个直径约为 0.3 nm 的圆环,对应为 PBP 分子主干中心的苯环。值得注意的是在 STM 图像中 DTT 分子总是表现出相对较大的对比度,这是 DTT 分子的主干含有电子云密度高的共轭三并噻吩单元所致。

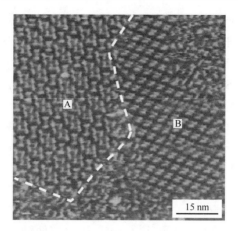

图 6.21　PBP 分子与 DTT 分子在 HOPG 表面形成的杂化结构和 DTT 单组分组装结构的 STM 图像，其中 A 畴区为杂化结构畴区，B 畴区为 DTT 单组分组装畴区，两畴区之间 的畴界用虚线标出。成像条件：$E_{bias}=-600\ mV$，$I_t=457\ pA$

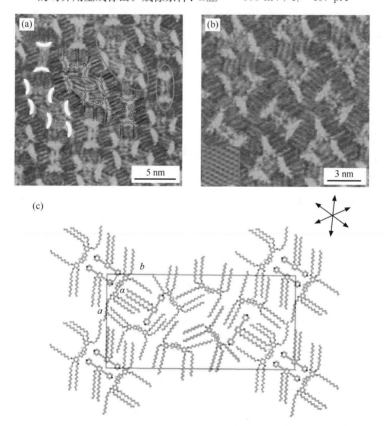

图 6.22　长方形杂化结构及分子模型。(a,b)杂化结构的 STM 图像。(b)中的插图为 基底石墨的原子像。(c)杂化结构吸附模型

图 6.22(a)中用大椭圆标示的亚单元结构则更为复杂。仔细观察发现,每个亚单元结构含有六个 DTT 分子和两个 PBP 分子,形成两个朝向相反的三角形。在 STM 图像中也将 PBP 分子和 DTT 分子分别标注为直线条和曲线条。在图 6.22(b)的高分辨 STM 图像中还可以发现,相邻的分子主干空间被紧密有序排列的烷基链所占据,烷基链形成对插结构,分子主干在 HOPG 表面采取了不同的取向。每个 PBP 分子六条烷基链和每个 DTT 分子的两条烷基链分别与周围分子烷基链对插,稳定了二元体系表面自组装结构。为了阐明分子间烷基链的相互作用,图中也绘出了两个亚单元结构的分子模型,直观地显示出烷基链之间的对插排列。实验中也研究了烷基链的取向与基底石墨原子列方向之间的关系,如图 6.22(b)所示,对比可知,大部分分子的烷基链沿着基底原子列的方向排列。

根据来自 STM 图像的结果和上述分析,提出了两种分子 DTT 和 PBP 在石墨表面的杂化自组装结构模型。单胞参数可以确定为:$a=5.2$ nm±0.2 nm,$b=11.2$ nm±0.2 nm,$\alpha=90°\pm2°$。在模型中,分子的烷基链采取对插或者平行的排列方式实现分子-分子之间的最大作用力。每个单胞含有 8 个 DTT 分子和 4 个 PBP 分子,即单胞中 DTT∶PBP=2∶1,这个比例与溶液中两种分子的浓度比例刚好相反,进一步说明了两种分子在 HOPG 表面的竞争吸附中,DTT 分子占据优势。

6.3.2　长方形-菱形杂化结构

当溶液中 PBP∶DTT 达到 20∶1 时,分子在石墨表面出现了不同的杂化组装结构。图 6.23(a)是杂化结构的大范围 STM 图像,有序自组装结构能够形成尺寸在上百纳米的畴区,从图像上可以看出自组装单层的几何特点是由菱形和长方形两种不同的亚单元组成,分别用大、小椭圆标出。图 6.23(b)是该长方形-菱形杂化结构的高分辨 STM 图像,揭示了杂化结构中分子取向及排列等细节。高分辨图像中清楚呈现了 PBP 分子和 DTT 分子的主干和烷基链的排列方式。分析 STM 结果,结合分子结构特点可知,与 6.3.1 小节中所述的长方形杂化结构相似,长方形/菱形杂化结构中 DTT 分子的主干在 STM 图像中同样表现出较高的对比度,两种分子形成的长方形亚单元结构与 6.3.1 小节中所述的长方形杂化结构中长方形亚单元结构相同,而另一种用较大椭圆标出的菱形亚单元结构在分子排列上与长方形亚单元则显然不同。菱形的亚单元结构中,组成对边的两个 PBP 分子之间的距离约为 1.5 nm,而长方形亚单元结构中两个 PBP 分子间距离约为 0.7 nm;组成菱形另外两对边的 DTT 分子与相邻的 PBP 分子间的夹角约为 60°,而长方形亚单元结构中 DTT 与相邻 PBP 分子间的夹角为 90°。为了更好地理解长方形/菱形杂化结构,在图 6.23(b)中标出了一个单胞并附上两个亚单元结构的分子模型,可以看出杂化结构的单胞是由一个中心菱形亚单元和与其相邻的四个长方形亚单元组成,从图上罗列的分子模型中可以更清楚地看到分子烷基链之间的对插排列结构。

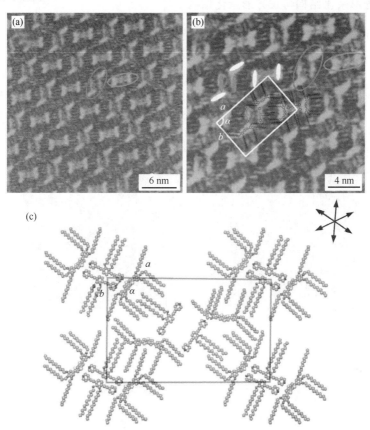

图 6.23　溶液中两组分浓度为 20∶1(PBP∶DTT)时,HOPG 表面形成菱形杂化结构与长方形杂化结构共存的分子单层,单层中分子 PBP∶DTT=1∶1。(a)大范围 STM 图像。$E_{bias}=$ 621 mV,$I_t=$390 pA。(b)高分辨 STM 图像。$E_{bias}=$621 mV,$I_t=$390 pA。(c)杂化组装结构的结构模型,其中箭头所指方向为石墨原子排列方向

　　根据 STM 图像和以上分析,可以提出该菱形杂化结构与长方形杂化结构共存的分子组装层中分子排列的结构模型,如图 6.23(c)所示,结构模型与 STM 图像吻合,单胞参数经测量可知:$a=$7.7 nm$\pm$0.2 nm,$b=$4.7 nm$\pm$0.2 nm,$\alpha=$ 90°$\pm$2°。从结构模型中也可以看出分子烷基链之间的范德华力是稳定二维组装结构的重要作用力,并且烷基链的相互作用在某种程度上也影响了分子主干的取向及排列。溶液中 PBP 分子浓度的增大也使得更多的 PBP 分子能够有机会与 DTT 分子竞争吸附在 HOPG 表面,这样导致长方形/菱形杂化结构中 PBP∶DTT 上升到 1∶1,与 PBP∶DTT 为 1∶2 长方形杂化结构相比,长方形/菱形杂化结构

单胞中 PBP 分子数目增加。

6.3.3　菱形杂化结构与正方形杂化结构

当溶液中 PBP：DTT 的浓度比增加到 30：1 时，双组分在 HOPG 表面的杂化结构由长方形/菱形转变为菱形杂化结构。

图 6.24(a)是菱形杂化结构在石墨表面的大范围 STM 图像，从图中可以看出，在观察范围内，菱形杂化结构由几个畴区组成，每个畴区的大小范围从几十到上百纳米，畴界处用虚线标注，不同畴区菱形亚单元的取向不同，畴区之间的夹角

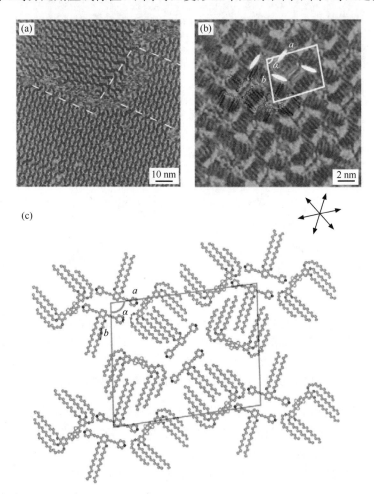

图 6.24　溶液中两组分浓度比为 30：1(PBP：DTT)时，HOPG 表面形成的均一菱形杂化结构。(a)大范围 STM 图像。$E_{bias}=600$ mV，$I_t=600$ pA。(b)高分辨 STM 图像。$E_{bias}=1050$ mV，$I_t=258$ pA。(c)菱形杂化结构的结构模型。箭头所指方向为基底石墨原子排列方向

为 120°。图 6.24(b)中的高分辨 STM 图像揭示了菱形杂化结构中的单分子取向、分子间相互位置以及分子排列方式等结构细节。图像中，PBP 分子和 DTT 分子的主干均用实心椭圆线条表示，且附有两分子的结构模型，可以看到相邻分子烷基链相对交叉的排列结构。仔细观察每个菱形亚单元发现，组成菱形杂化结构中的两个 DTT 分子的表面吸附结构与长方形/菱形杂化结构中两个 DTT 分子的表面吸附结构不尽相同，在纯菱形杂化结构中，每个 DTT 分子所有的六条烷基链都与主干垂直，而在长方形/菱形杂化结构中的菱形亚单元中的两个 DTT 分子有四条烷基链是垂直于主干，另外两条则平行于主干。由于分子排列的不同，导致了杂化组装结构的单胞参数不同，在图 6.24(b)中标出了组装层的一个结构单胞，单胞参数为：$a=5.8$ nm±0.2 nm，$b=5.1$ nm±0.2 nm，$\alpha=99°\pm2°$。图 6.24(c)是根据 STM 实验结果提出的菱形杂化结构的组装模型图。随着溶液中 PBP 分子与 DTT 分子浓度比例的增大，菱形杂化结构单胞中 PBP 与 DTT 分子的比例也增加到 5：4，表面吸附分子比例的变化，使组装结构由长方形/菱形杂化结构转化到均一菱形杂化结构。

在此浓度范围内，双组分分子在基底表面的某些区域还出现了另一种杂化结构：正方形杂化结构，如图 6.25 所示。杂化结构在表面也形成长程有序结构，细节在此不予讨论。

图 6.25　正方形杂化结构的大范围 STM 图像

图 6.26(a)和(b)是杂化结构的大范围 STM 图像和高分辨 STM 图像。图像显示组装层由有规律的正方形单元组成(尽管由于热漂移的原因，STM 图像中的正方形有些变形，但在高分辨图像中可以确定这些基本单元为正方形形状)，每个单元由两个 DTT 分子和两个 PBP 分子互为对边组成，在图中均用实心椭圆表示，并附有分子结构模型。在图 6.26(b)中示出了一个正方形单元的分子模型，可以

看出,DTT 分子有三条烷基链垂直于主干,而其他三条烷基链与主干约成 150°,PBP 分子的两条烷基链与主干约成 60°,这样分子间的烷基链对插或者平行,稳定了表面二维结构。图 6.26(b)中标出分子组装层的一个单胞,单胞的顶点坐落于四个正方形单元之上,单胞参数为:$a=4.2$ nm±0.2 nm,$b=4.4$ nm±0.2 nm,$\alpha=120°±2°$。根据图像分析结果,图 6.26(c)提出了正方形杂化结构的结构模型。从结构模型中可以看出相邻的 DTT 分子和 PBP 分子主干成 90°夹角,互为对边的 DTT 分子和 PBP 分子之间的距离约为 1.7 nm,组成近于正方形的单元结构。这种结构中两种分子之间的距离大致相同,与菱形杂化结构稍有差异,可能是烷基链之间的排列方式差异导致了两种不同的结构。

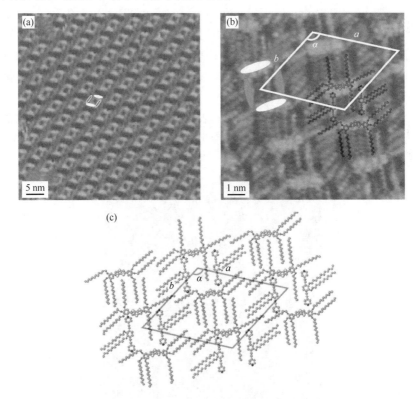

图 6.26　正方形杂化结构。(a)大范围 STM 图像。$E_{bias}=600$ mV, $I_t=644$ pA。(b)高分辨 STM 图像。$E_{bias}=600$ mV, $I_t=600$ pA。(c)组装结构模型

6.3.4　长菱形杂化结构和 PBP 单组分组装结构并存

当溶液中 PBP:DTT 浓度比例增加到 100:1 时,双组分分子在表面的自组装结构又发生了变化,出现了长菱形杂化结构和分畴的 PBP 单组分结构并存的

情况。

图 6.27(a)是这种组装结构的大范围 STM 图像,图像中存在两个结构明显不同的畴区,畴界用虚线标出。仔细观察可以发现图像左下角的畴区是由单组分 PBP 分子的吸附组装而成,形成 PBP 单组分畴区;而右上角的畴区则是 PBP 和 DTT 双组分共吸附的杂化结构畴区。图 6.27(b)是这种杂化结构的高分辨 STM 图像,从图像中可以看到这种杂化结构的基本单元与 6.3.3 小节中所述的菱形杂化结构的单元结构非常相似,但是这两种单元结构的大小和结构参数明显不同。图 6.27(b)中的菱形单元的长边长度约为 3.4 nm,相当于两个 PBP 分子的主干长度(1.74 nm),因而可以确定亚单元的长边由两个 PBP 分子组成,亚单元的两条短的对边则仍然由一个 DTT 分子分别组成。仔细观察发现,组成长边的两个 PBP 分子的主干并不完全在同一直线上,而是有少许错位,这种错位有利于两个 PBP 分子末端的吡啶部分的偶极-偶极作用,使得分子的杂化自组装单层结构更加稳

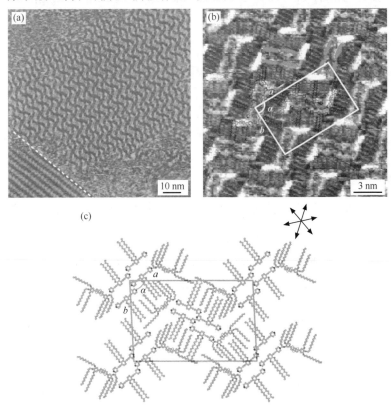

图 6.27 菱形杂化结构与 PBP 单组分共存组装结构。(a)大范围 STM 图像。$E_{bias}=600$ mV, $I_t=600$ pA。(b)高分辨 STM 图像。$E_{bias}=600$ mV, $I_t=600$ pA。(c)菱形组装层的吸附结构模型。箭头所指方向为石墨原子排列方向

定。测量结果确定组装层的单胞参数为 $a=8.7$ nm±0.2 nm,$b=5.4$ nm$\pm$ 0.2 nm,$\alpha=95°\pm2°$。图 6.27(c)是该杂化组装层的结构模型。单胞中 PBP 分子数目与 DTT 分子数目的比例为 2:1。

上述实验结果表明,通过调整混合溶液中双组分分子的浓度比例,可以调控表面吸附组装层的结构。随着溶液中 PBP:DTT 比例浓度的变化,组装层结构发生变化,图 6.28 归纳总结了变化结果。一般来说,分子在表面的二维自组装结构取决于分子-分子之间作用力与分子-基底之间作用力的平衡。对于二元组分来说,组装过程中涉及的作用力远比单组分组装要复杂得多。分子结构以及多种分子间的浓度比例都会影响最终的组装结构。为了能在表面构筑 A-B 二元杂化组装结构,必须考虑 A 类分子和 B 类分子之间存在的作用力,以及同类分子(A-A,B-B)之间的作用力,在不考虑分子与基底之间相互作用的情况下,二元组分吸附组装也可能存在四种吸附结构:①两种分子都会吸附在基底表面,但是无互溶现象发生,只是相分离或分畴;②只有一种组分的吸附——优先吸附;③有序杂化结构;④无序共吸附。

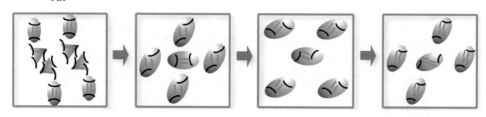

图 6.28　随溶液中两组分浓度比例(PBP:DTT)增加,表面杂化组装结构的变化

寡聚噻吩及其衍生物分子作为电子给体材料,易与各种电子受体分子形成杂化结构,其单分子性质对于分子纳米器件以及有机异质结太阳能电池等的研究具有重要科学和应用价值。在制备了 DTT 分子和 PBP 分子的各种杂化组装单层后,利用扫描隧道谱还研究了它们的单分子性质。实验结果表明,在杂化结构中各分子的电学性质与单组分组装层中的分子电学性质非常相近,说明两种分子的单分子性质受杂化组装结构的影响不大。

上述研究分别代表了三类不同体系:与器件类似体系的模拟研究,改变分子化学结构的表面功能组装体系,以及浓度改变时功能体系结构的多元变化等。实际上,从组装结构来说,很多体系具有此特点,这里作为一章详细介绍是为了引起重视并强调作为功能体系研究时的侧重点和研究方法,也希望在功能体系设计时要考虑到这些因素。当然,影响因素很多,需要综合考虑,才能组装制备出高质量的功能体系。

参 考 文 献

[1] Gong J R, Wan L J, Lei S B, Bai C L, Zhang X H, Lee S T. Direct evidence of molecular aggregation and degradation mechanism of organic light-emitting diodes under joule heating: An STM and photoluminescence study. J. Phys. Chem. B, 2005, 109: 1675-1682.

[2] Chen Q, Chen T, Pan G B, Yan H J, Song W G, Wan L J, Li Z T, Wang Z H, Shang B, Yuan L F, Yang J L. Structural selection of graphene supramolecular assembly oriented by molecular conformation and alkyl chain. Proc. Natl. Acad. Sci. U. S. A., 2008, 105: 16849-16854.

[3] Wang L, Chen Q, Pan G B, Wan L J, Zhang S, Zhan X, Northrop B H, Stang P J. Nanopatterning of donor/acceptor hybrid supramolecular architectures on highly oriented pyrolytic graphite: A scanning tunneling microscopy study. J. Am. Chem. Soc., 2008, 130: 13433-13441.

[4] 宫建茹. 有机分子二维纳米组装结构的可控构筑: [博士学位论文]. 北京: 中国科学院化学研究所, 2005.

[5] Liao L S, He J, Zhou X, Lu M, Xiong Z H, Deng Z B, Hou X Y, Lee S T. Bubble formation in organic light-emitting diodes. J. Appl. Phys., 2000, 88: 2386-2390.

[6] Sheats J R, Antoniadis H, Hueschen M, Leonard W, Miller J, Moon R, Roitman D, Stocking A. Organic electroluminescent devices. Science, 1996, 273: 884-888.

[7] Zhang X H, Wong O Y, Gao Z Q, Lee C S, Kwong H L, Lee S T, Wu S K. A new blue-emitting benzothiazole derivative for organic electroluminescent devices. Mat. Sci. Eng. B-Solid., 2001, 85: 182-185.

[8] Chen C H, Shi J M. Metal chelates as emitting materials for organic electroluminescence. Coord. Chem. Rev., 1998, 171: 161-174.

[9] Baldo M A, O'Brien D F, You Y, Shoustikov A, Sibley S, Thompson M E, Forrest S R. Highly efficient phosphorescent emission from organic electroluminescent devices. Nature, 1998, 395: 151-154.

[10] Ishii H, Sugiyama K, Ito E, Seki K. Energy level alignment and interfacial electronic structures at organic metal and organic organic interfaces. Adv. Mater., 1999, 11: 605-625.

[11] Sheats J R, Chang Y L, Roitman D B, Stocking A. Chemical aspects of polymeric electroluminescent devices. Acc. Chem. Res., 1999, 32: 193-200.

[12] Parker I D. Carrier tunneling and device characteristics in polymer light-emitting-diodes. J. Appl. Phys., 1994, 75: 1656-1666.

[13] Shi J M, Tang C W. Doped organic electroluminescent devices with improved stability. Appl. Phys. Lett., 1997, 70: 1665-1667.

[14] Feenstra R M. Tunneling spectroscopy of the(110)surface of direct-gap III-V semiconductors. Phys. Rev. B, 1994, 50: 4561-4570.

[15] Bumm L A, Arnold J J, Cygan M T, Dunbar T D, Burgin T P, Jones L, Allara D L, Tour J M, Weiss P S. Are single molecular wires conducting? Science, 1996, 271: 1705-1707.

[16] Su Y Z, Lin J T, Tao Y T, Ko C W, Lin S C, Sun S S. Amorphous 2,3-substituted thiophenes: Potential electroluminescent materials. Chem. Mat., 2002, 14: 1884-1890.

[17] Shen J, Yang J. Organic electroluminescent displays. SPIE, 1999, 3621: 86-92.

[18] 张唯诚. 神奇的石墨烯. 百科知识, 2010,20: 22-23.

[19] Qian H L. Controllable synthesis and properties study on n-type graphene ribbon [D]. Beijing: Institu-

te of Chemistry, Chinese Academy of Sciences, 2009.

[20] Li Z, Lucas N T, Wang Z, Zhu D. Facile synthesis of Janus "double-concave" tribenzo [a,g,m] coronenes. J. Org. Chem. , 2007, 72: 3917-3920.

[21] 陈庆. 典型光电功能分子表面组装结构多样性及转化规律的 SPM 研究：[博士学位论文]. 北京：中国科学院化学研究所，2010.

[22] Samori P, Fechtenkotter A, Jackel F, Bohme T, Mullen K, Rabe J P. Supramolecular staircase *via* self-assembly of disklike molecules at the solid-liquid interface. J. Am. Chem. Soc. , 2001, 123: 11462-11467.

[23] Charra F, Cousty J. Surface-induced chirality in a self-assembled monolayer of discotic liquid crystal. Phys. Rev. Lett. , 1998, 80: 1682-1685.

[24] Oison V, Koudia M, Abel M, Porte L. Influence of stress on hydrogen-bond formation in a halogenated phthalocyanine network. Phys. Rev. B, 2007, 75: 035428-035433.

[25] Rohde D, Yan C J, Wan L J. C－H···F hydrogen bonding: The origin of the self-assemblies of bis (2,2'-difluoro-1,3,2-dioxaborine). Langmuir, 2006, 22: 4750-4757.

[26] Thalladi V R, Weiss H C, Blaser D, Boese R, Nangia A, Desiraju G R. C－H···F interactions in the crystal structures of some fluorobenzenes. J. Am. Chem. Soc. , 1998, 120: 8702-8710.

[27] Desiraju G R. Hydrogen bridges in crystal engineering: Interactions without borders. Acc. Chem. Res. , 2002, 35: 565-573.

[28] Zhang X, Yan C J, Pan G B, Zhang R Q, Wan L J. Effect of C－H···F and O－H···O hydrogen bonding in forming self-assembled monolayers of BF_2-substituted beta-dicarbonyl derivatives on HOPG: STM investigation. J. Phys. Chem. C, 2007, 111: 13851-13854.

[29] De Feyter S, Grim P C M, Rucker M, Vanoppen P, Meiners C, Sieffert M, Valiyaveettil S, Mullen K, De Schryver F C. Expression of chirality by achiral coadsorbed molecules in chiral monolayers observed by STM. Angew. Chem. Int. Edit. , 1998, 37: 1223-1226.

[30] Constable E C, Guentherodt H J, Housecroft C E, Merz L, Neuburger M, Schaffner S, Tao Y. An evaluation of the relationship between two- and three-dimensional packing in self-organised monolayers and bulk crystals of amphiphilic 2,2': 6',2"-terpyridines. New J. Chem. , 2006, 30: 1470-1479.

[31] Chen Q, Frankel D J, Richardson N V. Chemisorption induced chirality: Glycine on Cu{110}. Surf. Sci. , 2002, 497: 37-46.

[32] Yang Z Y, Zhang H M, Yan C J, Li S S, Yan H J, Song W G, Wan L J. Scanning tunneling microscopy of the formation, transformation, and property of oligothiophene self-organizations on graphite and gold surfaces. Proc. Natl. Acad. Sci. USA, 2007, 104: 3707-3712.

[33] Wang Y, Kioupakis E, Lu X, Wegner D, Yamachika R, Dahl J E, Carlson R M K, Louie S G, Crommie M F. Spatially resolved electronic and vibronic properties of single diamondoid molecules. Nat. Mater. , 2008, 7: 38-42.

[34] Fritz J, Baller M K, Lang H P, Rothuizen H, Vettiger P, Meyer E, Guntherodt H J, Gerber C, Gimzewski J K. Translating biomolecular recognition into nanomechanics. Science, 2000, 288: 316-318.

[35] Donhauser Z J, Mantooth B A, Kelly K F, Bumm L A, Monnell J D, Stapleton J J, Price D W, Rawlett A M, Allara D L, Tour J M, Weiss P S. Conductance switching in single molecules through conformational changes. Science, 2001, 292: 2303-2307.

[36] Lopinski G P, Wayner D D M, Wolkow R A. Self-directed growth of molecular nanostructures on silicon. Nature, 2000, 406: 48-51.

[37] Puigmarti-Luis J, Minoia A, Uji-i H, Rovira C, Cornil J, De Feyter S, Lazzaroni R, Amabilino D B. Noncovalent control for bottom-up assembly of functional supramolecular wires. J. Am. Chem. Soc. , 2006, 128: 12602-12603.

[38] Srinivasan S, Babu S S, Praveen V K, Ajayaghosh A. Carbon nanotube triggered self-assembly of oligo (p-phenylene vinylene)s to stable hybrid. Angew. Chem. Int. Edit. , 2008, 47: 5746-5749.

[39] Xu H, Srivastava S, Rotello V A. Nanocomposites based on hydrogen bonds. Adv. Polym. Sci. , 2007, 207: 179-198.

[40] Grzelczak M, Correa-Duarte M A, Salgueirino-Maceira V, Giersig M, Diaz R, Liz-Marzan L M. Photoluminescence quenching control in quantum dot-carbon nanotube composite colloids using a silica-shell spacer. Adv. Mater. , 2006, 18: 415-420.

[41] Korlann S D, Riley A E, Kirsch B L, Mun B S, Tolbert S H. Chemical tuning of the electronic properties in a periodic surfactant-templated nanostructured semiconductor. J. Am. Chem. Soc. , 2005, 127: 12516-12527.

[42] Nelson J. Organic photovoltaic films. Curr. Opin. Solid State Mater. Sci. , 2002, 6: 87-95.

[43] Aviram A, Ratner M A. Molecular rectifiers. Chem. Phys. Lett. , 1974, 29: 277-283.

[44] Joachim C, Gimzewski J K, Aviram A. Electronics using hybrid-molecular and mono-molecular devices. Nature, 2000, 408: 541-548.

[45] Plass K E, Engle K M, Cychosz K A, Matzger A J. Large-periodicity two-dimensional crystals by cocrystallization. Nano Lett. , 2006, 6: 1178-1183.

[46] Xue J G, Rand B P, Uchida S, Forrest S R. A hybrid planar-mixed molecular heterojunction photovoltaic cell. Adv. Mater. , 2005, 17: 66-71.

[47] Peumans P, Forrest S R. Very-high-efficiency double-heterostructure copper phthalocyanine/C-60 photovoltaic cells. Appl. Phys. Lett. , 2001, 79: 126-128.

[48] Peumans P, Uchida S, Forrest S R. Efficient bulk heterojunction photovoltaic cells using small-molecular-weight organic thin films. Nature, 2003, 425: 158-162.

[49] Peumans P, Yakimov A, Forrest S R. Small molecular weight organic thin-film photodetectors and solar cells. J. Appl. Phys. , 2003, 93: 3693-3723.

[50] Petritsch K, Dittmer J J, Marseglia E A, Friend R H, Lux A, Rozenberg G G, Moratti S C, Holmes A B. Dye-based donor/acceptor solar cells. Sol. Energy Mater. Sol. Cells, 2000, 61: 63-72.

[51] Wohrle D, Meissner D. Organic solar-cells. Adv. Mater. , 1991, 3: 129-138.

[52] Murphy A R, Frechet J M J, Chang P, Lee J, Subramanian V. Organic thin film transistors from a soluble oligothiophene derivative containing thermally removable solubilizing groups. J. Am. Chem. Soc. , 2004, 126: 1596-1597.

[53] Stabel A, Rabe J P. Scanning-tunneling-microscopy of alkylated oligothiophenes at interfaces with graphite. Synth. Met. , 1994, 67: 47-53.

[54] Yoon M H, Facchetti A, Stern C E, Marks T J. Fluorocarbon-modified organic semiconductors: Molecular architecture, electronic, and crystal structure tuning of arene-versus fluoroarene-thiophene oligomer thin-film properties. J. Am. Chem. Soc. , 2006, 128: 5792-5801.

[55] Caballero A, Tarraga A, Velasco M D, Molina P. Ferrocene-thiophene dyads with azadiene spacers:

Electrochemical, electronic and cation sensing properties. Dalton Trans. , 2006: 1390-1398.

[56] Champion R D, Cheng K F, Pai C L, Chen W C, Jenekhe S A. Electronic properties and field-effect transistors of thiophene-based donor-acceptor conjugated copolymers. Macromol. Rapid Commun. , 2005, 26: 1835-1840.

[57] Gesquiere A, De Feyter S, De Schryver F C, Schoonbeek F, van Esch J, Kellogg R M, Feringa B L. Supramolecular pi-stacked assemblies of bis(urea)-substituted thiophene derivatives and their electronic properties probed with scanning tunneling microscopy and scanning tunneling spectroscopy. Nano Lett. , 2001, 1: 201-206.

[58] Wei Y, Yang Y, Yeh J M. Synthesis and electronic properties of aldehyde end-capped thiophene oligomers and other alpha,omega-substituted sexithiophenes. Chem. Mat. , 1996, 8: 2659-2666.

[59] Zhan X, Tan Z A, Domercq B, An Z, Zhang X, Barlow S, Li Y, Zhu D, Kippelen B, Marder S R. A high-mobility electron-transport polymer with broad absorption and its use in field-effect transistors and all-polymer solar cells. J. Am. Chem. Soc. , 2007, 129: 7246-7247.

[60] Northrop B H, Glockner A, Stang P J. Functionalized hydrophobic and hydrophilic self-assembled supramolecular rectangles. J. Org. Chem. , 2008, 73: 1787-1794.

[61] 王玲. 寡聚噻吩类分子表面组装与分子性质的 STM 研究: [博士学位论文]. 北京: 中国科学院化学研究所, 2009.

[62] Wang L, Yan H J, Wan L J. STM investigation of substitute effect on oligothiophene adlayer at Au(111)substrate. J. Nanosci. Nanotechnol. , 2007, 7: 3111-3116.

第7章　组装结构的转化

分子到达固体表面后在表面吸附,依分子以及基底材料不同,分子在表面或分散或聚集,形成各种不同的聚集组装结构,结构或有序或无序,这些结构的形成是"自组装"的结果。如前所述,自组装是分子的自发行为和非人为介入的过程,是各种作用力自动平衡的结果,一旦自组装过程发生,分子便"不由自主",自动进行。但是,为满足不同分子器件性能的要求,也为了实现表面分子的图案化,往往需要对分子的自组装过程进行干预,由此改变自组装形成的结构,获得可设计的表面分子组装结构,这便是表面纳米结构构筑和控制问题,也是分子组装研究的挑战领域之一[1-5]。人为构筑和调控组装结构,首先要探索分子结构转化规律,发展能使组装结构转化的技术方法。

研究发现,尽管人为调控分子组装结构的难度很大,但还是有途径可循的。已有研究结果表明,实现组装结构转化,进而控制表面分子组装结构的方法之一是设计分子的固有结构,例如可以通过引入不同官能团,修饰不同长度的烷基链,从而调整分子与分子,或者分子与基底之间的相互作用,从而得到特定组装结构[6-9]。同时,修饰或改变基底材料,改变组装方法或调整组装时间等也可以有效地促使结构转化,改变表面组装结构[10-13]。对于多组分体系,例如二元主客体体系,恰当地设计和选择各组分的分子结构及其比例,也可以很好地实现特定的表面分子自组装结构[14-21]。除此之外,对于若干表面组装体系,可以通过改变组装环境或引入外场来控制和影响分子的表面组装结构的转化。这些技术方法包括选择不同类型的溶剂[22-26],对表面组装体系加热[27-29],光照[30-35],引入或改变电场/电位[36-43],施加磁场[44]等。特别需要指出的是,利用某些分子组装体系对光、电、磁、热等具有响应的特性,已经取得了令人振奋的结果,利用这些方法可以改变组装体系结构,进而制备简单的原理性分子元件或器件,例如分子梭、分子开关、分子轴承和分子汽车等[45-49]。由此可见,组装结构的转化,不仅具有重要的科学意义,而且具有诱人的应用前景。

利用 STM 技术并结合理论计算,已经对有机分子在固体表面的纳米结构进行了系列研究,并在分子水平上探索了对多种功能分子组装体系的调控,例如表面手性结构的转化及表面组装结构在外界因素作用下的转化等。本章将简要介绍几例研究结果,内容包括热诱导寡聚噻吩组装的结构转化,组装结构对称性的转化,手性多样性和手性结构的转化,光诱导的二聚体组装,等等。从分子层次研究表面自组装结构的转化,掌握结构变化规律,不仅对研究分子组装具有重要科学意义,对分子器件的研制也应具有指导作用。

7.1　热诱导产生的寡聚噻吩组装结构转化

由于具有确定的化学结构、良好的溶解性及优良的电学性质,噻吩及其衍生物分子如线形寡聚噻吩[50-53]、环状寡聚噻吩[20,54,55]及聚噻吩[56]等得到研究者的广泛关注,研究结果也越来越多[57,58]。这类分子被认为是制造有机发光二极管[59,60]及有机场效应晶体管(organic field-effect transistors,OFET)[61,62]等高性能的电子和光学器件的重要材料之一,因此,研究噻吩及其衍生物分子在基底表面上的单分子性质和分子在基体表面的组装行为、组装结构以及结构变化,对发展该类分子纳米器件具有重要意义。现有研究结果表明,大多数噻吩衍生物分子能够在不同基底表面吸附,并且组装形成特定结构,也许这种组装结构是多样的。同时,研究发现,改变温度可以影响分子间相互作用,或分子与基底间的相互作用,进而影响分子的组装结构,因此可以通过改变温度,利用热诱导,对噻吩及其衍生物分子组装结构进行调控,促使结构转化,以期实现表面特定图案化或特殊功能化[29,63,64]。

为了理解固体表面寡聚噻吩分子组装结构的形成及转变,研究了双寡聚噻吩分子4T-3-8T(quarterthiophene,4T;trimethylene,3;octithiophene,8T)的组装行为和分子性质。4T-3-8T分子的特点是结构的不对称性,如图7.1所示,一个丙基把两个寡聚噻吩基元连接在一起,4T部分有两个己基侧烷基链,在8T部分有四个己基侧烷基链。将含有分子的甲苯溶液滴加在石墨(HOPG)表面,溶剂自然蒸发干燥后,4T-3-8T便会自动形成组装结构。利用扫描隧道显微技术原位研究了4T-3-8T在HOPG和Au(111)两种不同基底上的组装结构,并通过对石墨基底进行加热处理,研究了温度条件下分子组装层的结构转化行为。

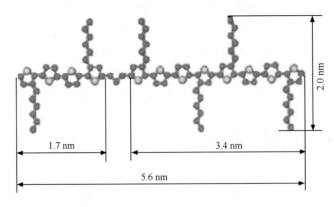

图 7.1　4T-3-8T 分子的化学结构示意图

7.1.1　4T-3-8T 在石墨表面的组装

4T-3-8T 分子在 HOPG 表面吸附,并可以组装形成长程有序的组装结构。图 7.2 是一张典型的 4T-3-8T 分子在石墨表面形成的组装结构的 STM 图像。从图中可以看出,4T-3-8T 在石墨表面吸附组装,组装结构长程有序。仔细观察结构细节,可以发现在扫描范围内,分子组装形成两种不同的结构:一种是准六边形的结构,在图中其畴区用字母 Q 来表示;另外一种是直线形结构,在图中它的畴区用字母 L 来表示,虚线和箭头指出了组装结构中不同畴区的畴界。

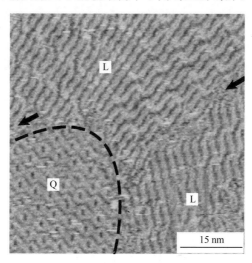

图 7.2　4T-3-8T 分子在石墨(HOPG)表面吸附组装的 STM 图像。
STM 成像条件:$E_{bias} = -600$ mV,$I = 655$ pA

1. 准六边形组装结构

图 7.3(a)是 4T-3-8T 分子在石墨表面组装的准六边形结构的大范围 STM 图像。这种规则的结构可以在石墨表面形成尺寸在几十到几百纳米大小不等的没有缺陷的畴区。其结构的最明显特征是它由系列类似椭圆形圆环组成,每个椭圆环呈现中间暗周围亮的反差特点,椭圆环规则排列,形成分子图案。根据图案的对称形特点,可以把这种结构称为准六边形结构(quasi-hexagonal structure)。利用高分辨 STM 成像技术,获得了该结构的高分辨 STM 图像,如图 7.3(b)所示。图像揭示了结构中分子的排列细节。从图中可以看出,组装层中,"椭圆环"沿着 A 和 B 两个方向延伸。在 A 方向上,相邻两个椭圆环的中心距离为 $a = 4.3$ nm $\pm$ 0.2 nm;在 B 方向上,相邻两个椭圆环的中心距离为 $b = 3.5$ nm $\pm$ 0.2 nm。A 和 B 两个方向的夹角是 $\alpha = 58° \pm 2°$。图 7.3(b)中标出了准六边形结构的单胞。在相

邻的两个椭圆环形单元中,相邻的两个亮条间的距离为 $d = 1.3$ nm± 0.2 nm,这一结果与以前报道的在寡聚己基噻吩研究中得到的数据是一致的[65]。

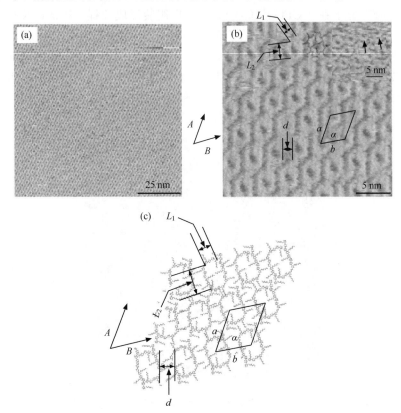

图 7.3　(a)4T-3-8T 分子形成的准六边形结构的大范围 STM 图像。(b)(a)的高分辨
STM 图像。STM 成像条件:(a)$E_{bias} = -600$ mV,$I = 724$ pA;(b)$E_{bias} = -600$ mV,$I = 651$ pA;小插图 $E_{bias} = -698$ mV,$I = 611$ pA。(c)准六边形结构示意图
本图(a)(b)另见书末彩图

仔细观察高分辨 STM 图像发现,每一个几何"椭圆环"都含有两个长边和两个短边,实际上类似于一个长方形。经测量,得到短边的长度为 $L_1 = 1.7$ nm± 0.2 nm,长边的长度为 $L_2 = 3.3$ nm± 0.2 nm,这分别与 4T-3-8T 分子中的 4T 部分和 8T 部分的长度接近。根据分子结构和图像分析以及理论计算结果,确认为每一个椭圆环单元含有两个 4T-3-8T 分子。当 4T-3-8T 分子在表面吸附组装时,由于分子间和分子与基底间的协调作用,分子发生弯曲,两个弯曲的 4T-3-8T 分子组合形成了"椭圆环"形的结构单元。利用 STM 分子操纵技术,验证了一个"椭圆环"确实由两个弯曲的 4T-3-8T 分子构成。图 7.3(b)中右上角的插图是实验结果,插图中的箭头指出了几个经分子操纵后获得的半椭圆环,根据分子结构和尺

寸,每一个半椭圆环对应于一个没有配对的弯曲的 4T-3-8T 分子,进一步证实了椭圆环的组成。

根据 STM 研究结果和理论计算,提出了准六边形组装结构的结构模型示意图,如图 7.3(c)所示。在模型图中,两个 4T-3-8T 分子折叠成一个括弧状的长方形,就是 STM 图像中呈现的一个中间暗四周亮的“椭圆环”。椭圆环单元的长短部分分别对应于 4T-3-8T 分子的 8T 和 4T 部分。在模型中,分子采取了反式构象,分子中的侧烷基链交替分布在噻吩主干两侧,可以和相邻分子的烷基链形成对插结构,增加分子间相互作用,形成稳定的组装结构。

2. 4T-3-8T 直线形组装结构

图 7.4(a)是 4T-3-8T 分子在石墨表面形成的另一种组装结构——直线形组装结构的大范围 STM 图像。直线形组装结构同样能形成大范围畴区。图 7.4(b)是该直线形组装结构的高分辨 STM 图像。从高分辨图像中可以看出,组成直线形组装结构的基本单元是类似短棒状的几何图形,测量结果表明,每个短棒的长度约为 $L = 5.6$ nm± 0.2 nm,与 4T-3-8T 分子噻吩主干完全伸展时的长度接近。由于聚合度较高的寡聚噻吩分子有一定柔性,所以图 7.4(b)中的“短棒”略有扭曲,而不是理想的直线,这一现象符合分子结构特征。仔细观察高分辨 STM 图像可以发现,每一根“短棒”实际是由两根更细的“短棒”构成,如图 7.4(b)中箭头所示的两根黑线,每一根细棒则对应于一个 4T-3-8T 分子。

在直线形组装结构中,分子列沿 A、B 两个方向延伸,A 方向和 B 方向的夹角为 $\alpha = 79° \pm 2°$。在 A 方向上,相邻分子有序排列形成周期为 $a = 5.9$ nm± 0.2 nm 的分子线。在 B 方向上,相邻两个分子列之间的距离为 $b = 2.1$ nm± 0.2 nm。根据组装结构中分子的排列周期以及测量数据,可以得到直线形组装结构的结构单胞,如图 7.4(b)所示。图中绘出了一个单胞,并叠加了“短棒”所对应的分子模型。

在图 7.4 所示的直线形组装结构中,寡聚噻吩分子可能采取全反式构象。在全反式构象中,分子的烷基链可以交替分布在噻吩主干两侧。当然,也不能完全排除某些烷基链没有吸附在石墨表面,而是离开石墨表面伸向空中的可能性,这种取向可以减少分子间的空间位阻,不过根据现有分析技术很难精确确定这些结构细节,只能结合实验观察结果,从结构的合理性和理论分析计算等综合考虑。这里,根据 STM 观察结果、理论分析和 4T-3-8T 分子结构,图 7.4(c)提出了 4T-3-8T 直线形组装结构的模型示意图。模型中,两个 4T-3-8T 分子形成 STM 图像中的“短棒”。为了更清楚地表示分子的排列方式,模型图中,用椭圆线标出了其中一对分子的全部侧烷基链,其他分子模型只画出了分子的一半侧烷基链,以图明晰。在模型图中,一对实线表示在一根“短棒”中包含的两个分子,箭头指出了两个分子间存在的空隙。

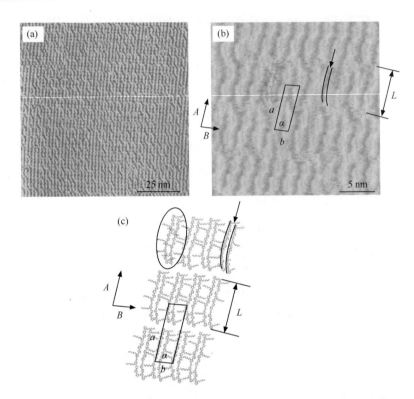

图 7.4　(a)4T-3-8T 分子直线形结构的大范围 STM 图像。(b)直线形结构的高分辨 STM 图像。
STM 成像条件:(a)和(b)$E_{bias}=508$ mV,$I=644$ pA。(c)直线形结构示意图

7.1.2　4T-3-8T 在石墨表面组装结构的转变

在石墨表面,4T-3-8T 分子形成的准六边形结构和直线形两种结构都能稳定
存在,说明这两种结构在室温下都应比较稳定。众所周知,某些自组装结构随温度
升高,可能会发生结构转变,会转变为更稳定的结构,这一特性与分子器件的稳定
性和效率直接相关。同时,温度变化可以诱导结构转变,也为控制分子组装结构提
供了途径。因此,研究温度对分子组装结构的影响具有重要的理论和实际应用
意义。

在研究了 4T-3-8T 分子的准六边形和直线形组装结构后,对样品进行退火处
理,并考察研究了结构随温度的转变情况。样品的退火条件是将附有分子组装层
的石墨样品升温至 100℃,并保持 30 min。图 7.5 是于退火后的样品上获得的典
型 STM 图像。加热处理后,只能观察到直线形的组装结构,准六边形的结构几乎
完全消失,观察范围内大部分区域分子结构是无序结构。仔细观察发现,在直线形
结构中,寡聚噻吩分子的主干几乎完全伸展,图 7.4(b)中略有扭曲的"短棒"消失,

说明分子在加热处理后,分子的内应力减小。

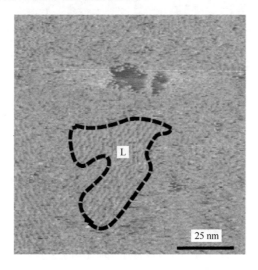

图 7.5　4T-3-8T 分子在石墨表面组装层退火后的 STM 图像。
退火条件:100℃,保持 30 min。STM 成像条件:$E_{bias}=-600$ mV,$I=655$ pA

7.1.3　4T-3-8T 在 Au(111)表面的组装结构

为了探索基底对分子组装结构的影响,研究 4T-3-8T 分子在石墨表面的组装结构之后,又研究了 4T-3-8T 分子在 Au(111)表面的吸附组装结构。构筑组装层的方法是将含有 4T-3-8T 分子的溶液滴加到 0.1 mol/L HClO$_4$溶液中,分子会在 Au(111)表面吸附组装。研究环境为电化学环境。根据电化学循环伏安测量结果,将电极电位设定在双电层范围内,然后进行 STM 观察。图 7.6 中是电极电位在 0.532 V($vs.$ RHE)时,吸附有 4T-3-8T 分子的高分辨 STM 图像。由图可见,分子在 Au(111)表面吸附,分子表现为亮条状,无有序排列结构。分子在金表面的形态与构象也呈现多样化,例如直线形和弯曲的 U 形结构等。图中直线 A 指出了两条直线形构象的 4T-3-8T 分子,标有 B 的 U 形曲线指出了两个 U 形构象的 4T-3-8T 分子。在直线形结构的分子中,分子内应力相对较小;而在表面弯曲的 4T-3-8T 分子,分子内应力较大,结构应相对不稳定。但是在双电层电位范围内,没有看到分子形态和分子构象的变化,当电位向负方向移动时,伴随有分子在表面的脱附。

在当前的研究体系中,基底不同影响了分子的组装结构:在石墨表面 4T-3-8T 分子规则有序排列;而在 Au(111)表面,4T-3-8T 分子吸附,但排列无序。在石墨表面,分子的组装结构呈现多样性,有直线形结构和准六边形结构。两种结构随温度升高而转变。准六边形结构在样品升温至 100℃,并保持 30 min 后消失。研究结果证明,温度影响组装结构,诱导结构转变。

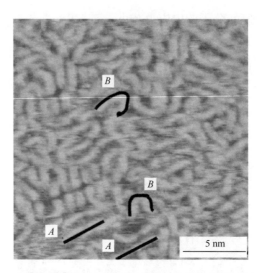

图 7.6　4T-3-8T 在 Au(111)表面吸附结构的高分辨 STM 图像。
STM 成像条件：(a)E_{bias}＝186 mV，I＝827 pA

7.2　温度对表面组装结构的手性特征的影响

　　手性是自然界的重要现象。研究表明，在固体表面，非手性分子可以通过分子间相互作用影响或基底影响形成二维手性结构[66-70]。构筑手性表面在多相催化、不对称药物合成等方面有着十分广泛的应用[69]。另一方面，控制或对表面手性结构进行外界干预进而调节手性结构是手性研究的又一热点和挑战。研究表明，分子在表面形成的自组装结构是一个在一定条件下，处于或接近热力学平衡的稳定或亚稳体系。通过改变自组装体系的存在条件如温度等会破坏其热力学平衡状态，并影响分子的表面组装结构。本部分介绍通过改变组装体系温度，从而导致表面手性结构转化的研究。

　　联碳酰基类衍生物具有发光性质。在较高的浓度下，它的烯醇式互变异构体形成二聚体，表现出发光和长波吸收的特点[71]。以此类化合物为螯合配体与硼形成的络合物，在室温下也会表现出很强的荧光性能，因此常用作激光染料[72]和日光收集器中的重要材料[73]。这里研究的是对 BF$_2$ 取代的联碳酰基类衍生物[bis(4,4'-(m,m'-di(dodecyloxy)phenyl)-2,2'-difluoro-1,3,2-dioxaborine，简写为 DOB]，分子结构如图 7.7 所示[29]。理论计算结果表明（图 7.8），相对于顺式构象，反式构象的 DOB 分子是较为稳定的构象。但是，顺式构象与反式构象的能垒相对较低，可以通过热诱导的方法引起正反构象的转变。

　　在室温条件下，DOB 分子形成长程有序的条垄状结构，如图 7.9(a)所示。所

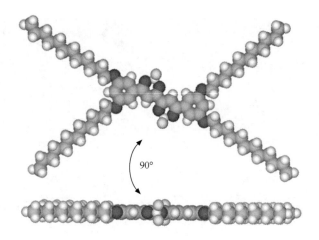

图 7.7　DOB 分子结构的俯视和侧视示意图

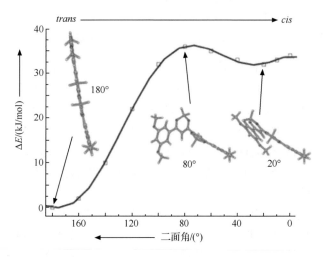

图 7.8　在气相中旋转 DOB 分子中心键的结构与能量变化的理论计算

示图像中存在多个大于 50 nm×50 nm 的畴区。图 7.9(b)是对应于图 7.9(a)的高分辨 STM 图像。分子吸附于石墨表面，形成有序结构。在图像中，每列分子有若干亮棒构成，由分子结构和理论计算结果推知，亮棒对应于 DOB 分子的 π 共轭骨架部分。仔细观察发现，图 7.9(b)中的两个畴区 Π1 和 Π2 无法通过平移或旋转操作重合，也就是说，二者具有镜像对映关系，是一对二维对映手性畴。

　　图 7.10(a)和(b)是两手性畴区中典型的高分辨 STM 图像，由图可见，每个分子核心部分呈棒状形态，相邻分子采取肩并肩方式形成分子条垄。STM 图像中，每个分子只能看到两条烷基链吸附在石墨基底表面，另外两条烷基链观察不到。根据 STM 观察结果，提出如图 7.10(c)的分子结构模型，左边的结构模型对应于

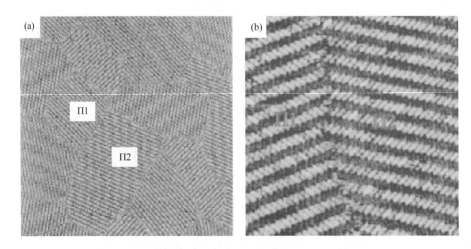

图 7.9　(a)室温下 DOB 分子在石墨表面吸附的大范围 STM 图像。(b)DOB 分子两种畴区Π1 与Π2 畴界的 STM 图像。STM 成像条件:(a)E_{bias}＝512 mV,I＝422 pA;(b)E_{bias}＝487 mV,I＝434 pA。扫描范围:(a)203 nm×203 nm;(b)38.2 nm×38.2 nm

畴区Π1,右边的模型的结构对应于畴区Π2。由于某些烷基链伸到石墨基底面外,因此在 STM 图中观察不到,以往的研究中也有过类似分子吸附现象报道。从 STM 结果分析可得,畴区Π1 的单胞参数为 a＝0.98 nm±0.2 nm,b＝3.34 nm±0.2 nm,α＝95°±2°,畴区Π2 的单胞参数与畴区Π1 的相同。DOB 分子在 HOPG 表面组装过程中对称性被打破,形成手性畴区,其主要驱动力被认为是来自分子间氢键的相互作用,即分子的 BF_2 基团上的 F 原子与相邻分子苯环上邻位上的 H 原子间形成的氢键相互作用所致。

　　在室温获得上述结构后,将基底在不同温度下加热,研究温度对组织结构的影响。当 HOPG 基底被加热到 100℃,保温 10 min 再降温至室温时,STM 观察发现,组装结构畴区的尺寸增大,可以看到 600 nm×600 nm 的大范围有序组装结构。图 7.11(a)是一幅该条件下的典型的 DOB 组装结构的 STM 图像,可以看到分子呈条垄状排列,结构与图 7.9 和图 7.10 中的结构一致,没有发生变化。这一现象说明,吸附结构在一定温度下进行热处理,可以增加有序度,得到更大尺寸的畴区。继续提高加热温度,当 HOPG 基底被加热到 130℃,保温 10 min,再降至室温时,STM 图像中出现了两种有序吸附结构,一种是原先存在的条垄状结构,另外一种是新出现的六边形结构,如图 7.11(b)中的区域Θ,结果表明,DOB 分子在石墨表面的吸附结构发生了改变。区域Θ的高分辨 STM 图像如图 7.11(c)所示,这是一种六次对称的结构,该有序结构以花状分子聚集体为基本单元,每个花状聚集体由三个 DOB 分子组成。分子呈"V"形结构,与其顺式构象一致,而不是图 7.7 中出现的反式构象。分子间形成氢键,氢键存在于 BF_2 中的 F 原子和与之相邻的

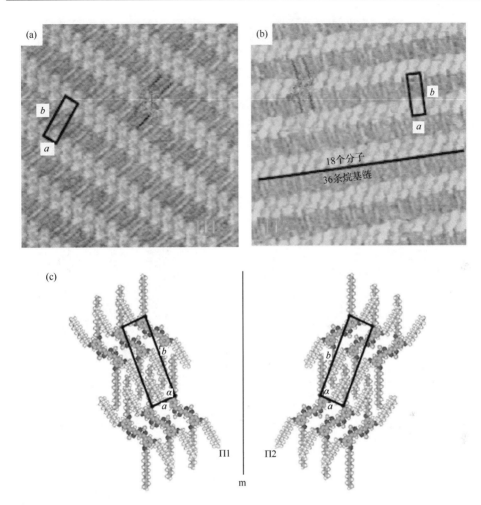

图 7.10　(a)手性畴区 Π1 的高分辨 STM 图像。(b)手性畴区 Π2 的高分辨 STM 图像。(c)手性畴区吸附结构的模型示意图。STM 成像条件：(a)$E_{bias}=671$ mV,$I=511$ pA；(b)$E_{bias}=372$ mV,$I=531$ pA。扫描范围：(a)15.6 nm×15.6 nm；(b)19.7 nm×19.7 nm

苯环上的 H 原子。图 7.11(e)是六次对称区域 Θ 的分子组装结构模型，其中的放大图以虚线表示出分子间可能存在的氢键。依据分子排列的周期性，可以归纳出分子组装结构单胞，分别标示在图 7.11(c)和(e)中，单胞参数为：$a=3.92$ nm±0.2 nm,$b=3.92$ nm±0.2 nm,$\alpha=60°±2°$。

　　当加热 HOPG 基底至 150℃，保温 10 min，再降至室温时，STM 观察结果如图 7.11(d)所示，可以看到六边形结构区域增加至整个观察区域，说明此时组装结构完全转变成为六边形结构。仔细观察可以发现，组装结构中产生了若干缺陷，局部区域已经看不到分子吸附，说明分子在此温度条件下已经开始从 HOPG 表面脱附。

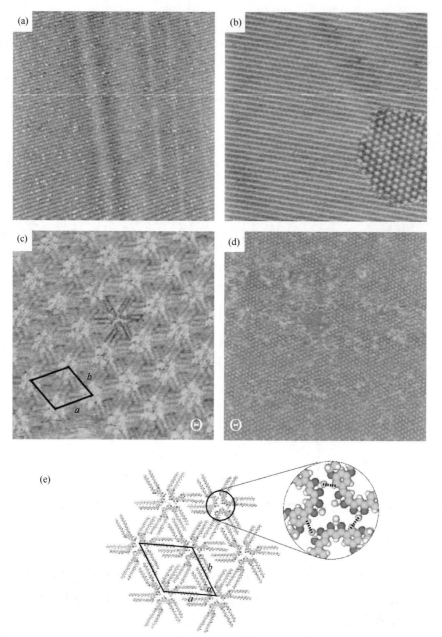

图 7.11　(a)100℃退火 10 min 后 DOB 分子吸附层的 STM 图像。(b)130℃退火后 DOB 分子吸附层的 STM 图像,其中右下侧的非条垄装结构被标记为畴区 Θ。(c)畴区 Θ 的高分辨 STM 图像。(d)150℃退火后 DOB 分子吸附层的 STM 图像。(e)畴区 Θ 吸附结构的模型示意图。STM 成像条件:(a)E_{bias} = 567 mV, I = 363 pA;(b)E_{bias} = 539 mV, I = 422 pA;(c)E_{bias} = 529 mV, I = 376 pA;(d)E_{bias} = 644 mV, I = 433 pA。扫描范围:(a)200 nm×200 nm;(b)100 nm×100 nm;(c)19.6 nm×19.6 nm(d)200 nm×200 nm

上述研究结果表明,改变温度可以有效地改变分子组装结构,例如可以增加结构的有序度,也可以诱导改变分子的手性结构转化,也可以借此研究吸附分子和吸附基底间的相互作用,研究组织结构的稳定性等等,无论是对基础理论研究,还是对实际应用研究,都具有重要意义,是一有效的调控分子结构的手段。

7.3　手性结构多样性

线形单分散的共轭寡聚物分子既是研究高分子化合物的模型体系,又是纳米光电子学研究领域的重要分子材料,有望用在光电器件制备,或分子导线形成等领域,受到学术界和工业界的广泛关注[74-76]。寡聚对苯乙烯撑系列分子常被简称为 OPV[oligo(p-phenylenevinylene)],由于该类分子具有化学性质稳定、光学电学性质优异及易于加工等优点而被广泛应用于有机发光、有机场效应晶体管及太阳能电池等器件的制备,其中,OPV 通常作为电子给体材料与电子受体分子一起形成复合结构[77-80]。控制和调控表面分子组装结构最直接的方法是精确地设计和改变分子结构,从而调整分子/分子及分子/基底之间的相互作用以得到特定结构和功能的组装结构。最近,选择了具有优良光电性能的 OPV 分子,系统研究了 OPV_n-C_m 系列分子在固体表面的丰富的组装结构。结果显示,分子的二维组装对其化学结构相当敏感,仅仅是烷基链长度的改变或是分子骨架增加一个苯环都会显著地改变最终组装方式。该类分子中,合适的长径比和两端醛基的存在,使范德华力和氢键协同作用可能同时产生,影响组装,为形成多种组装结构提供了可能。例如,利用 OPV_3-C_{12} 分子在 HOPG 表面进行组装,组装结构呈现出多种手性结构,包括风车形结构、手性线形结构、紧密风车形结构等。除此之外,研究还发现 OPV_3-C_{12} 可与卤代烷烃共吸附,形成二元有序组装结构,在此结构之中,卤键也成为产生组装结构的重要原因之一。

7.3.1　OPV$_3$-CHO 的手性结构多样性

图 7.12 是 OPV$_3$-CHO 分子的化学结构式,分子中存在烷基链和醛基,分子骨架中有苯环。将 OPV$_3$-CHO 分子在 HOPG 表面组装,其 STM 观察结果如图 7.13 所示。图 7.13 是 OPV$_3$-CHO 分子组装结构的典型 STM 图像。观察到的

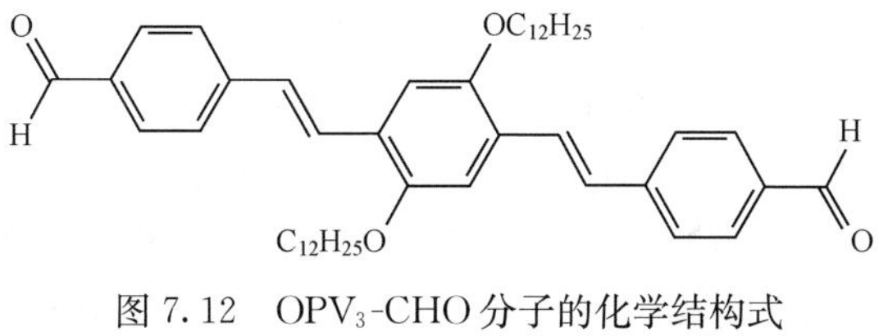

图 7.12　OPV$_3$-CHO 分子的化学结构式

组装区域中主要有三个畴区组成,分别用Ⅰ,Ⅱ,Ⅲ表示,畴区的边界用虚线勾出。这三个畴区分别对应三种不同的手性组装结构:风车形(Ⅰ),手性线形(Ⅱ),紧密风车形(Ⅲ)。

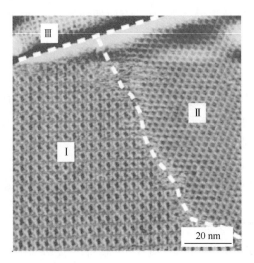

图 7.13　OPV$_3$-CHO 在 HOPG 表面组装结构的 STM 图像。
STM 实验条件:$E_{bias}=567$ mV,$I=606$ pA

1. OPV$_3$-CHO 的风车形结构

图 7.14(a)和(b)是"风车形"结构的高分辨 STM 图像,对应于图 7.13 中的畴区Ⅰ。组装层由亮棒组成,每个亮棒长约 2.0 nm,与 OPV$_3$-CHO 分子的共轭骨架部分的长度一致,说明每个亮棒对应一个 OPV$_3$-CHO 分子。每四个分子形成一个风车形亚结构,它是组装结构的基本重复单元,这里借此将这种组装结构称为"风车形结构"。在组装层中可以观察到存在有顺时针和逆时针风车的区域,由于转向不同形成手性对称。图 7.14(a)和(b)所示的组装层分别由顺时针和逆时针的风车组成,风车示意图及其旋转方向叠加在各自的 STM 图像上。图像中还可以清晰地看到存在于风车之间的分子的十二烷基侧链,烷基链相互对插在一起。根据分子的取向和组装结构的对称性,可以得到风车结构的单胞,如图 7.14(a)和(b)所示,不同转向风车结构中的单胞参数一致:$a=b=3.80$ nm± 0.1 nm,$\alpha=90°$。图 7.14(c)和(d)是不同转向"风车"的结构模型。

仔细观察发现每个风车的中心为一四边形核心,在图 7.14(a)和(b)中右下方用一方块和字母 A 表示。理论计算表明组成一个风车的四个分子中的四个醛基可与相邻分子苯环上的氢原子相互作用形成氢键,平均距离约为 0.32 nm。细节可以参看图 7.14(c)右下角和(d)左下角的插图。另一方面,OPV$_3$-CHO 分子应为

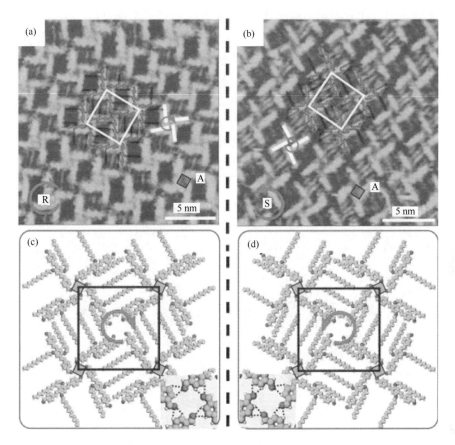

图 7.14　OPV$_3$-CHO 分子组装结构(a)顺时针"风车形"结构的高分辨 STM 图像;(b)逆时针"风车形"结构的高分辨 STM 图像;(c)和(d)对应于(a)和(b)的"风车形"手性结构的模型,插图为组装结构中氢键作用的示意图。STM 成像条件:(a)$E_{bias}=635$ mV,$I=640$ pA;(b)$E_{bias}=635$ mV,$I=646$ pA

本图另见书末彩图

平躺于 HOPG 基底表面,烷基链也吸附在表面并形成紧密的对插结构。烷基链之间、烷基链与基底之间都存在着在范德华力作用,正是氢键和范德华力协同作用导致了风车形结构的产生。

2. OPV$_3$-CHO 的线形手性结构

在 OPV$_3$-CHO 分子组装层中的另一种手性结构为线形手性结构,对应于图 7.13 中的畴区Ⅱ,STM 研究结果如图 7.15(a)和(b)所示。STM 图像中的每个亮棒对应的是一个 OPV$_3$-CHO 分子。分子平躺于表面,所有的烷基链相互对插。沿箭头所指,分子骨架肩并肩地排成线形结构。有趣的是,虽然图 7.15(a)和(b)

中分子的排列方式几乎是一样的,但分子的取向却是呈手性对称。一个变形的风车示意图形象地表示出二者的不同。图 7.15(a)和 7.15(b)可以分别看作是逆时针(S 型)和顺时针(R 型)的变形风车,单胞标示在两图中,具有相同的晶胞参数:$a=2.3$ nm±0.1 nm,$b=3.0$ nm±0.1 nm,$\alpha=80°\pm2°$。相应的结构模型和可能存在的氢键如图 7.15(c)和(d)所示,其中的插图清楚地显示了分子形成的线形结构及其中的氢键。这种氢键的作用方式与 PVBA(4-[*trans*-2-(pyrid-4-yl-vinyl)]benzoic acid)分子在 Ag(111)表面形成的一维手性超分子纳米线中的氢键相似[81]。除此手性线形结构之外,研究中还发现了一种线形非手性结构,在此不做详细介绍。

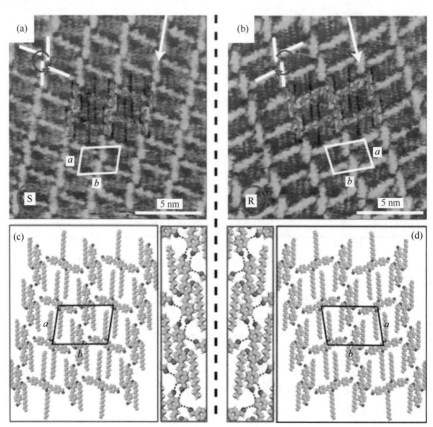

图 7.15　OPV$_3$-CHO 分子线形手性组装结构(a)逆时针线形结构的高分辨 STM 图像;(b)顺时针线形结构的高分辨 STM 图像;(c)和(d)对应于(a)和(b)手性线形结构模型,插图为组装层中氢键作用示意图。STM 成像条件:(a)$E_{bias}=774$ mV,$I=416$ pA;(b)$E_{bias}=750$ mV,$I=500$ pA

3. OPV₃-CHO 的紧密风车形结构

对应于图 7.13 中的畴区Ⅲ，图 7.16(a)和(b)是 OPV₃-CHO 分子形成的紧密风车形结构的高分辨 STM 图像，它们同样是呈镜面对称，具有手性关系。与前两种结构一样，单个分子在 STM 图像中的成像特点仍然是一亮棒，在图 7.16(b)中甚至能分辨出三个相连的亮点，与分子骨架中的三个苯环相对应。四个分子形成一个风车状单元。不同于前文中的风车形结构，在这里每两个风车共用一个风车臂，所以整个分子排列结构更加紧密。在图 7.16(a)中有两个畴区，畴区具有清晰的边界，如箭头所示，两畴区中都由顺时针的紧密风车形单元构成。依据以上的分析，紧密风车形组装的结构模型示于图 7.16(c)和(d)，并标示了组装层的单胞，单

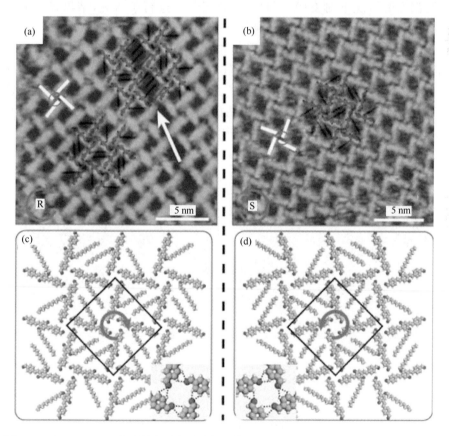

图 7.16　OPV₃-CHO 分子紧密风车形手性组装结构(a)顺时针紧密风车形结构的高分辨 STM 图像；(b)逆时针紧密风车形结构的高分辨 STM 图像；(c)和(d)对应于(a)和(b)的紧密风车形结构模型，插图为组装层中的氢键作用示意图。STM 成像条件：(a)E_{bias} = 624 mV，I = 653 pA；(b)E_{bias} = 648 mV，I = 660 pA

胞参数为：$a=b=3.2$ nm±0.1 nm，$\alpha=90°\pm2°$。在搭建模型的过程中，由于空间限制每个分子只有一条十二烷基链能吸附于 HOPG 表面，另一条十二烷基链可能指向基底的另一侧，OPV$_3$-CHO 分子所有的醛基都有可能参与氢键的形成，可能的作用方式示于图 7.16(c)和(d)下角的插图之中。

7.3.2　温度对 OPV$_3$-CHO 的组装手性结构的影响

分子在固体表面吸附形成自组装结构的过程中，依靠分子/基底及分子/分子之间作用力的协同作用，受控于分子组装的动力学过程和热力学过程，最终趋于稳态或亚稳态结构。温度较高时，分子的热运动比较显著，因而能够调整自身的精细结构以达到热力学更稳定的吸附状态。为了考察温度对于手性结构的影响，本节在改变温度的情况下对 OPV$_3$-CHO 的自组装层进行了研究，结果显示 OPV$_3$-CHO 的手性结构因受到温度的影响而发生变化。

图 7.17 是将 OPV$_3$-CHO 组装形成的单分子层加热到 80℃，保温 10 min 之后，再冷却到室温的 STM 研究结果。图 7.17(a)是一幅扫描范围为 150 nm× 150 nm 的大范围 STM 图像，其中包含了五个畴区。这五个畴区都是手性线形结构，而上述的其他几种结构，例如风车结构和紧密风车结构等在加热后均消失。图 7.17(b)是加热后获得的线形手性结构的 STM 图像，结果表明热效应会使分子的组装由多种结构转化为线形手性结构。

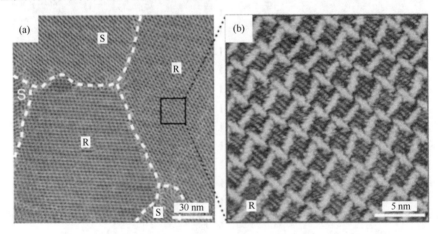

图 7.17　80℃加热后 OPV$_3$-CHO 组装层在 HOPG 表面结构的大范围 STM 图像(a)和高分辨 STM 图像(b)。STM 成像条件：(a)$E_{bias}=600$ mV，$I=650$ pA；(b)$E_{bias}=635$ mV，$I=646$ pA

表 7.1 列出了由 STM 观察到的 OPV$_3$-CHO 四种组装结构的分子覆盖度计算结果，它表明从非手性线形结构、风车结构、手性线形结构到紧密风车结构，覆盖

度依次增加。但是依据 STM 观察结果,覆盖度较低的非手性线形结构和风车结构的结构稳定性相对较差,但是覆盖度最高的紧密风车结构也最终转化为手性线形结构,这说明覆盖度不是决定结构稳定性的唯一因素。覆盖度与分子间相互作用,分子与基底间的相互作用等有关,因此各种相互作用的强弱才是影响结构稳定性的重要因素。在 OPV$_3$-CHO/HOPG 研究体系,范德华力主要来自于烷基链,对于紧密风车结构而言,只有一半的烷基链吸附于基底表面,而手性线形结构的所有烷基链均平躺吸附于基底表面,并呈对插结构。所以定性理解,无论是分子/基底还是分子/分子间的范德华力,手性线形结构均应大于紧密风车结构。至于氢键,根据计算结果,手性线形结构和紧密风车结构的所有醛基都参与氢键的形成,而且手性线形结构的氢键角度更接近于 180°,所以二者的氢键作用强度至少是相当的,并都强于风车结构和非手性线形结构。综合起来,手性线形结构既有较高的覆盖度,分子间的非共价作用力也最强,所以当分子层被加热退火时,分子会逐渐向最稳定的手性线形结构转变。

表 7.1　OPV$_3$-CHO 四种结构的覆盖度和作用力比较

类型	非手性线形结构	风车结构	手性线形结构	紧密风车结构
覆盖度/nm^{-2}	0.254	0.277	0.29	0.32
范德华力	弱	强	强	弱
氢键	弱	弱	强	强

7.3.3　OPV$_3$-CHO 与 C$_{18}$H$_{37}$Br 共吸附调控手性结构

将 OPV$_3$-CHO 与溴代烷烃分子共吸附形成二元复合结构也是一种有效的调控 OPV$_3$-CHO 手性组装结构的途径。图 7.18(a)是 OPV$_3$-CHO 与溴代十八烷分子在石墨表面吸附的大范围 STM 图像,等距离的亮线有序地分布于整个畴区。在高分辨 STM 图像中[图 7.18(b)]可以看到这些亮线是由短棒组成,每一个短棒对应的就是 OPV$_3$-CHO 分子的骨架。仔细观察发现,这些亮棒排列成螺旋方式,且根据不同的取向存在两个镜面对映体,在图 7.18(b)中分别以 R 和 S 表示。这两个不同手性畴区的边界用虚线表示,从图中可以看到边界处的分子排列规则整齐,几乎没有分子缺陷,不仔细观察甚至很难发现两边的结构具有不同的手性。作为过渡,一个 OPV$_3$ 分子(虚线椭圆圈)改变了它的排列取向来联结两个不同手性的畴区。

如图 7.18(b)所示,介于分子骨架排布亮带区域之间的区域对应的是分子的烷基侧链。仔细观察会发现存在两种不同类型的烷基链。一种类型烷基链的长度为约 1.5 nm,位于亮棒的中点位置,对应的是 OPV$_3$-CHO 分子的十二烷氧基侧链,在图中用尺寸较小的椭圆表示,两个等长的小椭圆头对头排列成一条直线。另

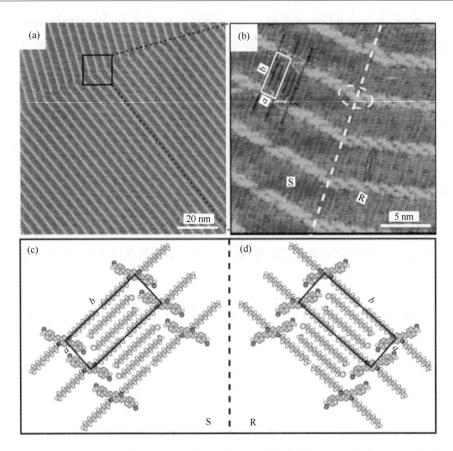

图 7.18　OPV$_3$-CHO 与 C$_{18}$H$_{37}$Br 在石墨表面吸附的大范围 STM 图像(a)和高分辨
STM 图像(b)。(c)和(d)对应(S)和(R)组装结构的模型示意图。STM 成像条件:
(a)E_{bias}=784 mV, I=580 pA;(b)E_{bias}=751 mV, I=556 pA

一种类型烷基链的长度为约 2.5 nm,位于 OPV$_3$-CHO 分子烷基链之间,对应的应是 C$_{18}$H$_{37}$Br 分子,图中用一个长椭圆表示。根据图像分析结果可知,此时, C$_{18}$H$_{37}$Br 分子与 OPV$_3$-CHO 共吸附,形成二元复合结构。在 OPV$_3$-CHO 的烷基侧链围成的矩形网格中有两个 C$_{18}$H$_{37}$Br 分子,烷基骨架部分的走向与 OPV$_3$ 的侧链平行。但由于 C$_{18}$H$_{37}$Br 分子中溴原子的成像反差与几乎与烷基链一样,仅从 STM 图像上难以判断 C$_{18}$H$_{37}$Br 分子的取向。图 7.18(c)和(d)是 OPV$_3$-CHO/C$_{18}$H$_{37}$Br 复合结构的可能模型。单胞参数为:a=1.7 nm±0.1 nm, b=3.9 nm±0.1 nm, α=90°±2°。其中两个 C$_{18}$H$_{37}$Br 分子的取向可能相同,也可能相反,后续研究结果显示二者是相反方向排布的。

一般说来,双组分体系在基底表面共吸附形成组装结构时,可能存在三种情况:层层组装、相分离和同一层内的复合。当两种组分与基底间的相互作用差别较大时,一种分子会优先吸附于表面,极端情况是第一种分子铺满表面,第二种分子在第一种分子层上吸附形成层层组装。当两种组分的吸附能力相差不大,而分子间没有明显的相互作用,则会各自成畴,得到相分离的组装结构。第三种情况则是两组分之间存在明显的相互作用,二者会在同一组装层内形成复合结构。OPV_3-CHO 分子与 $C_{18}H_{37}Br$ 分子的共吸附组装类似于第三种情况,说明二分子之间存在较强的相互作用。为了理解作用机理,这里进行了系列对照实验。例如,将烷基化合物的末端基团换成氢原子或羟基后,烷基化合物则不再能构成这种二元复合结构,由此可以推断溴原子在共吸附结构的形成过程中是发挥了重要作用。研究已知,卤键是与卤原子相关的一种重要的非共价作用,它存在于卤原子和路易斯碱之间。卤原子作为电子受体,而路易斯碱的负电位点表现为电子给体。在卤族元素中,从 F 到 I,成键能力逐渐增强。卤原子与路易斯碱的作用位点之间的距离一般不大于 3.5 Å,角度以 180° 为最好,这两点都与氢键类似。卤键在一系列生化现象,譬如蛋白质-配体的结合中起到重要作用。随着理论计算和晶体工程研究的不断发展,卤键的作用得到普遍认可。在溴代烷烃与 OPV_3-CHO 共吸附结构中存在卤键和范德华力等作用,OPV_3-CHO 分子的烷基侧链和 $C_{18}H_{37}Br$ 分子的烷基链都平躺吸附于表面(分子/基底范德华力)并形成对插结构(分子/分子范德华力)。但是,醛基的作用方式发生了改变。例如在风车结构中四个分子形成一个结构单元,位于骨架端基的醛基基团聚集在一起。当引入 $C_{18}H_{37}Br$ 分子后,醛基则与 $C_{18}H_{37}Br$ 分子中的溴原子发生相互作用,以新的作用方式进行共吸附分子组装。

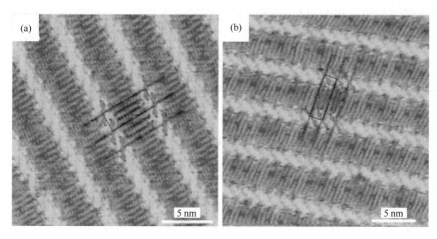

图 7.19　(a)OPV_3-CHO/$C_{18}H_{37}Cl$ 共吸附结构的高分辨 STM 图像;(b)OPV_3-CHO/$C_{18}H_{37}I$ 的共吸附结构的高分辨 STM 图像。STM 成像条件:(a)$E_{bias}=800$ mV, $I=609$ pA;(b)$E_{bias}=750$ mV, $I=620$ pA

　　为了进一步了解卤键在分子共吸附组装中的作用，将 $C_{18}H_{37}Br$ 分子换成 $C_{18}H_{37}I$ 和 $C_{18}H_{37}Cl$，并与 OPV_3-CHO 分子混合形成表面组装层。图 7.19 是 OPV_3-CHO 分子与 $C_{18}H_{37}Cl$ 分子在 HOPG 表面形成的共吸附结构的高分辨 STM 图像，其分子结构模型也叠加在图像上。结果表明，$C_{18}H_{37}Cl$ 确实可以与 OPV_3-CHO 形成类似图 7.18 的螺旋共吸附结构。实验结果还证明 $C_{18}H_{37}I$ 也可以与 OPV_3-CHO 在 HOPG 表面形成共吸附结构。由此可见，卤键在共吸附组装结构的形成中发挥了重要作用。

7.4　光诱导组装

　　自组装单分子层的结构主要取决于分子的自身结构，但是如上所述，通过改变外界条件，如热、光、电和磁等可以诱导结构转化，进而对分子自组装结构进行有效调控[41,44,82,83]。其中，光诱导方法由于其操作简单，效率高，在控制纳米结构等方面备受重视，因此可以利用具有光化学反应活性的有机分子在固体表面组装形成分子纳米结构，再通过光诱导调节其结构。关于光活性分子的自组装及其光化学反应已有一些研究成果，研究的手段主要有紫外-可见吸收光谱、表面荧光光谱和傅里叶变换红外光谱等，这些研究为光化学反应中结构的变化提供了重要的宏观信息[84,85]。用 STM 研究光活性分子在石墨表面的自组装及其光化学反应也有报道[35,86-89]。例如，De Schryver 等人利用 STM 观察反应物和产物在光照前后的结构变化，研究了间苯二酸的偶氮苯衍生物在石墨表面的光化学反应[86]。还用紫外光照射联二炔的自组装单层，STM 观察到了共轭聚联二炔纳米线的形成[87-90]。我们研究组利用 STM 研究了金单晶表面单分子层的光化学反应过程，揭示了反应前后的组装结构等[91]。这类研究对于理解表面光化学反应，对发展光电器件和纳米材料具有重要的理论意义和实际应用意义。

　　肉桂酸是一类典型的光活性化合物[92,93]。研究结果表明，有三种晶型的肉桂酸晶体，α、β 和 γ。其中 α 型肉桂酸晶体，分子的双键相互平行，呈头尾排列，相邻分子间的双键间距为 3.6～4.1 Å；β 型肉桂酸晶体，分子的双键相互平行，呈头头排列，相邻分子间的双键间距为 3.9～4.1 Å；γ 型肉桂酸晶体分子的双键相互平行，呈头头排列，相邻分子间的双键间距为 4.8～5.1 Å。不同晶型的肉桂酸发生光二聚反应后，得到的产物也不同，如图 7.20 所示，α 型肉桂酸反应后生成 α-古柯间二酸，β 型肉桂酸反应后生成 β-古柯邻二酸，γ 型肉桂酸不发生二聚反应。

　　到目前为止，关于肉桂酸在二维表面的二聚反应研究得较少，大部分研究都是采用红外等光谱手段进行的，提供了宏观的分子吸附组装结构信息。

　　本节选用 4-戊氧基肉桂酸分子（AOCA，$C_5H_{11}OC_6H_4CH=COOH$）作为模型体系，研究了肉桂酸化合物在 Au(111) 电极表面的吸附及光化学反应，结合电化学

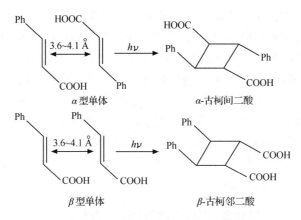

图 7.20 不同晶型的肉桂酸光照后的二聚产物

循环伏安研究结果、红外光谱结果等,利用电化学 STM 直接观察了紫外光照射前后单体和二聚体吸附层的结构[32]。光照后,STM 图像清晰地证明了 AOCA 二聚物的存在,这一结果为肉桂酸在金属表面的光二聚反应提供了分子级的直接证据,也是光调控表面分子组装结构的实例。

7.4.1 电化学循环伏安曲线

图 7.21 是 Au(111)电极、AOCA 修饰的 Au(111)电极和光照后 AOCA 修饰的 Au(111)电极在 0.1 mol/L HClO₄ 溶液中的电化学循环伏安曲线,电位扫描速

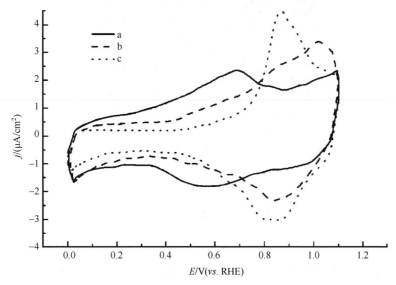

图 7.21 电极在 0.1 mol/L HClO₄ 中的循环伏安曲线:a. Au(111)电极;b. AOCA 修饰的 Au(111)电极;c. 光照 10 min 后 AOCA 修饰的 Au(111)电极。电位扫描速率为 30mV/s

率为 30 mV/s。曲线 a 是 Au(111)电极在 0～1.1 V 电位区间的循环伏安曲线,该曲线的特征与文献报道的结果一致,表明 Au(111)电极结构完好,表面没有受到污染或损坏。曲线 b 是 AOCA 修饰的 Au(111)电极在 0.1 mol/L HClO$_4$ 的循环伏安曲线,从图中可以看出,AOCA 的吸附导致 Au(111)重构峰的消失,双电层的电量也明显减少。在 0.85 V 附近出现了一对宽的氧化峰和还原峰,这对峰可以推断为是 AOCA 的脱附和吸附所致。得到循环伏安曲线 b 后,用波长为 365 nm 的紫外光光照 AOCA 修饰的 Au(111)电极约 10 min,然后重新测量其循环伏安曲线,结果如图 7.21 中曲线 c 所示。从图中可以明显看出曲线 c 的形状与曲线 b 相似,只是双电层的电量比光照前更小。

7.4.2　AOCA 在 Au(111)表面吸附结构的 STM 研究

利用 STM 观察研究了 AOCA 分子在 Au(111)表面的吸附组装结构,组装结构的大范围 STM 图像如图 7.22 所示。由图可见,分子吸附在 Au(111)表面,并形成有序的组装层。在扫描范围内可以看到多个畴区,畴与畴之间的夹角约为 120°,畴界的边沿存在分子缺陷。

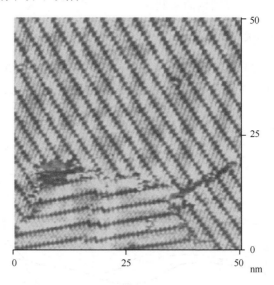

图 7.22　在 0.1 mol/L HClO$_4$ 溶液中,电极电位为 0.6 V 时获得的 AOCA 分子在 Au(111)表面吸附组装层 STM 图像。STM 成像条件:$E_{bias}=-100$ mV, $I=700$ pA

图 7.23(a)是 AOCA 组装层典型的 STM 图像。分子列沿基底 Au(111)的密排方向生长,并延伸到整个基底表面,形成自组装单分子层。由图 7.23(b)的高分辨 STM 图像可以获得更多的组装结构细节信息。沿 A 方向的分子列由一组组椭圆形的亮点组成,每组包含四个亮点。对照分子的化学结构式,可以推断这些椭圆

形亮点对应于 AOCA 分子的肉桂酸基团,从图中也可以清晰地分辨出分子的烷基链。为清楚起见,图 7.23(b)中叠加了四个 AOCA 分子模型。测量得知,分子沿 A 方向和 B 方向的重复距离分别为 3.16 nm±0.2 nm 和 1.15 nm±0.2 nm。A 方向和 B 方向的夹角为 120°±2°。A 方向和 B 方向都是 Au(111)基底的〈110〉方向。根据以上分析可以得出分子吸附层的单胞结构为(4×11)。图 7.23(c)是分子吸附层的结构模型。如图中的虚线所示,分子中羧基的氢原子能与相邻分子中羧基的氧原子形成氢键,氢键的存在对分子吸附层的形成起到重要作用。

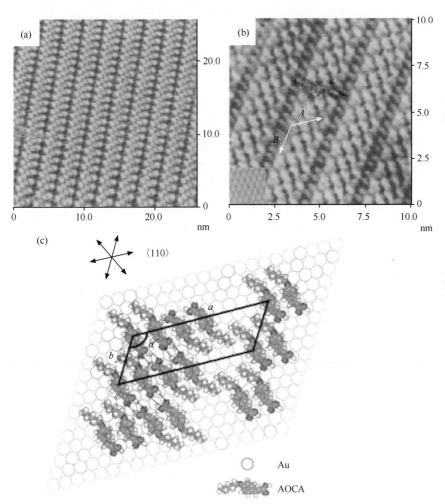

图 7.23　(a)和(b)在 0.1 mol/L HClO₄ 溶液中 0.6 V 时获得的 AOCA 在 Au(111)表面吸附层的大范围和高分辨 STM 图像。(b)中的插图是 Au(111)基底的 STM 图像。(c)AOCA 在 Au(111)表面吸附层的分子结构模型。STM 成像条件:(a)和(b)$E_{bias}=-100$ mV, $I=700$ pA

7.4.3　AOCA 在 Au(111)表面光照后的吸附结构

　　得到 AOCA 吸附层的 STM 图像之后,将荷有该吸附层的 Au(111)电极用紫外光(波长为 365 nm)光照 10 min,使 AOCA 分子发生光化学反应,再利用原位STM 观察光照后表面分子组装结构,结果如图 7.24 所示。从图 7.24(a)可以看出,光照后,分子仍然存在于 Au(111)基底表面,分子仍然组装成有序结构,但是不同于光照前图 7.23 中所示的分子组装结构。图 7.24(b)的高分辨 STM 图像揭示了分子组装结构的细节:吸附层由规则均一的三叶草状结构单元构成,每个三叶草

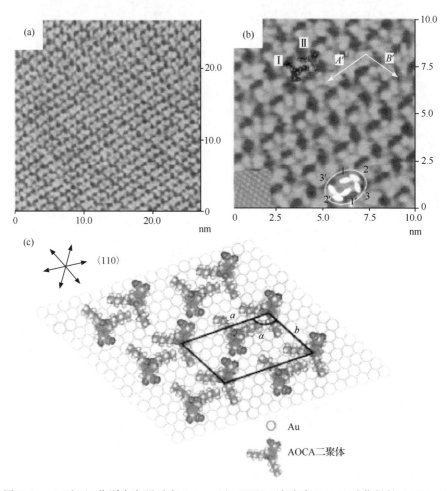

图 7.24　(a)和(b)分别为光照后在 0.1 mol/L HClO₄ 溶液中 0.6 V 时获得的 AOCA 二聚体在 Au(111)表面吸附层的大范围和高分辨 STM 图像。(b)中的插图是 Au(111)基底的 STM 图像。(c)光照后 AOCA 二聚体在 Au(111)表面的吸附层的分子结构模型。STM成像条件:(a)和(b)E_{bias}＝－100 mV, I＝700 pA

状结构包括三个亮点,这表明在 AOCA 分子吸附层在光照后发生了光化学反应。
分子列 A' 和 B' 方向均沿 Au(111) 的〈110〉方向伸展,之间夹角为 $120°±2°$,三叶
草状结构单元沿 A' 和 B' 方向的重复距离分别是 2.30 nm±0.2 nm 和 1.44 nm±
0.2 nm。根据分子的排列方向和分子间的距离,可以确定分子组装层的单胞结构
是(5×8)。

　　将 STM 图像与 AOCA 二聚体的化学结构进行对比可以发现,每个三叶草状
结构对应着一个 AOCA 的二聚体,如图 7.24(b)所示,为清晰起见,图中叠加了分
子的结构模型,并将取向不同的分子表示为Ⅰ和Ⅱ。仔细观察发现,每两个三叶
草状结构组成一个结构单元,Ⅰ和Ⅱ两个分子就是一实例。同时,在图 7.24(b)下方
示出一对三叶草状结构。STM 图像中,一个 AOCA 二聚体(三叶草状结构)表现
为三个亮点。因此在下方的模型中用 1、2、3 和 1′、2′、3′分别示出各个二聚体。从
分子的化学结构和 STM 图像可知,光照后生成的二聚体应为 $β$-古柯邻二酸。亮
点 2 是两个羧基部分,亮点 1 和 3 则可以归结为带有烷基链的苯环部分。图 7.24
(c)是上述分析和实验结果的总结,也是光照后 AOCA 分子吸附层的结构模型。
从模型可以看出 AOCA 二聚体的结合方式,排列结构以及与 Au(111)基底的位向
关系等。

　　值得注意的是,当光照时间不足 10 min 时,Au(111)表面 AOCA 吸附组装层
的分子并不能完全发生二聚反应。图 7.25 是光照时间为 5 min 时在 AOCA 组装
层上获得的 STM 图像,可以观察到两种不同的畴区 A 和 B。在畴区 B 中,分子的
排列方式与图像特征与光照前分子的排列方式和特征基本相同。而在畴区 A 中,

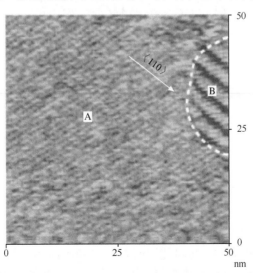

图 7.25　光照后包含两种畴区的 AOCA 单分子层的 STM 图像。畴区 A 和畴区 B 分别对应
二聚区域和未发生二聚反应的区域。STM 成像条件:$E_{bias}=-100$ mV,$I=700$ pA

分子的图像特征和排列方式则与图 7.22 和图 7.23 中是一致的,对应于二聚体的吸附结构。实验结果表明,光照时间长短影响光聚合过程,光照时间不充分时,光聚合反应不能充分进行,部分区域的 AOCA 分子不能发生二聚反应。因此,虽然利用光化学反应方法可以调控分子组装结构或组装单元,但是必须考虑光照时间长短,因其关系到反应是否充分。

7.4.4　AOCA 在 Au(111) 表面吸附结构的红外光谱研究

为了充分证实表面光二聚反应的发生,除上述 STM 观察研究之外,还利用红外光谱对 Au(111) 表面 AOCA 吸附组装层的结构开展了进一步研究。实验中,将金膜镀覆在云母表面,然后进行回火处理,利用此处理方法,金膜表面会产生大范围的 Au(111) 晶面,在此晶面上进行 AOCA 分子吸附组装,或进行光照实验,样品处理过程与实验方法与 STM 研究时相同。实验结果如图 7.26 所示,曲线(a)和(b)分别是紫外光照前后的红外光谱图。可以看到光照前后红外光谱的变化,对比文献中已经报道的研究结果可知[94],光照后发生光化学二聚反应。

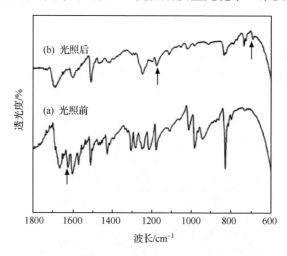

图 7.26　AOCA 修饰的金膜光照前(a)和光照后(b)的红外光谱

深入了解分子组装结构变化,调控分子组装结构,是分子组装研究的热点领域。分子在固体表面组装,最终形成的组装结构受到诸多因素影响,例如,分子本身结构和性质、基底类型、溶剂,甚至组装温度等。分子在固体表面吸附组装,在一定条件下形成的结构也不一定是稳定结构,可能是一定条件下的亚稳定结构,在相同的条件下形成的组装层里也可能同时具有几种不同的结构,利用溶剂挥发得到的组装层有时是这样,在电化学环境下的组装层也可能有类似情况。迄今为止,科学家们不断探索,不断积累,在部分分子组装体系中发现了某些组装规律,但大部分无规可循。对应特定结构的研究也是如此,虽有积累,但无普遍规律。但是众所周知,无论是组装结构还是组装结构调控,对于分子纳米科技,对于分子器件、光电器件、传感器件制备等都非常重要,因此需要科学家们的不断努力。上述结果只是近年研究工作的几个实例,在这里介绍,主要是侧重结构的转化调控,借此证明组装结构的多样性,外界条件对组装结构的影响,以及人为设计调控组装结构的可能性。

参 考 文 献

[1] Wang D, Wan L J. Electrochemical scanning tunneling microscopy: Adlayer structure and reaction at solid/liquid interface. J. Phys. Chem. C, 2007, 111: 16109-16130.

[2] Wan L J. Fabricating and controlling molecular self-organization at solid surfaces: Studies by scanning tunneling microscopy. Acc. Chem. Res., 2006, 39: 334-342.

[3] Ernst K-H. Supramolecular surface chirality. Top. Curr. Chem., 2006, 265: 209-252.

[4] Jia J F, Li S C, Zhang Y F, Xue Q K. Quantum size effects induced novel properties in two-dimensional electronic systems: Pb thin films on Si(111). J. Phys. Soc. Jpn., 2007, 76-98.

[5] Wang D, Chen Q, Wan L J. Structural transition of molecular assembly under photo-irradiation: An STM study. Phys. Chem. Chem. Phys., 2008, 10: 6467-6478.

[6] Yokoyama T, Yokoyama S, Kamikado T, Okuno Y, Mashiko S. Selective assembly on a surface of supramolecular aggregates with controlled size and shape. Nature, 2001, 413: 619-621.

[7] Shao X, Luo X, Hu X, Wu K. Chain-length effects on molecular conformation in and chirality of self-assembled monolayers of alkoxylated benzo[c]cinnoline derivatives on highly oriented pyrolytic graphite. J. Phys. Chem. B, 2006, 110: 15393-15402.

[8] Yuan Q H, Wan L J, Jude H, Stang P J. Self-organization of a self-assembled supramolecular rectangle, square, and three-dimensional cage on Au (111) surfaces. J. Am. Chem. Soc., 2005, 127: 16279-16286.

[9] Yang Z Y, Zhang H M, Pan G B, Wan L J. Effect of the bridge alkylene chain on adlayer structure and property of functional oligothiophenes studied with scanning tunneling microscopy and spectroscopy. ACS Nano, 2008, 2: 743-749.

[10] Kunitake M, Akiba U, Batina N, Itaya K. Structures and dynamic formation processes of porphyrin adlayers on iodine-modified Au(111)in solution: *In situ* STM study. Langmuir, 1997, 13: 1607-1615.

[11] Gong J R, Wan L J, Yuan Q H, Bai C L, Jude H, Stang P J. Mesoscopic self-organization of a self-assembled supramolecular rectangle on highly oriented pyrolytic graphite and Au(111)surfaces. Proc. Natl. Acad. Sci. USA, 2005, 102: 971-974.

[12] Yang Z Y, Zhang H M, Yan C J, Li S S, Yan H J, Song W G, Wan L J. Scanning tunneling microscopy of the formation, transformation, and property of oligothiophene self-organizations on graphite and gold surfaces. Proc. Natl. Acad. Sci. USA, 2007, 104: 3707-3712.

[13] Li S S, Xu L P, Wan L J, Wang S T, Jiang L. Time-dependent organization and wettability of decanethiol self-assembled monolayer on Au(111)investigated with STM. J. Phys. Chem. B, 2006, 110: 1794-1799.

[14] Hipps K, Scudiero L, Barlow D E, Cooke Jr M P. A self-organized 2-dimensional bifunctional structure

formed by supramolecular design. J. Am. Chem. Soc. , 2002, 124: 2126-2127.

[15] Theobald J A, Oxtoby N S, Phillips M A, Champness N R, Beton P H. Controlling molecular deposition and layer structure with supramolecular surface assemblies. Nature, 2003, 424: 1029-1031.

[16] Stepanow S, Lingenfelder M, Dmitriev A, Spillmann H, Delvigne E, Lin N, Deng X, Cai C, Barth J V, Kern K. Steering molecular organization and host-guest interactions using two-dimensional nanoporous coordination systems. Nat. Mater. , 2004, 3: 229-233.

[17] Pan G B, Liu J M, Zhang H M, Wan L J, Zheng Q Y, Bai C L. Configurations of a calix [8] arene and a C-60/calix [8] arene complex on a Au (111) surface. Angew. Chem. Int. Edit. , 2003, 42: 2747-2751.

[18] Pan G B, Cheng X H, Höger S, Freyland W. 2D supramolecular structures of a shape-persistent macrocycle and co-deposition with fullerene on HOPG. J. Am. Chem. Soc. , 2006, 128: 4218-4219.

[19] Gong J R, Yan H J, Yuan Q H, Xu L P, Bo Z S, Wan L J. Controllable distribution of single molecules and peptides within oligomer template investigated by STM. J. Am. Chem. Soc. , 2006, 128: 12384-12385.

[20] Mena-Osteritz E, Bäuerle P. Complexation of C_{60} on a cyclothiophene monolayer template. Adv. Mater. , 2006, 18: 447-451.

[21] Yoshimoto S, Tsutsumi E, Narita R, Murata Y, Murata M, Fujiwara K, Komatsu K, Ito O, Itaya K. Epitaxial supramolecular assembly of fullerenes formed by using a coronene template on a Au(111) surface in solution. J. Am. Chem. Soc. , 2007, 129: 4366-4376.

[22] Venkataraman B, Breen J J, Flynn G W. Scanning tunneling microscopy studies of solvent effects on the adsorption and mobility of triacontane/triacontanol molecules adsorbed on graphite. J. Phys. Chem. , 1995, 99: 6608-6619.

[23] Lackinger M, Griessl S, Heckl W M, Hietschold M, Flynn G W. Self-assembly of trimesic acid at the liquid-solid Interface a study of solvent-induced polymorphism. Langmuir, 2005, 21: 4984-4988.

[24] Kampschulte L, Lackinger M, Maier A-K, Kishore R S, Griessl S, Schmittel M, Heckl W M. Solvent induced polymorphism in supramolecular 1,3,5-benzenetribenzoic acid monolayers. J. Phys. Chem. B, 2006, 110: 10829-10836.

[25] Mamdouh W, Uji-i H, Ladislaw J S, Dulcey A E, Percec V, De Schryver F C, De Feyter S. Solvent controlled self-assembly at the liquid-solid interface revealed by STM. J. Am. Chem. Soc. , 2006, 128: 317-325.

[26] Li Y, Ma Z, Qi G, Yang Y, Zeng Q, Fan X, Wang C, Huang W. Solvent effects on supramolecular networks formed by racemic star-shaped oligofluorene studied by scanning tunneling microscopy. J. Phys. Chem. C, 2008, 112: 8649-8653.

[27] Li C J, Zeng Q D, Liu Y H, Wan L J, Wang C, Wang C R, Bai C L. Evidence of a thermal annealing effect on organic molecular assembly. ChemPhysChem, 2003, 4: 857-859.

[28] Magonov S N, Yerina N A. High-temperature atomic force microscopy of normal alkane $C_{60}H_{122}$ films on graphite. Langmuir, 2003, 19: 500-504.

[29] Rohde D, Yan C J, Yan H J, Wan L J. From a lamellar to hexagonal self-assembly of bis(4,4′-($m,m′$-di(dodecyloxy)phenyl)-2,2′-difluoro-1,3,2-dioxaborin)molecules: A *trans*-to-*cis*-isomerization-induced structural transition studied with STM. Angew. Chem. Int. Edit. , 2006, 45: 3996-4000.

[30] Tsai C S, Wang J K, Skodje R T, Lin J C. A single molecule view of bistilbene photoisomerization on

a surface using scanning tunneling microscopy. J. Am. Chem. Soc. , 2005, 127: 10788-10789.

[31] Xu L P, Wan L J. STM Investigation of the photoisomerization of an azobis-(benzo-15-crown-5)molecule and its self-assembly on Au(111). J. Phys. Chem. B, 2006, 110: 3185-3188.

[32] Xu L P, Yan C J, Wan L J, Jiang S G, Liu M H. Light-induced structural transformation in self-assembled monolayer of 4-(amyloxy)cinnamic acid investigated with scanning tunneling microscopy. J. Phys. Chem. B, 2005, 109: 14773-14778.

[33] Pace G, Ferri V, Grave C, Elbing M, Von Hänisch C, Zharnikov M, Mayor M, Rampi M A, Samorì P. Cooperative light-induced molecular movements of highly ordered azobenzene self-assembled monolayers. Proc. Natl. Acad. Sci. USA, 2007, 104: 9937-9942.

[34] Arai R, Uemura S, Irie M, Matsuda K. Reversible photoinduced change in molecular ordering of diarylethene derivatives at a solution-HOPG interface. J. Am. Chem. Soc. , 2008, 130: 9371-9379.

[35] Abdel-Mottaleb M M, De Feyter S, Gesquière A, Sieffert M, Klapper M, Müllen K, De Schryver F C. Photodimerization of cinnamate derivatives studied by STM. Nano Lett. , 2001, 1: 353-359.

[36] He Y, Ye T, Borguet E. Porphyrin self-assembly at electrochemical interfaces: Role of potential modulated surface mobility. J. Am. Chem. Soc. , 2002, 124: 11964-11970.

[37] Yang Y L, Chan Q L, Ma X J, Deng K, Shen Y T, Feng X Z, Wang C. Electrical conformational bistability of dimesogen molecules with a molecular chord structure. Angew. Chem. Int. Edit. , 2006, 45: 6889-6893.

[38] Yoshimoto S, Higa N, Itaya K. Two-dimensional supramolecular organization of copper octaethylporphyrin and cobalt phthalocyanine on Au(III): Molecular assembly control at an electrochemical interface. J. Am. Chem. Soc. , 2004, 126: 8540-8545.

[39] Yoshimoto S, Honda Y, Ito O, Itaya K. Supramolecular pattern of fullerene on 2D bimolecular "chessboard" consisting of bottom-up assembly of porphyrin and phthalocyanine molecules. J. Am. Chem. Soc. , 2008, 130: 1085-1092.

[40] Li Z, Han B, Wan L J, Wandlowski T. Supramolecular nanostructures of 1,3,5-benzene-tricarboxylic acid at electrified Au(111)/0.05 M H_2SO_4 interfaces: An in $situ$ scanning tunneling microscopy study. Langmuir, 2005, 21: 6915-6928.

[41] Wan L J, Noda H, Wang C, Bai C L, Osawa M. Controlled orientation of individual molecules by electrode potentials. ChemPhysChem, 2001, 2: 617-619.

[42] Xu Q M, Han M J, Wan L J, Wang C, Bai C L, Dai B, Yang J L. Tuning molecular orientation with STM at the solid/liquid interface. Chem. Commun. , 2003: 2874-2875.

[43] Wen R, Pan G B, Wan L J. Oriented organic islands and one-dimensional chains on a Au(111) surface fabricated by electrodeposition: An STM study. J. Am. Chem. Soc. , 2008, 130: 12123-12127.

[44] Mougous J D, Brackley A J, Foland K, Baker R T, Patrick D L. Formation of uniaxial molecular films by liquid-crystal imprinting in a magnetic field. Phys. Rev. Lett. , 2000, 84: 2742-2745.

[45] Berna J, Leigh D A, Lubomska M, Mendoza S M, Perez E M, Rudolf P, Teobaldi G, Zerbetto F. Macroscopic transport by synthetic molecular machines. Nat. Mater. , 2005, 4: 704-710.

[46] Katsonis N, Kudernac T, Walko M, van der Molen S J, van Wees B J, Feringa B L. Reversible conductance switching of single diarylethenes on a gold surface. Adv. Mater. , 2006, 18: 1397-1400.

[47] Kumar A S, Ye T, Takami T, Yu B-C, Flatt A K, Tour J M, Weiss P S. Reversible photo-switching of single azobenzene molecules in controlled nanoscale environments. Nano Lett. , 2008, 8: 1644-1648.

[48] Chiaravalloti F, Gross L, Rieder K-H, Stojkovic SM, Gourdon A, Joachim C, Moresco F. A rack-and-pinion device at the molecular scale. Nat. Mater. , 2007, 6: 30-33.

[49] Shirai Y, Osgood A J, Zhao Y M, Kelly K F, Tour J M. Directional control in thermally driven single-molecule nanocars. Nano Lett. , 2005, 5: 2330-2334.

[50] Azumi R, Götz G, Debaerdemaeker T, Bäuerle P. Coincidence of the molecular organization of β-substituted oligothiophenes in two-Dimensional Layers and Three-Dimensional Crystals. Chem. Eur. J. , 2000, 6: 735-744.

[51] Bäuerle P. End-capped oligothiophenes: New model compounds for polythiophenes. Adv. Mater. , 2004, 4: 102-107.

[52] Bäuerle P, Fischer T, Bidlingmeier B, Rabe J P, Stabel A. Oligothiophenes—Yet Longer? Synthesis, characterization, and scanning tunneling microscopy images of homologous, isomerically pure Oligo(alkylthiophene)s. Angew. Chem. Int. Edit. , 2003, 34: 303-307.

[53] Leclere P, Surin M, Viville P, Lazzaroni R, Kilbinger A, Henze O, Feast W, Cavallini M, Biscarini F, Schenning A. About oligothiophene self-assembly: From aggregation in solution to solid-state nanostructures. Chem. Mater. , 2004, 16: 4452-4466.

[54] Krömer J, Rios-Carreras I, Fuhrmann G, Musch C, Wunderlin M, Debaerdemaeker T, Mena-Osteritz E, Bäuerle P. Synthesis of the first fully α-conjugated macrocyclic oligothiophenes: Cyclo[n]thiophenes with tunable cavities in the nanometer regime. Angew. Chem. Int. Edit. , 2000, 39: 3481-3486.

[55] Mena-Osteritz E, Bäuerle P. Self-assembled hexagonal nanoarrays of novel macrocyclic oligothiophene-diacetylenes. Adv. Mater. , 2001, 13: 243-246.

[56] Wakabayashi R, Kubo Y, Kaneko K, Takeuchi M, Shinkai S. Olefin metathesis of the aligned assemblies of conjugated polymers constructed through supramolecular bundling. J. Am. Chem. Soc. , 2006, 128: 8744-8745.

[57] Murphy A R, Fréchet J M, Chang P, Lee J, Subramanian V. Organic thin film transistors from a soluble oligothiophene derivative containing thermally removable solubilizing groups. J. Am. Chem. Soc. , 2004, 126: 1596-1597.

[58] Stabel A, Rabe J. Scanning tunnelling microscopy of alkylated oligothiophenes at interfaces with graphite. Synth. Met. , 1994, 67: 47-53.

[59] Friend R, Gymer R, Holmes A, Burroughes J, Marks R, Taliani C, Bradley D, Dos Santos D, Bredas J, Lögdlun M. Electroluminescence in conjugated polymers. Nature, 1999, 397: 121-128.

[60] Mazzeo M, Pisignano D, Favaretto L, Barbarella G, Cingolani R, Gigli G. Bright oligothiophene-based light emitting diodes. Synth. Met. , 2003, 139: 671-673.

[61] Huisman B H, Valeton J J, Nijssen W, Lub J, ten Hoeve W. Oligothiophene-based networks applied for field-effect transistors. Adv. Mater. , 2003, 15: 2002-2005.

[62] Videlot-Ackermann C, Ackermann J, Brisset H, Kawamura K, Yoshimoto N, Raynal P, El Kassmi A, Fages F. α, ω-distyryl oligothiophenes: High mobility semiconductors for environmentally stable organic thin film transistors. J. Am. Chem. Soc. , 2005, 127: 16346-16347.

[63] Hermann B A, Scherer L J, Housecroft C E, Constable E C. Self-organized monolayers: A route to conformational switching and read-out of functional supramolecular assemblies by scanning probe methods. Adv. Funct. Mater. , 2006, 16: 221-235.

[64] Gong J R, Wan L J, Lei S B, Bai C L, Zhang X H, Lee S T. Direct evidence of molecular aggregation

and degradation mechanism of organic light-emitting diodes under joule heating: an STM and photolumi-nescence study. J. Phys. Chem. B, 2005, 109: 1675-1682.

[65] Mena-Osteritz E, Meyer A, Langeveld-Voss B M, Janssen R A, Meijer E, Bäuerle P. Two-dimension-al crystals of poly(3-alkyl-thiophene)s: Direct visualization of polymer folds in submolecular resolution. Angew. Chem. Int. Edit. , 2000, 112: 2791-2796.

[66] Bohringer M, Morgenstern K, Schneider W D, Berndt R. Separation of a racemic mixture of two-di-mensional molecular clusters by scanning tunneling microscopy. Angew. Chem. Int. Edit. , 1999, 38: 821-823.

[67] Lorenzo M O, Baddeley C J, Muryn C, Raval R. Extended surface chirality from supramolecular as-semblies of adsorbed chiral molecules. Nature, 2000, 404: 376-379.

[68] Barth J V, Weckesser J, Trimarchi G, Vladimirova M, De Vita A, Cai C Z, Brune H, Gunter P, Kern K. Stereochemical effects in supramolecular self-assembly at surfaces: 1-D versus 2-D enantiomorphic ordering for PVBA and PEBA on Ag(111). J. Am. Chem. Soc. , 2002, 124: 7991-8000.

[69] Hecht L, Barron L D. Rayleigh and raman optical-activity from chiral surfaces. Chem. Phys. Lett. , 1994, 225: 525-530.

[70] De Feyter S, Gesquiere A, Grim P C M, De Schryver F C, Valiyaveettil S, Meiners C, Sieffert M, Mullen K. Expression of chirality and visualization of stereogenic centers by scanning tunneling micros-copy. Langmuir, 1999, 15: 2817-2822.

[71] Nikolov P, Fratev F, Petkov I, Markov P. Dimer fluorescence of some beta-dicarbonyl compounds. Chem. Phys. Lett. , 1981, 83: 170-173.

[72] Kotowski T, Orzeszko A, Skubiszak W, Stacewicz T, Soroka J A. 18 New laser-dyes generating in the visible spectral range. Opt. Appl. , 1984, 14: 267-271.

[73] Fabian J, Hartmann H. 1,3,2-Dioxaborines as potential components in advanced materials: A theoreti-cal study on electron affinity. J. Phys. Org. Chem. , 2004, 17: 359-369.

[74] Martin RE, Diederich F. Linear monodisperse π-conjugated oligomers: Model compounds for polymers and more. Angew. Chem. Int. Edit. , 1999, 38: 1350-1377.

[75] Meier H. The photochemistry of stilbenoid compounds and their role in materials technology. Angew. Chem. Int. Edit. , 2003, 31: 1399-1420.

[76] Kraft A, Grimsdale A C, Holmes A B. Electroluminescent conjugated polymers-seeing polymers in a new light. Angew. Chem. Int. Edit. , 1998, 37: 402-428.

[77] Jonkheijm P, Miura A, Zdanowska M, Hoeben F J, De Feyter S, Schenning A P, De Schryver F C, Meijer E. π-conjugated oligo-(p-phenylenevinylene)rosettes and their tubular self-assembly. Angew. Chem. Int. Edit. , 2003, 43: 74-78.

[78] Ajayaghosh A, Praveen V K. π-Organogels of self-assembled p-phenylenevinylenes: Soft materials with distinct size, shape, and functions. Acc. Chem. Res. , 2007, 40: 644-656.

[79] Würthner F, Chen Z, Hoeben F J, Osswald P, You C C, Jonkheijm P, Herrikhuyzen J, Schenning A P, van der Schoot P P, Meijer E. Supramolecular pn-heterojunctions by co-self-organization of oligo(p-phenylene vinylene)and perylene bisimide dyes. J. Am. Chem. Soc. , 2004, 126: 10611-10618.

[80] Miura A, Jonkheijm P, De Feyter S, Schenning A P, Meijer E, De Schryver F C. 2D self-assembly of oligo(p-phenylene vinylene)derivatives: From dimers to chiral rosettes. Small, 2004, 1: 131-137.

[81] Barth J V, Weckesser J, Cai C, Günter P, Bürgi L, Jeandupeux O, Kern K. Building supramolecular

nanostructures at surfaces by hydrogen bonding. Angew. Chem. Int. Edit. , 2000, 39: 1230-1234.

[82] Yamada R, Wano H, Uosaki K. Effect of temperature on structure of the self-assembled monolayer of decanethiol on Au(111) surface. Langmuir, 2000, 16: 5523-5525.

[83] Wandlowski T, Hölzle M. Structural and thermodynamic aspects of phase transitions in uracil adlayers. A chronocoulometric study. Langmuir, 1996, 12: 6604-6615.

[84] Li W, Lynch V, Thompson H, Fox M A. Self-assembled monolayers of 7-(10-thiodecoxy)coumarin on gold: Synthesis, characterization, and photodimerization. J. Am. Chem. Soc. , 1997, 119: 7211-7217.

[85] Abbott S, Ralston J, Reynolds G, Hayes R. Reversible wettability of photoresponsive pyrimidine-coated surfaces. Langmuir, 1999, 15: 8923-8928.

[86] Vanoppen P, Grim P, Rücker M, De Feyter S, Moessner G, Valiyaveettil S, Müllen K, De Schryver F. Solvent codeposition and cis-trans isomerization of isophthalic acid derivatives studied by STM. J. Phys. Chem. , 1996, 100: 19636-19641.

[87] Okawa Y, Aono M. Materials science: Nanoscale control of chain polymerization. Nature, 2001, 409: 683-684.

[88] Grim P, De Feyter S, Gesquière A, Vanoppen P, Rüker M, Valiyaveettil S, Moessner G, Müllen K, De Schryver F C. Submolecularly resolved polymerization of diacetylene molecules on the graphite surface observed with scanning tunneling microscopy. Angew. Chem. Int. Edit. , 2003, 36: 2601-2603.

[89] Takami T, Ozaki H, Kasuga M, Tsuchiya T, Ogawa A, Mazaki Y, Fukushi D, Uda, M, Aono M. Periodic structure of a single sheet of a clothlike macromolecule(atomic cloth)studied by scanning tunneling microscopy. Angew. Chem. Int. Edit. , 2004, 36: 2755-2757.

[90] Miura A, De Feyter S, Abdel-Mottaleb M M, Gesquiere A, Grim P C, Moessner G, Sieffert M, Klapper M, Müllen K, De Schryver F C. Light-and STM-tip-induced formation of one-dimensional and two-dimensional organic nanostructures. Langmuir, 2003, 19: 6474-6482.

[91] Yang G Z, Wan L J, Zeng Q D, Bai C L. Photodimerization of P2VB on Au(111)in solution studied with scanning tunneling microscopy. J. Phys. Chem. B, 2003, 107: 5116-5119.

[92] Dilling W L. Organic photochemistry. XVII. Polymerization of unsaturated compounds by photocycloaddition reactions. Chem. Rev. , 1983, 83: 1-47.

[93] Hasegawa M. Photopolymerization of diolefin crystals. Chem. Rev. , 1983, 83: 507-518.

[94] Ghosh M, Chakrabarti S, Misra T. Phonon participation in solid state photoreaction in 6-bromocoumarin: Laser Raman spectroscopic study. J. Phys. Chem. Solids, 1998, 59: 753-757.

第 8 章　表面组装结构的手性

　　手性(chirality)一词源于希腊语词干"手",用于描述类似于人的左右手的对称特征。在晶体学研究中,如果某物体不能通过平移和旋转操作与其镜像重合,我们就称其为手性物体,该物体的两种可能的形态被称为对映体。

　　手性是宇宙间的普遍现象之一,大至星系旋臂、大气气旋,小到矿物晶体、有机分子,都和手性现象有关。手性在生命活动中也起着极为重要的作用,如作为生命活动重要物质基础的生物大分子包括蛋白质、多糖、核酸和酶等几乎全是手性的。在生理、药理活性,以及与生物分子的相互作用方面,具有生物活性的手性药物分子的两种对映体间可能存在很大差别。研究手性现象,不仅对催化、合成和分离等化学科学研究意义重大,对生命科学、药物科学、信息科学、材料科学等其他科学领域也具有重要的科学和应用价值。如构成生物体的生物大分子的大部分构件仅以一种对映体存在。手性物质在液晶材料、非线性光学材料、药物分离材料、信息存储材料等领域也表现出潜在的应用价值。

　　自 19 世纪法国化学家 Pasteur 实现外消旋酒石酸对映体的拆分,发现分子手性以来,科学家们在分子手性的识别、手性催化、手性药物的合成与分离、手性化合物的特殊光电磁性能以及与手性相关的生命科学等领域取得了诸多重要研究成果。随着研究的深入开展,近年来,发生在表/界面的手性现象引起了人们越来越广泛的关注[1-7],发生在二维表面上的手性现象成为手性研究中一个新的重要领域。这一领域的研究不仅对多相手性催化、手性物质的分离与拆分、化学传感器等领域具有指导意义,而且在探索生命物质中的手性起源问题等方面也非常重要。同时,表面手性现象是物理化学科学研究的重要内容之一,研究表面手性现象,将有助于对表面分子吸附、分子间相互作用、多相手性催化、手性分离与拆分等科学和实际应用问题的深入理解。

　　研究手性现象的方法有很多,常见的如用旋光光谱(optical rotatory dispersion,ORD)、高效液相色谱(high performance liquid chromatography,HPLC)、气相色谱(gas chromatography,GC)以及核磁共振(nuclear magnetic resonance,NMR)等可对手性化合物的组成进行测定,而 X 射线衍射及圆二色光谱技术则可用于手性化合物绝对构型的测定。然而,对于固体表面分子吸附体系的手性现象,其研究方法还非常有限,目前主要有 X 射线光电子衍射法、低能电子衍射法(LEED)、圆二色光谱法、扫描隧道显微技术以及原子力显微技术等。其中,LEED 和 STM 是目前最常用的两种方法。尤其是 STM,由于其具有原位、实时、实空间、原子分辨等突出优点,在表面手性问题的研究中发挥着重要作用,已被成功应用于如分子绝对手性的区分[8-10]、外消旋体的分离[11-15]、表面手性结构的构筑等研究[16-18]之中,并取得了许多重要成果。本章内容以作者研究组近年来在表面手性研究中的相关工作为主,对利用 STM 在表面吸附分子绝对手性的鉴别以及表面手性结构的构筑和调控中的研究结果进行综述介绍,以期引起更多研究者的兴趣,推动表面手性现象的研究。

8.1　表面手性现象的产生和表现形式

如前所述,如果某物体不能通过平移和旋转操作与其镜像重合,我们就称其为手性物体。具体到二维表面上,如果一个物体在二维平面内进行旋转或平移操作都无法与其镜像重合,该物体就具有手性[2-5]。

可能引起表面组装结构产生手性现象的因素很多,例如手性分子在非手性晶体表面的吸附组装可赋予表面以手性;某些高指数晶体表面由于存在周期性的扭折点而具有手性,分子吸附在这样的表面上会形成手性组装结构;等等。有趣的是,非手性分子在非手性固体表面吸附同样可能导致表面组装结构产生手性,这是因为分子吸附到表面时,因表面的限制使分子的自由度降低,同时,分子与表面间的相互作用会影响分子的吸附构象,该过程中分子的对称性可能被打破而形成手性吸附形态,从而引发表面手性。另外,在分子与基底以及分子间相互作用的协同作用下,分子以特定的方式在表面上排列组装,该过程也可能使体系的对称性降低而形成具有镜像对映关系的手性晶畴。这里介绍的表面手性现象均发生在非手性固体表面。

手性现象在表面的表现形式多种多样,从吸附于表面的单个分子到由数个分子组成的分子团簇以至二维分子阵列,都可能表现出手性。由于表面手性现象是手性研究中较新的一个领域,近几十年才引起大家的关注,到目前为止,对表面手性现象还没有十分严格的分类方法。文献中较多使用的是英国利物浦大学 R. Raval 研究组提出的半分级式分类方法(semi-hierarchical classification),即将表面分子吸附体系的手性分为点手性(point chirality)和组织手性(organisational chirality)两大类,二者代表了表面手性的两个不同的层次[19,20]。具体来说,点手性是指由单个吸附事件引起的手性,如手性分子在表面吸附引起的手性,或非手性分子在表面吸附过程中发生单个分子的对称性缺失而引起的手性等。而组织手性是指多个分子在表面的不对称排列方式引起的手性,如分子在固体表面吸附组装形成具有镜像对映关系的晶畴。他们还根据表面手性产生的原因,将表面分子吸附体系的手性分为分子引起的手性和吸附引起的手性。前者指的是吸附分子本身具有三维手性,在吸附到表面后,分子的这种固有手性由单个分子传递到二维表面引起表面手性现象。后者指的是吸附分子本身并不具有固有手性,但是当分子吸附到固体表面时,由于二维表面的限制及分子与基底以及分子间的相互作用,分子吸附体系的对称性降低,从而形成具有镜像对映关系的吸附构象或吸附结构。

此外,根据手性存在的范围,表面手性还可分为局域手性(local chirality)和全局手性(global chirality)。当固有手性分子的某单一对映体在固体表面吸附时,整个表面吸附单层都表现出相同的手性,这种手性被称为全局手性。但是如果在表面吸附组装的是外消旋体、前手性分子,或是非手性分子,一般来说,在分子的表面吸附单层中两种镜像对映的吸附结构会同时存在,此时,具体到局域吸附畴区该结构会表现出手性,但对整个基底表面而言,正手性和反手性的畴区出现的概率应该均等,因而整个表面则是外消旋的,这种手性被称为局域手性。

图 8.1 是对手性在固体表面的表现形式及各种分类方法进行总结和归纳的结果[19]。

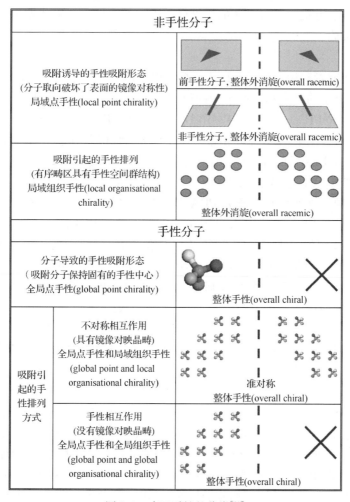

图 8.1　表面手性的分类[19]

8.2　分子绝对手性的研究

对手性分子绝对构型的测定一直是手性研究的重要课题。同样,研究表面手性现象,区分表面吸附分子绝对手性也极为重要。根据分子中与手性中心有关的化学官能团在 STM 图像中的形貌和反差的不同,科学家们已利用 STM 开展了对表面吸附分子绝对手性的研究。

8.2.1　中心手性分子

早期对表面手性分子的研究是在超高真空中进行的。1998 年,加拿大 Wolkow 研究组利用超高真空 STM 观察 2-丁烯在重构的 Si(100)-(2×1) 表面上的吸附时发现,反式 2-丁烯分子的烯键会与表面的硅悬键二聚体发生[2+2]加成反应,由于吸附及反应过程中的立体结构化学控制,能够生成两种互为镜像的产物[9]。

此后,研究者利用电化学 STM,成功实现了在大气条件下和溶液环境中,对固体表面手性分子的吸附和手性结构的研究。例如徐庆敏等人发表了 R-2-苯基-丙酰胺(简写为 R-PPA)和 S-2-苯基-丙酰胺(简写为 S-PPA)分子在 Cu(111) 表面的吸附结构的研究结果,实现了水溶液环境下固体表面吸附分子绝对手性的区分[8]。图 8.2(a)是 R-PPA 和 S-PPA 分子的化学结构式,可以看出 PPA 是一个中心手性分子,以手性碳原子(图中箭头所指原子)为中心,苯基、甲基、$CONH_2$ 基团以及 H 原子按不同顺序排列从而形成 R-PPA 和 S-PPA 两种对映异构体。图 8.2(b)和 8.2(c)分别是 R-PPA 和 S-PPA 分子在 Cu(111) 表面吸附的 STM 图像。对图 8.2(b)所示 STM 图像的研究发现,尽管两种对映异构体都形成了(4×4)结构,但吸附层中分子的排列位向不同。结果表明,图中按三角形排列的三个亮点对应于 PPA 分子中的苯基,亮点 M 和 N 则分别对应于甲基和 $CONH_2$ 基团,通过连接于手性碳原子上的这三个基团的位置关系,可确定吸附分子为 R 型。类似的,根据 STM 图像中对应于手性碳原子上所连基团的亮点的相对位置,可以确定图 8.2(c)中的吸附分子为 S 型。随后,中国科学技术大学杨金龙教授研究组利用密度泛函方法对这一体系进行了理论计算[21],结果表明 R-PPA 分子和 S-PPA 分子在 Cu(111) 表面的吸附位点相同,但分子的吸附取向有差别:R-PPA 分子倾向于以苯环和基底作用,而 S-PPA 分子倾向于以 NH_2 基团与基底作用。根据这两种吸附构型得到的模拟 STM 图像与实验图像吻合良好。这一结果说明,对 PPA 分子体系,实现分子绝对手性的区分不仅是基于 PPA 分子中与手性碳原子相连的官能团在 STM 图像中的衬度不同,不同手性的分子与基底的作用方式不同也是另一个重要原因,表明了分子结构和分子与基底作用对手性分子吸附的重要性。

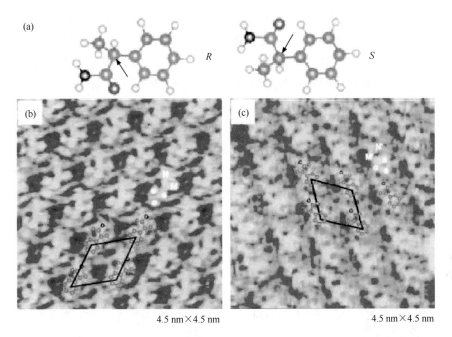

$$4.5\,nm \times 4.5\,nm \qquad 4.5\,nm \times 4.5\,nm$$

图 8.2 *R*-PPA 和 *S*-PPA 分子的化学结构式(a)及其在 Cu(111)表面吸附的 STM 图像(b,c)[8]

8.2.2 轴手性分子

以上所述的是具有中心手性的分子,分子的手性来源于手性碳原子。然而,联二萘、螺烯等手性分子中并没有手性碳原子,它们是通过轴或者是螺旋结构的不对称性表现出分子手性。这类轴或螺旋手性分子在不对称催化中同样具有相当广泛的应用,因此,对它们吸附到表面后的绝对手性进行区分也非常重要。

手性膦配体是一种对过渡金属催化的有机反应的高效配体,如 Rh 催化的硼氢化反应和 Pd 催化的烯丙基烃化反应[22]。利用电化学 STM,韩梅娟等[23]研究了手性单齿膦配体 1-(2-二苯基膦-1-萘基)异喹啉(简写为 QUINAP)分子在溶液中于 Cu(111)表面上的吸附行为。图 8.3(a)是 *R*-QUINAP 分子在 Cu(111)表面吸附的高分辨 STM 图像。图 8.3(a)中箭头所指为一个单分子缺陷,显示 STM 图像中按三角形排列的三个亮点(图中用三个椭圆表示)对应于一个 *R*-QUINAP 分子。将分子结构和 STM 图像进行分析比较后可以确定,STM 图像中拖长的亮点 a 和 b 应归属于分子的萘环或喹啉环部分,亮点 c 则为 PPh_2 取代基部分。由于 PPh_2 取代基与萘环相连,因此可进一步推出点 b 应为分子的萘环部分,而点 a 则对应于喹啉环部分。据此可知,*R*-QUINAP 分子的三个主要组成部分——喹啉环、萘环及 PPh_2 取代基在 STM 图像中按逆时针顺序排列,如图 8.3(a)中弯曲箭头所示。图 8.3(b)是 S-QUINAP 分子在 Cu(111)表面吸附的高分辨 STM 图像。可以看出分子的组装结构甚至是吸附分子的结构细节与图 8.3(a)几乎完全相同。唯一的差别在于:图 8.3(b)中代表喹啉环、萘环及 PPh_2 取代基的三个亮点按顺时针顺序排列,如图 8.3(b)中弯曲的箭头所示,该分子吸附构象与图 8.3(a)中的分子吸附构象呈镜像对映关系。图 8.3(c)是图 8.3(a)和(b)对应的结构模型。从模型中可以看出,手性 QUINAP 分子以倾斜的方式吸附在 Cu(111)表面,分子的吸附构型相同,因此在 STM 图像中表现为按相反方向排列的三个亮点,如图 8.3(c)中实心椭圆和箭头所示。以上结果说明,虽然对映异构体 R-QUINAP 和 S-QUINAP 在 Cu(111)表面形成了相同的吸附结构,但由于分子的手性不同,分子

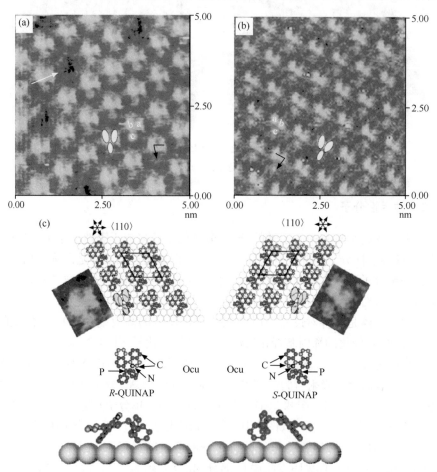

图 8.3　R-QUINAP(a)和 S-QUINAP(b)在 Cu(111)表面吸附的高分辨 STM 图像和对应的结构模型(c)[21]

本图另见书末彩图

在 STM 图像中呈镜像对映关系。借助高分辨的 STM 图像和 PPh$_2$ 取代基的位置,可对吸附在 Cu(111) 表面上的轴手性分子 R-QUINAP 和 S-QUINAP 的绝对手性进行区分。

8.2.3　前手性分子

除了固有手性分子,某些在三维空间中具有镜面对称性的非手性分子,当它以对称面平行于基底的方式吸附到表面上时,表面的限制会破坏其镜面对称性,其吸附构象也会出现两种无法通过面内旋转或平移操作重合的具有手性的对映形态。这种仅仅是由于表面吸附引起的由非手性转变为手性的特征被称为二维手性(two-dimensional chirality)或前手性(pro-chirality)[3],该类分子为二维手性分子或前手性分子。如硝基苯、萘[2,3-a]并四苯、PVB 分子等均属于前手性分子,它们在表面上吸附的手性同样可借助于 STM 进行鉴别[13,24-29]。如对萘[2,3-a]并四苯分子,当它在 Au(111) 表面吸附时,根据与基底表面作用的面不同可形成两种具有镜像对映关系的吸附构象。根据 STM 图像中标志萘[2,3-a]并四苯分子的一长一短的两个亮棒的相对位置,即可直接区分吸附构象的手性[29]。

不论对固有手性分子还是前手性分子,利用 STM 对其绝对手性进行鉴别主要是基于分子的不对称部分在 STM 图像中的形貌特征不同来实现的。当连接于手性中心的官能团在 STM 图像中的特征不够明显时,直接通过与手性中心相连的官能团在 STM 图像中的衬度差异实现对分子绝对手性的区分存在困难,此时,可以在被研究分子的吸附层或组装结构中混入其他更容易辨别的分子来协助表征和推测被研究分子的手性[18,30]。然而,无论是用哪种方法,只有在确定了分子的表面吸附取向的基础上,对分子的手性所进行的推测才是合理的。因此,利用 STM 对手性分子,尤其是立体结构比较复杂的手性分子的绝对手性进行鉴别区分时,结合其他表面分析技术或理论计算进行支持和佐证是非常有必要的。

8.3　表面手性结构的构筑

手性表面在多相催化、不对称药物合成和化学传感器等领域有着广泛的应用价值。然而,由于原子的密堆积排列,低指数金属表面通常并不具有手性。因此,如何获得特定的手性表面是异相手性催化和不对称合成领域中的重要研究内容,而在非手性金属表面利用分子组装得到手性修饰表面则是研究中的挑战课题之一。

8.3.1　固有手性分子的表面组装

研究表明,通过手性修饰的方法,即在非手性表面吸附手性分子,可以将手性引入到表面[6,11,17,31-33]。如 Raval 研究组[33]通过在 Cu(110)表面吸附 R,R-酒石酸和 S,S-酒石酸分子构筑了表面手性结构。在吸附到 Cu(110)表面后,R,R-酒石酸分子形成了一种超结构,S,S-酒石酸分子则形成了另一种对称的超结构。而且,分析结果表明,在该表面分子组装结构中,每隔三列分子存在一个手性通道。根据观察结果推断,这些手性通道可以使反应物分子以特定的取向吸附在金属表面,从而使催化反应具有手性选择性。严会娟等[34]利用电化学 STM,进一步在溶液中原位研究了 R,R-酒石酸和 S,S-酒石酸分子在 Cu(111)表面的吸附结构。发现 R,R-酒石酸和 S,S-酒石酸分子在 Cu(111)表面均形成了单胞为(4×4)的吸附结构,同时还发现相邻两个酒石酸分子可以通过分子间氢键作用而形成二聚体,吸附在基底表面(图 8.4)。这种结构为反应初始物的吸附提供了可能的吸附位点,每

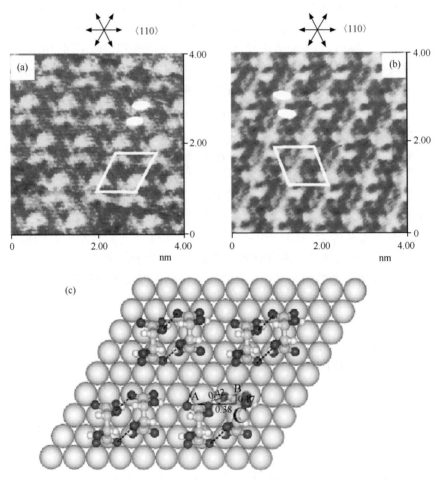

图 8.4 R,R-酒石酸分子(a)和 S,S-酒石酸分子(b)在 Cu(111)表面的
手性组装结构的高分辨 STM 图像及其结构模型(c)[34]

个分子还有一个羟基伸展在溶液中,可以与反应初始物形成分子间氢键,从而限制其吸附位向,最终导致立体选择性的产生。该结果为异相催化合成的"模板"机理提供了理论和实验依据。

8.3.2　外消旋体在表面上的自拆分

相对于三维结晶过程,分子在固体表面上吸附过程的空间自由度降低,因此更有利于外消旋体的分离与拆分。利用 STM,研究者观察到了二维表面的手性分离现象[13,15]。例如,利用电化学 STM 考察了一组有机-金属配合物外消旋体(MMM 和 PPP)在 Au(111)表面的吸附行为[35]。结果显示,该金属配合物手性消旋体在 Au(111)表面形成长程有序结构,如图 8.5 所示,每个配合物分子在 STM 图像中

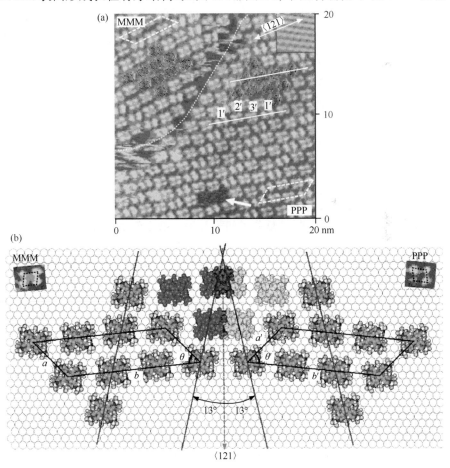

图 8.5　配合物外消旋体 MMM 和 PPP 在 Au(111)表面形成的相分离结构的高分辨 STM 图像(a)及其结构模型(b)。(b)中左右上角的插图是两外消旋体分子的单分子高分辨 STM 图像[35]

本图另见书末彩图

表现为一规则菱形,结合理论计算结果可知分子的一个平面与 Au(111)表面平行。仔细观察还发现,STM 图像中存在两种具有镜像对映关系的畴区,畴区间夹角为 155°±2°或 25°±2°,实验过程中没有观察到相转变或畴区缩小现象,说明外消旋体在 Au(111)表面吸附时自发形成两种稳定的相分离结构。由于分子结构的复杂性,仅从 STM 图像很难断定分子与基底间确切的键接关系,因此也就无法通过 STM 图像对该金属配合物对映体的绝对手性进行鉴别,但实验结果可以证明,外消旋体在 Au(111)表面发生了二维手性分离现象,在 Au(111)表面形成了两种具有镜像对映关系的二维手性畴区,该结果为制备基于配合物对映体的手性表面并将其应用于立体选择性催化合成机理研究提供了实验基础。

前手性分子在固体表面上的吸附行为与外消旋体类似,也可能形成两种具有镜像对映关系的手性吸附结构。如 1-硝基萘分子本身不具有手性,但当它吸附到表面时,根据与基底表面接触的面不同可形成两种具有镜像对映关系的吸附构象。硝基萘分子间通过偶极诱导的静电相互作用进一步在 Au(111)表面形成手性的多聚体团簇或一维线性双链结构[11,24]。

8.3.3　非手性分子构筑的表面手性结构

不论是手性分子还是外消旋体抑或前手性分子,它们在表面吸附所引起的表面手性基本都是分子手性在二维空间的放大。在前文中已经提到,不对称原子并不是手性分子的必要条件。类似地,对在表面上形成的超分子组装体系,手性的产生不一定需要手性分子(包括手性分子及前手性分子)的参与。许多非手性分子在表面吸附时,由于表面的限制以及分子间或分子与基底间的相互作用,分子按照一定的方式进行吸附组装而发生对称性打破,也可能在表面形成具有镜像对映关系的吸附结构或图形。这种手性与分子本身是否具有手性特征无关,主要取决于分子在表面吸附和二维堆积方式。

由于分子在表面的吸附和堆积方式是分子间以及分子与基底间等相互作用协同作用的结果,因此,非手性分子在表面形成的手性组装结构也由分子间以及分子与基底间的相互作用共同决定。例如在第 6.2 节图 6.18 所述的烷基取代的曲面石墨烯衍生物分子 FTBC-C12 在高定向裂解石墨(HOPG)表面吸附时,由于分子与基底间以及分子间的相互作用,分子的烷基链取代基发生扭转和弯曲,对称性被打破,分子在表面形成具有局域手性的表面组装结构。图 8.6(a)和图 8.6(b)取之图 6.18 的一部分,借此进一步说明该种手性结构的特点。由图可见,该结构中有两个典型的畴区,二者均具有准六边形结构,虽然具有相同尺寸的单胞($a = 2.60$ nm ±0.1 nm,$b = 3.05$ nm±0.1 nm, $\gamma = 75°±2°$),但是无法通过旋转或平移操作使二者重合,二者具有镜像对映关系,是一对对映形态的二维手性畴区。图 8.6(c)和图 8.6(d)是两个畴区对应的结构模型,可以看出分子间的主要作用方式是范德华相互作用[36]。

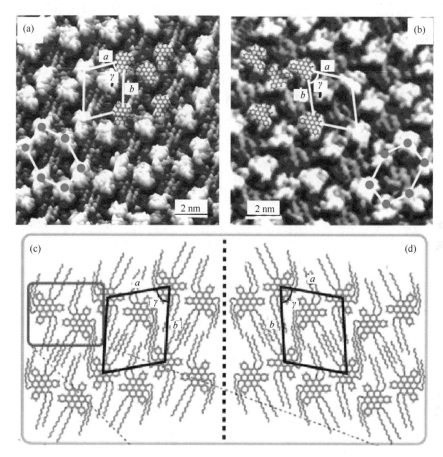

图 8.6　取之图 6.18 的局部。石墨烯衍生物 FTBC-C12 在 HOPG 表面形成的局部手性组
装结构的 STM 图像(a,b),及其对应模型(c,d)。模型中标出结构单胞。(c)中的左侧的矩
形线框示出相邻两分子间的结合方式[34]

　　氢键是表面分子自组装过程中最常见的弱相互作用之一,由于它具有高度的
方向性和选择性,因此在基于氢键的表面自组装过程中,常会出现对称性打破现
象,从而形成表面手性组装结构。最近,陈婷等就发现了一种以分子间氢键作用为
主要驱动力的表面手性组装结构[37]。图 8.7(a)是研究的非手性分子 DTCD 的化
学结构式,其结构特点是含有羟基、羰基、氨基等多个可以形成氢键的位点,分子间
存在可能的相互作用,这种分子结构有利于在表面形成有序的分子组装结构,而
且,这种丰富的分子间相互作用也有利于分子表面组装结构的调控。

　　DTCD 分子在 HOPG 表面可形成大范围有序的二维组装结构。从 STM 图
像来看,该组装结构由风车状结构单元组成,每个风车由四个亮棒构成,从亮棒的

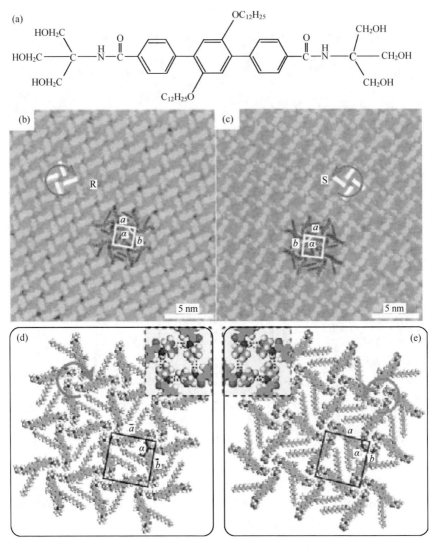

图 8.7 DTCD 分子的化学结构式(a)及其在 HOPG 表面形成的两种对映形态的
二维手性畴的高分辨 STM 图像(b,c)及其对应的结构模型(d,e)[37]

尺寸和形状推测每个亮棒应对应于 DTCD 分子的主干部分。值得注意的是,"风车"的旋转方向可以是顺时针(R 型)也可以是逆时针(S 型),而且,同一畴区中风车旋转的方向相同,由此便形成了 S 和 R 两种畴区,如图 8.7(b)和 8.7(c)所示。每四个 DTCD 分子头对头聚集形成风车状的四聚体结构,并以分子四聚体为结构单元,外延生长形成长程有序分子阵列。对比图 8.7(b)和图 8.7(c)可知,S 畴区和 R 畴区均由风车形分子四聚体外延生长形成,唯一不同的是,S 畴区中分子四聚体全为 S 型,而 R 畴区中则全为 R 型,S 畴区和 R 畴区具有镜像对映关系。

　　图 8.7(d)和 8.7(e)分别是 R 和 S 畴区对应的结构模型,可以看出在风车的中心,对应于 STM 图像中较暗的孔洞位置,组成风车的四个 DTCD 分子间存在 N—H···O 氢键。每个 DTCD 分子在以一端与三个分子作用形成分子四聚体的同时,另一端也与另外三个分子形成分子四聚体,即相邻两个分子四聚体共用一个 DTCD 分子,进而形成稳定的二维分子纳米结构。图 8.7(d)和 8.7(e)中的插入图标出了分子四聚体中的可能的氢键相互作用模式。这种较强的氢键作用一方面使分子的表面组装结构更为稳定,同时也可能是促使非手性的 DTCD 分子在 HOPG 表面组装过程中发生对称性打破,从而形成非对称的风车状分子团簇,并进一步外延生长形成两种对映形态的二维手性畴区的主要驱动力。

　　更为重要的是,实验中直接观察到了一种由分子三聚体位错引起的二维手性畴的手性转变现象,如图 8.8 所示。图 8.8(a)是包括引起畴区手性发生转变的分子位错(如图中虚线所示)的高分辨 STM 图像,可以看到位于位错左边的畴区为 R 型,位于位错右边的畴区则为 S 型,二者分子列的方向一致但存在半个分子的错

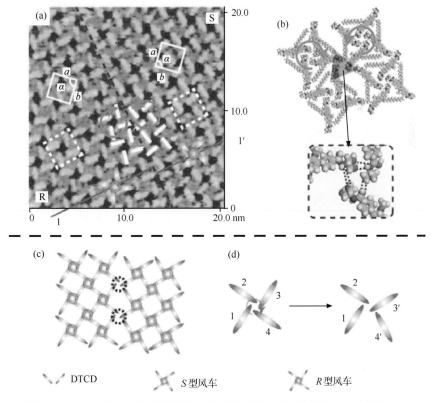

图 8.8　DTCD 分子三聚体位错引起畴区的手性转化:高分辨 STM 图像(a)和结构示意图(b)。(c,d)是手性转化以及四聚体变为三聚体的结构示意图[37]

排。研究发现,组成位错的 DTCD 分子间也存在氢键相互作用,如图 8.8(b)所示,实心三角形显示位错处的分子按分子三聚体形式排列,插入图示出了三聚体中分子间氢键作用方式。这种由位错引起的手性转变现象具有可重复性,因此此种畴界的形成机理与经典理论不同,并非由相邻畴区相遇形成,而是由分子间氢键作用模式改变导致的外延生长过程中表面组装结构的手性发生改变引起。此外,实验中还发现由分子二聚体组成的位错不会引起畴区的手性发生转变。这可能是因为位错处分子间的氢键位置和方向不同所致。也就是说,位错处分子间氢键的位置和方向决定了随后形成的畴区的手性,这种手性传递过程与传统的二维生长模式明显不同,主要体现在手性畴区的手性并不完全由最初形成的不对称晶核(本体系中为风车状分子四聚体)决定,表面组装过程中分子间氢键作用模式的改变有可能使畴区的手性与初始不对称晶核的手性相反。这些研究结果对理解表面手性的起源以及手性的传递过程有重要意义。

除了前面的例子中提到的氢键和范德华相互作用之外,分子间的其他弱相互作用力,如金属-有机配位相互作用[38]、偶极-偶极相互作用[39-41]等,也可能是非手性分子表面自组装过程中发生对称性打破而形成具有组织手性结构的主要驱动力。

8.4　表面手性结构的转化和调控

如果说表面手性结构的构筑是其在多相催化、不对称药物合成和化学传感器等领域中应用的基础,那么,对表面手性结构的干预甚至调控无疑是实现其应用的又一关键步骤。分子在表面的组装结构是分子与基底以及分子间(包括分子内)相互作用平衡的结果[42-44],因此,通过研究表面手性结构的转化,以实现对表面手性结构的调控,本质是要调节并控制组装过程中分子间以及分子与基底间的相互作用。在这一思想的指导下,科学家从多个方面入手,对表面手性结构的调控进行了探索和研究。到目前为止,已通过分子剪裁和接枝、使用不同溶剂、控制组装体系温度及共吸附等方法成功实现了对表面手性结构的调控。

8.4.1　分子结构对表面手性结构的影响

调节分子与基底间以及分子间相互作用最直接的方法是通过分子剪裁和接枝的方法改变分子结构。已有文献表明,改变分子的尺寸[45,46],甚至是分子中烷基链的长度,都可能对分子的组装结构产生显著影响。对表面手性组装体系,通过设计分子结构可实现对表面手性结构的调控。

1,7,13-三烷氧基取代的十环烯分子可以引入烷烃链以改变分子结构尺寸,当碳链长度为 $n=14$ 或 18 时,对应的十环烯衍生物分别简写为 TTD 和 TOD。以这两种分子在 HOPG 表面的组装为例[47]，由于十环烯衍生物具有 D_{3h} 对称性，在三维空间是非手性分子。然而，STM 实验结果表明，TTD 分子在 HOPG 表面形成两种呈镜像对映关系的手性畴，如图 8.9(a) 和 (b) 所示。这是因为在吸附到石墨基底上时，TTD 分子有一定的倾斜，烷基侧链取向改变，吸附的 TTD 分子有一定的扭曲，并导致了手性自组装畴的出现。当侧链取代基碳链长度增大到 18 时，十环烯衍生物 TOD 分子在石墨表面形成了与 TTD 相似的条带状自组装结构，TOD 分子的侧链取代基仍分为两种取向，整个分子对称性降低。但是，在整个分子自组装膜上并没有发现有对映的手性畴区出现。分析认为，吸附分子对称性的改变以及二维手性畴的出现是自组装驱动力协同作用的结果。基底与吸附分子的作用会调节吸附分子的对称性。对于有烷基侧链修饰的分子，由于在自组装过程中柔性

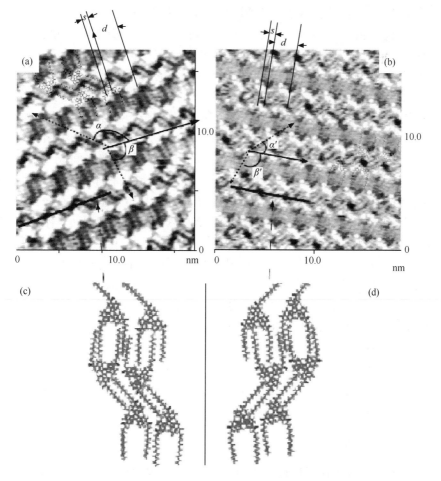

图 8.9　TTD 分子在 HOPG 表面形成的手性畴区的 STM 图像 (a,b)，及其对应的结构模型 (c,d)[47]

烷基链要取得最大的结晶能,很容易改变其原来的取向使分子原有的对称性发生改变。与此同时,自组装结果要取得表面自由能最小,这也要求吸附的分子密排。带有长链烷基的分子由于其柔性结构使其更容易改变取向以符合密排的目的。

如第 6.2 节所述,类似的现象在石墨烯衍生物(FTBC-Cn,$n=4,6,8,12$)的表面自组装过程同样被观察到[36]。FTBC-C4 在 HOPG 表面密排堆积,FTBC-C6 和 FTBC-C8 形成的是非手性的六次对成结构,当烷基链长度进一步增大到 12 时,FTBC-C12 在表面形成了具有局域手性的准六边形结构。这种结构变化是分子与基底相互作用、分子核间的氢键作用以及烷基链二维结晶作用相互协调的结果。

8.4.2　溶剂对表面手性结构的影响

在表面分子自组装过程中,常说的分子间相互作用并不局限于溶质也就是所研究的分子间的作用,溶剂分子与溶质分子间甚至是溶剂分子间的相互作用同样在表面组装过程中发挥作用。如溶剂的挥发性以及对溶质的溶解能力会影响分子在表面的脱/吸附平衡,溶剂的极性可能影响分子的表面吸附构象,而溶剂分子与溶质分子的相互作用甚至可形成共吸附结构。因此,选择合适的溶剂,对表面手性结构的构筑和调控具有重要意义。例如利用溶剂进行调控,实现了吡唑衍生物(DTPP)在石墨表面的手性自组装[48]。图 8.10(a)是 DTPP 的分子结构,根据模拟计算,该分子具有非平面结构,分子的烷基链与分子核部分之间成一定的角度。STM 实验结果表明,在以甲苯为溶剂时,DTPP 分子形成有序的亮暗相间的条垄状结构,根据分子结构和 STM 图像推测分子核部分与石墨基底存在一定的倾角,分子核部分表现为线性亮棒特征。当以甲苯和氯仿的混合物(1∶3 体积比)为溶剂时,分子以几乎平行于基底的方式吸附在石墨表面,形成了两种手性堆积畴区,如图 8.10(b)和(c)所示。图 8.10(d)和(e)是分别是从图 8.10(b)和(c)中抽出的一列分子,可以看出由于 DTPP 分子核的非线性弯弓状结构,当它以近似平行的方式吸附到基底表面时,每个 DTTP 分子会产生一个沿着其弯弓方向的极轴。分子的极轴方向与分子列方向存在一定的转角,二者呈右手/左手螺旋排列,从而在表面形成两种对映形态的手性畴区。

在上述表面手性结构中,分子在表面的吸附方式是能够形成手性吸附结构的关键。通过与溶质分子间的相互作用,溶剂可以影响 DTTP 分子在石墨表面的吸附构象以及吸附、解吸附活化能,从而影响分子的表面手性结构。

8.4.3　温度对表面手性结构的影响

自组装可以导致体系接近或达到热力学平衡,因此可认为分子在表面形成的自组装结构是一个相对稳定的、处于或接近热力学平衡的稳定或亚稳体系。改变自组装体系的温度会破坏其热力学平衡状态,因此往往会影响分子的表面组装结

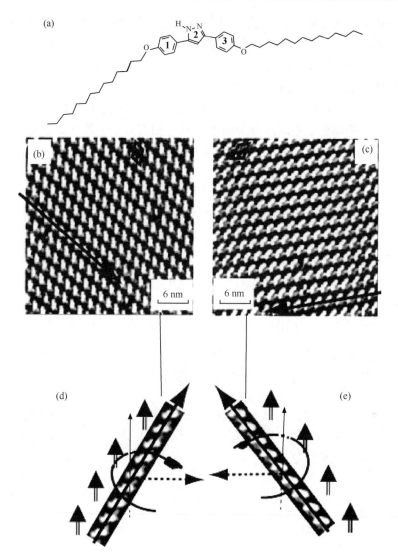

图 8.10　DTTP 分子的结构(a)及其在 HOPG 表面形成的手性组装结构的高分辨
STM 图像以及单列分子手性的分析(b~e)[48]

构。而且,随温度的不同,许多化合物的结构会发生改变,甚至发生表面反应。在
对 BF2 取代的联碳酰基类衍生物 DOB 的表面组装研究中,这一结论得到证实[49]。
第 7.2 节已有关于温度对手性结构的影响结果,此处不再重复说明。

8.4.4　分子共吸附对表面手性结构的调控

对表面手性结构进行调控的另一条有效途径是在体系中引入其他分子形成多

元共吸附体系。通过体系设计,陈庆等[50]通过引入共吸附分子的方法实现了对寡聚苯乙烯撑衍生物 OPV$_4$ 的表面手性组装结构的调控。图 8.11(a)和(c)是 OPV$_4$ 在 HOPG 表面形成的两种二维有序畴区的典型 STM 图像。该结构由风车形的分子四聚体组成,风车的旋转方向可以是顺时针也可以是逆时针,因而形成了两种对映形态的二维手性畴区。图 8.11(b)和(d)是两个对映手性畴区的结构模型,分子的烷基链间的范德华力以及分子中的醛基与相邻分子中的苯环上的 H 之间的氢键作用可能是形成此种表面手性结构的主要驱动力。有趣的是,当向体系中引入 C$_{18}$H$_{37}$Br 分子时,OPV$_4$ 分子的组装结构发生改变。图 8.11(e)和(f)是 OPV$_4$ 与 C$_{18}$H$_{37}$Br 共吸附形成的组装结构的 STM 图像及其结构模型,可以看出 C$_{18}$H$_{37}$Br 分子的引入使 OPV$_4$ 分子的风车形螺旋手性组装结构完全消失,取而代之的是规则的条垄状结构,该结构具有良好的对称性,没有观察到有手性畴区出现。为了研究由风车形手性结构向条垄状结构转化的主要原因,作者进行了理论模拟计算,发现在 OPV$_4$ 和 C$_{18}$H$_{37}$Br 的共吸附体系中,OPV$_4$ 分子与 C$_{18}$H$_{37}$Br 分子间不仅存在范德华力相互作用,OPV$_4$ 分子中的醛基氧与 C$_{18}$H$_{37}$Br 的溴原子间还可能存在一种新型的非共价相互作用——卤键相互作用,这可能是促使 OPV$_4$ 的组装结构

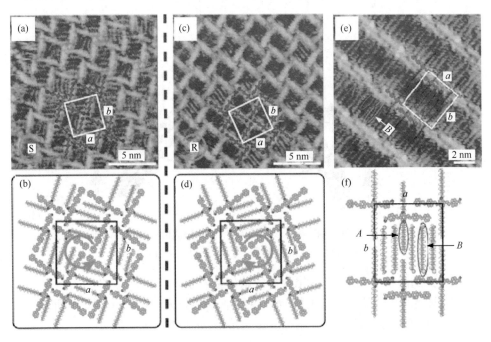

图 8.11　OPV$_4$ 分子在 HOPG 表面形成的二维手性结构的高分辨 STM 图像及其结构模型(a～d);OPV$_4$ 与 C$_{18}$H$_{37}$Br 分子共吸附形成条垄状结构的高分辨 STM 图像及其模型(e,f)[50]

由风车形手性结构向条垄状结构转化的主要作用力。为了验证这一结论，作者进一步考察了 $C_{18}H_{38}$ 及 $C_{18}H_{37}OH$ 与 OPV_4 的共吸附行为，结果表明，$C_{18}H_{38}$ 和 $C_{18}H_{37}OH$ 与 OPV_4 形成的均是相分离结构。这也间接印证了有关卤键相互作用的推测。

8.5 结论和展望

上述结果表明，STM 可以直接观察研究表面分子吸附和组装，是二维表面手性现象研究的重要分析手段。虽然手性分子种类繁多，结构复杂各异，但大多数情况下在表面吸附时仍保持分子的手性特征，并可用 STM 区分其手性，这一优势为直接研究表面手性拆分、手性分子吸附规律和表面手性反应提供了可能性。同时，不仅固有手性分子和前手性分子可以在表面形成手性结构，某些非手性分子也可形成手性组装结构，这些手性结构的形成和转化不仅与分子自身结构有关，还和外界条件，例如溶剂、温度、基底材料以及共吸附分子有关，对表面手性结构的人为构建和调控具有重要意义。

研究表面手性结构，是为了掌握手性形成规律；构筑表面手性结构，是为了更好地利用手性结构。在过去数年里，由于包括 STM 在内的多种表面分析技术的发展，科学家已发现了许多不同于三维体系的二维表面手性现象，并取得了许多重要成果。这些结果对于从原子分子水平确定表面手性结构，掌握手性结构变化，研究表面手性反应等具有重要价值。但是，由于手性体系的复杂性，利用 STM 开展的对多相手性催化、手性分离和拆分等与实际应用直接相关的研究工作还很少，对二维表面手性中的许多现象和科学问题还有待深入研究和解释。例如，表面手性结构产生的原因，手性结构的传递以及放大的一般规律，何种非手性分子可以形成手性结构，基底对手性结构的影响，溶剂和外场对手性结构的影响，手性结构的利用等还有待深入研究，对分子在表面会形成何种手性结构也无确定规律可循。同时，虽然手性分子、外消旋体、前手性分子甚至是非手性分子在表面都有可形成手性组装结构，但它们在固体表面产生的手性一般只局限于表面上的局部区域，是一种局域手性，从整体来看，整个固体表面仍然有可能是消旋的，到目前为止，如何利用分子吸附获得具有单一手性的表面仍存在许多困难。同时，如何根据研究者意愿实现对表面手性结构的调控也是表面手性研究中面临的又一挑战。最近，经过努力，利用简单的手性共吸附分子实现了对表面组装过程的手性特征的控制，获得了具有整体左手性或整体右手性的表面二维多孔网格结构，首次发现了固/液界面基于非手性分子的手性非线性放大现象，并从分子层次上研究了非手性分子组装过程中手性的产生、传递和放大过程[51]。这一研究为表面手性调控开辟了一种简单有效的途径，加深了对手性形成和放大机制的理解，并为手性表面在异相手性催化及手性分离等领域的应用提供了基础。另外,发展新的用于表面手性现象研究的技术也非常重要和紧迫。总之,要真正认识并利用表面手性现象,还有待更多的实验及理论成果的积累,有待于新技术的发展,有赖于多领域科学家的共同努力。

参 考 文 献

[1] De Feyter S, Gesquiere A, Wurst K, Amabilino D B, Veciana J, De Schryver F C. Homo- and hetero-chiral supramolecular tapes from achiral, enantiopure, and racemic promesogenic formamides: Expression of molecular chirality in two and three dimensions. Angew. Chem. Int. Edit., 2001, 40: 3217-3220.

[2] Elemans J, De Cat I, Xu H, De Feyter S. Two-dimensional chirality at liquid-solid interfaces. Chem. Soc. Rev., 2009, 38(3): 722-736.

[3] Ernst K H. Supramolecular surface chirality. Top. Curr. Chem., 2006, 265: 209-252.

[4] Ernst K H. Expression and amplification of chirality in two-dimensional molecular crystals. Chimia, 2008, 62: 471-475.

[5] Ernst K H. Amplification of chirality in two-dimensional molecular lattices. Curr. Opin. Colloid. Int. Sci., 2008, 13: 54-59.

[6] Ernst K H. Aspects of molecular chirality at metal surfaces. Z. Phys. Chemie., 2009, 223: 37-51.

[7] Raval R. Chiral expression from molecular assemblies at metal surfaces: Insights from surface science techniques. Chem. Soc. Rev., 2009, 38: 707-721.

[8] Xu Q M, Wang D, Wan L J, Wang C, Bai C L, Feng G Q, Wang M X. Discriminating chiral molecules of(R)-PPA and(S)-PPA in aqueous solution by ECSTM. Angew. Chem. Int. Edit., 2002, 41: 3408- 3411.

[9] Lopinski G P, Moffatt D J, Wayner D D, Wolkow R A. Determination of the absolute chirality of individual adsorbed molecules using the scanning tunnelling microscope. Nature, 1998, 392: 909-911.

[10] Fang H B, Giancarlo L C, Flynn G W. Direct determination of the chirality of organic molecules by scanning tunneling microscopy. J. Phys. Chem. B, 1998, 102: 7311-7315.

[11] Humblot V, Lorenzo M O, Baddeley C J, Haq S, Raval R. Local and global chirality at surfaces: Succinic acid versus tartaric acid on Cu(110). J. Am. Chem. Soc., 2004, 126: 6460-6469.

[12] Parschau M, Kampen T, Ernst K H. Homochirality in monolayers of achiral meso tartaric acid. Chem. Phys. Lett., 2005, 407: 433-437.

[13] Bohringer M, Morgenstern K, Schneider W D, Berndt R. Separation of a racemic mixture of two-dimensional molecular clusters by scanning tunneling microscopy. Angew. Chem. Int. Edit., 1999, 38: 821-823.

[14] Paci I, Szleifer I, Ratner M A. Chiral separation: Mechanism modeling in two-dimensional systems. J. Am. Chem. Soc., 2007, 129: 3545-3555.

[15] Huang T, Hu Z P, Zhao A D, Wang H Q, Wang B, Yang J L, Hou J G. Quasi chiral phase separation in a two-dimensional orientationally disordered system: 6-nitrospiropyran on Au(111). J. Am. Chem. Soc., 2007, 129: 3857-3862.

[16] Jones T E, Baddeley C J. Direct STM evidence of a surface interaction between chiral modifier and prochiral reagent: Methylacetoacetate on R,R-tartaric acid modified Ni{111}. Surf. Sci., 2002, 519: 237-249.

[17] Katano S, Kim Y, Matsubara H, Kitagawa T, Kawai M. Hierarchical chiral framework based on a rigid adamantane tripod on Au(111). J. Am. Chem. Soc., 2007, 129: 2511-2515.

[18] Yablon D G, Giancarlo L C, Flynn G W. Manipulating self-assembly with achiral molecules: An STM study of chiral segregation by achiral adsorbates. J. Phys. Chem. B, 2000, 104: 7627-7635.

[19] Barlow S M, Raval R. Complex organic molecules at metal surfaces: Bonding, organization and chirality. Surf. Sci. Rep., 2003, 50: 301-341.

[20] Raval R. Chiral expression at metal surfaces. Curr. Opin. Solid State Mater. Sci., 2003, 7: 67-74.

[21] Dai B, Yang J L, Hou J G, Zhu Q S. A first-principles study of (R)- and (S)-PPA molecules on Cu(111). J. Phys. Chem. B, 2005, 109: 8833-8837.

[22] Brown J M, Hulmes D I, Layzell T P. Effective asymmetric hydroboration catalyzed by a rhodium complex of 1-(2-diphenylphosphino-1-naphthyl)isoquinoline. J. Chem. Soc. Chem. Commun., 1993: 1673-1674.

[23] Han M J, Wang D, Hao J M, Wan L J, Zeng Q D, Fan Q H, Bai C L. Absolute configuration of monodentate phosphine ligand enantiomers on Cu(111). Anal. Chem., 2004, 76: 627-631.

[24] Bohringer M, Morgenstern K, Schneider W D, Berndt R, Mauri F, De Vita A, Car R. Two-dimensional self-assembly of supramolecular clusters and chains. Phys. Rev. Lett., 1999, 83: 324-327.

[25] Bohringer M, Morgenstern K, Schneider W D, Berndt R. Two-dimensional self-assembly of magic supramolecular clusters. J. Phys. Condens. Mat., 1999, 11: 9871-9878.

[26] Bohringer M, Morgenstern K, Schneider W D, Wuhn M, Woll C, Berndt R. Self-assembly of 1-nitronaphthalene on Au(111). Surf. Sci., 2000, 444: 199-210.

[27] Weckesser J, De Vita A, Barth J V, Cai C, Kern K. Mesoscopic correlation of supramolecular chirality in one-dimensional hydrogen-bonded assemblies. Phys. Rev. Lett., 2001, 87(9): art. no. -096101.

[28] Kim B I, Cai C Z, Deng X B, Perry S S. Adsorption-induced chirality influences surface orientation in organic self-assembled structures: An STM study of PVBA on Pd(111). Surf. Sci., 2003, 538: 45-52.

[29] France C B, Parkinson B A. Naphtho[2,3-a]pyrene forms chiral domains on Au(111). J. Am. Chem. Soc., 2003, 125: 12712-12713.

[30] De Feyter S, Grim P C M, Rucker M, Vanoppen P, Meiners C, Sieffert M, Valiyaveettil S, Mullen K, De Schryver F C. Expression of chirality by achiral coadsorbed molecules in chiral monolayers observed by STM. Angew. Chem. Int. Edit., 1998, 37: 1223-1226.

[31] Lorenzo M O, Haq S, Bertrams T, Murray P, Raval R, Baddeley C J. Creating chiral surfaces for enantioselective heterogeneous catalysis: R,R-tartaric acid on Cu(110). J. Phys. Chem. B, 1999, 103: 10661-10669.

[32] Xu Q M, Wang D, Han M J, Wan L J, Bai C L. Direct STM investigation of cinchona alkaloid adsorption on Cu(111). Langmuir, 2004, 20: 3006-3010.

[33] Lorenzo M O, Baddeley C J, Muryn C, Raval R. Extended surface chirality from supramolecular assemblies of adsorbed chiral molecules. Nature, 2000, 404: 376-379.

[34] Yan H J, Wang D, Han M J, Wan L J, Bai C L. Adsorption and coordination of tartaric acid enantiomers on Cu(111) in aqueous solution. Langmuir, 2004, 20: 7360-7364.

[35] Yuan Q H, Yan C J, Yan H J, Wan L J, Northrop B H, Jude H, Stang P J. Scanning tunneling microscopy investigation of a supramolecular self-assembled three-dimensional chiral prism on a Au(111) surface. J. Am. Chem. Soc., 2008, 130: 8878-8879.

[36] Chen Q, Chen T, Pan G B, Yan H J, Song W, Wan L J, Li Z T, Wang Z H, Shang B, Yuan L F, Yang J L. Structural selection of graphene supramolecular assembly oriented by molecular conformation

and alkyl chain. Proc. Natl. Acad. Sci. USA, 2008, 105: 16849-16854.

[37] Chen T, Chen Q, Pan G B, Wan L J, Zhou Q L, Zhang R B. Linear dislocation tunes chirality: STM study of chiral transition and amplification in a molecular assembly on an HOPG surface. Chem. Commun. , 2009: 2649-2651.

[38] Messina P, Dmitriev A, Lin N, Spillmann H, Abel M, Barth J V, Kern K. Direct observation of chiral metal-organic complexes assembled on a Cu (100) surface. J. Am. Chem. Soc. , 2002, 124: 14000-14001.

[39] You H, Fain S C, Satija S, Passell L. Observation of two-dimensional compositional ordering of a carbon monoxide and argon monolayer mixture physisorbed on graphite. Phys. Rev. Lett. , 1986, 56: 244.

[40] You H, Fain S C. Structure of carbon-monoxide monolayers physisorbed on graphite. Surf. Sci. , 1985, 151: 361-373.

[41] Spillmann H, Kiebele A, Stohr M, Jung T A, Bonifazi D, Cheng F Y, Diederich F. A two-dimensional porphyrin-based porous network featuring communicating cavities for the templated complexation of fullerenes. Adv. Mater. , 2006, 18: 275-279.

[42] Wang D, Wan L J. Electrochemical scanning tunneling microscopy: Adlayer structure and reaction at solid/liquid interface. J. Phys. Chem. C, 2007, 111: 16109-16130.

[43] Kikkawa Y, Koyama E, Tsuzuki S, Fujiwara K, Miyake K, Tokuhisa H, Kanesato M. Odd-even effect and metal induced structural convergence in self-assembled monolayers of bipyridine derivatives. Chem. Commun. , 2007: 1343-1345.

[44] Miyake K, Hori Y, Ikeda T, Asakawa M, Shimizu T, Sasaki S. Alkyl chain length dependence of the self-organized structure of alkyl-substituted phthalocyanines. Langmuir, 2008, 24: 4708-4714.

[45] Gong J R, Wan L J, Yuan Q H, Bai C L, Jude H, Stang P J. Mesoscopic self-organization of a self-assembled supramolecular rectangle on highly oriented pyrolytic graphite and Au(111) surfaces. Proc. Natl. Acad. Sci. USA, 2005, 102: 971-974.

[46] Yuan Q H, Wan L J, Jude H, Stang P J. Self-organization of a self-assembled supramolecular rectangle, square, and three-dimensional cage on Au(111) surfaces. J. Am. Chem. Soc. , 2005, 127: 16279-16286.

[47] Li C J, Zeng Q D, Wu P, Xu S L, Wang C, Qiao Y H, Wan L J, Bai C L. Molecular symmetry breaking and chiral expression of discotic liquid crystals in two-dimensional systems. J. Phys. Chem. B, 2002, 106: 13262-13267.

[48] Li C J, Zeng Q D, Wang C, Wan L J, Xu S L, Wang C R, Bai C L. Solvent effects on the chirality in two-dimensional molecular assemblies. J. Phys. Chem. B, 2003, 107: 747-750.

[49] Rohde D, Yan C J, Yan H J, Wan L J. From a lamellar to hexagonal self-assembly of bis($4,4'$-(m,m'-di(dodecyloxy)phenyl)-$2,2'$-difluoro-1,3,2-dioxaborin)molecules: A trans-to-cis-isomerization-induced structural transition studied with STM. Angew. Chem. Int. Edit. , 2006, 45: 3996-4000.

[50] Chen Q, Chen T, Zhang X, Wan L J, Liu H B, Li Y L, Stang P J. Two-dimensional OPV$_4$ self-assembly and its coadsorption with alkyl bromide: From helix to lamellar. Chem. Commun. , 2009: 3765-3767.

[51] Chen T, Yang W H, Wang D, Wan L J. Globally homochiral assembly of two-dimensional molecular networks triggered by co-absorbers. Nat. Commun. , 2013, 4: 1389-1396.

第9章 电化学环境下的分子吸附组装

发生在固/液界面的分子吸附组装,与电极表面的荷电状态有关,是典型的电化学环境下的分子组装,也是电化学表界面研究的重要内容之一。同时,研究原子/分子在电化学界面的吸附排布、结构取向,有助于深入理解电化学表界面的微观结构和电化学反应机制,不仅对发展电化学的理论十分重要,对发展电化学应用技术也具有重要意义。相对于超高真空或大气环境下的分子组装,电化学环境下的分子吸附组装过程更为复杂。首先,电解质溶液的 pH 值、离子强度、溶剂与有机分子的相互作用以及分子间的相互作用,分子与基底间的相互作用等都直接影响分子在基底表面的吸附形态和吸附结构。电极表面的双电层结构对分子在电化学界面的排列方式也具有十分重要的影响,电极电位不同,双电层结构也可能不同,进而影响分子与基底间的相互作用,影响分子吸附组装。另外,许多有机分子具有电化学活性,电位的变化会引起分子与电极之间的电子转移,生成不同的物种,甚至引起相变过程的发生,也会引起不一样的吸附组装行为。

对电化学环境下固体表面的分子吸附组装研究由来已久,早期对电极表面双电层研究的一个重要内容,就是研究电极表面的物种吸附,包括分子、离子和水分子等。这些物种在电极表面吸附并形成一定结构,影响双电层的性质,也是电化学反应结果的表现。著者的研究组利用电化学 STM 技术和电化学技术,在固体电极表面的分子吸附、电化学反应和分子组装结构研究等方面进行了探索,取得系列研究结果,部分内容在《电化学扫描隧道显微术及其应用》一书(科学出版社,2005年 5 月第 1 版;2011 年 5 月第 2 版)中已有详细介绍,因电化学环境下分子吸附组装的重要性和技术特殊性,本章将简要介绍几例近期的研究结果,例如富勒烯分子的吸附组装,配体和配合物的吸附组装,以及组装结构随电极电位的变化等,可与非电化学环境下的分子组装做一对比。

9.1　富勒烯类分子在 Au(111)表面的吸附组装

因具有独特的分子结构和化学物理性质,以 C_{60} 为代表的富勒烯分子及其衍生物是构筑纳米器件、分子器件等的理想化合物,在纳米电子学方面具有广阔的应用前景。研究 C_{60} 在固体表面的吸附及其与基底的成键情况、电荷转移效应、吸附位置及吸附取向,构筑 C_{60} 自组装薄膜结构是富勒烯研究的热点之一,也是发展基于 C_{60} 分子的新型功能纳米结构和分子器件的基础。迄今为止,人们已利用 STM

研究了 C_{60} 在各种金属(例如 Au、Cu、Ag 等)和半导体(例如 Si、GaAs、Ge 等)表面的电子态及吸附组装结构[1-3]。例如,Johansson 等利用 STM 和 STS 详细研究了 C_{60} 在 Al(111)上的吸附组装结构及其随吸附浓度和基底温度的变化关系[4, 5]。Altman 等研究了 C_{60} 在 Ag(111)和 Au(111)表面的吸附取向,发现 C_{60} 的 STM 图像与其吸附位置、取向和外电场大小、极性均有关系[6, 7]。在富勒烯中引入特定的官能团可实现富勒烯表面自组装结构的可控构筑[8-10]。Nakanishi 等通过在 C_{60} 分子上引入长链烷基取代基,成功地在石墨表面构筑了 C_{60} 衍生物的有序分子薄层纳米结构[9]。研究发现,烷基链的个数及其长度决定了 C_{60} 衍生物在表面的吸附行为和组装结构。Miranda 等合成了含有一COOH 基团的富勒烯衍生物 PCBM,该分子在 Au(111)表面吸附时,分子间通过一COOH 基团间的氢键作用形成二聚体,从而在表面组装形成富勒烯的纳米线阵列[10]。

为了探索富勒烯及其衍生物分子的结构与其在固体表面的电化学行为及吸附组装结构间的联系,研究了电化学溶液环境下几种富勒烯衍生物(结构式见图9.1)在 Au(111)电极上的电化学行为及吸附组装结构。

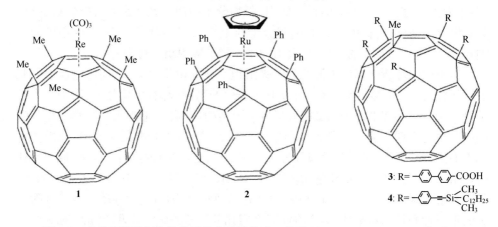

图 9.1　几种富勒烯衍生物分子的化学结构式。分子 1:$Re(C_{60}Me_5)(CO)_3$;分子 2:$Ru(C_{60}Ph_5)Cp$;分子 3:$C_{60}(C_6H_4C_6H_4-COOH)_5Me$;分子 4:$C_{60}(C_6H_4-C\equiv C-SiMe_2C_{12}H_{25})_5$

9.1.1　富勒烯衍生物分子吸附层的循环伏安曲线

图 9.2 是 Au(111)电极以及分别以四种 C_{60} 衍生物修饰的 Au(111)电极在 0.1 mol/L $HClO_4$ 溶液中的循环伏安曲线。修饰电极的方法如常:将分子溶解在甲苯等溶剂中(分子 1、2、4 在甲苯中溶解,3 在乙醇中溶解),将 Au(111)晶体在溶液中浸泡十余秒后取出,冲洗后置于电化学测试的电解池中即可。曲线 1 是 $Re(C_{60}Me_5)(CO)_3$ 修饰的 Au(111)电极的循环伏安曲线,可以看到 Au(111)表面的重构峰消失,双电层区间的充电电流明显减小,说明 $Re(C_{60}Me_5)(CO)_3$ 吸附到

Au(111)表面。除此之外,在扫描的电位区间并未观察到其他明显的电化学响应信号,说明在该电位范围内 $Re(C_{60}Me_5)(CO)_3$ 分子没有发生脱吸附或氧化还原行为。$C_{60}(C_6H_4C_6H_4-COOH)_5Me$ 修饰的 Au(111) 电极的循环伏安曲线与 $Re(C_{60}Me_5)(CO)_3$ 修饰的 Au(111) 电极的电化学循环伏安曲线类似,在双电层区间未观察到有脱吸附或氧化还原行为发生。然而对 $Ru(C_{60}Ph_5)Cp$ 和 $C_{60}(C_6H_4-C\equiv C-SiMe_2C_{12}H_{25})_5$ 修饰的 Au(111) 电极,其循环伏安曲线除双电层明显变窄以外,在 0.3 V 左右曲线有向下偏离的现象,这可能是因为在该电位下吸附分子有部分从电极表面脱附的缘故。在 $0\sim1.0$ V 的电位范围内连续多圈扫描,发现 $Ru(C_{60}Ph_5)Cp$ 和 $C_{60}(C_6H_4-C\equiv C-SiMe_2C_{12}H_{25})_5$ 修饰的 Au(111) 电极的循环伏安曲线基本保持不变,显示分子在 Au(111) 表面的吸脱附行为应该是个可逆过程。

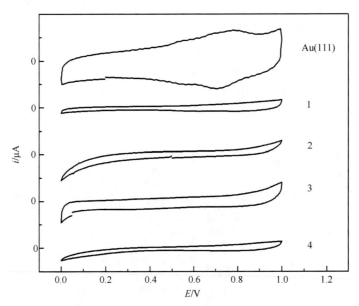

图 9.2　Au(111) 电极以及四种 C_{60} 衍生物分子修饰的 Au(111) 电极在 0.1 mol/L $HClO_4$ 中的循环伏安曲线,电位扫描速度为 50 mV/s。1: $Re(C_{60}Me_5)(CO)_3$; 2: $Ru(C_{60}Ph_5)Cp$; 3: $C_{60}(C_6H_4C_6H_4-COOH)_5Me$; 4: $C_{60}(C_6H_4-C\equiv C-SiMe_2C_{12}H_{25})_5$

9.1.2　$Re(C_{60}Me_5)(CO)_3$ 在 Au(111) 表面的吸附结构

图 9.3(b) 是 $Re(C_{60}Me_5)(CO)_3$ 分子在 Au(111) 表面吸附组装结构的典型 STM 图像。原子级平整的 Au(111) 平台上布满了圆点,从 STM 图像中测得每个圆点的大小约为 0.7 nm,与 C_{60} 分子的大小相当,每个圆点应对应于一个 $Re(C_{60}Me_5)(CO)_3$ 分子。在所扫描的区域内,STM 图像由多个较小的有序畴区

组成,多次重复实验发现,畴区的大小与修饰分子的浓度和修饰时间有关。

图 9.3(c)是该吸附结构的高分辨 STM 图像。图中箭头所指的位置可观察到分子缺陷,进一步证实了每个圆点对应一个 $Re(C_{60}Me_5)(CO)_3$ 分子。沿缺陷位置作该 STM 图像的截面高度图,测得每个圆点的高度约为 0.15 nm,与 C_{60} 在表面吸附时的高度相当。其次,分子沿一定方向有序排列,分子列间的夹角为 $60°$ 或 $120°$,相邻分子间的间距为 1.0 nm±0.1 nm。对比分子吸附结构的 STM 图像和 Au(111)基底的原子像[图 9.3(c)中的插入图]发现,分子列的方向与基底的 $\langle 121 \rangle$ 方向平行。据此可知,$Re(C_{60}Me_5)(CO)_3$ 分子在 Au(111)表面形成了 $(2\sqrt{3} \times 2\sqrt{3})R30°$ 结构,单胞结构如图 9.3(c)中菱形线框所示。以上研究结果表明,$Re(C_{60}Me_5)(CO)_3$ 分子在 Au(111)表面的吸附结构与 C_{60} 分子在大气/水溶液环境下在 Au(111)表面的吸附结构相同,均为 $(2\sqrt{3} \times 2\sqrt{3})R30°$ 结构。值得指出的是,C_{60} 分子在 Au(111)表面除了可形成 $(2\sqrt{3} \times 2\sqrt{3})R30°$ 结构,还可形成另外一种 "(38×38)" 结构,而 $Re(C_{60}Me_5)(CO)_3$ 在 Au(111)表面只形成 $(2\sqrt{3} \times 2\sqrt{3})R30°$ 结构,推测这可能与分子的—CH_3 和—$Re(CO)_3$ 取代基有关。—CH_3 和—$Re(CO)_3$ 基团的引入使分子的立体结构和电子态发生改变,这有可能影响分子与分子,以及分子与基底间的相互作用,以致 $(2\sqrt{3} \times 2\sqrt{3})R30°$ 结构比 "(38×38)" 结构更为稳定。

俯视图　　　　侧视图

(a)　　　　　　　(b)　　　　　　　(c)

图 9.3　$Re(C_{60}Me_5)(CO)_3$ 分子的结构(a)及其在 Au(111)表面自组装单层膜的 STM 图像(b,c)。STM 成像条件:(b)$E=550$ mV,$E_{bias}=-548$ mV,$I=517$ pA;(c)$E=550$ mV,$E_{bias}=-281$ mV,$I=1.57$ nA

9.1.3　$Ru(C_{60}Ph_5)Cp$ 分子在 Au(111)表面的吸附结构

与 $Re(C_{60}Me_5)(CO)_3$ 分子组装结构不同,$Ru(C_{60}Ph_5)Cp$ 分子在 Au(111)表面形成无序的吸附结构,图 9.4 是其典型的 STM 图像。从图中可以看出,Au(111)表面铺满了圆形的亮点,从圆点的大小可知,每个圆点应对应于一个

$Ru(C_{60}Ph_5)Cp$ 分子。虽然每个分子清晰可辨,但分子在表面却是无序排列,这可能是分子的对称性与基底的对称性不匹配所致。我们知道,Au(111)表面具有六次对称性,而从 X 射线数据可知,$Ru(C_{60}Ph_5)Cp$ 具有 C_5 的对称性。

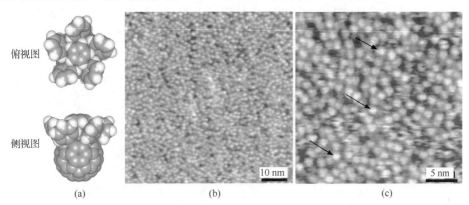

俯视图

侧视图

(a)　　　　　　(b)　　　　　　(c)

图 9.4　$Ru(C_{60}Ph_5)Cp$ 分子的结构(a)及其在 Au(111)表面吸附组装单层膜的 STM
图像(b,c)。STM 成像条件:$E=550$ mV,$E_{bias}=-610$ mV,$I=605$ pA

仔细观察还发现,$Ru(C_{60}Ph_5)Cp$ 分子所对应的圆点并非毫无特征,某些圆点上存在一些小的突起。类似的现象在 C_{60} 的二茂铁衍生物 $C_{60}ONCFn^{[11]}$ 和 $C_{60}Fc^{[12]}$ 的表面自组装结构中也曾被观察到,这些小的突起被归属为分子的取代基部分。此外,还有少数圆点的亮度比其他圆点的亮度大,如图 9.4(c)中箭头所示。这可能是 $Ru(C_{60}Ph_5)Cp$ 分子在表面的取向不同所致[13]。$Ru(C_{60}Ph_5)Cp$ 分子在 Au(111)表面可能有两种吸附取向:C_{60} 部分与基底接触或取代基部分与基底接触。当 C_{60} 部分与基底接触时,分子的-Ph 及-RuCp 取代基指向溶液中,分子在 STM 图像中表现为带有小突起的圆点;当分子以取代基部分与基底接触时,C_{60} 部分就朝向溶液中,这时分子在 STM 图像中表现为亮度较大的圆点。

根据 $Ru(C_{60}Ph_5)Cp$ 分子的循环伏安实验的结果,分子在双电层区间内可能存在部分脱附行为,据此,利用电化学 STM 原位观察了分子的吸附结构随基底电位的变化情况。研究发现,在 0.3~1.0 V 的电位范围内,分子的吸附结构不随基底电位的移动而改变;当基底电位从 0.3 V 向负电位方向移动时,分子开始从表面脱附。不过,当基底电位重新正移至 0.55 V 后,分子又开始在基底表面吸附并形成类似于图 9.4 所示的无序的组装结构。该结果与循环伏安实验的结果一致。

9.1.4　$C_{60}(C_6H_4C_6H_4-COOH)_5Me$ 分子在 Au(111)表面的吸附结构

图 9.5(a)所示为分子 $C_{60}(C_6H_4C_6H_4-COOH)_5Me$ 在 Au(111)表面吸附组装层的大范围 STM 图像。与分子 $Ru(C_{60}Ph_5)Cp$ 的组装结构相类似,

$C_{60}(C_6H_4C_6H_4-COOH)_5Me$ 在 Au(111) 表面的吸附结构也是无序的。而且，
$C_{60}(C_6H_4C_6H_4-COOH)_5Me$ 分子在 Au(111) 表面组装结构的有序性更差,虽然单
个分子在 STM 图中仍清晰可辨,但其分散性明显不如 $Ru(C_{60}Ph_5)Cp$ 分子,在 STM
图像中甚至可观察到部分分子团簇,这可能是因为 $C_{60}(C_6H_4C_6H_4-COOH)_5Me$
分子与 Au(111)基底的相互作用较强,分子在表面的移动性较差,较难在 Au(111)
表面单分散所致。

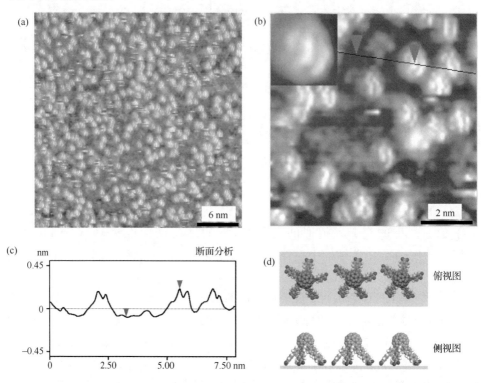

图 9.5　$C_{60}(C_6H_4C_6H_4-COOH)_5Me$ 分子在 Au(111)表面的吸附组装层的 STM 图
像(a,b),横截面高度图(c)及其结构模型(d)。STM 成像条件:(a)和(b)$E=550$ mV,
$E_{bias}=-677$ mV,$I=658$ pA

图 9.5(b)是 $C_{60}(C_6H_4C_6H_4-COOH)_5Me$ 分子在 Au(111)表面吸附组装层
的高分辨 STM 图像,从图中可以看出分子 $C_{60}(C_6H_4C_6H_4-COOH)_5Me$ 所对应
的圆点并非毫无特征,而是分裂为几"瓣",图 9.5(b)左上角的插入图是单个
$C_{60}(C_6H_4C_6H_4-COOH)_5Me$ 分子的 STM 图像的放大图,更清楚地反映了分子
的内部特征。在室温大气或溶液环境下,吸附到固体表面的 C_{60} 分子在 STM 图像
中通常表现为毫无特征的圆点,这是因为虽然吸附到表面上,但 C_{60} 分子仍在做旋
转运动所致。侯建国小组[14,15]用低温扫描隧道显微镜结合理论计算和扫描隧道

谱确定了富勒烯分子的内部结构。在 78 K 时,C_{60} 分子在表面的旋转运动被禁锢,此时 C_{60} 分子在 STM 图像中表现为三叶状和哑铃形,分别对应于以六元环吸附在固体表面和以五元环吸附在固体表面两种吸附取向。Shinohara 等[16]也发现当 C_{60} 分子吸附在 Si(100)-(2×1)表面时,分子的旋转运动受阻,此时 C_{60} 在 STM 图像中所对应的圆点也不再毫无特征。类似地,当 C_{60}-C_{60} 分子在溶液环境下吸附到 Au(111)表面时,每个 C_{60} 部分对应的圆点也会分裂为两瓣[17]。基于以上分析和结果对比可知,在本研究体系中,$C_{60}(C_6H_4C_6H_4-COOH)_5Me$ 分子的旋转运动可能也被禁锢,因而推测 $C_{60}(C_6H_4C_6H_4-COOH)_5Me$ 分子应是以五个 $-C_6H_4C_6H_4-COOH$ 取代基的 $-COOH$ 部分与基底接触,分子的 C_{60} 部分指向溶液中。因此,分子的 C_{60} 部分的间距增大,分子间的相互作用进一步减小。这也可部分解释为什么 $C_{60}(C_6H_4C_6H_4-COOH)_5Me$ 分子在 Au(111)表面无法形成有序的自组装单层结构。而且,从 STM 图像的截面高度图测得每个分子的高度约为 0.29 nm,明显高于 $ReC_{60}Me(CO)_3$ 分子在 Au(111)表面的高度,这也间接地印证了上述推测。图 9.5(d)是根据以上分析结果提出的 $ReC_{60}Me(CO)_3$ 分子在 Au(111)吸附取向的结构示意图。

9.1.5　$C_{60}(C_6H_4-C\equiv C-SiMe_2C_{12}H_{25})_5Me$ 分子在 Au(111)表面的吸附结构

图 9.6(a)是将 Au(111)电极在含有 10 $\mu mol/L$ $C_{60}(C_6H_4-C\equiv C-SiMe_2C_{12}H_{25})_5Me$ 分子的甲苯溶液中浸泡 10 s 后得到的自组装膜的典型 STM 图像。由图可见,分子在 Au(111)表面吸附,但是组装结构无序,且显示形成了多层结构。有趣的是,即使在分子的表面覆盖度很低的情况下,观察到的仍然是类似的多层结构。图 9.6(b)是该结构的高分辨 STM 图像,从中可清楚分辨单个 $C_{60}(C_6H_4-C\equiv C-SiMe_2C_{12}H_{25})_5Me$ 分子。图 9.6(c)和(d)分别是沿图(b)中直线 I 和直线 II 截取的高度分析图。从图 9.6(c)和图 9.6(d)可以看出,a、b 两点或 a'、b' 两点的高度差与下一层的高度相当,说明它们处于上下两层的位置。仔细观察还发现,最下层的分子排列并非完全无序,分子似可紧密相邻排列在基底表面,从图 9.6(d)也可看出底层相邻分子间的间距比较均一。以上现象说明分子与基底间具有一定强度的相互作用,但分子间的相互作用则较强,以致整个自组装膜以岛状模式外延生长。该结论与分子在晶体和液晶中的层状结构一致[18]。图 9.6(e)是分子在晶体中的结构模型,同一层内的分子间通过 C_{60} 部分相互作用,上下两层的分子的烷基链交叉缠绕,这种强烈的范德华力相互作用促使该结构更为稳定。这种相互作用对解释分子在 Au(111)表面的多层自组装膜结构的形成同样适用。

通过研究上述四种 C_{60} 衍生物分子在 Au(111)表面的电化学行为以及吸附组装结构发现,随取代基的不同,分子在表面的分散性能、吸附取向以及组装结构都发生了明显的变化,表明取代基对 C_{60} 分子在电化学溶液环境下于 Au(111)表面

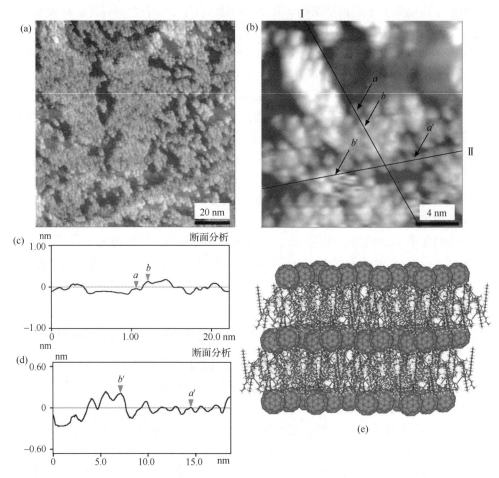

图 9.6 （a,b）C$_{60}$（C$_6$H$_4$－C≡C－SiMe$_2$C$_{12}$H$_{25}$）$_5$Me 在 Au（111）表面吸附的 STM 图像；（c,d）沿（b）图中的直线Ⅰ和直线Ⅱ的截面高度分析图；（d）C$_{60}$（C$_6$H$_4$－C≡C－SiMe$_2$C$_{12}$H$_{25}$）$_5$Me 分子在 Au（111）表面形成多层吸附结构的可能结构模型。STM 成像条件：（a）和（b）$E=$ 550 mV，$E_{bias}=-585$ mV，$I=1.38$ nA

的吸附组装结构有重要影响，通过在 C$_{60}$ 上引入官能团，可有效调整分子-分子以及分子-基底间的相互作用，并最终调节其表面组装结构。根据实验结果，还可以了解该类分子在电化学环境下，随电位变化的分子吸脱附行为以及修饰结构的变化等。

9.2 有机配体及其配合物分子在 Au（111）表面的组装

基于金属-有机配位作用的超分子化学近年来受到广泛关注。利用配位键可以有效地合成具有完美拓扑结构的 1D、2D 和 3D 金属有机超分子结构[19-24]，这种方法甚至被用于构筑表面超分子纳米结构[25-29]。通过过渡金属与多官能团配体间的配位作用，科学家已设计合成了多种具有均一尺寸和特定形状的金属配合物超分子。这些分子常具有丰富的磁、光物理和静电特性[30-35]，被认为是制备纳米结构的理想基元材料。研究这类有机-金属配合物分子的表面组装行为一方面可以丰富人们对基于金属-有机配位作用的分子组装的认识，另一方面它还可以为构筑表面功能金属-有机配合物分子纳米结构提供理论指导。

本研究组曾开展过一些金属配合物在固体表面吸附组装行为的研究，前面几章中已经涉及配合物分子的成像，组装结构以及配体和配合物间的结构关系。但由于金属配合物体系的复杂性，到目前为止，针对配位前后配体和配合物的表面吸附行为，尤其是金属配合物分子原位配合的研究还比较少。最近，Ma 等[36-39]合成了一系列线状间隔桥连的二(吡咯-2-亚甲基胺)配体，这类配体可与 Zn 等过渡金属络合，用作检测这类金属离子的荧光传感器。这类分子还可形成螺旋形、三角形、四方形等多种形状的超分子配合物，用作构筑各种生物光感受器的构建单元。因此这里继续介绍电化学环境下配体的配位研究，以期引起重视。

在电化学环境下，利用原位电化学 STM，研究了金属-有机配体的原位配位过程，考察了线状间隔桥连的二(吡咯-2-亚甲基胺)配体及其 Cu^{2+} 配合物(图 9.7)在 Au(111)表面的吸附行为。

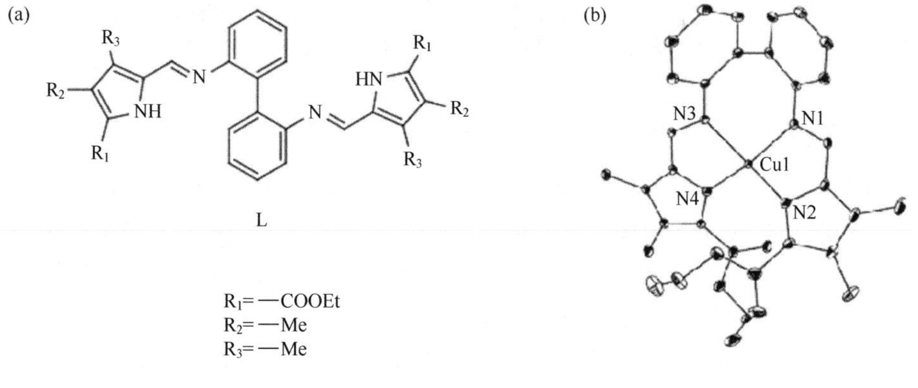

图 9.7　(a)有机配体分子的化学结构式；(b)有机配体分子的 Cu^{2+} 络合物在晶体中的结构

9.2.1　有机配体及其 Cu^{2+} 络合物在 Au(111)表面的循环伏安研究

图 9.8(a)是 Au(111)电极及有机配体分子修饰后的 Au(111)电极在 0.1 mol/L $NaClO_4$ 溶液中的循环伏安曲线，实线为 Au(111)电极，虚线是有机配体分子修饰后的 Au(111)电极。从图中可以看出，在修饰了配体分子后，循环伏安曲线在双电层区内的充电电流明显减小，与此同时 Au(111)的表面重构峰也消失，

说明有机配体分子已经吸附到 Au(111)表面。此外,在 0.2 V 和 0.6 V 左右还分别观察到一个还原峰和一个氧化峰,推测可能分别对应于有机配体分子的脱附和吸附过程,连续扫描几圈发现该过程为一可逆过程。因此在 STM 实验中将基底电位控制在 500 mV($vs.$ RHE/0.1 mol/L NaClO₄)。图 9.8(b)是 Au(111)电极及配合物分子修饰后的 Au(111)电极在 0.1 mol/L NaClO₄ 溶液中的循环伏安曲线,显示配合物分子也可吸附到 Au(111)表面,不过在双电层电位范围内没有观察到电化学响应信号,说明在双电层区间内配合物分子没有明显的氧化还原行为或脱吸附过程发生。

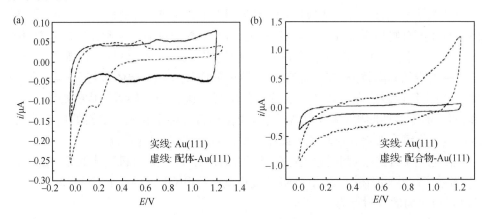

图 9.8　Au(111)电极及有机配体(a),配合物(b)修饰的 Au(111)电极在 0.1 mol/L
NaClO₄ 溶液中的循环伏安曲线。电位扫描速率为 50 mV/s

9.2.2　有机配体分子在 Au(111)表面组装的 ECSTM 研究

图 9.9(a)是有机配体分子的结构式。从图中可见,配体分子立体性极强,以两苯环间的 C—C 单键为轴,分子两边对称的部分成"V"字交叉,"V"字的顶端的宽度约为 1.2 nm。尽管如此,STM 实验表明有机配体分子仍可以吸附组装在 Au(111)表面,图 9.9(b)是其吸附结构的典型 STM 图像。由图可见,有机配体分子在 Au(111)表面规则排列形成二维有序的纳米结构,该二维有序结构的畴区的大小可达数十纳米,并且基本没有缺陷,说明有机配体分子与 Au(111)基底存在较强的相互作用。有机配体分子的表面自组装结构中包含长度均一的亮棒,从 STM 图中测得长度为 1.2 nm±0.1 nm,与配体分子长轴方向的长度("V"字的顶端的宽度)相当,故 STM 图像中的每个亮棒被归属为一个吸附的有机配体分子。分子以头对头肩并肩的方式排列,所有分子的长轴方向均与分子密排方向成 60°。对比表面分子组装结构的 STM 图像与基底 Au(111)的原子像可知,分子的密排方向与 Au(11)表面的〈110〉方向一致,也就是说,所有有机配体分子均以长轴平行于

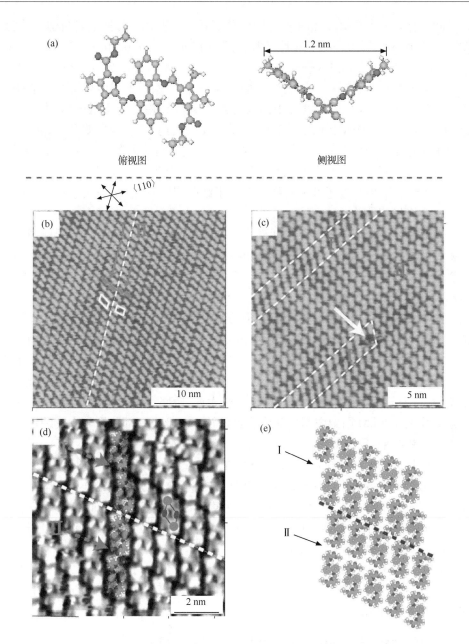

图 9.9　有机配体分子的结构(a)及其在 Au(111)表面组装的典型 STM 图像(b~d)以及可能的结构模型(e)。STM 成像条件：(b)$E=500\ mV$，$E_{bias}=-409\ mV$，$I=800\ pA$；(c)$E=500\ mV$，$E_{bias}=-384\ mV$，$I=837\ pA$；(d)$E=500\ mV$，$E_{bias}=-194\ mV$，$I=1.60\ nA$

基底⟨110⟩的方向排列。仔细观察还发现，相邻分子列的相对排列位置并不完全相同，箭头 I 所示的相邻的两列分子刚好是头对头排列，而箭头 II 所示的相邻的两列分子间则存在一个位错。在图 9.9(b)中分别画出了 I 和 II 两种组装结构的单胞，如图中两个小四边形所示，其单胞参数分别为 I：$a=1.0$ nm±0.1 nm，$b=1.5$ nm ±0.1 nm，$\alpha=60°\pm1°$；II：$a=1.0$ nm±0.1 nm，$b=1.2$ nm±0.1 nm，$\alpha=82°\pm$ $1°$。图 9.9(b)所示的畴区主要是以结构 I 为主，偶尔间插出现两列按结构 II 排列的分子列。实际上，在实验过程中同样可观察到以结构 II 为主的畴区，如图 9.9 (c)所示。在 9.9(c)图所示的畴区中，分子主要按结构 II 排列，也就是相邻分子列的分子间存在位错的形式，不过其间仍穿插有两列按结构 I 排列的分子列，如图中虚线圈出部分所示，这说明两种结构在该实验条件下均可稳定存在。此外，在图 9.9(c)中箭头所指位置还可观察到两个分子缺陷，从而进一步证实了每个亮棒对应于一个有机配体分子。

图 9.9(d)是高分辨率的 STM 图像。在图 9.9(d)所示的畴区中同样同时存在 I 和 II 两种吸附结构。从图中可看出，每个分子所对应的亮棒在高分辨 STM 图像中分裂为两大两小的四个亮点，为了更清晰地描述图像的特征，在图 9.9(d) 中用大圆点表示两个大亮点，用小圆点表示两个小亮点，四个亮点按平行四边形排列。这个形状与优化后的有机配体分子的俯视图相符。通过进一步测量 STM 图像中平行四边形的大小，发现与有机配体分子的尺寸也相吻合。据此，推测有机配体分子应是以"平躺"的方式吸附在 Au(111)表面，较大的两个点对应于分子的吡咯环部分，较小的点对应于分子的苯环部分，分子以"V"形的底部与基底接触，也就是说，分子的苯环部分倾斜地吸附在基底表面，吡咯环部分指向溶液中，这也可解释为什么在 STM 图像中苯环部分看起来较小而吡咯环部分则较大的原因。基于以上分析结果，提出了如图 9.9(e)所示的结构模型。

从循环伏安曲线可知，有机配体分子在 0.2 V 和 0.6 V 左右存在一对还原/氧化峰。为了证实该氧化还原峰确实是有分子的吸/脱附过程产生的，利用 ECSTM 原位观察研究了有机配体分子在 Au(111)表面的组装结构随基底电位的变化情况。研究结果显示，当基底电位低于 0.2 V 时，有机配体分子从 Au(111)表面脱附，这与电化学循环伏安实验结果一致。

还进一步考察了在以 0.1 mol/L HClO₄ 为电解液时有机配体分子在 Au(111) 表面的自组装行为，发现与在 0.1 mol/L NaClO₄ 溶液中组装结构完全相同，也形成了 I 和 II 两种组装结构，在此就不再赘述。

9.2.3　配合物分子在 Au(111)表面组装的 ECSTM 研究

将有机配体分子与 Cu^{2+} 按 1：1 的物质的量比充分混合，按与配体分子相同的方式制样，然后进行 STM 观测。图 9.10(a)是该自组装膜的典型 STM 图像，与配体分子在 Au(111)表面的组装结构不同，该结构由亮暗相间的条垄组成，而且也观察不到配体分子所对应的亮棒。图 9.10(b)是高分辨 STM 图像，可以清楚看到亮条垄由规则排列的亮点组成,仔细分辨发现每五个亮点为一组,四个按梯形排列,另一个处于梯形的中间,形成类似"蝴蝶"状的结构。根据有机配体分子与Cu^{2+}的络合物的晶体结构,可以相信,在将有机配体分子与Cu^{2+}混合的过程中已经形成了配合物。在与Cu^{2+}混合时,"V"形有机配体分子中的一条边沿连接两个苯环基团的C—C键扭转,四个氮原子与Cu^{2+}配位得到Cu^{2+}配合物。所观察到的二维有序结构就是由有机配体的Cu^{2+}络合物构成,该络合物吸附到Au(111)表面的结构与其晶体结构相似,STM图像中构成梯形的四个亮点(四顶角处)对应于配合物分子的芳环部分,梯形中心处的亮点归属于Cu^{2+}。据此,可确定配合物吸附单层的结构和单胞,单胞参数为:$a=1.2$ nm±0.1 nm,$b=2.2$ nm±0.1 nm,$\alpha=60°\pm1°$。图9.10(c)是配合物分子吸附层的结构模型,这一模型更清晰地表明了STM图像与分子结构间的对应关系。

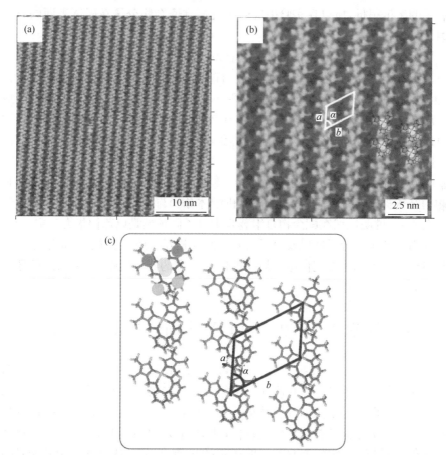

图 9.10　配合物分子在 Au(111)表面组装结构的 STM 图像及结构模型。实验条件:
(a)$E=500$ mV,$E_{bias}=-217$ mV,$I=1.09$ nA;(b)$E=500$ mV,$E_{bias}=-176$ mV,$I=1.97$ nA

在研究了配体和配合物在电化学界面的吸附组装行为后,试图对配体和 Cu^{2+} 的配位过程进行原位 STM 观察,具体方法为:首先利用上述制样方法于 Au(111) 表面构筑配体分子的自组装层,在利用 STM 对配体分子的吸附结构进行确认后,保持基底电位在 550 mV 处,向电化学池中加入适量的 $CuClO_4$ 的水溶液,原位利用 STM 观察 Au(111) 表面自组装膜结构的变化。遗憾的是,STM 结果显示在加入 Cu^{2+} 后,配体分子形成的有序结构从表面消失,也未观察到配合物在 Au(111) 表面的吸附。如前所述,在与 Cu^{2+} 配合时,"V"形有机配体分子中的一条边沿连接两个苯环基团的 C—C 键扭转,四个氮原子与 Cu^{2+} 配位得到 Cu^{2+} 配合物。该配位过程可能影响配体分子在固体表面的原有构象以及分子与基底间的相互作用,甚至导致配体分子从固体表面脱附到电解质溶液中,因此在加入 Cu^{2+} 后配体分子的有序吸附结构消失。由于表面吸附的配体分子有限,因此在溶液中形成的配合物分子的浓度很低,所以在实验中也未能观察到配合物分子在固体表面的有序吸附组装结构。

以上研究表明,在 $NaClO_4$ 的水溶液中,有机配体分子可以快速地与 Cu^{2+} 以 1:1 的比例形成金属有机配合物。虽然有机配体及其 Cu^{2+} 络合物的立体性都很强,但电化学循环伏安和 STM 实验表明,二者均可吸附在 Au(111) 表面,形成二维有序组装结构,说明分子与基底间存在较强的相互作用。从高分辨 STM 图像中可以清楚分辨配体和配合物分子在基底表面的吸附构象:配体分子"平躺"的方式吸附在基底表面,分子以苯环部分与基底接触;配体分子的 Cu^{2+} 络合物在 Au(111) 表面的吸附构象与其在晶体中的结构类似,这为用 STM 确定金属有机配合物的结构提供了一条思路。此外,有机配体分子与其 Cu^{2+} 配合物的表面组装结构完全不同,说明虽然在配合物自组装膜中分子间依然是以范德华力为主,但金属离子的引入的确对分子间以及分子与基底间的相互作用产生了巨大的影响。这些结果对揭示分子的二维配位组装规律提供了一定的实验依据,并为后续的原位配合物研究奠定了基础。

9.3　杯芳烃分子在 Au(111) 表面的组装及分子识别

1987 年 Nobel 化学奖授予 C. J. Pedersen、D. J. Cram 和 J. M. Lehn 三人,肯定他们在主客体化学和超分子化学研究中的贡献。在主客体化学和超分子化学研究中,通过分子间弱相互作用,如范德华力、静电力、氢键力、$\pi-\pi$ 堆积作用、疏水作用等结合起来的分子聚集体是其研究目标,研究超分子体系的构筑及超分子体系结构与功能,为创造新物质、新材料开辟了新的途径,目前已成为化学和其交叉研究中发展迅速且极富挑战性的领域之一[40]。

大环主体化合物是超分子化学研究的一个重要分支。近年来,各种不用形状、不同功能的大环主体化合物不断涌现[41-47]，并在催化、传感、材料等领域表现出可能的应用前景。杯芳烃是一类由苯酚单元通过亚甲基桥连形成的具有独特空穴结构的大环化合物，被誉为是继冠醚和环糊精之后的"第三代超分子主体分子"。它最早由奥地利科学家 Zinke 于 1942 年合成得到，因其结构像一个酒杯而被美国科学家 C. D. Gutscht 称为杯芳烃。在随后的几十年里，科学家们在杯芳烃结构的确定、杯芳烃的合成技术、杯芳烃的应用等方面不懈努力，并已取得许多重要成果。各种含吡咯、呋喃、噻吩或吡啶等芳香杂环的杯芳烃分子被合成出来[48-51]，以氧、氮、硫等杂原子为桥连原子的新型杯芳烃也屡有报道[52-54]。而且，杯芳烃在阳、阴离子和中性有机分子的识别中取得了显著成果，杯芳烃薄膜在非线性光学材料、热电器件和化学传感器等领域也显示了潜在的应用前景。

　　要实现从最初的杯芳烃分子设计到传感器或电子器件的构筑，有必要对杯芳烃分子在表界面的组装行为及识别性能进行研究。这里简要介绍两种结构相似的四氮杂杯[2]芳烃[2]三嗪分子在 Au(111) 表面的组装结构，两分子的化学结构式见图 9.11。研究中探讨了上沿取代对其组装结构的影响，并对杯芳烃在固体表面的主客体识别性能进行了初步研究，以期丰富人们对杯芳烃表面组装和分子识别性能的认识，并为其在分子器件和化学传感器领域的应用提供理论和实验基础。

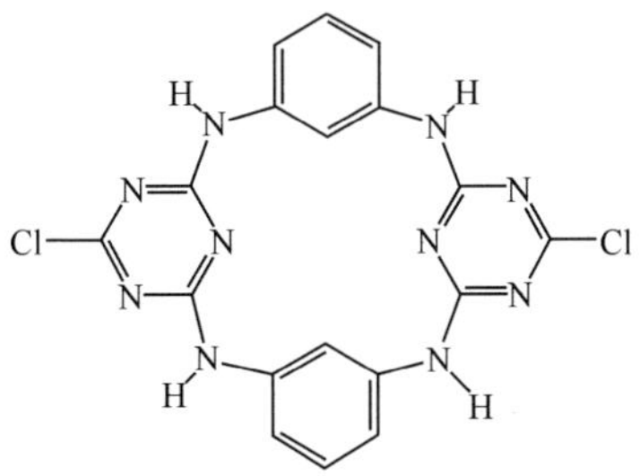

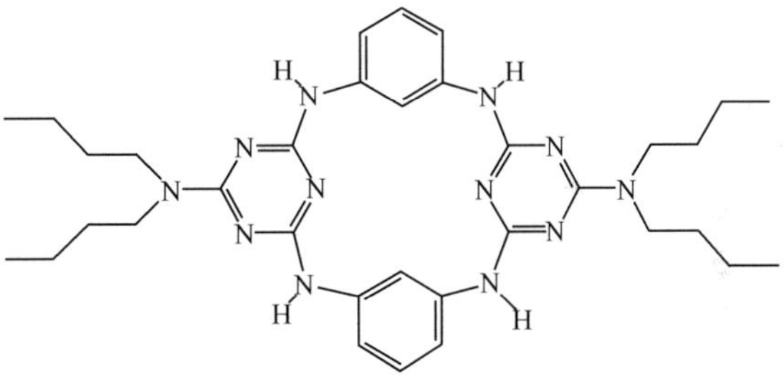

图 9.11　四氮杂杯[2]芳烃[2]三嗪分子的化学结构式。(a)分子 **1**；(b)分子 **2**

9.3.1　杯芳烃分子在 Au(111) 表面的组装

　　改变桥连原子或在桥连原子上连接不同的基团可精确调控氮、氧原子桥连的杯[2]芳烃[2]三嗪分子的构象[55,56]。在杯芳烃的上/下沿引入特定基团也可改变其主客体识别性能，并对其表面自组装行为进行调控[57]。首先考察了杯芳烃分子 **1** 和分子 **2** 在 Au(111) 表面的吸附结构，对二者在 Au(111) 表面的吸附结构进行比较，探讨上沿取代基的变化对分子吸附行为的影响，以及分子-分子与分子-基底间相互作用的协调作用。

1. 分子 1 在 Au(111)表面的组装

图 9.12 是分子 **1** 在 Au(111)表面的循环伏安曲线。在 0.1 mol/L HClO$_4$ 中,Au(111)电极的双电层区从 0 V 延伸至 1.1 V,晶面的 $(23 \times \sqrt{3})$ 重构峰明显,与文献报道的 Au(111)的特征循环伏安曲线一致[58],说明使用的 Au(111)电极没有受到污染。向电解池中加入 1×10^{-4} mol/L 的分子 **1** 后在对 Au(111)电极进行循环伏安扫描,发现 Au(111)的双电层区并没有因为分子 **1** 的存在而发生明显的移动,不过双电层区的充电电流明显减小,$(23 \times \sqrt{3})$ 重构峰也基本消失。除此之外,双电层区并无特征的氧化还原峰出现。以上结果表明,Au(111)表面已有分子 **1** 的吸附,而且,在双电层区内,电极表面没有氧化还原反应或吸附层的结构转变过程发生。

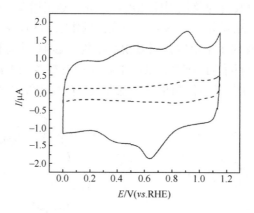

图 9.12　Au(111)电极在 0.1 mol/L HClO$_4$ 溶液(实线)和 0.1 mol/L HClO$_4$ +
1×10^{-4} mol/L 分子 **1** 的溶液(虚线)中的循环伏安曲线。电位扫描速率为 50 mV/s

由循环伏安实验结果可知,分子 **1** 可以在 Au(111)单晶表面吸附。于是,进一步利用电化学 STM 对分子 **1** 在 Au(111)表面的吸附行为进行了考察。图 9.13 (a)是分子 **1** 在 Au(111)表面的大范围 STM 图像,显示分子 **1** 在 Au(111)表面可形成大面积的有序畴区。分子沿 A 方向和 B 方向形成分子列,与基底的重构线方向对比后发现,分子列 A 和 B 均平行于基底的〈121〉方向,二者的夹角为 60°。从高分辨 STM 图像[图 9.13(b)]可获得组装结构的更多细节。分子列 A 和 B 由四个一组的亮点组成,四个亮点按菱形排列,处于对角线位置的亮点的大小和亮度接近。对比 STM 图像和分子的化学结构式,可以将 STM 图像中按菱形排列的四个亮点归属为一个杯芳烃分子,四个亮点分别对应于分子中电子密度较大的四个芳香环部分。根据晶体结构数据,此类氮、氧原子桥连的杯[2]芳烃[2]三嗪分子在晶体中均采取 1,3-交替构象,四个桥连杂原子几乎在同一个平面内,并且两个三嗪环相对"平伏"于表面,而两个苯环可能倾向于垂直于这个平面。这与桥连杂原子更易与三嗪环而不是苯环形成共轭体系有关[56]。据此,可以判断在 Au(111) 表面,分子 **1** 采取 1,3-交替构象吸附,其中两个三嗪环以近似平伏的方式吸附在表面,对应于图 9.13(b) 中 STM 图像中较大的两个亮点,而两个苯环则以倾斜的方式吸附,对应于 STM 图像中较小的两个亮点。为了更清楚地体现 STM 图像与分子结构的对应关系,在图 9.13(b) 中还将几个分子 **1** 的堆积模型叠加到 STM 图像上,显示二者完全吻合。值得注意的是,除了菱形构型的分子,在图 9.13(b) 中还可看到一列近似正方形构型的分子列,如图中虚线部分所示。每个分子在 STM 图像中仍表现为四个亮点,不过四个亮点不再按菱形而是按近似正方形排列,说明

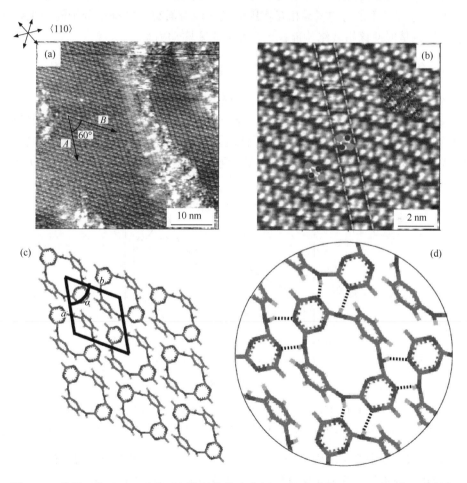

图 9.13　分子 **1** 在 Au(111) 表面组装结构的大范围(a)和高分辨(b)STM 图像及其结构
模型。STM 成像条件:(a)$E=550$ mV,$E_{bias}=-428$ mV,$I=1.035$ nA;(b)$E=550$ mV,
$E_{bias}=-520$ mV,$I=1.035$ nA。支持电解液为 0.1 mol/L $HClO_4$

分子的构型较为灵活,可根据分子-基底及分子间作用力的改变进行一定的调整。这与文献中利用苯三氧己酸调控四氮杂杯[2]芳烃[2]三嗪分子在 Au(111)表面的吸附构象和组装结构的结论一致[59]。

图 9.13(c)是根据 STM 图像分析结果得出的结构模型。晶胞参数为:$a=0.98\ nm\pm0.1\ nm$, $b=0.97\ nm\pm0.1\ nm$, $\alpha=60°\pm2°$,即分子 **1** 在 Au(111)表面形成了 $(2\sqrt{3}\times2\sqrt{3})R30°$ 的吸附结构。根据晶体结构研究结果,三嗪环与桥连杂原子的氢键相互作用对分子的堆积结构有重要的影响,是杂杯杂芳烃之间主要的作用方式[56]。与晶体结构一致,在吸附到 Au(111)表面后,相邻分子 **1** 间同样存在丰富的氢键相互作用,其可能的氢键作用模式如图 9.13(d)所示。桥连部分的—NH—与三嗪环之间的氢键相互作用仍然是该表面组装结构中分子间的主要作用方式,也是促使该组装结构能稳定存在的主要驱动力。

2. 分子 2 在 Au(111)表面的组装行为

与分子 **1** 相比,分子 **2** 只是将三嗪环的上沿取代基团由—Cl 换成了—N(CH₂CH₂CH₂CH₃)₂。与分子 **1** 类似,分子 **2** 也在 Au(111)表面吸附,从 Au(111)电极在双电层区间的充电电流显著降低就可以看出此种行为,如图 9.14 虚线所示,Au(111)表面重构峰消失。此外,在双电层区间(0~1.0 V)未观察到氧化还原反应或脱吸附现象发生。

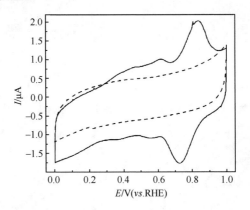

图 9.14　Au(111)电极在 0.1 mol/L HClO₄ 溶液(实线)和 0.1 mol/L HClO₄＋1×10⁻⁴ mol/L 分子 **2** 的溶液(虚线)中的循环伏安曲线。电位扫描速率为 50 mV/s

STM 原位观察结果表明,分子 **2** 在 Au(111)电极表面吸附并规则排列,形成大范围的二维有序组装结构,图 9.15(a)是其形成的有序组装层的大范围 STM 图像。对比基底原子排列方向后可以判定,分子列 A 和 B 分别与基底的⟨121⟩和⟨110⟩方向平行,组装层呈现出四次对称结构。杯芳烃分子在 STM 图像中呈现为一个亮环,中间的空心部分清晰可见,对应于分子的空穴部分。相邻两个亮环中心沿 A 方向的距离为 1.44 nm±0.1 nm,沿 B 方向的距离为 1.50 nm±0.1 nm,二者之间的夹角为 $\alpha=90°±1°$。在整个双电层区间(0~1.0 V)改变基底电位,吸附结构不发生变化,这一结果与循环伏安实验的结论一致。此外,该分子的有序组装层很少有缺陷,而且在很长一段时间内连续扫描,畴区的大小不随时间而改变,说明该分子组装层具有较好的热力学稳定性。

图 9.15(b)是分子 **2** 在 Au(111)表面吸附组装结构的高分辨 STM 图像,显示了有序阵列中分子的内部结构、取向、排列方式等。由图可见,图 9-15(a)中的每个亮环实际是由四个较小的亮点组成,而四个亮点的亮度和大小有所不同,处在对角线位置的亮点具有相近的亮度和大小。四个亮点按菱形排列,图像亮点差别和形

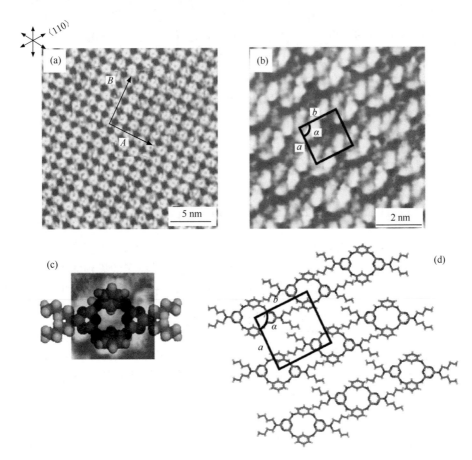

图 9.15　分子 **2** 在 Au(111)表面组装结构的大范围(a)和高分辨(b,c)STM 图像及其结构模型(d)。STM 成像条件:(a)$E=550$ mV,$E_{bias}=-415.6$ mV,$I=1.193$ nA;(b)和(c)$E=550$ mV,$E_{bias}=-223.5$ mV,$I=1.221$ nA。支持电解液为 0.1 mol/L HClO$_4$

状可能与分子的 1,3-交替构象有关,比较分子结构可以看出,四个亮点对应的应是分子的四个芳香环。9.15(c)是一个分子 **2** 的高分辨 STM 图像,可以更清楚地看到上述 STM 图像特点,将一分子模型叠加其上,可以得到图像和分子的对应关系。此前的研究已经表明,分子 **1** 采取 1,3-交替构象吸附在 Au(111) 表面。据此,可以判断分子 **2** 也是以 1,3-交替构象吸附在 Au(111) 表面,即两个三嗪环平躺在表面上,对应于 STM 图像中的两个大亮点,而两个苯环倾斜吸附在表面上,对应于 STM 图像中两个小亮点。遗憾的是,虽然在实验过程中反复调整成像条件和参数,但是仍未能观察到正丁基烷烃链。不过,根据分子结构和 STM 图像,可以给出分子 **2** 在 Au(111) 表面的吸附组装模型和结构单胞,如图 9.15(d)所示。

比较分子 **2** 与分子 **1** 在 Au(111) 表面的组装结构发现,在杯芳烃的上沿引入烷基链后,分子在表面的吸附构型(四个芳香环的相对位置)发生了变化,分子的取向以及分子列的方向也发生了改变。在分子 **1** 的自组装层中,相邻分子间通过三嗪环上的 N 原子和桥连键上的—NH—基团形成氢键,这是该组装结构中分子间的主要作用方式。然而在分子 **2** 的自组装结构中,烷基链的引入使相邻分子间的距离增大,分子间的主要相互作用力为范德华力。值得指出的是,虽然两个分子的表面吸附构型和组装结构均不相同,但两个分子却都是采取 1,3-交替构象吸附在 Au(111) 表面,而且都是以三嗪环平躺,而苯环倾斜的方式吸附,这样的吸附组装结构一是归因于桥连氮原子更易与三嗪环形成共轭体系,另一方面也可能是三嗪环与基底 Au(111)之间存在较强相互作用的缘故。

9.3.2　Au(111)表面杯芳烃分子与 Zn^{2+} 的相互作用

虽然研究杯芳烃在溶液中与金属离子和有机分子相互作用与结合的工作很多,但表界面上有关杯芳烃吸附组装层性能,如对分子和离子的识别能力的研究却比较少。杯芳烃单层膜和多层膜是表面二维和三维的超分子阵列,这些阵列可能显示出与溶液中分子不同的相互作用能力和性能。通过比较溶液中和表面吸附状态杯芳烃识别性能的差异,研究杯芳烃与客体分子间的相互作用和识别特性,可为杯芳烃薄膜传感器的制备提供实验和理论依据,也可加深人们对生物表面或传感器表面分子间相互作用和识别过程的理解。本部分主要介绍对前述杯芳烃分子**1**,于 Au(111) 表面吸附自组装层的分子识别特性的研究结果,研究杯芳烃分子 **1** 与 Zn^{2+} 的相互作用。

在利用 STM 观察到杯芳烃分子 **1** 在 Au(111) 表面形成的大范围($2\sqrt{3} \times 2\sqrt{3}$)R30°组装结构后,如图 9.16(a)所示(与图 9.13 一致),控制基底电位在 550 mV,向电化学 STM 池中加入适量的 $Zn(ClO_4)_2$ 溶液,原位观察吸附组装层的结构,未发现有即时改变。但是保持基底电位为 550 mV,2 h 后再 STM 扫描观

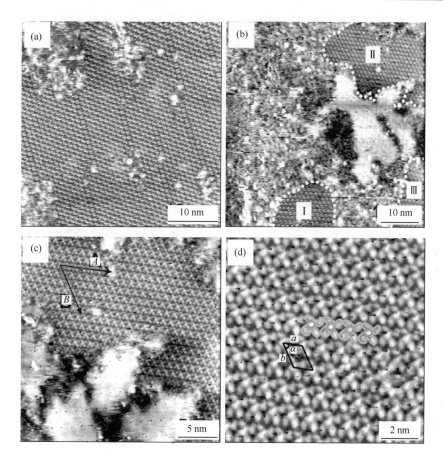

图 9.16　加 Zn^{2+}前(a)后(b~d)杯芳烃分子 **1** 在 Au(111)表面吸附组装的典型 STM 图像。STM 成像条件：(a)$E=550$ mV,$E_{bias}=-356$ mV,$I=1.501$ nA；(b)和(c)$E=550$ mV,$E_{bias}=-338$ mV,$I=536.9$ pA；(d)$E=550$ mV,$E_{bias}=-325$ mV,$I=608.2$ pA。支持电解液为 0.1 mol/L HClO$_4$

察时，发现了一种新的吸附结构，如图 9.16(b)所示，其中畴区 Ⅰ 为分子形成的 $(2\sqrt{3}\times2\sqrt{3})R30°$吸附结构，畴区 Ⅱ 即为该新结构。比较 Ⅰ、Ⅱ 两畴区的方向发现，畴区 Ⅱ 中分子仍是沿基底的〈121〉方向形成分子列。图 9.16(c)是仅有畴区 Ⅱ 的 STM 图像，从中可以看出该结构的单胞参数明显发生了改变，虽然 A 方向上相邻分子间的间距仍为 0.98 nm±0.1 nm，但 B 方向上相邻分子间的距离加大，由原来的 0.97 nm±0.1 nm 变为 1.22 nm±0.1 nm，而且分子在 STM 图像中已经不再表现为按菱形排列的四个亮点。高分辨 STM 图像，图 9.16(d)示出了吸附分子的结构细节，可以看到图像中五个亮点组成一个组装结构单元，四个亮点对称排列形成一个四边形，四边形中间另有一个亮点，如图中模型所示。根据杯芳烃分子的结构特点,可以推测四边形的四个亮点对应于杯芳烃分子的四个芳香环,中心的亮点应为被杯芳烃分子 **1** 捕获到分子空穴中的 Zn^{2+}。也就是说,吸附到 Au(111) 表面的分子 **1** 与 Zn^{2+} 进行识别,产生相互作用。不过在与 Zn^{2+} 络合后,分子的构象也可能发生了改变,导致其表面二维组装结构也有相应的改变,不同于分子 **1** 在单纯 0.1 mol/L $HClO_4$ 溶液中的 $(2\sqrt{3}\times2\sqrt{3})R30°$ 组装结构。由于 STM 技术的局限性,无法从 STM 图像直接推测络合后杯芳烃分子在表面的具体构象及其与表面的作用方式,期待结合其他分析技术,获得更多吸附组装结构信息,以确定结构细节。

9.3.3　杯芳烃分子与蒽的共吸附组装

除了金属离子,杯芳烃对一些有机小分子同样可以产生相互作用,具有良好的分子识别性能。Leyton 等报道了利用杯[4]芳烃对芘、三苯、蒽、蔻、芘等的选择性识别,实现了用 SERS 对痕量稠环化合物的检测[60]。这里,选择了萘、蒽、芘等有机小分子为客体分子,利用原位 STM 技术,考察了杯芳烃分子 **2** 与这些分子间的相互作用和主客体识别性能。

实验方法与上一部分相同,在得到分子 **2** 的吸附组装结构的典型 STM 图像[图 9.17(a)]后,保持基底电位为 550 mV,向电化学 STM 池中加入适量的客体分子溶液,原位观察表面吸附结构的变化情况。向电解池中加入萘或芘后,表面吸附结构在长时间内(5 h)保持不变。加入蒽后,立即扫描时也未发现表面吸附结构发生变化。将基底电位恒定在 550 mV 保持 3 h 后再行 STM 观测,发现表面上出现了一种新的吸附结构,如图 9.17(b)所示。与图 9.17(a)比较后发现,图 9-17(b)所示的 STM 图像中,完全观察不到基底 Au(111) 表面的 $(23\times\sqrt{3})$ 重构线。分子沿 A、B 方向排列,A 方向上相邻分子间的距离为 1.44 nm±0.1 nm,B 方向上相邻分子间的距离为 2.26 nm±0.1 nm,A、B 方向间的夹角约为 60°,表明该结构与分子 **2** 单独存在时在 Au(111) 表面的组装结构完全不同。图 9.17(c)是该结构的高分辨 STM 图像,显示该结构由亮的条纹和暗的条垄相间组成,从尺寸和形状上分析,亮的条纹应为杯芳烃分子列,而暗的条垄则有可能是蒽分子。图 9.17(c)中将几个杯芳烃分子和蒽分子的堆积模型叠加在 STM 图像中,发现二者吻合。根据图像分析和理论计算结果,可给出如图 9.17(d)所示的结构模型。杯芳烃分子 **2** 和蒽分子交替吸附形成共吸附结构,其中蒽平躺在表面上,分子 **2** 可能仍以 1,3-交替构象吸附。根据文献报道,在 Cu(111) 表面上,蒽醌分子可形成稳定的蜂窝状组装结构,这是因为蒽醌分子可通过 C═O 与相邻分子上的 H 形成氢键。从图 9.17(d)的结构模型中,测得杯芳烃分子中的桥连 N 原子与相邻的蒽分子中的 H 间的距离仅为 0.26 nm,二者间也可能存在氢键相互作用,如图中虚线所示。也就是说,蒽分子并未如预期的那样吸附到杯芳烃分子的固有空穴中,而是通过与杯芳烃分子形成氢键在表面共吸附形成稳定二维纳米结构。

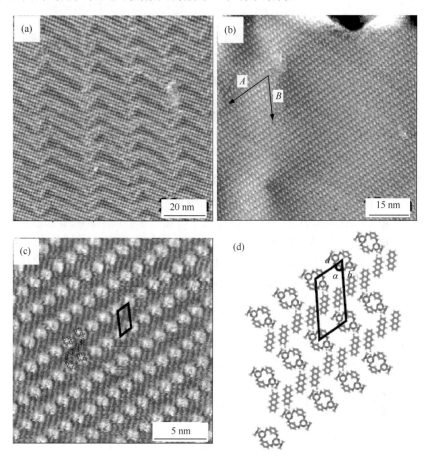

图 9.17　分子 **2**(a)以及分子 **2** 和蒽(b,c)在 Au(111)表面吸附组装的典型 STM 图像，(d)分子 **1** 和蒽在 Au(111)表面吸附组装的结构模型。为了易于分辨,模型中分子 **2** 的上沿取代丁基用甲基替代。STM 成像条件:(a)$E=550$ mV,$E_{bias}=-550$ mV,$I=1.055$ nA;(b)$E=550$ mV,$E_{bias}=-428$ mV,$I=1.230$ nA;(c)$E=550$ mV,$E_{bias}=-301$ mV,$I=1.214$ nA。支持电解液为 0.1 mol/L $HClO_4$

　　以上研究表明,两种四氮杂杯[2]芳烃[2]三嗪衍生物分子,即分子 **1** 和分子 **2**,在 Au(111)表面均可吸附组装形成大范围稳定的单层结构,根据上沿取代基的不同,分子的表面吸附构型及单层膜结构均会发生改变。不过,两种分子都采取 1,3-交替构象吸附,这可能与三嗪环与 Au(111)基底间存在较强的相互作用有关。研究还发现,杯芳烃单层膜具有一定的分子识别能力,如杯芳烃分子 **1** 可对 Zn^{2+} 特异性识别,Zn^{2+} 被捕获到杯芳烃的分子空穴中。由于与 Zn^{2+} 发生络合,杯芳烃分子本身的构象及其吸附结构与络合前发生了改变。杯芳烃分子 **2** 虽然不能识别蒽分子,但它可以与蒽分子发生共吸附,从而使杯芳烃分子的表面组装结构得到调控。

9.4　联吡啶类分子在 Cu 单晶表面的吸附组装及位向调控[61]

众所周知,有机分子在固体表面的吸附组装过程中,分子结构、基底、溶剂、分子浓度等均发挥着重要作用。除此之外,一些外场因素,如磁、电、热等,也会对有机分子的表面吸附组装产生重要影响。近年来,利用电化学 STM 研究有机分子在电极表面的吸附组装,研究组装结构随电极电位而发生的相变过程等引起了科学家的极大兴趣。例如 4,4′-联吡啶分子(4,4′-bipyridine,BiPy)是纳米尺度超分子组装中经常用到的分子之一,可以作为一个双齿的桥式配体应用于配位化学中[62,63],其金属配合物具有的光化学性质使得它们在太阳能转化领域中有着潜在的应用[64]。4,4′-联吡啶分子还可以作为电子传输的促进剂,加速细胞色素 c 的准可逆电化学响应[65-67];也可以作为分子导线,有望应用在纳电子器件及其电路构筑等方面[68]。因此,4,4′-联吡啶分子的电化学行为研究也得到了广泛关注。迄今为止,已有关于 4,4′-联吡啶分子在金和 HOPG 表面吸附组装的 AFM 和 STM 的研究结果。例如,研究结果表明,在较正的电位区域,4,4′-联吡啶分子垂直站立在 Au(111)表面,形成组装结构;当电势逐渐降低时,4,4′-联吡啶组装层结构发生转变,并逐渐在电极表面脱附[69]。Mayer 等人报道了 4,4′-联吡啶分子在 Au 单晶和多晶表面的几种结构不同的吸附组装单层膜[70,71]。他们认为:①4,4′-联吡啶分子一端的氮原子与金属基底表面的配位;②垂直方向上分子间的 π-π 堆积作用;③分子和共吸附水分子之间氢键的协同作用,是形成结构稳定的 4,4′-联吡啶分子吸附组装层的关键因素。

本部分主要介绍 4,4′-联吡啶分子于 0.1 mol/L HClO$_4$ 溶液中在 Cu(111)和 Cu(100)电极表面吸附行为的研究结果[61]。在离子强度为 0.2 mol/L 的溶液中,质子化的 4,4′-联吡啶分子(BiPy)的质子电离常数分别为 pK_1 = 3.5 和 pK_2 = 4.9[29]。在 0.1 mol/L HClO$_4$ 溶液中,BiPy 是双质子化的(BiPyH$_2^{2+}$)。在控制电位的情况下,BiPyH$_2^{2+}$ 也可以被可逆的还原为单质子化自由基(BiPyH$_2^{\cdot+}$)和进一步被还原为中性的分子(BiPyH$_2$)[72]。利用电化学扫描隧道显微镜,循环伏安曲线以及表面增强红外吸收光谱方法,不仅可以研究分子在基底表面的排列情况和有机分子组装层结构随基底电位的变化,还可以为解释分子层的组成和分子结构等方面提供更多的信息。

9.4.1　BiPy 分子在 Cu(111)表面的吸附组装及位向调控

1. BiPy 在 Cu(111)表面吸附层的电化学行为

图 9.18(a)是 Cu(111)电极在 0.1 mol/L HClO$_4$ 溶液中的典型循环伏安曲

线。在$-0.35\sim0.15$ V 之间是一无电化学氧化还原反应的双电层区域[73-75]。当
溶液中加入 BiPy 分子后（0.1 mol/L HClO$_4$ $+$ 10^{-4} mol/L BiPy），循环伏安曲线
的基本特征没有变化，只是双电层中包含的电荷电量减少，并且双电层的电位区间
正移，如图 9.18(b)所示，表明 BiPy 分子吸附在 Cu(111)单晶电极表面。另外，在
约-0.30 V 左右出现一还原电流峰。经红外光谱研究证实，该峰是由于
BiPyH$_2^{2+}$ 离子发生了单电子还原变成了相对应的单电子自由基 BiPyH$_2^{\cdot+}$。随着
BiPy 分子浓度的加大（0.1 mol/L HClO$_4$ $+$ 2×10^{-3} mol/L BiPy），阴极峰电流的
强度明显增加，峰位置负移，淹没在析氢反应电流中。向正电位方向扫描时，约
-0.32 V处出现阳极电流峰，这意味着单电子自由基 BiPyH$_2^{\cdot+}$ 发生了可逆的氧
化反应，氧化成了双质子化的 BiPyH$_2^{2+}$ 离子。

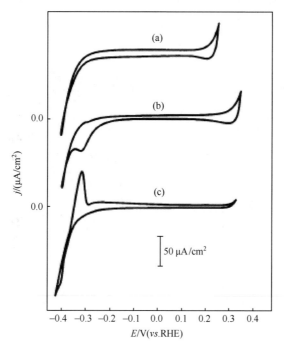

图 9.18　Cu(111)在不同电解质中的循环伏安曲线。（a）0.1 mol/L
HClO$_4$，(b)0.1 mol/L HClO$_4$ $+$ 10^{-4} mol/L BiPy，(c)0.1 mol/L HClO$_4$ $+$
2×10^{-3}mol/L BiPy。电位扫描速率为 50 mV/s

2. BiPy 分子在 Cu(111)表面吸附组装的 STM 研究

首先在纯 0.1 mol/L HClO$_4$ 溶液中，利用电化学 STM 观察了不同电极电位，
以及不同成像条件下，包括改变偏压以及隧道电流等 Cu(111)电极的表面结构。
在双电层范围内，Cu(111)电极表面始终呈现(1×1)结构，无表面重构或其他结构

出现。此后,将电极电位控制在为 0.1 V 处,在电化学 STM 实验的样品池中直接
滴加 BiPy 水溶液,最后使 BiPy 分子在样品池中的浓度达到约为 1 mmol/L。红外
实验结果证实,此电位下的吸附物种应为 $BiPyH_2^{2+}$。图 9.19(a)是在 -0.20 V 于
Cu(111)表面吸附组装的 $BiPyH_2^{2+}$ 离子的典型的 STM 图像。由图可见,此时,
Cu(111)的(1×1)结构消失,取而代之的是有序的分子组装阵列,阵列遍布原子级
平整的表面。分子沿 A、B 两个方向伸展成列,分子列之间的夹角约为 60°或者
120°。对比基底 Cu(111)的晶格方向,可知分子列与基底原子密排方向平行。图
9.19(b)是图 9.19(a)的高分辨图像。图像中,每个分子的外形呈"8"字形。理论
计算结果表明,该形状对应于 $BiPyH_2^{2+}$ 的 HOMO 轨道,如图 9.19(c)所示。根据
测量结果,分子的长度约为 0.7 nm,与 $BiPyH_2^{2+}$ 的分子尺寸一致。由此可知,
$BiPyH_2^{2+}$ 分子采取与基底 Cu(111)表面平行的方式吸附于表面。根据吸附组装层

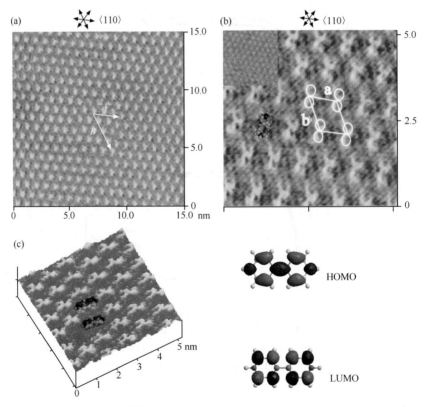

图 9.19　(a)BiPy 在 Cu(111)表面的大范围 STM 图像。电位为 -0.20 V 。(b)图(a)的
高分辨 STM 图像。左上角的插图为 Cu(111)基底的原子图像,尺寸为(2.2 nm×
2.2 nm),原子图像在加入 BiPy 分子之前观察获得。(c)$BiPyH_2^{2+}$ STM 图像的侧视图以
及计算得到的分子的 HOMO 和 LUMO 轨道

的对称性,在 STM 的图像中划出一个平行四边形的单胞,四个 BiPyH$_2$$^{2+}$ 离子位于单胞的四个顶角,单胞参数为 a =0.8 nm±0.1 nm,b=1.0 nm±0.1 nm。单胞结构为(3×4)。获得该(3×4)结构后,向正负方向缓慢改变电极电位,观察结构变化情况。结果证明,这一有序的分子吸附组装结构一直稳定存在于−0.25 V 到约 0.2 V 电位区间,直到接近铜电极的氧化溶解电位。

　　另一方面,随着电极电位负移,分子的吸附组装层出现了一种新的结构,如图 9.20(a)所示,该 STM 图像于−0.36 V 获得。在循环伏安曲线上该电位对应着负方向的还原峰。STM 观察时发现,当电极电位变化到该区域时,只有经过几分钟的扫描之后,才能在 Cu(111)表面的局部区域观察到这一新的分子吸附组装结构,几分钟后分子组装层范围变大,随后逐渐覆盖了整个电极表面,这一现象表明这一结构转化是一个的缓慢的动力学过程。图 9.20(a)所示的 STM 图像中,可以观察到分子吸附组装形成的不同的畴区,如图中 A、B 所示。两个不同畴区间的夹角约为 150°。

　　图 9.20(b)是新的结构的高分辨 STM 图像,可以看出此时的分子吸附组装层是由两种不同类型的分子条垄Ⅰ和Ⅱ交替排列构成的。相同类型分子列间的距离

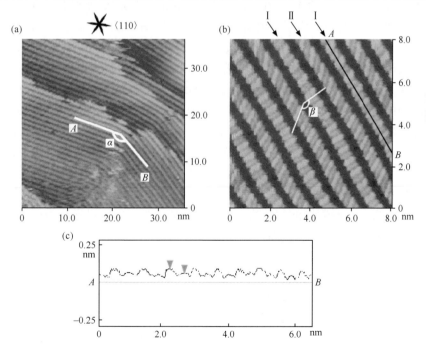

图 9.20 (a)BiPy 分子吸附在 Cu(111)表面的大范围 STM 图像。STM 成像条件为 E= −0.36 V, I=8.2 nA。(b)BiPy 分子在 Cu(111)表面吸附结构的高分辨 STM 图像。(c)沿(b)图中 A-B 方向的高度测量图,显示了同一分子列内分子起伏高度的差异

约为 2.2 nm±0.2 nm。在分子列Ⅰ中,分子的长轴方向平行于基底 Cu(111)晶格的⟨121⟩方向,分子列Ⅱ内分子的长轴方向沿着基底的⟨110⟩方向。相邻的不同分子列中的分子长轴方向间夹角 β 约为 $150°±2°$,这与图 9.20(a)中组装层两畴区之间的夹角 $\alpha=150°$ 一致。分子的尺寸在长轴方向约为 0.68 nm,非常接近 $BiPyH_2^{2+}$ 的理论尺度(约为 0.7 nm)[76]。相同分子列内的分子间距约为 0.4 nm,非常接近于杂环芳香类化合物采取典型堆积时的分子间距离或 π 电子的"厚度"[77]。仔细观察还发现,同一分子列内的相邻分子具有不同的亮度-高度。图 9.20(c)是沿着直线 *A-B* 所作的"高度"测量图,相邻分子的高度起伏差值约为 0.03 nm。综合上述观察结果可以得出结论:分子此时侧立吸附于 Cu(111)基底表面,其长轴方向与基底表面平行,同列分子间形成密堆积,因而在 Cu(111)表面的吸附位点并非同一。

红外光谱能够提供更多的关于组分以及分子结构的化学信息,与电化学和 STM 技术互补。图 9.21(a)是铜电极在 0.1 mol/L HClO₄ + 1 mmol/L BiPy 溶液中的一系列表面增强红外光谱图(SEIRAS),测量方法是,以 1 mV/s 的电位扫描速率从 +0.1 V 扫描到 −0.4 V,然后再返回到 +0.1 V,每隔 10 s 记录一次。在分子注入电化学样品池之前,在 −0.2 V 左右收集参考光谱(刚好为 SEIRAS 实验的电势区间的中间值)。为了看清所测光谱的细节,图 9.21(b)显示了几个特定电位下的红外光谱。位于 1650 cm⁻¹ 波数处的宽谱带被确认为是表面上 $BiPyH_2^{2+}$ 离子的吸附而排斥出的水分子的弯曲振动模式,位于 1100 cm⁻¹ 波数左右的宽谱带被指认为高氯酸根离子中的 Cl−O 键的伸缩振动模式[78]。光谱中还观察到了一些较弱的谱带。这些较弱的谱带,其强度随着扫描电位的变化发生可逆的变化,说明这些较弱的键是相应的吸附分子的信号。另一方面,高氯酸根离子的谱带不是一个可逆的响应,它的强度在 −0.4 V 左右急剧加强,并且在接近正向扫描的时候达到稳定的最大值。值得注意的是,在 −0.3 V 到 −0.4 V 电位区间吸附物质光谱的变化。在此区域,循环伏安曲线上出现了相应的氧化还原电流并且 STM 观察到了有机分子吸附层的相转化。高氯酸根离子光谱的不可逆行为可能是由于这种氧化还原以及相转化引起的。

为了便于比较,利用 Cu 薄膜电极在 0.1 mol/L NaClO₄ 的中性溶液中做了相同的红外实验。所得到的光谱与文献报道[70,71]的中性溶液中 Au(111)电极表面的光谱基本相同,与酸性溶液中 Cu 电极表面的光谱有所区别。光谱的变化发生在 pH3~5 的溶液中。较之 BiPy 分子的 $pK_1=3.5$ 和 $pK_2=4.9$[79],这种结果意味着在酸性溶液中的吸附物种为 $BiPyH_2^{2+}$ 离子(其相应的还原的物种出现在 $E<−0.3$ V)。位于 1643 cm⁻¹ 波数处的谱带明显的证实了 BiPy 分子的质子化[72]。

当电极电位 $E<−0.3$ V 时,出现了四个新的谱带,波数分别为 1597 cm⁻¹,1501 cm⁻¹,1336 cm⁻¹ 和 1001 cm⁻¹,被指认为是在循环伏安曲线的大约 −0.3 V

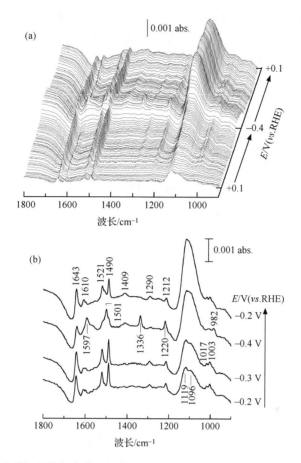

图 9.21　(a)化学沉积的铜薄膜电极在 0.1 mol/L HClO$_4$ + 1 mmol/L BiPy 溶液中的 3D SEIRAS 光谱图。电位扫描速率为 1 mV/s,扫描电位范围从 + 0.1 V 到 −0.4 V 然后再返回到 +0.1 V,记录时间间隔为 10 s 。(b)挑选的几个电位下的光谱图。参考电位是 −0.2 V(在不含 BiPy 的支持电解质中)

左右时出现的还原峰,其他谱带可以看出有轻微的分裂。所测的光谱数据与 DFT 计算所得的 BiPyH$_2^+$ 的光谱数具有很大的不同,但是,与二聚体或者一维堆积的甲基和 heptyl-viologens(N, N'-二烷基-4,4′-联吡啶阴离子)单阴离子自由基的谱学数据十分相似。在二聚体中,分子或者自由基采取面对面的构象,通过 π 轨道相互作用[80-82]。这些结果表明此时 BiPyH$_2^{2+}$ 可能被还原成了单电子自由基 BiPyH$_2^+$,并且在电极的表面上形成了面对面的二聚体形式(或者是一维的堆积)。自由基的还原和通过强 π-π 相互作用产生的二聚现象被认为是在电位为 −0.3 V 左右发生相转变的主要原因。

　　鉴于以上结果,提出了如图 9.22 所示的结构模型。图 9.22(a)是 $E > −0.3$ V

时 $BiPyH_2^{2+}$ 的$(3×4)$吸附结构的模型。分子的每个吡啶环位于 $Cu(111)$ 基底晶格的三重空位上，$BiPyH_2^{2+}$ 分子"平躺"在铜基底表面。当基底电位负移至 $E < -0.3$ V 时，分子的表面吸附组装结构从"平躺"构象的$(3×4)$结构转变为侧立吸附

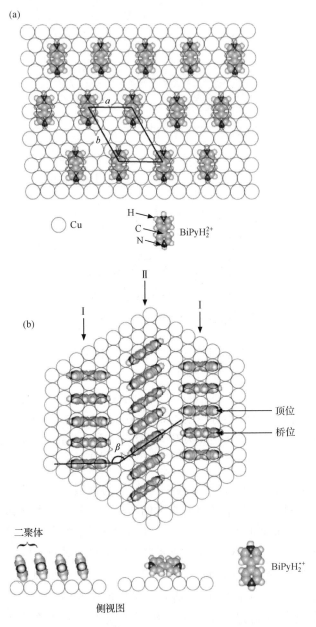

图 9.22　(a)$BiPyH_2^{2+}$ 分子平躺吸附在 $Cu(111)$ 电极表面，形成$(3×4)$结构的模型示意图。(b)$BiPyH_2^+$ 二聚体侧立吸附在 $Cu(111)$ 电极表面的 π-π 堆积吸附模型

的一维密堆积结构,图 9.22(b)是该一维密堆积结构可能的结构模型。在该模型中,分子长轴沿着 Cu(111)的⟨121⟩的方向紧密堆积形成分子列 I,分子长轴沿着 Cu(111)的⟨110⟩方向紧密堆积形成分子列 II。分子交错吸附排列在基底的顶位和近桥位,导致 STM 图像中分子反差的交替亮度不同。相邻分子列之间,分子长轴间的夹角大约 $150°$,与实验观察结构一致。但是,根据红外实验结果,此时的分子平面可能不是垂直于 Cu(111)基底表面,很有可能是稍微倾斜的侧立在表面上。遗憾的是,分子平面与基底之间的倾斜角不能通过高分辨 STM 或者 SEIRAS 的实验结果得到准确的数值。

9.4.2　BiPy 分子在 Cu(100)表面的吸附组装

如前所述,分子在固体表面的吸附组装和固体的种类有关,即便是同种晶体材料,分子在不同晶面上的吸附组装行为或许也不同。研究了 BiPy 分子在 Cu(111)电极表面的吸附组装结构和随电位变化发生的组装结构转化规律后,又研究了 BiPy 分子在 Cu(100)表面的吸附组装和电化学行为。结果表明,尽管实验条件相同,但在不同晶面上,分子的吸附组装行为和组装结构确有不同。

1. Cu(100)在含有 BiPy 分子的 0.1 mol/L HClO₄ 中的电化学行为[61,83]

图 9.23 是 Cu(100)电极在不含和含有 2 mmol/L BiPy 的 0.1 mol/L HClO₄ 溶液中的电化学循环伏安图。由图 9.23(a)可见,Cu(100)电极在 HClO₄ 溶液中的电化学循环伏安曲线与 Cu(111)电极在相同溶液中的电化学循环伏安曲线类似,包含双多层区间,以及氧化溶解和析氢反应,没有看到其他的电化学氧化还原反应出现。当电极电位在 0.25 V 左右时,Cu(100)电极开始溶解。在 0.28 V 左右时,阳极电流迅速增加,但当反向扫描至 0.25 V 时出现对应于 Cu^{2+} 在电极表面的还原沉积。在 -0.30 V 左右,出现还原电流,Cu(100)电极表面开始析氢。从图 9.23(b)可以看出,与 Cu(100)电极在 0.1 mol/L HClO₄ 溶液中的循环伏安图相比,含有 BiPy 时,Cu(100)的电化学循环伏安曲线发生明显变化:双电层范围内包含的电荷量减少,表明分子吸附在电极表面;同时,可以看到在 -0.32 V 左右出现电流峰。电流峰的出现,说明可能存在结构相变和氧化还原反应发生。上述结果与 Cu(111)电极在相应的电解质溶液中的行为基本一致。

2. BiPy 分子在 Cu(100)表面的吸附组装

为了确定 Cu(100)电极的表面结构,首先在纯 0.1 mol/L HClO₄ 溶液中,利用电化学 STM 观察了不同电极电位以及不同成像条件下 Cu(111)电极的表面结构。在双电层范围内,Cu(100)电极表面始终呈现(1×1)结构,无表面重构或其他结构出现[83]。此后,将电极电位控制在 -0.2 V 处,在电化学 STM 的电化学电解

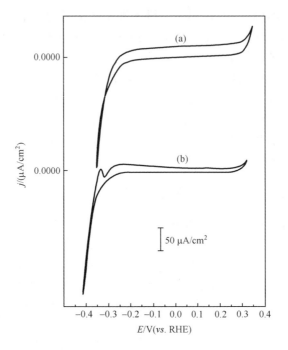

图 9.23　(a)Cu(100)电极在 0.1 mol/L HClO₄ 溶液中的电化学循环伏安
曲线。(b)Cu(100)电极在 0.1 mol/L HClO₄ +2×10⁻³ BiPy 中的电化学循
环伏安曲线。电位扫描速率为 50 mV/s

池中直接滴加 BiPy 溶液,调整溶液中分子浓度约为 1 mmol/L。图 9.24(a)是在 −0.2V 处获得的 Cu(100)表面 BiPy 分子吸附层的 STM 图像。由图可见,分子吸附于基底表面,形成长程有序组装结构。通过和 Cu(100)基底晶格的原子密排方向比较,发现分子沿着基底的密排方向排列,形成有序的分子列。图 9.24(b)是 BiPy 分子吸附组装层的高分辨图像。图像中,组成吸附层的基本单元是分子呈一组的两个亮点,如图中的两个椭圆所示。结合分子的化学结构和图像中测得的实际尺寸,推测一组两个亮点的基本单元对应于一个 BiPy 分子,且分子是以"平躺"形式吸附于基底之上。根据分子间距和结构的对称特点,可以决定分子在 Cu(100)表面形成了(2×4)的吸附组装结构。图 9.24(c)是其结构的模型图,图中示出了 BiPy 分子在 Cu(100)基底的排列方式以及基底的原子密排方向。图 9.24 (b)中示出的结构单胞是 Cu(100)-(2×4)结构的局部分子排列。

　　当电极电位向负方向移动时,分子的(2×4)吸附组装结构发生变化。在 −0.30 V 获得的 STM 图像如图 9.25 所示。此时,图像由一个个独立的"圆点"组成,长程有序。分子列之间的夹角约为 90°。根据分子的结构和 STM 图像特征,以及电化学循环伏安曲线初步推测,在此电位下,分子可能采取"站立"的方式吸附

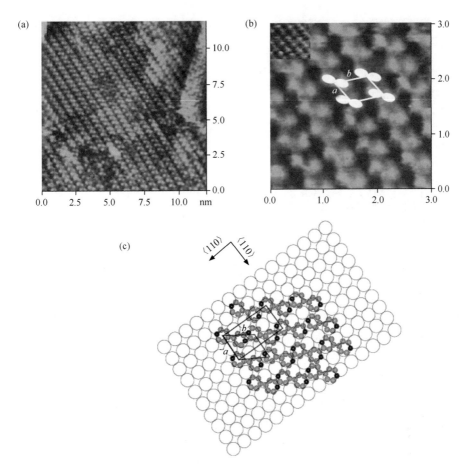

图 9.24　BiPy 分子在 Cu(100)电极表面吸附组装层的大范围(a)和高分辨(b)STM 图像。
电极电位 $E = -0.2$ V。成像条件:(a)扫描速率 20.35 Hz,隧道电流 8 nA;(b)扫描速率
20.35 Hz,隧道电流 10 nA。(c)BiPy 在 Cu(100)表面吸附结构的模型。(b)中左上角的插
图为 Cu(100)基底的原子像

在 Cu(100)表面,如图 9.25 中分子吸附模型的侧视图所示,分子一端的 N 原子与
基底 Cu 原子作用。由于这一电位区间会有析氢反应的发生,大范围的 STM 图像
上可以看到分子缺陷,再负移电位,可以看到分子从基底表面的脱附。与其他技术
的结合研究,可望得到 BiPy 分子在 Cu(100)表面吸附组装结构转变的更多细节。

以上研究结果显示,BiPy 分子均能吸附在两种不同晶面的 Cu 表面,形成有序
的二维组装结构。电化学循环伏安研究和 SEIRAS 实验揭示了在双电层范围内,
BiPy 分子以质子化的形式——BiPyH$_2^{2+}$ 吸附在电极表面,在较负的电位下,分子
被还原为单电子自由基 BiPyH$_2^{+}$。在 Cu(111)表面观察到了随电位变化的两种
组装结构。在较正的电位下,BiPyH$_2^{2+}$ 以平躺的方式吸附在表面上,形成(3×4)

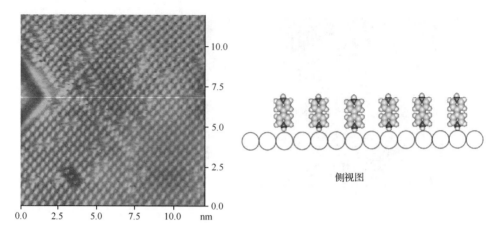

图 9.25　(a)BiPy 分子在 Cu(100)电极表面吸附的大范围 STM 图像，$E=-0.30$ V。
(b)BiPy 分子在 Cu(100)表面吸附模型的侧视图

组装结构。分子中的两个吡啶环看起来像数字"8"。在较负的电位区间，$BiPyH_2^+$ 采取 π-π 堆积的方式侧立在 Cu(111) 的表面上。在 Cu(100) 表面，分子的排列方式因为基底晶格对称性的改变而发生相应的变化，但是相转变行为依然存在，在双电层区域分子采取平躺的方式吸附在基底表面上，当电势向负方向移动时，分子利用一端的 N 原子与基底结合，采取站立的方式吸附在基底表面。这一过程是渐变的吸附转化过程，在一定电位区间存在两相共存的情况。

　　分子在固体表面吸附组装，当组装环境改变时，组装结构会受到影响。当在电化学环境下进行组装时，外加电场和溶液等均会影响分子的吸附组装，电位变化有时会诱导产生电化学反应，这种电化学反应的结果往往导致组装结构的转化。因此，电化学方法除了可以研究分子的电化学行为之外，可以用来调控分子的组装结构。

参 考 文 献

[1] Gimzewski J K, Modesti S, David T, Schlittler R R. Scanning-tunneling-microscopy of ordered C_{60} and C_{70} layers on Au(111), Cu(111), Ag(110), and Au(110)surfaces. J. Vac. Sci. Technol. B, 1994, 12: 1942-1946.

[2] Sakurai T, Wang X D, Xue Q K, Haseqawa Y, Hashizume T, Shinohara H. Scanning tunneling microscopy study of fullerenes. Prog. Surf. Sci., 1996, 51:263-408.

[3] Altman E I, Colton R J. The interaction of C_{60} with noble-metal surfaces. Surf. Sci., 1993, 295:13-33.

[4] Johansson M K J, Maxwell A J, Gray S M, Brühwiler P A, Mancini D C, Johansson L S O, Mårtensson N. Scanning tunneling microscopy of C_{60}/Al(111)-6×6: Inequivalent molecular sites and electronic structures. Phys. Rev. B, 1996, 54:13472-13475.

[5] Johansson M K J, Maxwell A J, Gray S M, Brühwiler P A, Johansson L S O. Adsorption of C_{60} on

　　Al(111) studied with scanning tunnelling microscopy. Surf. Sci., 1998, 397:314-321.

[6] Altman E I, Colton R J. Determination of the orientation of C_{60} adsorbed on Au(111) and Ag(111). Phys. Rev. B, 1993, 48:18244-18249.

[7] Altman E I, Colton R J. Nucleation, growth, and structure of fullerene films on Au(111). Surf. Sci., 1992, 279:49-67.

[8] Matsumoto M, Inukai J, Yoshimoto S, Takeyama Y, Ito O, Itaya K. Two-dimensional network formation in the C_{60} malonic acid adlayer on Au(111). J. Phys. Chem. C, 2007, 111:13297-13300.

[9] Nakanishi T, Miyashita N, Michinobu T, Wakayama Y, Tsuruoka T, Ariga K, Kurth D G. Perfectly straight nanowires of fullerenes bearing long alkyl chains on graphite. J. Am. Chem. Soc., 2006, 128: 6328-6329.

[10] Écija D, Otero R, Sánchez L, Gallego J M, Wang Y, Alcamí M, Martin F, Martín N, Miranda R. Crossover site-selectivity in the adsorption of the fullerene derivative PCBM on Au(111). Angew. Chem. Int. Edit., 2007, 46:7874-7877.

[11] Byszewski P, Klusek Z, Pierzgalski S, Datta S, Kowalska E, Poplawska M. STM/STS observation of ferrocene derivative adduct to C_{60} on HOPG. J. Electron. Spectrosc. Relat. Phenom., 2003, 130:25-32.

[12] Yoshimoto S, Saito A, Tsutsumi E, D'Souza F, Ito O, Itaya K. Electrochemical redox control of ferrocene using a supramolecular assembly of ferrocene-linked C_{60} derivative and metallooctaethylporphyrin array on a Au(111)electrode. Langmuir, 2004, 20:11046-11052.

[13] Uemura S, Sakata M, Taniguchi I, Kunitake M, Hirayama C. Novel "Wet process" Technique based on electrochemical replacement for the preparation of fullerene epitaxial adlayers. Langmuir, 2001, 17: 5-7.

[14] Wang H Q, Zeng C G, Wang B, Hou J G. Orientational configurations of the C_{60} molecules in the(2×2) superlattice on a solid C_{60} (111) surface at low temperature. Phys. Rev. B, 2001, 63: 085417-085421.

[15] Wang K D, Zhao J, Yang S F, Chen L, Li Q X, Wang B, Yang S H, Yang J L, Hou J G, Zhu Q S. Unveiling metal-cage hybrid states in a single endohedral metallofullerene. Phys. Rev. Lett., 2003, 91:185504-185507.

[16] Wang X D, Hashizume T, Shinohara H, Saito Y, Nishina Y, Sakurai T. Adsorption of C_{60} and C_{84} on the Si(100)-2×1 surface studied by using the scanning tunneling microscope. Phys. Rev. B, 1993, 47: 15923-15930.

[17] Matsumoto M, Inukai J, Tsutsumi E, Yoshimoto S, Itaya K, Ito O, Fujiwara K, Murata M, Murata Y, Komatsu K. Adlayers of C_{60}-C_{60} and C_{60}-C_{70} fullerene dimers formed on Au(111)in benzene solutions studied by STM and LEED. Langmuir, 2004, 20:1245-1250.

[18] Zhong Y W, Matsuo Y, Nakamura E. Lamellar assembly of conical molecules possessing a fullerene apex in crystals and liquid crystals. J. Am. Chem. Soc., 2007, 129:3052-3053.

[19] Semenov A, Spatz J P, Möller M, Lehn J M, Sell B, Schubert D, Weidl C H, Schubert U S. Controlled arrangement of supramolecular metal coordination arrays on surfaces. Angew. Chem. Int. Edit., 1999, 38:2547-2550.

[20] Leininger S, Olenyuk B, Stang P J. Self-assembly of discrete cyclic nanostructures mediated by transition metals. Chem. Rev., 2000, 100:853-908.

[21] Holliday B J, Mirkin C A. Strategies for the construction of supramolecular compounds through coordination chemistry. Angew. Chem. Int. Edit. , 2001, 40:2022-2043.

[22] Moulton B, Zaworotko M J. From molecules to crystal engineering: Supramolecular isomerism and polymorphism in network solids. Chem. Rev. , 2001, 101:1629-1658.

[23] Kurth D G, Severin N, Rabe J P. Perfectly straight nanostructures of metallosupramolecular coordination-polyelectrolyte amphiphile complexes on graphite. Angew. Chem. Int. Edit. , 2002, 41: 3681-3683.

[24] Ruben M, Rojo J, Romero-Salguero F J, Uppadine L H, Lehn J M. Grid-type metal ion architectures: Functional metallosupramolecular arrays. Angew. Chem. Int. Edit. , 2004, 43:3644-3662.

[25] Dmitriev A, Spillmann H, Lin N, Barth J V, Kern K. Modular assembly of two-dimensional metal-organic coordination networks at a metal surface. Angew. Chem. Int. Edit. , 2003, 42:2670-2673.

[26] Lingenfelder M A, Spillmann H, Dmitriev A, Stepanow S, Lin N, Barth J V, Kern K. Towards surface-supported supramolecular architectures: Tailored coordination assembly of 1,4-benzenedicarboxylate and Fe on Cu(100). Chem. Eur. J. , 2004, 10:1913-1919.

[27] Lin N, Stepanow S, Vidal F, Barth J V, Kern K. Manipulating 2D metal-organic networks *via* ligand control. Chem. Commun. , 2005:1681-1683.

[28] Ruben M. Squaring the interface: "Surface-assisted" coordination chemistry. Angew. Chem. Int. Edit. , 2005. 44:1594-1596.

[29] Clair S, Pons S, Fabris S, Baroni S, Brune H, Kern K, Barth J V. Monitoring two-dimensional coordination reactions: Directed assembly of Co-terephthalate nanosystems on Au(111). J. Phys. Chem. B, 2006, 110:5627-5632.

[30] Schwab P F H, Levin M D, Michl J. Molecular rods. Simple axial rods. Chem. Rev. , 1999, 99:1863-1934.

[31] Seidel S R, Stang P J. High-symmetry coordination cages *via* self-assemhly. Acc. Chem. Res. , 2002, 35:972-998.

[32] Cotton F A, Lin C, Murillo C A. Supramolecular arrays based on dimetal building units. Acc. Chem. Res. , 2001, 34:759-771.

[33] Caulder D L, Raymond K N. Supermolecules by design. Acc. Chem. Res. , 1999, 32:975-982.

[34] Fujita M. Metal-directed self-assembly of two- and three-dimensional synthetic receptors. Chem. Soc. Rev. , 1998, 27:417-425.

[35] Stang P J, Olenyuk B. Self-assembly, symmetry, and molecular architecture: Coordination as the motif in the rational design of supramolecular metallacyclic polygons and polyhedra. Acc. Chem. Res. , 1997, 30:502-518.

[36] Wu Z K, Chen Q Q, Xiong S X, Xin B, Zhao Z W, Jiang L J, Ma J S. Double-stranded helicates, triangles, and squares formed by the self-assembly of pyrrol-2-ylmethyleneamines and Zn-II ions. Angew. Chem. Int. Edit. , 2003, 42:3271-3274.

[37] Wu Z K, Yang G Q, Chen Q Q, Liu J Q, Yang S Y, Ma J S. One-pot synthesis and self-assembly of double stranded helical metal complexes. Inorg. Chem. Commun. , 2004, 7:249-252.

[38] Wu Z K, Chen Q Q, Yang G Q, Xiao C B, Liu J G, Yang S Y, Ma J S. Novel fluorescent sensor for Zn(Ⅱ)based on bis(pyrrol-2-yl-methyleneamine)ligands. Sens. Actuator B Chem. , 2004, 99:511-515.

[39] Wu Z K, Zhang Y F, Ma J S, Yang G Q. Ratiometric Zn^{2+} sensor and strategy for Hg^{2+} selective rec-

ognition by central metal ion replacement. Inorg. Chem. , 2006, 45:3140-3142.

[40] Lehn J M. Supramolecular chemistry-scope and perspectives molecules, supermolecules, and molecular devices. Angew. Chem. Int. Edit. , 1988. 27:89-112.

[41] Kaiser A, Bauerle P. Macrocycles and complex three-dimensional structures comprising Pt(II)building blocks, in Templates in chemistry II. Berlin: Springer-Verlag, 2005: 127-201.

[42] Kaufhold O, Stasch A, Pape T, Hepp A, Edwards P G, Newman P D, Hahn F E. Metal template controlled formation of [11]ane-P₂CNHC macrocycles. J. Am. Chem. Soc. , 2009, 131:306-317.

[43] Kawase T, Kurata H. Ball-, bowl-, and belt-shaped conjugated systems and their complexing abilities: Exploration of the concave-convex pi-pi interaction. Chem. Rev. , 2006, 106:5250-5273.

[44] Manna J, Kuehl C J, Whiteford J A, Stang P J, Muddiman D C, Hofstadler S A, Smith R D. Nanoscale tectonics: Self-assembly, characterization, and chemistry of a novel class of organoplatinum square macrocycles. J. Am. Chem. Soc. , 1997, 119:11611-11619.

[45] Ohkita M, Ando K, Tsuji T. Synthesis and characterization of [4(6)]paracyclophanedodecayne derivative. Chem. Commun. , 2001:2570-2571.

[46] Ohkita M, Ando K, Yamamoto K, Suzuki T, Tsuji T. First dewar benzene approach to acetylenic oligophenylene macrocycles: Synthesis and structure of a molecular rectangle bearing two spindles. Chem. Commun. , 2000:83-84.

[47] Grave C, Schluter A D. Shape-persistent, nano-sized macrocycles. Eur. J. Org. Chem. , 2002: 3075-3098.

[48] Musau R M,Whiting A. Synthesis of calixfuran macrocycles and evidence for gas-phase ammonium ion complexation. J. Chem. Soc. Perkin Trans. , 1994,1:2881-2888.

[49] Turner B, Botoshansky M, Eichen Y. Extended calixpyrroles: Meso-substituted calix[6]pyrroles. Angew. Chem. Int. Edit. , 1998, 37:2475-2478.

[50] Gong H Y, Zhang X H, Wang D X, Ma H W, Zheng Q Y, Wang M X. Methylazacalixpyridines: Remarkable bridging nitrogen-tuned conformations and cavities with unique recognition properties. Chem. Eur. J. , 2006, 12:9262-9275.

[51] Wang D F, Wu Y D. A theoretical comparison of conformational features of calix [4] aromatics. J. Theor. Comput. Chem. , 2004, 3:51-68.

[52] Nakabayashi S, Fukushima E, Baba R, Katano N, Sugihara Y, Nakayama J. Stereo-electrochemistry by a self-assembled monolayer of sulfur-bridged calixthiophene on gold. Electrochem. Commun. , 1999, 1:550-553.

[53] Wang Q Q, Wang D X, Zheng Q Y, Wang M X. Formation and conformational conversion of flattened partial cone oxygen bridged calix[2]arene[2]triazines. Org. Lett. , 2007, 9:2847-2850.

[54] Wang M X. Heterocalixaromatics, new generation macrocyclic host molecules in supramolecular chemistry. Chem. Commun. , 2008:4541-4551.

[55] Wang M X,Yang H B. A general and high yielding fragment coupling synthesis of heteroatom-bridged calixarenes and the unprecedented examples of calixarene cavity fine-tuned by bridging heteroatoms. J. Am. Chem. Soc. , 2004, 126:15412-15422.

[56] Wang M X, Zhang X H, Zheng Q Y. Synthesis, structure, and [60]fullerene complexation properties of azacalix[m]arene[n]pyridines. Angew. Chem. Int. Edit. , 2004. 43:838-842.

[57] Pan G B, Wan L J, Zheng Q Y, Bai C L. Highly ordered adlayers of three calix[4]arene derivatives on

Au(111)surface in HClO$_4$ solution: *In situ* STM study. Chem. Phys. Lett. , 2003, 367:711-716.

[58] Angersteinkozlowska H, Conway B E, Hamelin A, Stoicoviciu L. Elementary steps of electrochemical oxidation of single-crystal planes of Au. 2. A chemical and structural basis of oxidation of the(111) plane. J. Electroanal. Chem. , 1987, 228:429-453.

[59] Yan C J, Yan H J, Xu L P, Song W G, Wan L J, Wang Q Q, Wang M X. Adlayer structures of aza-and/or oxo-bridged calix[2]arene[2]triazines on Au(111)investigated by scanning tunneling microscopy (STM). Langmuir, 2007, 23:8021-8027.

[60] Leyton P, Sánchez-Cortés S, García-Ramos J V, Domingo Â C, Campos-Vallette Â M, Saitz C, Clavijo R E. Selective molecular recognition of polycyclic aromatic hydrocarbons(PAHs)on calyx[4]arene-functionalized Ag nanoparticles by surface-enhanced Raman scattering. J. Phys. Chem. B, 2004, 108: 17484-17490.

[61] (a) Diao Y X, Han M J, Wan L J, Itaya K, Uchida T, Miyake H, Yamakata A, Osawa M. Adsorbed structures of 4,4′-bipyridine on Cu(111)in acid studied by STM and IR, Langmuir, 2006, 22: 3640-3646;(b) 刁玉霞. 表面吸附结构的电势及浓度依赖性的 STM 研究:[博士学位论文]. 北京:中国科学院化学研究所,2006.

[62] (a) Noro S, Kitaura R, Kondo M, Kitagawa S, Ishii T, Matsuzaka H, Yamashita M. Framework engineering by anions and porous functionalities of Cu(II)/4,4′-bpy coordination polymers. J. Am. Chem. Soc. , 2002, 124: 2568-2583;(b) Dong Y B, Smith M D, Zurloye H C. New inorganic/organic coordination polymers generated from bidentate Schiff-base ligands. Inorg. Chem. , 2000, 39: 4927-4935.

[63] Liu Y, Zhao Y L, Zhang H Y, Song H B. Polymeric rotaxane constructed from the inclusion complex of b-cyclodextrin and 4,4-dipyridine by coordination with nickel(II) ions. Angew. Chem. Int. Ed. , 2003, 42: 3260-3263.

[64] Schubert U S, Eschbaumer C. Macromolecules containing bipyridine and terpyridine metal complexes: Towards metallosupramolecular polymers. Angew. Chem. Int. Ed. , 2002, 41: 2892-2926.

[65] Eddowes M J, Hill H A O. Normal method for the investigation of the electrochemistry of metalloproteins: Cytochrome c. J. Chem. Soc. Chem. Commun. , 1977, 21: 771-772.

[66] Albery W J, Eddowes M J, Hill H A O, Hillman A R. Mechanism of the reduction and oxidation reaction of cytochrome c at a modified gold electrode. J. Am. Chem. Soc. , 1981, 103: 3904-3910.

[67] Sagara T, Murakami H, Igarashi S, Sato H, Niki K. Spectroelectrochemical study of the redox reaction mechanism of cytochrome c at a gold electrode in a neutral solution in the presence of 4,4′-bipyridyl as a surface modifier. Langmuir, 1991, 7: 3190-3196.

[68] Xu B Q, Tao N J. Measurement of single-molecule resistance by repeated formation of molecular junctions. Science, 2003, 301: 1221-1223.

[69] Cunha F, Tao N J, Wang X W, Jin Q, Duong B, Dagese J. Potential-induced phase transitions in 2,2′-bipyridine and 4,4′-bipyridine monolayers on Au(111)studied by *in situ* scanning tunneling microscopy and atomic force microscopy. Langmuir, 1996, 12: 6410-6418.

[70] Mayer D, Dretschkow T, Ataka K, Wandlowski T. Structural transitions in 4,4′-bipyridine adlayers on Au(111): An electrochemical and *in-situ* STM-study. J. Electroanal. Chem. , 2002, 524-525: 20-35.

[71] Wandlowski Th, Ataka K, Mayer D. *In situ* infrared study of 4,4′-bipyridine adsorption on thin gold

films. Langmuir, 2002, 18: 4331-4341.

[72] Lu T, Cotton T M. Raman and surface-enhanced Raman spectroscopy of the three redox forms of 4,4′-bipyridine. Langmuir, 1989, 5: 406-414.

[73] Wan L J, Itaya K. *In situ* scanning tunneling microscopy of benzene, naphthalene, and anthracene adsorbed on Cu(111)in solution. Langmuir, 1997, 13: 7173-7179.

[74] Lukomska A, Sobkowski J. Potential of zero charge of monocrystalline copper electrodes in perchlorate solutions. J. Electroanal. Chem., 2004, 567: 95-102.

[75] Lukomska A, Smolinski S, Sobkowski J. Adsorption of thiourea on monocrystalline copper electrodes. Electrochim. Acta, 2001, 46(2): 3111-3117.

[76] Weakley T J R. 4,4′-bipyridinium(2+) dinitrate. Acta Crystallogr., 1987, C43: 2144-2146.

[77] Weck M, Dunn A R, Matsumoto K, Coates G W, Lobkoysky E B, Grubbs R H. Influence of perfluoroarene-arene interactions on the phase behavior of liquid crystalline and polymeric materials. Angew. Chem. Int. Ed., 1999, 38: 2741-2745.

[78] Ataka K, Yotsuyaanagi T, Osawa M. Potential-dependent reorientation of water molecules at an electrode/electrolyte interface studied by surface-enhanced infrared absorption spectroscopy. J. Phys. Chem., 1993, 100: 10664-10672.

[79] Mugrave T R, Maltson C E. Coordination chemistry of 4,4′-bipyridine. Inorg. Chem., 1968, 7: 1433-1436.

[80] Ito M, Sasaki H, Takahashi M. Infrared spectra and dimer structure of reduced viologen compounds. J. Phys. Chem., 1987, 91: 3932-3934.

[81] Osawa M, Yoshii K. *In situ* and real-time surface-enhanced infrared study of electrochemical reactions. Appl. Spectrosc., 1997. 51: 512-518.

[82] Ferguson E E, Matsen F A. Acceptor infrared band intensities in benzene-halogen charge-transfer complexes. J. Am. Chem. Soc., 1960, 82: 3268-3271.

[83] Wan L J, Wang C, Bai CL, Osawa M. Adlayer structures of benzene and pyridine molecules on Cu(100) in solution by ECSTM. J. Phys. Chem. B, 2001, 105: 8399-8402.

第 10 章　表面功能化

　　材料科学研究中,表面功能化是提高材料综合性能的重要技术方法,经过科学家们多年不懈努力,已经获得了极大的成功。表面功能化时,往往不需要改变材料本体,只是对表面进行处理,典型技术有表面喷丸硬化处理、渗碳渗氮处理、表面镀膜、离子注入等等,相关技术的集成形成了"表面处理"这一新的学科领域,在材料科学和其他交叉学科研究中日益发挥重要作用。本书涉及的表面功能化,主要强调分子在表面吸附组装,形成组装单层后对材料表面性能的影响[1-4]。从书中各章节的关系来讲,本章讨论固体表面修饰分子组装层后,组装层的结构形成和表面性质的变化等,试图探讨这些性质与分子组装结构的可能应用,包括分子组装层对电化学传感器件灵敏度以及选择性、分子器件的导电性、表面浸润性等特定性质的影响,多为功能的改善,而不是机械性质的改进。例如,研究结果表明,当分子在金属和半导体表面吸附组装时,会形成具有不同结构和性质的分子吸附层,进而调控影响基底表面的物理化学性质,如导电性和电场响应能力、亲疏水性等;在外场作用(如光照、电场等)下,表面组装排列的有机分子,可以聚合形成有机纳米线,此种纳米线有望成为纳米器件电路中的元件,为解决分子器件的连接问题提供了新的途径[5-8]。

　　如上所述,表面功能化可以通过多种方法实现,如涂覆、刻蚀、掺杂、改性等。其中,分子的自组装修饰是近年兴起的重要表面改性方法之一。分子吸附层的形成是包括分子和分子间、分子内、分子和基底间相互作用等多种作用力发挥协同加和效应的综合结果[9-11]。分子在表面的吸附有强有弱,可以是物理吸附,也可以是化学吸附,有时介于二者之间。分子间或分子与基底间形成的可能是共价键,也可能是较弱的非共价键,相互作用力会是范德华力、π-π 作用、偶极力、氢键、静电作用力等。相对于通过非共价键构筑的有机薄膜,通过 Au$-$S 等共价键形成的组装修饰层,与基底结合牢固,具有很强的稳定性,有利于电极在相对苛刻的环境中应用,例如硫醇或重氮盐共价修饰的金电极,在超声、蒸馏等环境下,其表面组装修饰层仍可以保持一定的稳定性。修饰组装层功能化的最终效果不仅取决于分子本身的性质,修饰分子的组装结构也会影响功能化的效果,分子在固体基底表面的稳定性也会影响功能化的效果。

　　固体表面功能化与纳米器件研究紧密相联,通过分子吸附组装的研究,期待为纳米器件研究的进一步发展提供技术方法和理论证据。经过多年努力,对固体表面分子组装和组装结构的研究已经取得很大成绩,成果也很多。相比而言,对组装结构的性质和功能的研究还有很多挑战课题,这既与表面组装层本身的结构有关,也与检测技术发展有关,导致利用分子组装层可以实际应用的实例并不很多。不过可以相信,随着相关技术的不断发展,人们会不断揭示和深化对表面分子组装层功能会的认识,使之在诸如修饰、传感、显示、电子器件等领域发挥更大的作用。

本章将简要介绍以下内容:①与爆炸物相关的硝基苯类分子在 Au(111)表面的吸附组装结构,以及结构随基底电位变化的转变过程和转变结构,作为结构转变产物的有机分子纳米导线的半导体电学性质等。②烷基硫醇在 Au(111)表面的吸附组装结构形成过程的研究,包括组装时间长短、溶液浓度的影响等,以及组装层对表面浸润性的影响研究。③利用稠环芳烃修饰石墨和其他材料表面,提高电极材料对爆炸物分子检测的灵敏度等。

10.1　硝基苯类分子在 Au(111)表面的组装图案化

纳米结构广泛存在并被应用于光电器件、化学传感器、表面刻蚀及表面润湿等研究领域[12-17]。目前,用来构筑纳米结构的方法主要包括:物理气相沉积方法、化学气相沉积方法、LB 膜方法、溶胶-凝胶方法、电化学沉积方法、STM 针尖诱导方法、光诱导聚合方法以及自组装方法等[18-23]。利用这些方法获得的纳米结构还可以利用诸如电场、热场、光场、磁场等宏观手段进行纳米结构的调控,改变纳米结构中的分子排列,从而影响组装层性质。迄今为止,已有相关研究结果问世,极大地推动了有机纳米结构构筑和应用研究的发展。例如,Hiroshi Sakaguchi 等人在修饰碘的 Au(111)表面用 STM 直接观察到单分子聚噻吩的纳米线结构[24,25]。他们在含有碘及聚合前体噻吩的溶液中,对 Au(111)晶体加一个特定的脉冲电压,控制不同的脉冲次数可以在 Au(111)表面得到不同分布的纳米线结构。Flemming Besenbacher 等人在 O-Cu(110)模板上成功组装了有序的一维有机纳米线并实现了方向可控[26]。姚学麟教授等用电化学 STM 观察了苯胺分子在 Au(111)电极上的原位聚合过程,发现聚苯胺分子在电极表面形成沿〈121〉方向的纳米线,表明电极电位的调控可以诱导表面有序纳米结构的生成[27]。

硝基苯类分子是一类典型的爆炸性有机物,为了实现对这类分子的超痕量检测以及从分子与电极作用机制上进一步指导传感器的实验设计,从分子水平上研究芳香族硝基化合物在电极表面的吸附结构、电化学反应过程及其影响因素就尤为重要。同时,硝基化合物中硝基基团在负电位下会发生电化学还原反应,利用这个表面反应过程有可能对表面形成的纳米结构进行可控调节。本节介绍在电化学环境下,利用电化学 STM 研究几种硝基化合物在 Au(111)表面的吸附组装结构,结构随基底电位变化的转变规律,以及作为结构转变产物的有机分子纳米导线的半导体电学性质等。

10.1.1　TNT 在 Au(111)表面的组装及电化学行为

1. 电化学循环伏安结果

图 10.1(a)是 Au(111)电极在不含和含有 TNT(2,4,6-三硝基甲苯)的 0.1 mol/L HClO₄ 溶液中的电化学循环伏安曲线。曲线 a 是 Au(111)电极在不含 TNT 的 0.1 mol/L HClO₄ 溶液中的电化学循环伏安曲线,曲线和文献报道的结果一致。曲线 b 是 Au(111)电极在 600 ppb① TNT + 0.1 mol/L HClO₄ 溶液中的循环伏安曲线。与曲线 a 不同,曲线 b 在 400 mV 左右开始出现明显的还原峰。当电位扫描速率降到 10 mV/s 时,如图 10.1(a)中的插入图中所示,在 370 mV、310 mV 和 270 mV 处可观察到三个明显的还原峰。根据文献报道的结果[28-31],这三个还原峰分别对应为 TNT 上三个硝基的还原过程(硝基首先还原为羟胺继而还原为氨基)。相比之下,多晶金电极对 TNT 的检测实验的电化学循环伏安曲线中只能观察到一个或两个还原峰,显示了 Au(111)单晶电极对研究 TNT 电化学性质的优越性[32-35]。另外,从图 10.1(b)中可以看到,当溶液中 TNT 的浓度降低到 0.4 ppb 时,仍可以检测到电化学还原峰,说明 Au(111)电极对 TNT 分子的电化学响应非常灵敏。

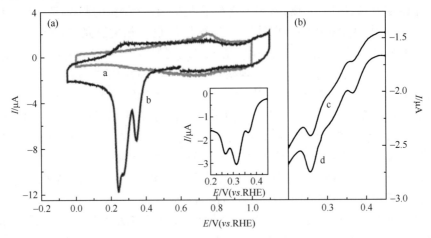

图 10.1　(a) Au(111)电极在 0.1 mol/L HClO₄(标注为 a)中以及在 600 ppb TNT + 0.1 mol/L HClO₄(标注为 b)中的循环伏安曲线。电位扫描速率:50 mV/s。插入图为 Au(111)电极在 600 ppb TNT + 0.1 mol/L HClO₄ 中的局部循环伏安曲线。电位扫描速率为 10 mV/s;(b) Au(111)电极在 0.4 ppb TNT + 0.1 mol/L HClO₄(标注为 c)中以及在 1 ppb TNT + 0.1 mol/L HClO₄(标注为 d)中的局部循环伏安曲线。电位扫描速率为 50 mV/s

① ppb 即 part per billion,10^{-9},可根据具体情况表示 μg/L、ng/g 或 nL/L。

图 10.2 是 Au(111)电极在含有 NT(对硝基甲苯),含有 DNT(邻二硝基苯)分子的 0.1 mol/L HClO₄ 溶液中的电化学循环伏安曲线。结果表明,对于只有一个硝基的对硝基甲苯来说,只在 230 mV 处有一个还原峰;而对于有两个硝基的邻二硝基甲苯,分别在 320 mV 和 270 mV 处出现两个还原峰。说明电化学还原峰的数量是与苯环上硝基的数目相对应的,这一特点进一步表明 Au(111)电极检测 TNT 不仅灵敏度很高,而且具有电化学识别含有不同数目硝基的硝基化合物分子的能力。

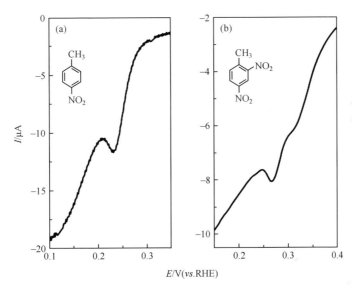

图 10.2　Au(111)电极在(a)6 ppm NT+0.1 mol/L HClO₄ 和(b)0.4 ppm DNT+0.1 mol/L HClO₄ 溶液中的循环伏安曲线。电位扫描速率: 50 mV/s

ppm 即 part per million, 10^{-6} 量级

2. 原位时间分辨傅里叶变换红外反射光谱结果

电化学循环伏安曲线可以反映分子在电极表面的电化学过程,为了研究分子在电极表面还原过程中的中间及最终产物,进行了利用原位时间分辨傅里叶变换红外光谱(FTIR)的研究,期待得到反应物种的化学信息。

实验中参考电位 E_R 选在 940 mV,处于双电层电位区间,然后电位直接跳至样品电位 E_S=140 mV,负于三个还原峰的电位,在这个电位下随反应时间的变化可收集一系列的单束光谱的信号,进而从中得到反应产物的信息。图 10.3 显示了在以上选取电位下的 TNT 在 Au(111)表面的时间分辨 FTIR 光谱。可以看出,在图 10.3(a)中的 3656 cm^{-1} 处出现明显的负向吸收峰,此峰对应于 OH 的伸缩振动,即表明还原产物羟胺的生成。但是,在图 10.3(b~e)中可以看到,随着时间的延长,归属于 OH 的伸缩振动的负向峰在逐步减弱直至最后消失,表明了还原产物羟胺的不稳定性。与此形成鲜明对比的是,归属于 NH 伸缩振动的 3419 cm^{-1}和 3212 cm^{-1}负向峰以及归属于 NH 弯曲振动的 1599 cm^{-1}负向峰却在逐步加强直至稳定,这说明最终的还原产物为氨基。因此,通过电位控制的原位 FTIR 实验,可以确认 TNT 分子在 Au(111)表面还原过程中,分子中的硝基首先被还原为中间产物羟胺,最终被还原为终产物氨基。

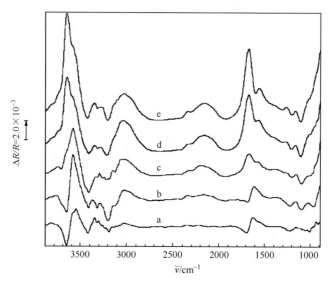

图 10.3　0.004 mol/L TNT＋0.1 mol/L HClO₄ 溶液中,Au(111)表面原位时间分辨 FTIR
光谱:(a)36 s;(b)254 s;(c)400 s;(d)763 s;(e)836 s,E_R＝ 940 mV,E_S＝ 140 mV

3. TNT 在 Au(111)表面组装结构的 STM 研究

利用原位电化学扫描隧道显微技术研究了 TNT 分子在 Au(111)表面的吸附结构。图 10.4(a)和(b)是在 550 mV(vs. RHE)下获得的 TNT 分子在 Au(111)电极表面吸附组装的大范围和高分辨 STM 图像,电位位于双电层电位区间。由图可见,在含有 TNT 的溶液中,TNT 分子吸附于电极表面,并形成有序结构。高分辨 STM 图像揭示了分子结构和分子排列等细节,如图 10.4(b)所示。图像中每个 TNT 分子由三个亮点构成,三个亮点反差不同,其中的一个亮点总是比其他两个亮点要亮。图 10.3(c)显示了一个 TNT 分子的 STM 图像,它的形貌与计算得到的 TNT 最低未占据轨道(LUMO)的电子密度十分近似。通过两者对比,最亮的亮点部分可被归属为对位取代的硝基,而其他两个亮点部分则可被归属为邻位取代的硝基。另外,根据基底原子的排列方向,TNT 分子在 Au(111)表面是沿着〈121〉方向排列的。

　　进一步观察发现,在图 10.4(b)中,沿箭头Ⅰ和箭头Ⅱ方向的两列分子的取向不同,这相邻的两列分子总会存在 60°或者 120°±2°的偏角。但是它们除了取向不同,在形貌上却都相同,说明它们在表面的吸附占位是相同的。这也进一步反映了 TNT 分子与 Au(111)电极之间存在较强的相互作用。图中测得分子间距离 a 和 b 分别为 1.1 nm±0.05 nm 和 1.95 nm±0.05 nm,两边夹角 α 则为 60°±2°。因此,从分子间距离和取向可以确定单胞结构为($2\sqrt{3}\times4\sqrt{3}$),每个单胞包含有两个 TNT 分子。根据以上对 STM 结果的分析,并结合 TNT 分子化学结构,可以推断出 TNT 分子在 Au(111)表面的吸附结构模型,如图 10.4(d)所示。模型中,每个 TNT 分子水平吸附在 Au(111)表面,其苯环中心位置被置于 Au(111)表面的三重空位。

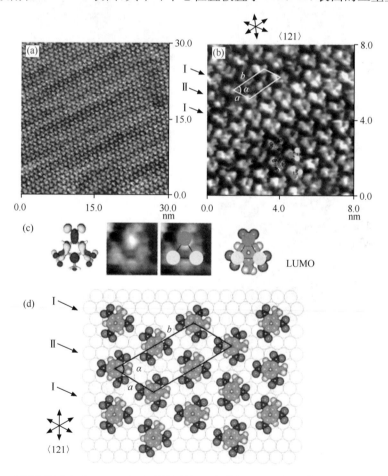

图 10.4　TNT 分子在 Au(111)表面吸附层的(a)大范围和(b)高分辨 STM 图像;STM 成像条件:$E_{bias}=-164$ mV,$I_{tip}=1.23$ nA ;(c)TNT 单分子 STM 图像(中间部分)以及计算得到的 TNT 分子的 LUMO 轨道;(d)TNT 分子在 Au(111)表面吸附层的分子结构模型
本图另见书末彩图

　　双电层电位区间观察到 TNT 分子稳定的吸附结构后,逐步将电极电位负移至硝基的还原电位区域进行 STM 观察。图 10.5(a～c)依次显示了在 400 mV,340 mV 以及 240 mV 电位处获得的 STM 图像(A,B 和 C 的电位位置分别显示在插入的伏安曲线中,对应于 TNT 上三个硝基依次发生还原的电位区域)。在整个过程中只观察到与双电层电位区间相同的$(2\sqrt{3}\times4\sqrt{3})$吸附结构,TNT 分子的形貌没有发生明显改变。这种稳定性有可能是 N-Au(111)较强的相互作用以及苯基在 Au(111)表面三重空位稳定吸附的共同结果。当电极电位继续负移至50 mV 时,分子开始发生表面脱附。

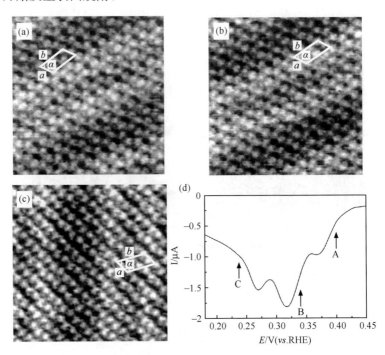

图 10.5　0.1 mol/L HClO₄ 溶液中系列 TNT 吸附层在 Au(111)表面的 STM 图像:(a)$E=$400 mV,STM 成像条件:$E_{bias}=-169$ mV,$I_{tip}=0.99$ nA;(b)$E=340$ mV,STM 成像条件:$E_{bias}=-184$ mV,$I_{tip}=1.12$ nA;(c)$E=240$ mV,STM 成像条件:$E_{bias}=-107$ mV,$I_{tip}=$1.3 nA;A、B 及 C 的电位位置标示在插图(d)中的伏安曲线上

10.1.2　硝基苯在 Au(111)表面的组装及电化学行为

1. 电化学循环伏安结果

　　图 10.6 是 Au(111)电极在 0.1 mol/L HClO₄ + 0.1 mmol/L 硝基苯(NB)溶液中的循环伏安曲线。在 240 mV 处可观察到硝基苯的典型不可逆还原峰,此峰

归属为硝基到羟胺的还原。对硝基苯和硝基甲苯来说,硝基直接还原为羟胺,共发生四个电子的电荷转移[36,37],对应于方程(10.1)的反应。图中出现在 650 mV 的一对可逆氧化还原峰归属为羟胺和亚硝基之间的氧化还原,共发生两个电子的电荷转移,对应于方程(10.2)和(10.3)的反应。

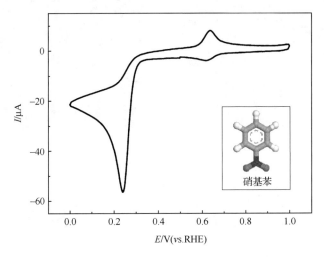

图 10.6 Au(111)电极在 0.1 mol/L HClO₄ + 0.1 mmol/L 硝基苯中的循环伏安图和分子结构示意图。电位扫描速率:50 mV/s

$$\text{Ar-NO}_2 + 4e^- + 4H^+ \longrightarrow \text{Ar-NHOH} + H_2O \qquad (10.1)$$

$$\text{Ar-NHOH} \longrightarrow \text{Ar-NO} + 2e^- + 2H^+ \qquad (10.2)$$

$$\text{Ar-NO} + 2e^- + 2H^+ \longrightarrow \text{Ar-NHOH} \qquad (10.3)$$

2. 硝基苯在 Au(111)表面组装结构的 STM 研究

基底电位控制在双电层区的 550 mV 时,硝基苯(NB)分子可以在 Au(111)表面形成大范围的二维有序吸附层,如图 10.7 所示。从高分辨 STM 图像中可以发现,每个硝基苯分子可以归属于图像中明暗不同的两个斑点(如椭圆环中所标示)。吸附层单胞参数为 $a=b=0.52\ \text{nm}\pm0.05\ \text{nm}$,夹角 α 为 $60°\pm2°$,每个单胞中包含一个硝基苯分子,分子沿基底〈121〉方向排列,在 Au(111)表面形成($\sqrt{3}\times\sqrt{3}$)的结构。根据单个硝基苯分子的尺寸大小,发现($\sqrt{3}\times\sqrt{3}$)单胞不能容纳硝基苯分子平躺吸附在 Au(111)的表面。鉴于此,再结合 STM 观察到一个硝基苯分子归属为一个亮点和一个暗点组成的团簇,推测硝基苯分子是倾斜吸附在 Au(111)表面的,暗点对应于直接与基底作用的硝基,而亮点则对应于倾斜向上的苯基部分。根据以上分析结果,图 10.7(c)中提出了硝基苯分子在 Au(111)表面的吸附结构模型。

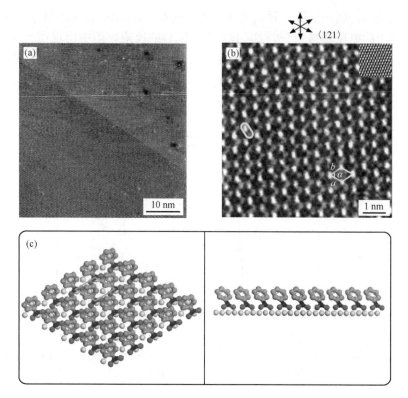

图 10.7　基底电位为 550 mV 时获得的硝基苯在 Au(111)表面的(a)大范围和(b)高分辨 STM 图像;STM 成像条件:E_{bias}=-186 mV, I_{tip}=3.2 nA;(b)图中右上角的插图为Au(111)基底原子的 STM 图;(c)硝基苯吸附层的结构模型(左侧:俯视图;右侧:侧视图)

3. 电位诱导硝基苯分子在 Au(111)表面电化学沉积纳米线

当基底电位控制在 550 mV 观察到图 10.7 的分子吸附结构后,再将基底电位缓慢向负方向移动,每隔 50 mV 移动一次,每次时间至少保持 5 min 以上,直至硝基苯的还原电位区,利用 ECSTM 原位观察表面结构随电极电位的变化。图 10.8 显示了硝基苯吸附层随电位变化的一系列 STM 图像。图 10.8(a)是电位在 300 mV 时的典型 STM 图,对照循环伏安图可以发现,这时电位已开始进入硝基苯上硝基至羟胺的电化学还原区,STM 图像显示硝基苯有序分子结构的上方开始出现明显的聚集斑点,表现为尺寸不一、随机分布的亮团结构,应为分子颗粒。基底电位继续负移至 220 mV,图 10.8(b)中出现更多颗粒并且选择性地在某些方向的堆积密度变大,这时已很难观察到表面大范围的自组装单分子层。鉴于这段电位处于电化学还原反应峰电位附近,移动电位的幅度更小且每个电位放置时间更长,以保证表面反应充分发生以及表面结构变化充分完成。图 10.8(c)是电位继续缓慢

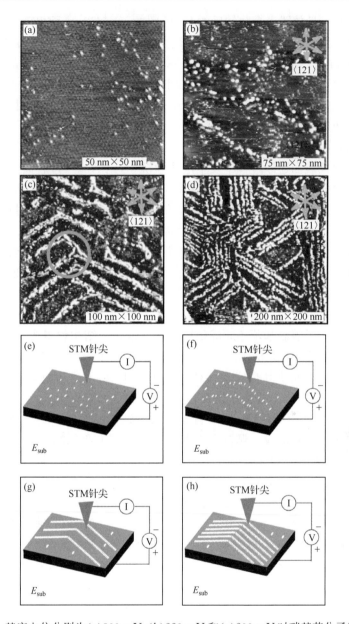

图 10.8　基底电位分别为(a)300 mV、(b)220 mV 和(c)200 mV 时硝基苯分子组装层在 Au(111)表面的典型 STM 图像。STM 成像条件：(a)：$E_{bias}=-186$ mV，$I_{tip}=2.4$ nA；(b)：$E_{bias}=-61$ mV，$I_{tip}=3.5$ nA；(c)：$E_{bias}=-97$ mV，$I_{tip}=4.5$ nA。(d)在 200 mV 电位放置 3 h 后的 STM 图像。STM 成像条件：$E_{bias}=-97$ mV，$I_{tip}=4.7$ nA。(e~h) 分别对应于(a~d)的结构示意图

负移至 200 mV 且放置十余分钟后的 STM 图像，Au(111) 表面出现一种具有方向性的分子纳米线结构。其中单根纳米线的宽度约为 4 nm，而且纳米线都沿着 Au(111) 基底的〈121〉的方向，它们相互平行或者互为 60°或 120°夹角。在图中圆圈标示的部分可观察到一组纳米线是由相邻的两根组成。鉴于以上结构特点，可以认为纳米线是沿着 Au(111) 的重构线生长，因而具有良好的方向性，纳米点和纳米线的形成也完全依赖电极电位。

表面特定吸附位可以诱导晶核生长而形成规则纳米结构[38-42]。与之类似，硝基苯分子在电极表面还原过程中发生电化学沉积，以 Au(111) 表面的重构线为模板，通过重构区域选择性吸附诱导纳米颗粒沿重构定向排列而形成定向纳米线。图 10.8(d) 是在 200 mV 放置几个小时后的典型 STM 图像。通过对比发现，随着生长时间的延长，纳米线的密度和长度都有一定增加。在图 10.8(c) 中纳米线的平均间距大约为 10.8 nm±1.0 nm，而在图 10.8(d) 中纳米线的平均间距则仅为 5.5 nm±0.5 nm，但是两图中纳米线的直径都保持相同。为了形象地表示表面纳米点及纳米线随电位变化的形成过程，图 10.8(e～h) 分别显示了对应于图 10.8(a～d) 逐步变化过程的结构示意图。

为了进一步了解硝基苯还原沉积形成的纳米线的结构和组成，在特征区域进行了 STM 的详细观察研究，结果如图 10.9 所示。图 10.9(a) 是 200 mV 时在硝基苯分子吸附层表面获得的 STM 图像，对应于纳米线形成初期的分子纳米结构。图像由纳米线、有序分子层及分散的纳米分子颗粒（如箭头所示）组成。仔细观察分析图 10.9(a) 可以看出纳米线，实际是由大量纳米尺度分子团簇沿 Au(111) 表面的重构线堆积排列而成。颗粒应是硝基苯分子还原时形成的分子聚集体。从图 10.9(b) 可以清晰看到包含有序分子层和分散分子颗粒的结构细节。在有序分子层中，可以看到与图 10.7 完全不同的分子形貌特征：每个分子由三个亮点组成，分子取向基本相同，形成有序排列结构。根据分子位向和排列周期，吸附层的单胞参数可以确定为 $a=b=1.1$ nm±0.1 nm，$\alpha=60°±2°$，在 Au(111) 表面形成 (3×3) 的结构，如图 10.9(b) 的左上方所示。结合电化学研究结果，分子结构和图像特征推测，还原状态的分子平行吸附于 Au(111) 表面，而不是如图 10.7 中那样以倾斜吸附于基底表面。在图 10.9(b) 中，存在许多缺陷以及高度相对较高的分子聚集体（图像表现为较亮的反差），在这些缺陷内还能够观察到一些较暗的暗点，如图中直线下方的箭头指向所示。为了研究几种特征结构的高度差别，沿图 10.9(b) 中直线方向截取了吸附层的截面图，如图 10.9(c) 所示。测量发现，有序分子层中的分子比缺陷中的暗点"高"(corrugation height) 约为 0.06 nm，而"较亮"的分子聚集体颗粒又比有序分子层中的分子"高"约 0.06 nm。根据测量结果和电化学反应过程，可以推测，此时处于还原态的硝基苯分子（应为羟胺苯分子）可以直接平行吸附在 Au(111) 表面的分子，也可以通过吸附叠加形成多层结构，如两层分子（仍然有序)或三层(分子聚集体颗粒)等。图 10.9(d)是这两种可能结构的分子模型示意图。分子间主要通过 π-π 堆积以及氢键的相互作用相叠加。

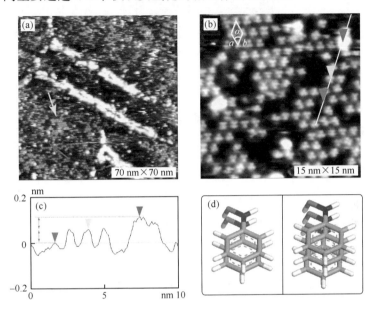

图 10.9　基底电位为 200 mV 时获得的硝基苯分子在 Au(111)表面吸附组装结构的(a)大范围和(b)高分辨 STM 图像($E_{bias}=-93mV$, $I_{tip}=3.2$ nA);(c)图(b)中沿直线的截面高度图;(d)图(b)中直线中间箭头(左侧)和上方箭头(右侧)对应的可能分子结构模型示意图

　　综上所述,当电极电位由双电层区负移到电化学还原区时,倾斜吸附的硝基苯分子会随之还原为羟胺苯分子,还原的羟胺苯分子会改变吸附位向,平行吸附在 Au(111)电极表面。同时,部分还原分子会在表面聚集,或通过 π-π 堆积形成两层或多层结构,或形成聚集体颗粒,部分分子也可能发生表面脱附。随着分子在负电位下的不断还原,沉积在表面的聚集体颗粒会逐渐增多。此时,Au(111)电极处于表面重构电位,表面有重构线存在,这些重构线则成为表面模板产生表面诱导作用,使得逐渐增多的聚集体颗粒沿重构线堆积生长,从而使得分子吸附组装体系的总体能量降低,结构趋于稳定有序,最终形成方向性良好的分子纳米线。

　　图 10.10 是电位诱导表面结构和形貌转变过程的示意图,分别表示电位控制在双电层区域时硝基苯分子的倾斜吸附有序结构(左图),电位控制在电化学还原区域时,分子在表面结构发生变化初期形成纳米尺度分子聚集体颗粒结构(中间图),以及电位在还原区域继续负移并诱导纳米颗粒沿重构线堆积形成稳定的定向纳米线的结构(右图)。注意,Au(111)的表面重构结构在分子聚集过程中发挥了重要作用。

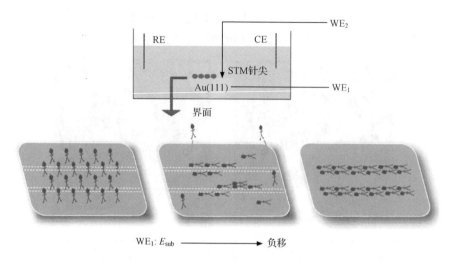

图 10.10　电极负移过程中 Au(111)表面吸附结构变化的示意图：电化学稳定结构（左侧）、电化学还原初始阶段（中间）以及电化学还原稳定阶段（右侧）。虚线表示 Au(111)表面重构线

10.1.3　三硝基苯酚在 Au(111)表面的组装及电化学行为

图 10.11(a)是 Au(111)电极在 0.1 mol/L HClO$_4$ + 0.1 mmol/L 三硝基苯酚溶液中的循环伏安曲线。在 370 mV、320 mV 和 250 mV 处可观察到三硝基苯酚分子上三个硝基依次的电化学还原峰。这三个不可逆还原峰所对应的电化学反应过程为分子上的硝基首先还原为羟胺继而还原为氨基，共发生六个电子的电荷转移[31]。图 10.11(b)显示了从 500 mV 开始向正方向扫描的连续两圈循环伏安曲

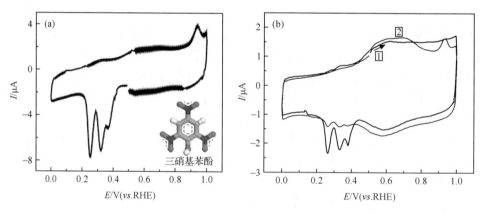

图 10.11　(a)Au(111)电极在 0.1 mol/L HClO$_4$ + 0.1 mmol/L 三硝基苯酚中的循环伏安图，电位扫描速率：60 mV/s；(b)Au(111)电极在含有三硝基苯酚的 HClO$_4$ 溶液中从 500 mV 开始正向连续扫描两圈的循环伏安曲线

线。第一圈中 930 mV 左右没有任何氧化峰的出现,这时硝基并没有发生还原反应,而随电位负移,硝基还原导致三个还原峰的出现,此后第二圈的 930 mV 处则出现了与图 10.11(a)中相同的氧化峰。这一现象表明,930 mV 处的氧化峰可能对应于三硝基苯酚中硝基还原产物的氧化。

图 10.12(a～d)显示了当基底电位从 500 mV 负移到 200 mV 过程中,三硝基苯酚分子修饰的 Au(111)电极表面呈现出的一系列 STM 图像。当电位控制在双电层电位区中 500 mV 时,在 Au(111)表面没有观察到三硝基苯酚分子的有序吸附结构,只出现无序的分子颗粒,如图 10.12(a)所示。当电位缓慢负移至 360 mV 时(此电位处对应于循环伏安图中已开始发生硝基还原的电位),表面开始出现直径约为 2 nm 左右的纳米颗粒(图中以椭圆圈标出),而且某些颗粒沿特定方向排列形成纳米线,纳米线间互相平行或成 60°或 120°夹角,如图 10.12(b)所示。通过与基底原子排列方向对比,这些纳米线是沿着 Au(111)基底的〈121〉方向伸展。当电位继续负移至 250 mV 时,出现大量的纳米颗粒,颗粒形成纳米线,纳米线均沿Au(111)基底的〈121〉方向排列,纳米线密度明显增加,排列较为紧密,如图 10.12(c)所示。当电位继续负移至 200 mV 时,电极表面出现了排列整齐且具有特定方向性的大范围纳米线结构,如图 10.12(d)所示。经过仔细观察与测量,纳米线是以纳米点为基本单元紧密排列形成的,纳米线的平均宽度约为 7 nm 左右,纳米线的方向均沿着 Au(111)基底的〈121〉方向,互相平行或成 60°或 120°夹角。以上结果说明纳米颗粒的定向排列是由 Au(111)表面重构线为模板诱导吸附而形成的,形成机理与硝基苯分子纳米线的形成机理类似。图 10.12(d)所示的分子纳米线非常稳定,当将溶液从 STM 的电化学电解池中抽干后,再对 Au(111)表面成像,仍然可以看到生成的纳米线结构。利用 STS 技术进行测量,可以发现每一条纳米线具有有机分子的特点。

根据以上分析,在三硝基苯酚中三个硝基依次还原过程中,电极电位影响了纳米颗粒与纳米线的形成。随电位的负移,在表面形成的晶核逐渐长大(由 2 nm 生长到 7 nm)、数量逐渐增多且排列更加紧密,最终在表面重构线的诱导下依次排列形成稳定而高度定向的纳米线结构。为了弄清是还原为中间产物羟胺的过程还是还原为终产物氨基的过程在纳米颗粒和纳米线的形成过程中起决定作用,选取了苯胺分子在 Au(111)表面进行同样实验,发现在对应的负电位区并没有纳米颗粒至纳米线的形成。这一结果说明在该体系中晶核的形成是硝基还原为羟胺过程起主导作用。

利用原位电化学 STM 和循环伏安方法研究了 2,4,6-三硝基甲苯(TNT),硝基苯和三硝基苯酚在 Au(111)电极表面的吸附结构及电化学还原行为。研究表明,Au(111)电极是一种对爆炸性含硝基化合物分子响应敏感的金属电极,而且硝基还原电位确定,具有对硝基化合物的分子识别能力,也是表面分子修饰后功能化

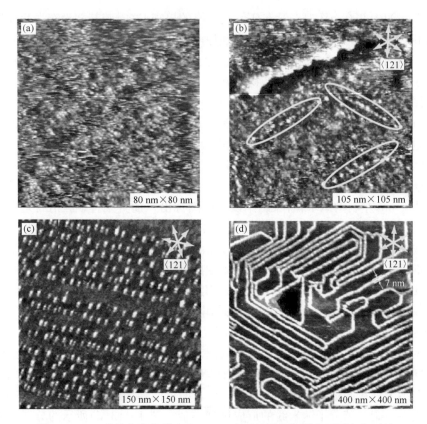

图 10.12　三硝基苯酚分子在 Au(111)表面吸附组装层在不同电位下的
典型 STM 图像。(a)500 mV；(b)360 mV；(c)250 mV；(d)200 mV

的体现。TNT 分子能够在 Au(111)表面形成大范围有序结构，分子平行吸附在
Au(111)表面的三重空位，形成($2\sqrt{3}\times4\sqrt{3}$)结构。利用电极电位诱导和 Au(111)
表面重构线作为模板，成功实现了硝基苯和三硝基苯酚两种分子在 Au(111)表面
有机纳米颗粒点阵及定向纳米线结构的可控制备。表面电化学反应诱导有机纳米
点阵的形成，并经由表面重构诱导效应形成定向纳米线。此结果对于硝基化合物的
电化学检测及电位调控构筑有机纳米结构的研究具有重要理论和实际应用意义。

10.2　烷基硫醇分子组装的动力学及表面接触角变化

　　吸附在固体表面的分子可以吸附组装成结构多样的组装层，这些组装层既具
有特定的结构，有时也具有特殊的功能，可作为纳米器件构筑的基元，也可以改善
材料的表面性质。例如，烷基硫醇自组装层因其在改善材料表面浸润性、腐蚀、黏
附等性能方面的特殊能力，是相关基础研究的典型分子体系，也被用于材料表面改

性,化学和生物传感器等研究之中。迄今为止,人们已经利用多种表面分析技术研究了烷基硫醇分子组装层的形成和结构,主要技术包括润湿接触角测量法、椭圆光度法、石英晶体微天平、拉曼光谱、红外反射吸收谱、X 射线光电子谱、热脱附谱、二次谐波发生器、扫描隧道显微术和原子力显微术等。研究结果表明:对于硫醇-金组装体系,分子自组装层的形成主要分为两个阶段,即初始阶段和重组阶段。在初始阶段,分子首先在固体表面吸附,在较短短时间内(几秒至几分钟)通过化学吸附可构成 80% 以上的膜结构,这是一个较快的过程。然后是一个较慢的分子重组过程,通常需要数小时或者数日,在此过程中分子通过移动重组,位向转变,可使单分子组装层变得更为有序,最终形成一具有最密堆积结构的平衡组装层。此时,多数烷基硫醇分子会垂直或倾斜吸附在基底表面。图 10.13 示出了硫醇分子自组装层形成的动力学转化过程。

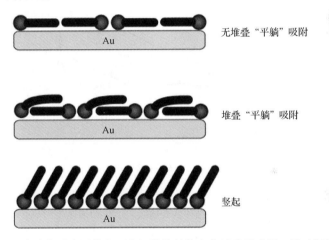

图 10.13　硫醇分子在固体表面自组装的结构变化过程示意图。随时间增加,
分子取向改变,表面覆盖度增加,最终形成稳定的自组装单层

　　尽管烷基硫醇自组装膜层制备过程简单,但在制备过程中,溶剂、温度、溶液浓度、浸润时间、样品纯度、基底表面的清洁度等实验条件和分子结构如烷基链长短等都会对自组装层的形成和膜层结构产生影响。研究实验条件对膜层结构的影响,掌握烷基硫醇分子在固体表面的吸附组装规律,有助于材料表面改性和相关纳米器件的构筑。

10.2.1　十硫醇分子在 Au(111) 表面的自组装膜层

1. 电化学循环伏安结果

　　图 10.14 是 Au(111) 电极和十烷基硫醇(以下简称为十硫醇)修饰的 Au(111) 电极在 0.1 mol/L $HClO_4$ 溶液中的电化学循环伏安曲线。其中,十硫醇修饰的

Au(111)电极是把 Au(111)电极浸泡在含有十硫醇的乙醇溶液中 30 s 后得到的，利用不同浸泡时间制备得到的修饰电极，其电化学信号与浸泡 30 s 的电化学信号基本相似，这里以浸泡 30 s 的修饰电极为例进行说明。从图中可以看出，十硫醇的吸附导致 Au(111)表面重构峰消失，双电层的电量明显减少，在 0.96 V 和 0.8 V 处出现一对不对称的氧化还原峰。STM 实验中发现，当电位处在 0.3～0.75 V 这一区间时，十硫醇分子稳定吸附在 Au(111)表面。但是，当电位向正电位方向移动超过 0.8 V 时，分子开始从电极表面脱附。所以，这对不对称的氧化还原峰可以认为是对应于十硫醇分子的脱附与吸附。在以下的 STM 实验中，工作电极的电位一般固定在 0.55 V，对应于十硫醇分子稳定吸附的电位区间。

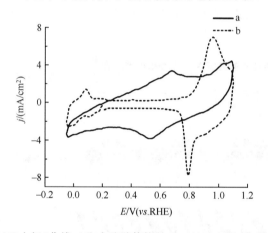

图 10.14　Au(111)电极(曲线 a)和十硫醇修饰的 Au(111)电极(曲线 b)在 0.1 mol/L HClO₄溶液中的电化学循环伏安曲线。电位扫描速度为 50 mV/s

2. 自组装结构随时间变化的 STM 研究

研究结果表明，十硫醇膜层的形成和组装结构与电极修饰时间有关，下面分别介绍 Au(111)电极在十硫醇溶液中浸泡修饰不同时间后得到的组装结构，以期揭示其组装规律。实验中，选择乙醇作为溶剂，电极的浸泡时间分别为 5 秒钟、10 秒钟、30 秒钟、1 分钟、2 分钟、5 分钟、10 分钟和 3 天。Au(111)电极在不同时间浸泡后取出，立即超纯水冲洗，洗净电极表面残留溶液，然后迅速置于电化学 STM 电解池中进行 STM 观察研究。

（1）5 秒钟和 10 秒钟

图 10.15(a)是浸泡时间为 5 秒钟的十硫醇吸附层的大范围 STM 图像。从图中可以看到 Au(111)表面被无规则的分子或分子团覆盖，很小区域内观察到的有序分子集团也不稳定(图中椭圆区域)，会在扫描过程中消失。这个结果表明在十硫醇吸附层形成的最初阶段，分子随意吸附在 Au(111)电极表面，结构无序，原因

可能是表面吸附的分钟数量过少，无法聚集形成特定结构。当浸泡时间增加到 10 秒钟时，STM 图像上可以观察到有序的稳定分子畴区，如图 10.15(b)中用圆圈圈出的区域，畴区中的分子呈条垄状排列。随着浸泡时间的延长，十硫醇分子在 Au(111)表面的数量增加，分子的表面覆盖度增大，分子集聚且足以形成小范围内的稳定吸附组装结构。

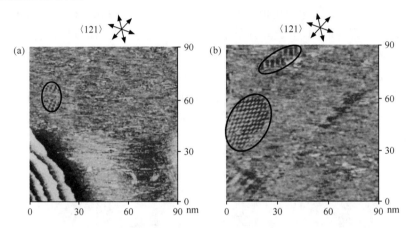

图 10.15　浸泡时间分别为(a)5 秒钟和(b)10 秒钟的十硫醇在 Au(111)表面吸附组装层的 STM 图像。箭头指出基底 Au(111)的方向。STM 成像条件：(a)$E=550$ mV，$I_{tip}=1.1$ nA；(b)$E=550$ mV，$I_{tip}=1.2$ nA

(2) 30 秒钟

当浸泡时间为 30 秒钟时，尽管金表面仍有近半区域被无序分子占据，但十硫醇分子在 Au(111)表面吸附组装已经形成了多个独立的分子畴区，畴区内存在有序分子列，列中排布有短条形状的结构单元。图中的小坑是硫醇分子吸附在金表面上造成金的"腐蚀"所致[43]。图 10.16(b)是有序组装结构的高分辨图像，从图中可以看出每个畴区内的短条状结构单元的细节。这些短条状结构单元的长度约为 1.44 nm，它们均沿 Au(111)单晶的〈121〉方向排列。仔细分辨可以看出单个十硫醇分子的结构特征，每个十硫醇分子由一个大亮点和五个小亮点构成。由化学结构式和文献报道的结果可知，大亮点应对应为 S 原子，小亮点对应为烷基链上的 C 及和它相连的 H 原子。一个大亮点加五个小亮点的总长度约为 1.10 nm，这与十硫醇分子化学结构中的理论长度相符合。研究已知，当烷基硫醇分子吸附在固体表面时，烷基链的骨架可以采取平行于基底或垂直于基底两种方式。在图 10.16(b)所示的高分辨 STM 图像中，由 10 个碳构成的烷基链在 STM 图像中只显现出了 5 个亮点，这说明在烷基链采取与基底垂直的方式吸附在 Au(111)表面。反之，当烷基链采取平行吸附时，我们应该观察到烷基链部分表现为 10 个亮点，并且它们呈"zigzag"方式排列。进一步观察 STM 图像，发现十硫醇分子中的 S 原子在短

条形中采取"头对头"的方式排列，即巯基部分相对排列，并且沿 Au(111) 单晶的
⟨121⟩方向两个相邻的巯基之间的距离是 0.48 nm，这个距离说明相邻 S 原子并未
形成二聚体。在每个短条状结构单元中包含有八个大亮点，即短条状结构单元由
八个硫醇分子组成。试验中观察了多个畴区，发现几乎所有畴区中的状结构单元
都是由八个大亮点以图 10.16(b) 中的组装方式构成。图 10.16(c) 是分子吸附层
的结构模型，相邻短条状结构的间距 $d = 3.28$ nm ± 0.2 nm。根据测量得到的
分子间距和分子列的取向，十硫醇分子中的 S 原子被放置在 Au(111) 表面的顶位和
三重空位两种不同的位置上。关于巯基在金单晶上吸附的具体位置有两种可能，
一种可能是所有的 S 原子均处在三重空位，另一种可能是 S 原子可以处在两种不
同的位置上，即顶位和三重空位。精确地测量出相邻短条形之间的距离
(3.28 nm) 和短条形中相邻 S 原子之间的距离 (0.48 nm) 之后，我们给出了十硫醇

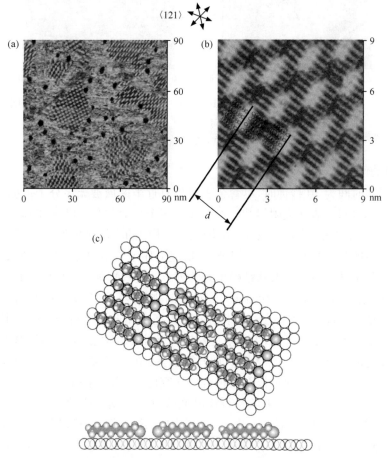

图 10.16　浸泡时间为 30 秒钟时的十硫醇在 Au(111) 表面吸附组装层的 (a) 大范围和 (b)
高分辨 STM 图像。STM 成像条件：$E = 550$ mV，$I_{tip} = 1.0$ nA。(c) 分子吸附结构模型

分子中 S 原子在 Au(111)单晶表面的准确位置,顶位和三重空位。这个结论与第
二种说法相符合。

(3) 1 分钟和 2 分钟

图 10.17(a)和(b)是浸泡时间分别为 1 分钟和 2 分钟的十硫醇吸附层的典型
STM 图像。由图可见,自组装吸附层仍由短条状结构构成,分子的排列方式和与
基底间的取向关系都没有发生变化,但是短条状结构的长度却发生了变化。随着
浸泡时间延长,表面吸附组装层中的短条状结构逐渐变长。图 10.17(a)中箭头所
指的短条状结构长度为 2.47 nm,大约由 12 个十硫醇分子构成。当浸泡时间为两
分钟时,如图 10.17(b)所示,此时的短条状结构尺度明显变长,最长的条形长度约
为 6 nm,包含了大约 26 个以上的十硫醇分子。

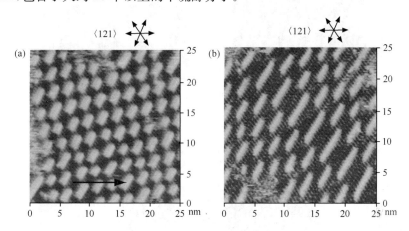

图 10.17　浸泡时间分别为(a)1 分钟和(b)2 分钟的十硫醇在 Au(111)表面吸附组装层的
大范围 STM 图像。STM 成像条件:$E=550$ mV, $I_{tip}=1.3$ nA

(4) 5 分钟

随浸泡时间延长,十硫醇分子在电极表面的吸附量增加,分子在电极表面的覆
盖度变大,同时样品分子也有足够的时间在表面上调整组装,形成稳定有序结构。
所以在吸附层形成的过程中,短条状结构可以逐渐长大,形成长条状的组装结构。
当浸泡时间增加到 5 分钟时,随着分子的表面覆盖度变得更大,样品分子吸附层的
条状结构变得更长。图 10.18(a)中右半部分出现了贯穿整个区域的长条状结构,
每个条状结构的长度大于 30 nm,左半部分中最短的条状结构长度也超过了7 nm。
虽然条状结构中样品分子的排列方式与图 10.17 相同,但随浸泡时间的增长,表面
覆盖度进一步增大,局部区域的分子采取了一种新的排列形式,如图 10.18(a)中
的圆圈处所示。图 10.18(b)是图 10.18(a)圆圈区域的放大图像,图中两个相邻条
状结构之间的距离 $d'=2.19$ nm± 0.2 nm,比其他区域中的距离(3.28 nm)要短一
些。分析认为此时分子的表面覆盖度增加,部分区域分子的烷基链离开基底表面

而与另一列条状结构中的烷基链发生重叠,发生分子间的堆叠所致。所以,STM
观察结果表明,从浸泡时间为 5 分钟时开始,十硫醇分子在 Au(111)表面组装层中
出现了一种新的分子排列结构,即分子仍为"头对头"吸附组装,但是分子的烷基链
部分发生堆叠,这种不断的堆叠将引起分子吸附位向的改变。图 10.18(c)是这种
堆叠结构的示意图。

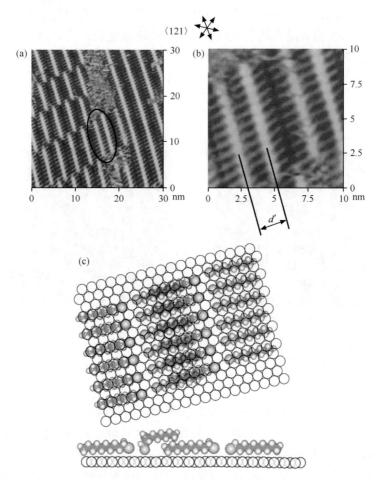

图 10.18　浸泡时间为 5 分钟的十硫醇在 Au(111)表面吸附组装层的(a)大范围和(b)
高分辨 STM 图像。STM 成像条件:$E=550$ mV, $I_{tip}=1.1$ nA。(c)分子吸附结构模
型,局部出现了烷基链相堆叠的结构

（5）10 分钟

随着 Au(111)电极在样品溶液中浸泡时间的延长,十硫醇分子烷基链的堆叠
现象变得更加明显。当浸泡时间为 10 分钟时,条状结构长度达到几十纳米,整个
扫描区域几乎全部是烷基链的堆叠结构(如图 10.19),条状结构间距全部变为

$d''=2.2$ nm±0.2 nm。当浸泡时间延长到 30 分钟时,仍然是这种"头对头吸附,烷基链发生堆叠"的结构。

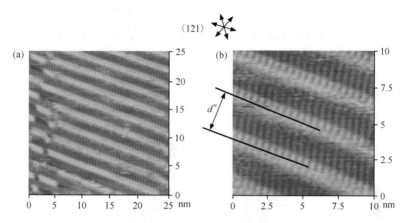

图 10.19　浸泡时间为 10 分钟的十硫醇在 Au(111)表面吸附组装层的(a)大范围和 (b)高分辨 STM 图像。STM 成像条件:$E=550$ mV,$I_{tip}=1.2$ nA。大部分区域中都出现了烷基链相堆叠的结构

(6) 3 天

当浸泡时间延长到 3 天,十硫醇分子组装层结构如图 10.20(a)所示。由图可见,组装层的结构完全不同于浸泡 10 分钟以前的结构,条状结构消失,取而代之的是规则的亮斑点结构。分析结构表明,此时分子巯基吸附于 Au(111),所有的烷基链直立于基底表面,只有巯基与金单晶相接触。这种方式就是科学家们以前发现的烷基硫醇分子在金单晶表面最紧密堆积时的组装方式。图 10.20(b)是十硫醇分子在 Au(111)表面的结构模型。每一个 S 原子都处于 Au(111)单晶面的三重空位上。

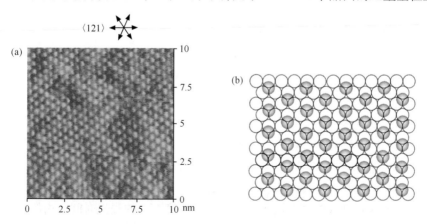

图 10.20　(a)浸泡时间为 3 天的十硫醇在 Au(111)表面吸附组装层的高分辨 STM 图像。STM 成像条件:$E=550$ mV,$I_{tip}=1.0$ nA。(b)分子吸附结构模型

　　十硫醇分子从烷基链平行吸附到垂直吸附在 Au(111) 表面是一个较慢的重组过程(本实验十硫醇采用的浓度为 10^{-6} mol/L,需要的时间大约为 3 天)。这个过程的最终结果是单分子层变得更为有序,最后达到饱和覆盖度时的最密堆积状态。我们也选取了将 Au(111) 电极在十硫醇分子溶液中浸泡 12 小时这一组装过程的中间态进行考察,结果如图 10.21 所示。从大范围 STM 图像可以看出条状结构所占的比例明显减少,十硫醇分子以各种形式吸附在 Au(111) 表面,存在平行吸附、垂直吸附和介于二者之间的不稳定吸附状态,因此表面大部分区域呈现无序组装结构。

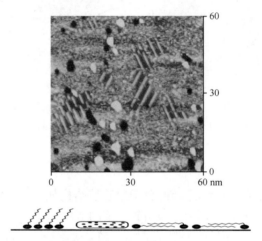

图 10.21　浸泡时间为 12 小时的十硫醇分子在 Au(111) 表面吸附组装层的大范围 STM 图像。STM 成像条件:$E=550$ mV, $I_{\text{tip}}=1.0$ nA。分子吸附在 Au(111) 电极表面,局部区域结构有序,多为无序

3. 十硫醇分子吸附层接触角实验

　　分子修饰于电极表面,电极表面性质往往会发生变化,例如浸润性、摩擦性能等。在系统研究烷基十硫醇分子在 Au(111) 表面的吸附过程以及吸附组装结构后,又通过接触角实验研究了分子组装层在"无序—有序—最密堆积"这一过程中接触角的变化规律。图 10.22 是体积为 2.0×10^{-6} L 的水滴,在十硫醇分子修饰的 Au(111) 电极表面的接触角实验结果。修饰 Au(111) 电极的方法和 STM 观察时的修饰方法相同,是将 Au(111) 电极在含十硫醇分子的溶液中浸泡不同时间(数十秒至近百小时不等),表面清洗除去没有吸附的剩余分子后再测其表面接触角。横坐标表示 Au(111) 单晶电极在含十硫醇分子溶液中的浸泡时间。由测试结果可见,在最初 30 秒到 5 分钟这一时间段,接触角没有明显的上下波动。但是,当电极浸泡时间达到 10 分钟时,接触角明显变大,这一数值一直保持到最终状态。接触

角的变化主要归因于表面烷基链的密度变化。烷基链是一疏水分子链,它会阻止水滴与金表面的接触。它在表面的密度越大,水滴的接触角就越大;反之,则变小。所以当烷基链变化到交叠状态时,水滴的接触角必然发生明显改变。这一结果与以前的文献报道结果相符合,也与上面利用 STM 观察到的分子吸附组装层的结构变化一致。

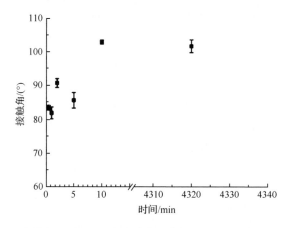

图 10.22　不同浸润时间下的十硫醇分子修饰 Au(111)电极表面标准水滴
(体积为 2.0×10⁻⁶ L)接触角实验结果

　　根据上述实验结果,可以归纳总结得到十烷基硫醇分子在 Au(111)电极表面吸附组装层形成的过程:从表面吸附,无序分散,到形成分子有序组装核心,然后长程有序结构。同时,随着浸泡时间延长,分子在基底表面的覆盖度增加,导致分子吸附位向发生改变,烷基链由与基底平行吸附改变为与基底倾斜或垂直的吸附位向。图 10.23 是这一过程的简单示意图。与利用其他方法如物理气相沉积和化学气相沉积等方法类似,利用自组装方法制备表面分子组装层时,分子也经历表面沉积吸附、成核,聚集生长等过程。

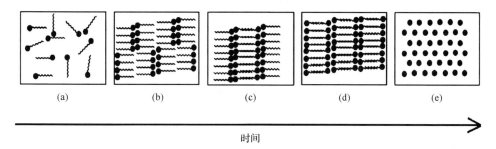

图 10.23　十硫醇分子在 Au(111)表面吸附组装与电极浸泡时间关系及结构转变过程示意图。(a)表面吸附与分子的无序松散排列;(b)短条状有序结构的形成;(c)烷基链堆叠结构开始出现;(d)完全过渡到烷基链堆叠结构;(e)饱和覆盖度下的密堆积结构

10.2.2　戊烷基硫醇分子层形成的动力学规律

以相同的实验方法用电化学 STM 对戊烷基硫醇(以下简称为戊硫醇)在 Au(111)表面的组装过程进行了研究。组装层的制备过程与十硫醇相同,即改变电极在含戊硫醇溶液中的浸泡时间。研究结果发现,戊硫醇分子组装层形成的动力学过程与十硫醇基本相同。但是,由于戊硫醇的烷基链只有五个碳构成,分子的长度约是十硫醇分子的一半,所以分子从最初的无序排列到最终的 $(\sqrt{3} \times \sqrt{3})R30°$ 的最密排方式所需时间大大减少。下面以浸泡时间 5 秒钟、30 秒钟和 12 小时为例来具体说明。

图 10.24 是浸泡时间为 5 秒钟的戊硫醇吸附层的典型 STM 图像。戊硫醇分子在 Au(111)表面形成有序分子排列,图中两个畴区中戊硫醇分子都以“平躺”的方式排列成条状结构,条状的长度大于 50 nm。多个畴区的考察中均未观察到十硫醇吸附层中出现的短条状结构。这种吸附结构类似于浸泡 10 分钟的十硫醇分子形成的组装层。仔细观察 STM 图像左边的畴区,图中亮条纹的宽度不尽相同,可归纳为两类:较宽一些的亮条纹是两排戊硫醇分子的巯基部分,它们以“头对头”的方式排列形成;而较窄一些的亮条纹仅是仅由一列戊硫醇分子的巯基形成的。

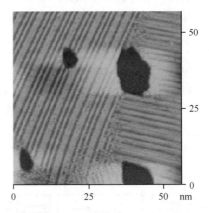

图 10.24　浸泡时间为 5 秒钟的戊硫醇在 Au(111)表面吸附组装层的大范围
STM 图像。STM 成像条件:$E=550$ mV, $I_{tip}=1.1$ nA

图 10.25(a)和(b)是针尖在同一区域连续扫描而得到的浸泡时间为 30 秒钟的戊硫醇吸附层的大范围的 STM 图像。与浸泡时间为 5 秒钟形成的戊硫醇吸附层比较,在扫描尺寸相同的情况下分子的有序畴区面积变小,有一些区域分子呈现无序状态。对比两幅图中特殊标明的黑色区域,可以明显看到有序畴区的边缘在“溶解”,向无序结构转变。对于硫醇-金体系,分子自组装层形成的动力学过程主要分为两个步骤:首先,组装层形成的最初阶段是一个较快的吸附过程,然后是一

个较慢的重组过程以使单分子层变得更为有序,最终达到饱和覆盖度时的最密堆积状态。STM 图像表明浸泡时间为 30 秒时,戊硫醇吸附层正在经历较慢的重组过程,有一些分子开始从"平躺"吸附向垂直吸附转变,所以局部表现为无序结构状态。戊硫醇的这种吸附结构类似于浸泡 12 小时的十硫醇分子的组装层结构。

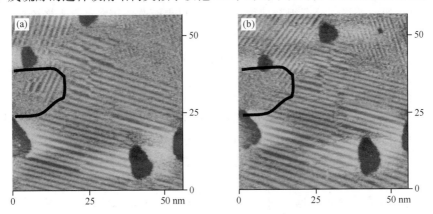

图 10.25　浸泡时间为 30 秒钟时戊硫醇在 Au(111)表面吸附组装层的大范围 STM 图像。左右两幅图像为针尖在同一区域连续扫描而得到。STM 成像条件:$E=550$ mV, $I_{tip}=1.1$ nA

当浸泡时间为 12 小时时,戊硫醇的吸附层为密排排列方式,可以认为分子是垂直吸附于 Au(111)电极表面,如图 10.26 所示。该结构与浸泡 3 天的十硫醇分子所形成的自组装层结构类似。由于戊硫醇分子的烷基链更短,所以从无序结构到最终密排结构所需的时间与十硫醇分子组装层相比大大缩短。

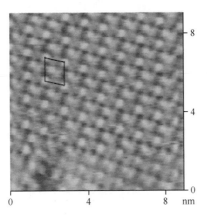

图 10.26　浸泡时间为 12 小时的戊硫醇在 Au(111)表面吸附组装层的
大范围 STM 图像。STM 成像条件:$E=550$ mV, $I_{tip}=1.1$ nA

本节利用电化学循环伏安法、STM 和接触角实验研究了烷基硫醇在 Au(111)单晶电极表面的吸附,揭示了在温和的实验条件下(室温、大气环境),两种硫醇分子在 Au(111) 表面的自组装过程,STM 图像直观地揭示了自组装层结构对浸泡时间的依赖性。随着浸泡时间的延长,分子经历从表面吸附、无序到有序结构形成,以及最终密排结构的结构转变过程。接触角实验数据证实了表面浸润性与表面组装结构的关系。利用简单的自组装方法,可以获得结构确定,表面浸润性不同的分子组装层,研究结果对分子组装规律研究和材料表面改性研究具有参考价值。

10.3　芳香族硝基化合物的高灵敏度电化学检测

芳香族硝基化合物(nitroaromatic compounds,NACs)是炸药的主要成分。研究 NACs 的高灵敏度检测方法可以有效打击恐怖活动,维护社会安定,保护人民生命和财产安全。与荧光法、液相色谱法、表面等离子共振法等方法相比,电化学伏安法也可以实现对 NACs 的快速、高灵敏度检测,并具有设备简单之特点。电化学过程中,NACs 中的硝基在一定的电位下可以发生还原,其还原峰可以作为 NACs 定性检测的重要依据。图 10.27 是 NACs 中硝基基团的还原机理[30]。对于不同的硝基化合物,硝基基团的还原过程可能不完全相同,硝基有可能通过得到 6 个电子,最终还原为氨基,也有可能只得到 4 个电子还原为羟胺基团。

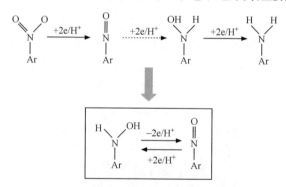

图 10.27　NACs 中硝基基团的还原机理

NACs 由于苯环上硝基取代基的存在,具有很强的吸电子能力,而稠环芳烃是富电子的大共轭体系,是很好的电子给体[44-46]。有文献报道,利用 NACs 对稠环芳烃的荧光猝灭,可完成对 NACs 的检测[47],即稠环芳烃分子与 NACs 分子可以通过 π-π 作用发生电子转移,导致稠环芳烃的荧光量子产率降低,使其荧光强度减弱。鉴于此,利用稠环芳烃的自组装层(以下简写为 SAMs)修饰玻碳电极,并将稠环芳烃与 NACs 的 π-π 作用应用于稠环芳烃 SAMs 对 NACs 的识别研究,测试了七种不同结构的稠环芳烃,包括蒽、菲、芘、三苯、苊、苯并芘、蔻,分子结构分别如图 10.28 所示,对 NACs 电化学灵敏度的影响,并探讨了稠环芳烃的 π 电子数目及 π 体系几何对称性对检测灵敏度的影响。

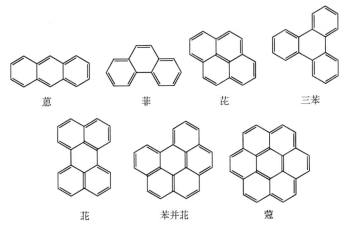

图 10.28　本研究所用 7 种稠环芳烃的分子结构示意图

10.3.1　稠环芳烃分子在石墨表面的组装结构

实验选取蔻分子，研究了分子在石墨（HOPG）表面的自组装结构。蔻为六次对称的平面形分子，蔻分子与石墨基底通过 π-π 相互作用，形成长程有序的自组装分子结构。图 10.29 为蔻分子在 HOPG 表面自组装结构的大范围和高分辨 STM 图像。由图可以看出，蔻分子在石墨表面的自组装结构具有六次对称性，蔻分子之间的距离为 $a=b=11.2$ Å±0.2 Å，分子列间形成夹角 $\alpha=60°\pm2°$。其结构模型见图 10.29(c)。电化学试验中常用的玻碳电极也兼有石墨的结构特征，因此，可以推断以蔻分子为代表的稠环芳烃可能会在玻碳电极表面形成类似的自组装结构。

图 10.29　蔻分子在石墨表面吸附的大范围 STM 图像(a)、高分辨 STM 图像(b)及吸附模型(c)

10.3.2　稠环芳烃分子溶液的浓度及浸泡时间对检测灵敏度的影响

以芘分子为例，探讨了修饰玻碳电极所用溶液的浓度及浸泡时间对检测灵敏度的影响。图 10.30 是玻碳电极的浸泡时间对检测 TNT 灵敏度影响的电化学伏安曲线,固定芘溶液的浓度(1 mmol/L 的 N,N-二甲基甲酰胺溶液)。由图可以看出,随玻碳电极在芘溶液中浸泡时间的增长,检测同一浓度 TNT 的还原峰信号增强,浸泡 5 分钟的效果优于 1 分钟,浸泡 10 分钟的效果优于 5 分钟,浸泡时间继续延长,浸泡 15 分钟的效果与 10 分钟相当,因此以下修饰电极的浸泡时间均为 10 分钟。

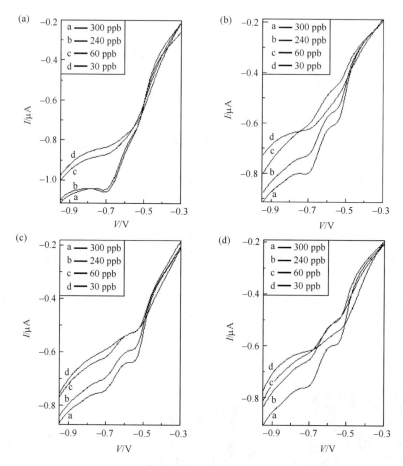

图 10.30　玻碳电极浸泡时间对检测灵敏度的影响。(a～d)分别对应的浸泡时间为
1 分钟、5 分钟、10 分钟、15 分钟。图中浓度对应于 TNT 溶液的浓度

　　与延长浸泡时间效果相似,改变溶液浓度也可以影响分子组装层的结构,进而影响检测灵敏度。图 10.31 是芘溶液的浓度对检测灵敏度的影响,取 10 分钟的浸泡时间,可以看出随芘溶液浓度的增大,检测 TNT 的还原峰信号增强。根据此结果,在实验中选用芘在 N,N-二甲基甲酰胺(DMF)中的近似饱和浓度溶液(约为 6 mmol/L)作为修饰玻碳电极用的浸泡溶液,同时,以下实验修饰玻碳电极所用的稠环芳烃溶液的浓度都是接近其在 DMF 中的饱和浓度。

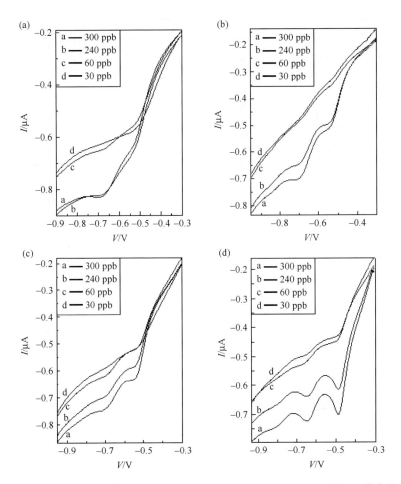

图 10.31　修饰电极用芘溶液的浓度对 TNT 分子检测灵敏度的影响结果。其中芘分子
溶液的浓度分别为：(a)0.2 mmol/L，(b)0.7 mmol/L，(c)1 mmol/L，(d)6 mmol/L

10.3.3　蒽、菲分子自组装膜修饰电极用于 NACs 的电化学检测

利用 6 mmol/L 蒽的 DMF 溶液修饰玻碳电极，将此电极用于芳香族硝基化合物的电化学检测，检测结果的伏安曲线见图 10.32。对比利用空白玻碳电极检测 NACs 的伏安曲线，可以看出蒽修饰电极对 TNT 的灵敏度有明显提高，在 −0.50 V、−0.65 V、−0.81 V 电位出现三个还原峰，对应着 TNT 分子中三个硝基基团的还原过程[28,29,48-52]。随 TNT 分子浓度的减小，其还原电流减弱，其检测极限达到 30 ppb。而用未修饰的玻碳电极检测 TNT 的极限一般为 90 ppb，如图 10.33(a)所示。

利用蒽分子自组装膜修饰的玻碳电极检测 1,3,5-三硝基苯(TNB)时[如图

10.32(b)], 在 -0.46 V、-0.61 V、-0.72 V 电位出现三个还原峰, 对应着 TNB 分子中三个硝基基团的还原过程[28,29,48-52]。随溶液中 TNB 分子浓度的减小, 其还原电流减弱, 检测极限达到 30 ppb。而用未修饰的玻碳电极检测 TNB 分子的极限一般为 90 ppb[见图 10.33(b)]。

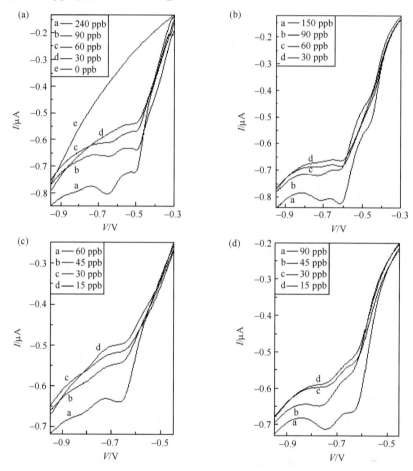

图 10.32 利用蒽分子修饰的玻碳电极检测 NACs 的伏安曲线。NACs 分子分别为:
(a)TNT;(b)TNB;(c)2,4-DNT;(d)1,3-DNB

图 10.32(c) 是利用蒽分子自组装膜修饰的玻碳电极检测 2,4-二硝基甲苯 (2,4-DNT) 的伏安曲线, 在 -0.66 V、-0.82 V 电位有两个还原峰, 对应着 2,4-DNT 分子中两个硝基基团的还原过程[28,29,48-52]。随溶液中 2,4-DNT 浓度的减小, 其还原电流减弱, 其检测极限达到 15 ppb。而用未修饰的玻碳电极检测 2,4-DNT 的极限一般为 90 ppb[见图 10.33(c)]。

图 10.32(d) 是利用蒽分子自组装膜修饰的玻碳电极检测 1,3-二硝基苯 (1,3-

DNB)的伏安曲线,在一0.60V、一0.74V 电位有两个还原峰,对应着 1,3-DNB 分子中两个硝基基团的还原过程[28,29,48-52]。随溶液中 1,3-DNB 浓度的减小,其还原电流减弱,检测极限达到 15 ppb。而用未修饰的玻碳电极检测 1,3-DNB 的极限一般为 15 ppb[见图 10.33(d)]。

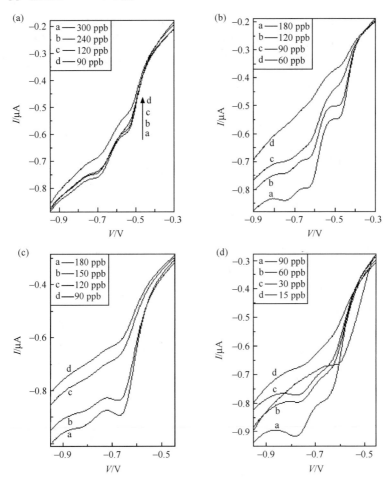

图 10.33　利用未修饰的玻碳电极检测 NACs 的伏安曲线。NACs 分子分别为:
(a)TNT;(b)TNB;(c)2,4-DNT;(d)1,3-DNB

从本组实验数据中可以看出,对于不同的 NACs,分子结构中取代基的存在对硝基基团的还原电位有很大的影响。甲基取代基的存在,一般使硝基基团的还原电位负移。对于含两个硝基基团的 NACs,其第一个硝基基团的还原电位与含三个硝基基团的 NACs 中第二个硝基基团的还原电位相近。

为了探讨稠环芳烃中 π 体系的几何对称性对 NACs 检测的影响,选择蒽、菲两分子进行对比研究。这两种具有相同的 π 电子数目,但 π 体系几何对称性不同。实验结果如图 10.34 所示。可以看出,菲与蒽的自组装膜对检测 NACs 的电化学灵敏度相近,但对应的 NACs 中硝基基团还原的峰形有所不同,从 TNB 的还原峰中可以明显看出两者的差别。

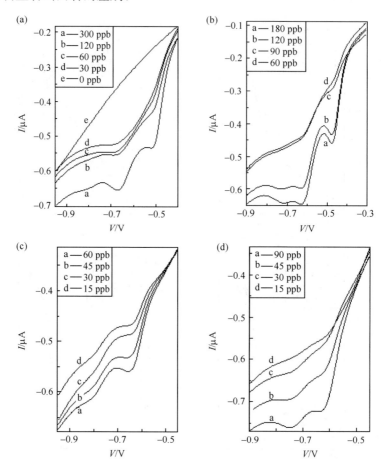

图 10.34　利用菲修饰的玻碳电极检测 NACs 的伏安曲线。NACs 分子分别为:
(a)TNT;(b)TNB;(c)2,4-DNT;(d)1,3-DNB

10.3.4　芘、三苯、苉分子自组装膜修饰的玻碳电极用于 NACs 的电化学检测

　　利用芘、三苯、苉三种稠环芳烃分子自组装膜修饰的玻碳电极检测 NACs,实验结果的循环伏安曲线如图 10.35、图 10.36 及图 10.37 所示。修饰芘、苉分子自组装膜的玻碳电极对 NACs 的检测灵敏度与修饰蒽分子自组装膜的玻碳电极相近,修饰三苯分子自组装膜的玻碳电极对 TNT、2,4-DNT 及 1,3-DNB 分子的检

测灵敏度也与芘、菲、蒽相近,但是修饰三苯分子自组装膜的玻碳电极对 TNB 分子的电化学检测灵敏度有较大的提高,如图 10.36(b)所示。三苯自组装膜修饰的玻碳电极检测 TNB 分子的极限可以达到 6 ppb,比修饰蒽自组装膜的玻碳电极提高约 5 倍。原因可能是三苯分子与 TNB 分子的静电势均具有三次对称性,而且是互补对应关系,由此提高了三苯分子对 TNB 分子的检测识别能力[53,54]。

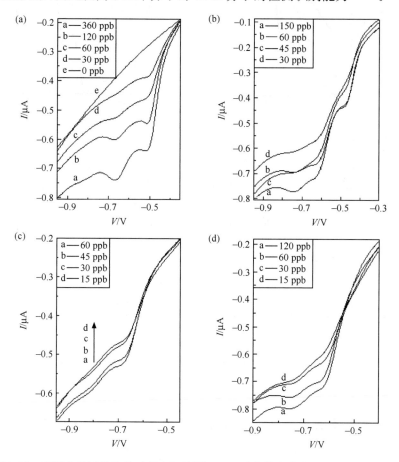

图 10.35　利用芘分子修饰的玻碳电极检测 NACs 时的伏安曲线。NACs 分子分别为:
(a)TNT;(b)TNB;(c)2,4-DNT;(d)1,3-DNB

　　NACs 分子在芘、三苯、菲三种稠环芳烃自组装膜修饰玻碳电极上的还原峰峰形也存在差异,例如 TNT 分子的第一个还原峰在三苯及菲修饰的玻碳电极上相对第二、第三还原峰信号强很多,而在芘分子修饰的玻碳电极上第一、第二个还原峰的强度相近。TNB 分子的三个还原峰在三苯修饰的玻碳电极上强度差不多,而在另外的稠环芳烃分子修饰的玻碳电极上,TNB 分子的第三个还原峰在低浓度时很难分辨出。

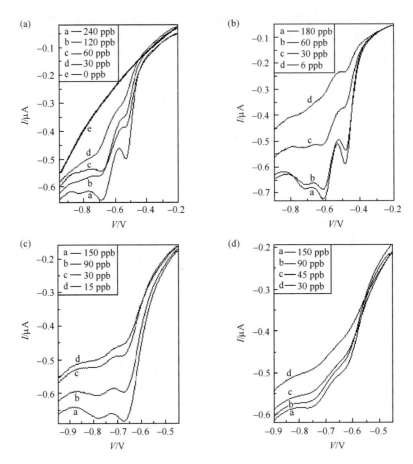

图 10.36　利用三苯分子修饰的玻碳电极检测 NACs 时的伏安曲线。NACs 分子分别为：
(a)TNT；(b)TNB；(c)2,4-DNT；(d)1,3-DNB

10.3.5　苯并芘、蔻分子自组装膜修饰玻碳电极用于 NACs 的电化学检测

　　为了进一步探讨稠环芳烃分子对 NACs 分子的识别作用，改善对 NACs 分子的电化学检测灵敏度，利用具有更大 π 体系的苯并芘分子和蔻分子在玻碳表面进行组装修饰，借以研究其检测 NACs 分子的能力。由于苯并芘分子和蔻分子在 DMF 溶剂中的溶解度都比较小，因此实验时，采用其接近饱和浓度的溶液来修饰玻碳电极（含苯并芘分子的溶液浓度约为 0.7 mmol/L、含蔻分子的溶液浓度约为 1 mmol/L）。

　　与图 10.31(b)中利用 0.7 mmol/L 浓度的芘分子溶液修饰的玻碳电极检测 TNT 的结果对比，利用浓度为 0.7 mmol/L 苯并芘分子修饰的玻碳电极对 TNT 分子的检测灵敏度稍有提高，如图 10.38 所示。溶液浓度为 300 ppb TNT 时，苯

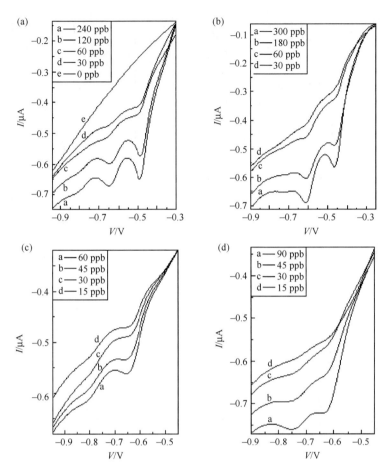

图 10.37　利用芘分子修饰的玻碳电极检测 NACs 时的伏安曲线。NACs 分子分别为：
(a)TNT；(b)TNB；(c)2,4-DNT；(d)1,3-DNB

并芘分子修饰的玻碳电极的伏安曲线中出现三个还原峰，电位分别在-0.26 V、-0.71 V、-0.86 V，对应 TNT 分子中三个硝基基团的还原。与利用其他稠环芳烃分子修饰的玻碳电极检测 TNT 分子相比，苯并芘分子修饰的玻碳电极上三个硝基基团的还原电位均负移；与之相似，TNB 分子中三个硝基基团的还原电位在苯并芘修饰电极上也发生还原电位负移。

与图 10.31(c)中利用浓度为 1 mmol/L 芘分子修饰的玻碳电极检测 TNT 分子的实验结果相比，利用浓度为 1 mmol/L 蔻分子修饰的玻碳电极检测 TNT 分子时，检测灵敏度提高很多，如图 10.39 所示。溶液浓度为 120 ppb TNT 时，蔻分子修饰的玻碳电极的伏安曲线中出现三个还原峰，电位分别在在-0.40 V、-0.50 V、-0.66 V，对应 TNT 分子中三个硝基基团的还原过程，电化学检测 TNT 的极限

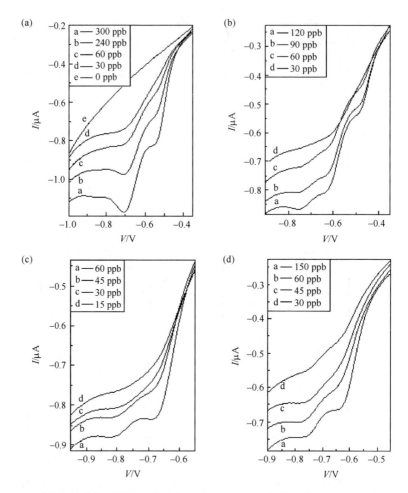

图 10.38　利用苯并芘分子修饰的玻碳电极检测 NACs 时的伏安曲线。NACs 分子分别为：
(a)TNT；(b)TNB；(c)2,4-DNT；(d)1,3-DNB

可以达到 15 ppb，比未修饰玻碳电极对 TNT 分子的检测灵敏度提高 8 倍左右。与利用其他稠环芳烃分子修饰的玻碳电极检测 TNT 分子的实验结果相比，在蔻分子修饰的玻碳电极上三个硝基基团的还原电位均正移，这可能归因于蔻分子的高对称性。蔻分子修饰玻碳电极检测 TNB 分子的灵敏度，也比利用其他稠环芳烃分子修饰玻碳电极检测 TNB 的灵敏度提高很多，其检测极限达到 3 ppb，比未修饰的玻碳电极对 TNB 分子的检测灵敏度提高 10 倍左右。实验结果还表明，利用蔻分子修饰的玻碳电极对 2,4-DNT、1,3-DNB 分子的检测灵敏度，与利用其他稠环芳烃分子修饰玻碳电极的检测灵敏度相差不多。

　　本节选取了蒽、菲、芘、三苯、苊、苯并芘、蔻等七种具有不同 π 电子数目、不同

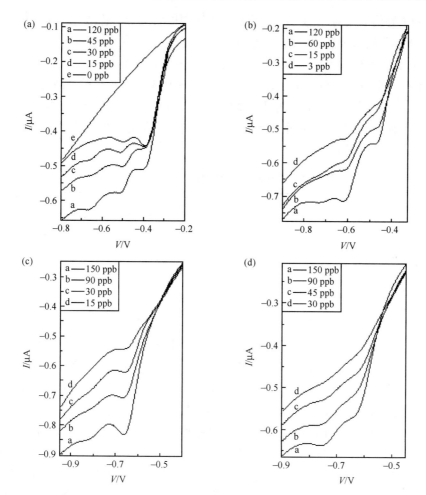

图 10.39　利用蔻分子修饰的玻碳电极检测 NACs 时的伏安曲线。NACs 分子分别为：
(a)TNT；(b)TNB；(c)2,4-DNT；(d)1,3-DNB

π 电子几何对称性的稠环芳烃分子，利用这些分子修饰的玻碳电极进行对 NACs
分子的电化学检测，研究了修饰电极时多种因素，如溶液浓度、电极浸泡时间等对
检测灵敏度的影响，并对检测结果进行了分析与对比。结果表明，修饰有七种稠环
芳烃分子自组装膜的玻碳电极都会不同程度地提高对 NACs 分子的电化学检测
灵敏度，其中，修饰蔻分子自组装膜的玻碳电极对 TNT 的检测灵敏度比未修饰分
子的玻碳电极提高 8 倍，检测极限可以达到 15 ppb。检测灵敏度的大幅度提高主
要归因于稠环芳烃分子的供电子性能与 NACs 分子的缺电子性能。

　　不同的稠环芳烃分子由于其 π 电子数目及 π 体系几何对称性的不同，导致其
修饰电极检测 NACs 分子灵敏度之间的差异。表 10.1 对上述研究中利用的稠环

芳烃分子修饰电极对 NACs 分子的电化学检测极限进行了总结与对比,其中 a、b、c、d、e、f、g 分别对于蒽、菲、芘、三苯、苊、苯并芘、蔻七种稠环芳烃分子。由表 10.1 可以看出,检测极限不仅与稠环芳烃分子的 π 电子数目有关,还受 π 体系几何对称性的影响。蔻分子不仅 π 电子数目最多,而且 π 体系几何对称性最高,其对应的对 TNT、TNB 分子的电化学检测灵敏度也最高。而三苯分子由于与 TNB 分子具有相同的几何对称性,互补的静电势关系,因此利用三苯分子的修饰电极对 TNB 分子也具有很高的灵敏度。

表 10.1　稠环芳烃修饰电极检测 NACs 的灵敏度

| NACs | PAHs 对 NACs 的检测极限,ppb | | | | | | | |
	空白电极	a	b	c	d	e	f	g
TNT	90	30	30	30	30	30	30	15
TNB	60	30	30	30	6	30	30	3
2,4-DNT	90	15	15	15	15	15	15	15
1,3-DNB	15	15	15	15	15	15	30	30

　　不同稠环芳烃由于其 π 电子数目及 π 电子几何对称性的不同,其修饰电极检测 NACs 时硝基基团的还原电位也有不同,其中,苯并芘分子对称性最低,其伏安曲线中对应 NACs 分子硝基基团的还原电位为最负;蔻分子对称性最高,其伏安曲线中对应的硝基基团的还原电位最正,表明了其很强的对硝基基团的还原能力。图 10.40 是利用不同稠环芳烃分子修饰电极检测浓度为 60 ppb 的 TNT 分子以及浓度为 60 ppb 的 TNB 分子的伏安曲线,其中 a、b、c、d、e、f、g、h 分别代表空白玻碳电极,以及利用蒽、菲、芘、三苯、苊、苯并芘、蔻七种稠环芳烃分子修饰的玻碳电极,由实验结果可以明显看出不同稠环芳烃分子修饰层的确影响 NACs 分子硝基基团的还原电位。

　　本章试图利用几种在特定条件下获得的分子组装层,说明组装层可能具有的功能。由实验结果可以看出,分子吸附组装于固体表面,明显改善了表面性质,例如表面张力、表面导电性、表面电化学性质等,为表面功能化奠定了分子基础。分子在表面吸附组装只需要控制溶液条件、组装时间、温度等,尽管获得结构确定的组装结构也非易事,但是不需要复杂的设备条件,方法相对简单,具有一定的优越性。但是也应看到,表面组装修饰层的性质与修饰分子有关,不同种类的分子影响组装层的性能,进而影响其最终的功能。另一方面,分子在表面吸附时可能是物理吸附,可能是化学吸附,也可能两者兼而有之,这种吸附结合,决定了吸附强度,即组装层与固体基底的结合牢固程度,因此这些组装层的使用范围也会受到限制,因而要根据实际使用要求选择修饰分子,制备和利用组装层,实现表面功能化。

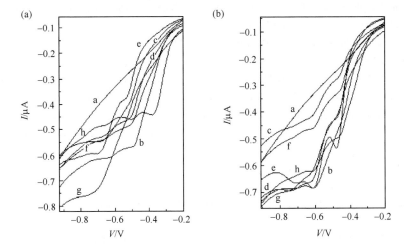

图 10.40　利用不同稠环芳烃分子自组装膜修饰的玻碳电极检测(a)TNT、(b)TNB 的伏安曲线。其中 a、b、c、d、e、f、g、h 分别代表空白玻碳电极，以及利用蒽、菲、芘、三苯、苝、苯并芘、蔻七种稠环芳烃分子修饰的玻碳电极

参 考 文 献

[1] Huskens J，Deij M A，Reinhoudt D N. Attachment of molecules at a molecular printboard by multiple host-guest interactions. Angew. Chem. Int. Ed. ，2002，41：4467-4471.

[2] Kondo T，Horiuchi S，Yagi I，Ye S，Uosaki K. Electrochemical control of the second harmonic generation property of self-assembled monolayers containing a trans-ferrocenyl-nitrophenyl ethylene group on gold. J. Am. Chem. Soc. ，1999，121：391-398.

[3] Whitesides G M，Grzybowski B. Self-assembly at all scales. Science，2002，295：2418-2421.

[4] Yamada R，Uosaki K. Structural investigation of the self-assembled monolayer of decanethiol on the reconstructed and(1×1)-Au(100) surfaces by scanning tunneling microscopy. Langmuir，2001，17：4148-4150.

[5] Gooding J J. Advances in interfacial design sensors：Aryl diazonium salts for electrochemical biosensors and for modifying carbon and metal electrodes. Electroanalysis，2008，20：573-582.

[6] Ranganathan S，Steidel I，Anariba F，McCreery R L. Covalently bonded organic monolayers on a carbon substrate：A new paradigm for molecular electronics. Nano Lett. ，2001，1：491-494.

[7] Combellas C，Delamar M，Kanoufi F，Pinson J，Podvorica F I. Spontaneous grafting of iron surfaces by reduction of aryldiazonium salts in acidic or neutral aqueous solution. Application to the protection of iron against corrosion. Chem. Mat. ，2005，17：3968-3975.

[8] Delamar M，Desarmot G，Fagebaume O，Hitmi R，Pinson J，Saveant J M. Modification of carbon fiber surfaces by electrochemical reduction of aryl diazonium salts：Application to carbon epoxy composites. Carbon，1997，35：801-807.

[9] Pedersen C J. The discovery of crown ethers. Angew. Chem. Int. Ed. Engl. ，1988，27：1021-1027.

[10] Saalfrank R W，Stark A，Bremer M，Hummel H U. Adamantanoid chelate complexes. 2. Formation of

tetranuclear chelate ions of divalent metals(Mn, Co, Ni)with idealized t symmetry by spontaneous self-assembly. Angew. Chem. Int. Ed. , 1990, 29: 311-314.

[11] Zerkowski J A, Seto C T, Wierda D A, Whitesides G M. Design of organic structures in the solid-state-hydrogen-bonded molecular tapes. J. Am. Chem. Soc. , 1990, 112: 9025-9026.

[12] Greene L E, Law M, Tan D H, Montano M, Goldberger J, Somorjai G, Yang P D. General route to vertical ZnO nanowire arrays using textured ZnO seeds. Nano Lett. , 2005, 5: 1231-1236.

[13] Lin Y, Boker A, He J B, Sill K, Xiang H Q, Abetz C, Li X F, Wang J, Emrick T, Long S, Wang Q, Balazs A, Russell T P. Self-directed self-assembly of nanoparticle/copolymer mixtures. Nature, 2005, 434: 55-59.

[14] Ikkala O, Ten Brinke G. Functional materials based on self-assembly of polymeric supramolecules. Science, 2002, 295: 2407-2409.

[15] Leininger S, Olenyuk B, Stang P J. Self-assembly of discrete cyclic nanostructures mediated by transition metals. Chem. Rev. , 2000, 100: 853-907.

[16] Chai J, Wang D, Fan X, Buriak J M. Assembly of aligned linear metallic patterns on silicon. Nature Nanotech. , 2007, 2: 500-506.

[17] Ma D D D, Lee C S, Au F C K, Tong S Y, Lee S T. Small-diameter silicon nanowire surfaces. Science, 2003, 299: 1874-1877.

[18] Cumpston B H, Ananthavel S P, Barlow S, Dyer D L, Ehrlich J E, Erskine L L, Heikal A A, Kuebler S M, Lee I Y S, McCord-Maughon D, Qin J Q, Rockel H, Rumi M, Wu X L, Marder S R, Perry J W. Two-photon polymerization initiators for three-dimensional optical data storage and microfabrication. Nature, 1999, 398: 51-54.

[19] Fan H Y, Yang K, Boye D M, Sigmon T, Malloy K J, Xu H F, Lopez G P, Brinker C J. Self-assembly of ordered, robust, three-dimensional gold nanocrystal/silica arrays. Science, 2004, 304: 567-571.

[20] Maynor B W, Filocamo S F, Grinstaff M W, Liu J. Direct-writing of polymer nanostructures: Poly (thiophene) nanowires on semiconducting and insulating surfaces. J. Am. Chem. Soc. , 2002, 124: 522-523.

[21] Okawa Y, Aono M. Materials science: Nanoscale control of chain polymerization. Nature, 2001, 409: 683-684.

[22] Wan L J. Fabricating and controlling molecular self-organization at solid surfaces: Studies by scanning tunneling microscopy. Acc. Chem. Res. , 2006, 39: 334-342.

[23] Kondo T, Uosaki K. Self-assembled monolayers(SAMs)with photo-functionalities. J. Photoch. Photobio. C, 2007, 8: 1-17.

[24] Sakaguchi H, Matsumura H, Gong H, Abouelwafa A M. Direct visualization of the formation of single-molecule conjugated copolymers. Science, 2005, 310: 1002-1006.

[25] Sakaguchi H, Matsumura H, Gong H. Electrochemical epitaxial polymerization of single-molecular wires. Nature Mater. , 2004, 3: 551-557.

[26] Otero R, Naitoh Y, Rosei F, Jiang P, Thostrup P, Gourdon A, Laegsgaard E, Stensgaard I, Joachim C, Besenbacher F. One-dimensional assembly and selective orientation of lander molecules on an O-Cu template. Angew. Chem. Int. Ed. , 2004, 43: 2092-2095.

[27] Kolb D M, Ullmann R, Will T. Nanofabrication of small copper clusters on gold(111)electrodes by a scanning tunneling microscope. Science, 1997, 275: 1097-1099.

[28] Bratin K, Kissinger P T, Briner R C, Bruntlett C S. Determination of nitro aromatic, nitramine, and nitrate eater explosive compounds in explosive mixtures and gunshot residue by liquid-chromatography and reductive electrochemical detection. Anal. Chim. Acta, 1981, 130: 295-311.

[29] Esteve-Nunez A, Caballero A, Ramos J L. Biological degradation of 2,4,6-trinitrotoluene. Microbiol. Mol. Biol. Rev., 2001, 65: 335-352.

[30] Liu G D, Lin Y H. Electrochemical sensor for organophosphate pesticides and nerve agents using zirconia nanoparticles as selective sorbents. Anal. Chem., 2005, 77: 5894-5901.

[31] Schmelling D C, Gray K A, Kamat P V. Role of reduction in the photocatalytic degradation of TNT. Environ. Sci. Technol., 1996, 30: 2547-2555.

[32] Hilmi A, Luong J H T. Electrochemical detectors prepared by electroless deposition for microfabricated electrophoresis chips. Anal. Chem., 2000, 72: 4677-4682.

[33] Hilmi A, Luong J H T. Micromachined electrophoresis chips with electrochemical detectors for analysis of explosive compounds in soil and groundwater. Environ. Sci. Technol., 2000, 34: 3046-3050.

[34] Hilmi A, Luong J H T, Nguyen A L. Development of electrokinetic capillary electrophoresis equipped with amperometric detection for analysis of explosive compounds. Anal. Chem., 1999, 71: 873-878.

[35] Krausa M, Schorb K. Trace detection of 2,4,6-trinitrotoluene in the gaseous phase by cyclic voltammetry. J. Electroanal. Chem., 1999, 461: 10-13.

[36] Clavilier J, Armand D, Sun S G, Petit M. Electrochemical adsorption behavior of platinum stepped surfaces in sulfuric-acid-solutions. J. Electroanal. Chem., 1986, 205: 267-277.

[37] Pearson J. The redution of nitrocompounds at the dropping-mercury cathode. 1. The nitrobenzenes and nitrotoluenes. Trans. Faraday Soc., 1948, 44: 683-697.

[38] Canas-Ventura M E, Xiao W, Wasserfallen D, Muellen K, Brune H, Barth J V, Fasel R. Self-assembly of periodic bicomponent wires and ribbons. Angew. Chem. Int. Ed., 2007, 46: 1814-1818.

[39] Ecija D, Otero R, Sanchez L, Gallego J M, Wang Y, Alcami M, Martin F, Martin N, Miranda R. Crossover site-selectivity in the adsorption of the fullerene derivative PCBM on Au(111). Angew. Chem. Int. Ed., 2007, 46: 7874-7877.

[40] Mendez J, Caillard R, Otero G, Nicoara N, Martin-Gago J A. Nanostructured organic material: From molecular chains to organic nanodots. Adv. Mater., 2006, 18: 2048-2052.

[41] Xiao W, Ruffieux P, Ait-Mansour K, Groening O, Palotas K, Hofer W A, Groening P, Fasel R. Formation of a regular fullerene nanochain lattice. J. Phys. Chem. B, 2006, 110: 21394-21398.

[42] Yokoyama T, Yokoyama S, Kamikado T, Okuno Y, Mashiko S. Selective assembly on a surface of supramolecular aggregates with controlled size and shape. Nature, 2001, 413: 619-621.

[43] Poirier G E. Characterization of organosulfur molecular monolayers on Au(111) using scanning tunneling microscopy. Chem. Rev., 1997, 97: 1117-1127.

[44] Samori P, Severin N, Simpson C D, Mullen K, Rabe J P. Epitaxial composite layers of electron donors and acceptors from very large polycyclic aromatic hydrocarbons. J. Am. Chem. Soc., 2002, 124: 9454-9457.

[45] Wang Z H, Dotz F, Enkelmann V, Mullen K. "Double-concave" graphene: Permethoxylated hexa-peri-hexabenzocoronene and its cocrystals with hexafluorobenzene and fullerene. Angew. Chem. Int. Ed., 2005, 44: 1247-1250.

[46] Watson M D, Fechtenkotter A, Mullen K. Big is beautiful - "aromaticity" revisited from the viewpoint

of macromolecular and supramolecular benzene chemistry. Chem. Rev. , 2001, 101: 1267-1300.

[47] Goodpaster J V, McGuffin V L. Fluorescence quenching as an indirect detection method for nitrated explosives. Anal. Chem. , 2001, 73: 2004-2011.

[48] Hess T F, Lewis T A, Crawford R L, Katamneni S, Wells J H, Watts R J. Combined photocatalytic and fungal treatment for the destruction of 2,4,6-trinitrotoluene(TNT). Wat. Res. , 1998, 32: 1481-1491.

[49] Williams R E, Rathbone D A, Scrutton N S, Bruce N C. Biotransformation of explosives by the old yellow enzyme family of flavoproteins. Appl. Environ. Mircrobiol. , 2004, 70: 3566-3574.

[50] Hawari J, Halasz A, Paquet L, Zhou E, Spencer B, Ampleman G, Thiboutot S. Characterization of metabolites in the biotransformation of 2,4,6-trinitrotoluene with anaerobic sludge: Role of triaminotoluene. Appl. Environ. Mircrobiol. , 1998, 64: 2200-2206.

[51] Hrapovic S, Liu Y L, Male K B, Luong J H T. Electrochemical biosensing platforms using platinum nanoparticles and carbon nanotubes. Anal. Chem. , 2004, 76: 1083-1088.

[52] Wang J, Hocevar S B, Ogorevc B. Carbon nanotube-modified glassy carbon electrode for adsorptive stripping voltammetric detection of ultratrace levels of 2,4,6-trinitrotoluene. Electrochem. Commun. , 2004, 6: 176-179.

[53] Politzer P, Truhlar D G. Chemical applications of atomic and molecular electrostatic potentials. New York: Springer, 1981.

[54] Politzer P, Murray J S. In theoretical biochemistry, and molecular biophysics: A comprehensive survey. New York: Adenine Press, 1990.

索　引

彩　　图

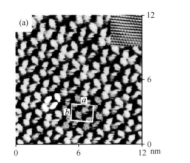
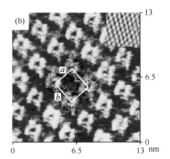

图 5.16(a,b)

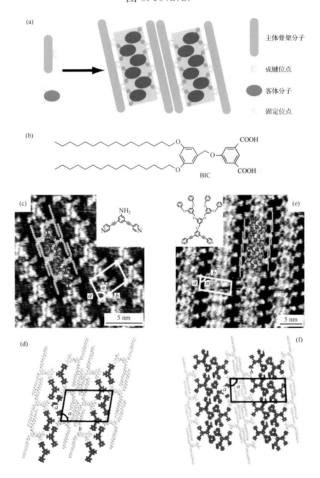

图 5.20

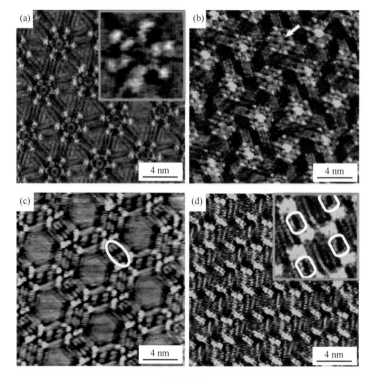

图 5.27

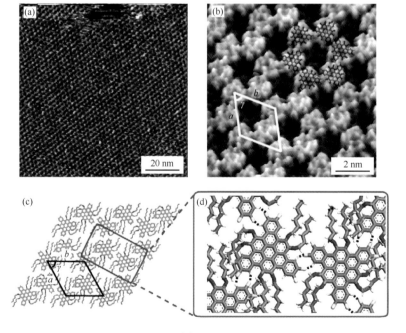

图 6.16

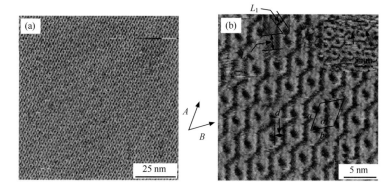

图 7.3(a,b)

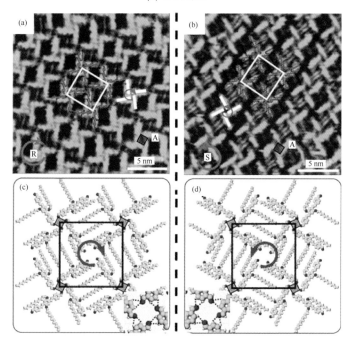

图 7.14

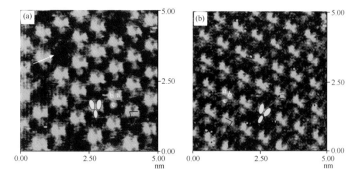

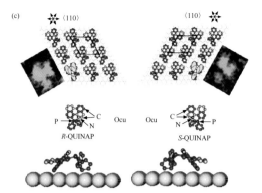

图 8.3

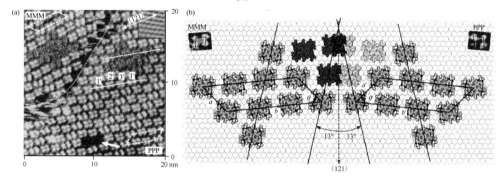

图 8.5

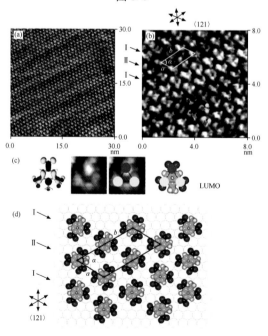

图 10.4